普通高等教育"十一五"国家级规划教材

空间解析几何

（第二版）

李养成　何　伟　编著

科学出版社
北　京

内 容 简 介

本书是普通高等教育"十一五"国家级规划教材，内容包括向量代数、空间的平面与直线、常见的曲面、二次曲面的一般理论、正交变换和仿射变换. 本书结构紧凑，突出了解析几何的基本思想方法，强调形数结合，注意展现数学知识的构建过程和数学问题解决的思维过程，注重思维训练和空间想象能力的培养. 本书表达清晰，论述深入浅出，力求做到便于读者学习领悟. 本书通过二维码链接数字化资源，资源除学习文档外，还包含多幅生动形象的动态几何图形，帮助读者加深理解. 另外书中还安排了拓展材料，书末附有部分习题答案与提示，供读者学习参考.

本书可作为高等院校数学类专业的解析几何课程教材，也可供自学者选用.

图书在版编目(CIP)数据

空间解析几何/李养成，何伟编著. —2版. —北京：科学出版社，2023.12
普通高等教育"十一五"国家级规划教材
ISBN 978-7-03-077191-9

Ⅰ.①空… Ⅱ.①李… ②何… Ⅲ.①立体几何—解析几何—高等学校—教材 Ⅳ.①O182.2

中国国家版本馆CIP数据核字(2023)第242184号

责任编辑：王 静 / 责任校对：杨聪敏
责任印制：赵 博 / 封面设计：陈 敬

科学出版社 出版
北京东黄城根北街16号
邮政编码：100717
http://www.sciencep.com
保定市中画美凯印刷有限公司印刷
科学出版社发行 各地新华书店经销
*
2007年8月第 一 版 开本：720×1000 1/16
2023年12月第 二 版 印张：15 3/4
2024年11月第二十五次印刷 字数：318 000

定价：49.00元

(如有印装质量问题，我社负责调换)

前　　言

《空间解析几何》出版已近二十载，一直得到许多所高校教师的支持，在此改版之际，作者要对他们的支持深表谢意. 在第一版教材的使用过程中，我们陆续收到了许多建设性的反馈意见和建议. 党的二十大报告明确提出，要推进教育数字化，建设全民终身学习的学习型社会、学习型大国. 2022 年全国教育工作会议提出，实施国家“教育数字化战略行动”，在此背景下，为了适应新形势对相关人才培养的新需求，我们结合自身长期的教学实践、思考与收到的反馈和建议，对教材做进一步的修订和完善.

在保持第一版特色的基础上，本次改版主要做了以下变动.

1. 将教材升级为新形态教材. 我们制作了二十多幅形象生动的动态几何图形，通过二维码链接，读者扫描书中的二维码，就可以反复观看这些空间动态几何图形，提升读者的空间想象能力.

2. 增加拓展材料. 拓展材料能够开拓学生视野，培养学生的阅读科技文献的习惯，提高读者获取新知识的能力.

3. 对第一版内容进行调整. 如，将第一版 1.3 节内容(举例：应用向量的线性运算解初等几何问题)放到拓展材料 1；将第一版 3.4 节的曲线与曲面的参数方程放入拓展材料 2(曲线族生成曲面并入第二版的 3.4 节里)；另外增设了拓展材料 3 和拓展材料 4. 拓展材料部分的取舍与安排可由任课教师决定，学生如果能在教师的启发指导下学习，效果更佳.

4. 增加思考题. 增加这些思考题的目的是期望通过独立思考、思维训练，能有效地提高读者解决问题的能力.

本次修订再版，由李养成、何伟二人共同完成，其中数字化内容与动态空间图形的制作由何伟博士负责. 感谢中南大学数学与统计学院对修订工作的支持和资助. 感谢科学出版社的支持和王静编辑为本书付出的辛勤工作.

限于水平所限，书中不足之处在所难免，欢迎大家批评指正.

作　者
2023 年 9 月于长沙

第一版前言

解析几何是高等院校数学各专业的一门主要基础课.它运用代数方法研究几何图形,把数学的两个基本对象——形与数有机地联系起来,对数学的发展发挥了重要的推动作用.它的思想方法与几何直观性可为许多抽象的、高维的数学问题提供形象的几何模型与背景.

为适应21世纪高素质人才培养的需要,本教材编写有如下几点考虑:

首先,教材内容力求体现经典解析几何的现代教学.在教材整体上,注意突出解析几何的基本思想方法,强调形数结合,努力将形象思维与抽象思维相结合,直觉与逻辑相结合.考虑到几何学对数学其他分支的渗透,数学科学发展走向综合这一大趋势,本教材努力体现数学的统一性.在处理几何与代数的关系上,一方面代数为研究几何问题提供有效的方法,另一方面几何可以为抽象的代数概念与方法提供形象的几何模型与背景,两者相辅相成,相互为用.本书从内容上说已不单是严格意义上的空间解析几何,还包含仿射几何的内容,但两者是有机联系的,以仿射几何为主线贯穿本书始终,度量几何为其特殊情形.

其次,在教材内容呈现上,注意展现数学知识的构建过程以及数学问题解决的思维过程.本书对一些比较重要的概念注意交代实际背景.新结果、新方法的介绍,新理论的建立力求引入自然,试图与读者一起以“研究者”的姿态去恰当地提出问题,通过分析寻找解决问题的方法.

再次,本书作为一门基础课教材,尽可能发挥它应有的教育功能.解析几何在训练学生思维,树立与培养创新意识,提高空间想象能力和获取新知识能力等数学素质方面有其独特的作用,本书努力在这方面进行探索.

本书前3章介绍坐标法与向量法,并将这两种方法相结合讨论空间中的平面与直线,以及柱面、锥面和旋转曲面.而对椭球面等五种标准方程,为分析它们所表示的曲面几何形状,除应用对称性及空间的伸缩变换外,更主要的是采用平行截割法.通过对一组平行截线的形状变化去想象空间曲面的整体形状,例如测绘工作者绘制等高线地形图便用到这一方法.第4章介绍坐标变换法,并用它讨论一般二次曲面及二次曲线方程的化简.而由一般二次曲线或二次曲面的方程系数算出的正交不变量可识别二次曲线或二次曲面的类型.在现代数学,特别是拓扑与几何中各种类型的不变量得到了深刻的发展,因此读者应好好领会不变量这一重要的几何思想.本章讨论引入了矩阵这一代数工具,这部分计算有时显得冗长,学习时应着眼于问题的提出与解决的思路,而不要受冗长的计算与论证所困.第5章介绍两种重要的点变换:正交变换与仿射变换,这是仿射几何学的核心内容. 这一章引入图形的度量等价与仿射等价,以及度量性质、仿射性质等概念,并提出几何学的分类,使读者能在较高的层面上理解几何学. 书中的许多例题供教师习作课选用,好些例题与习题给出不止一种求解方法,一方面提高学生学习兴趣,激发创新意识,另一方面也能启迪学生思维,便于课堂讨论,师生互动. 希望打开思路,不受书中解法约束,勤动脑多动手,提高思维的灵活性.

本教材供 64 学时教学用. 如果学时不足,以下两种选择可供参考:一是讲本书前 4 章,这一安排适合后继课开设"高等几何"的学校;再有就是讲本书前 3 章及第 4 章的 4.1 节、4.8 节,而对二次曲面化简及分类仅作简要介绍,然后讲第 5 章前 4 节. 使用本教材的学校可以根据具体情况由任课老师决定教学内容的取舍.

本书是在编者与郭瑞芝合编《空间解析几何》一书基础上修改加工而成. 编写中参考了许多同类教材,特向这些作者致谢. 本书作为普通高等教育"十一五"国家级规划教材,得到中南大学数学科学与计算技术学院的支持和资助,特表谢意. 邹建成教授仔细审阅了书稿并提出许多好的意见,何伟博士给予不少帮助,本人表示感谢. 对许多同行给予的鼓励、支持和帮助,在此一并表示感谢.

由于编者水平有限,书中仍有许多不足之处,也难免出现一些错误,请大家批评指正.

李养成

2007 年 4 月于中南大学

目　　录

前言
第一版前言
第 1 章　向量代数 ………………………………………………… 1
1.1　向量及其线性运算 ………………………………………… 1
1.2　标架与坐标 ………………………………………………… 10
1.3　向量的内积 ………………………………………………… 15
1.4　向量的外积 ………………………………………………… 20
1.5　向量的混合积 ……………………………………………… 25
拓展材料 1　应用向量的线性运算解初等几何问题 ………… 27
第 2 章　空间的平面与直线 ……………………………………… 33
2.1　平面和直线的方程 ………………………………………… 33
2.2　线性图形的位置关系 ……………………………………… 41
2.3　平面束 ……………………………………………………… 50
2.4　线性图形的度量关系 ……………………………………… 53
第 3 章　常见的曲面 ……………………………………………… 64
3.1　图形和方程 ………………………………………………… 64
3.2　柱面和锥面 ………………………………………………… 68
3.3　旋转曲面 …………………………………………………… 73
3.4　五种典型的二次曲面 ……………………………………… 79
3.5　二次直纹曲面 ……………………………………………… 90
3.6　作简图 ……………………………………………………… 96
拓展材料 2　曲线与曲面的参数方程 ………………………… 100
第 4 章　二次曲面的一般理论 …………………………………… 108
4.1　空间直角坐标变换 ………………………………………… 108
4.2　利用转轴化简二次曲面方程 ……………………………… 113
4.3　二次曲面的分类 …………………………………………… 121
4.4　二次曲面的不变量 ………………………………………… 127
4.5　二次曲面的中心与渐近方向 ……………………………… 132
4.6　二次曲面的径面 …………………………………………… 137

4.7　二次曲面的切线和切平面 …… 143
4.8　平面二次曲线 …… 147
拓展材料 3　关于二次曲面的特征根及主方向的进一步讨论 …… 161
拓展材料 4　平面二次曲线的一般理论 …… 165
第 5 章　正交变换和仿射变换 …… 166
5.1　变换 …… 166
5.2　平面上的正交变换 …… 169
5.3　平面上的仿射变换 …… 174
5.4　二次曲线的度量分类与仿射分类 …… 183
5.5　空间的正交变换和仿射变换简介 …… 187
部分习题答案与提示 …… 192
参考文献 …… 229
附录 …… 230
索引 …… 242

第1章　向 量 代 数

解析几何是用代数方法来研究几何图形. 为了把代数运算引进到几何中来,我们首先在空间引进向量及其线性运算,用有向线段作为向量的几何表示,并且通过向量来建立坐标系. 在空间坐标系中,不仅给向量引进坐标,也给点引进坐标,而且向量的运算可以归结为数的运算. 这样一来,几何图形可以用方程来表示,并通过方程来进一步研究图形的性质,因此坐标方法是解析几何中的最基本方法. 而利用向量的运算来研究图形性质的方法叫做向量法. 这种方法的优点在于比较直观,有时可使某些几何问题能简捷地得到解决,并且它在力学、物理学中也有重要应用. 本章系统地介绍向量代数的基本知识,并把向量法与坐标法结合起来使用,解决某些几何问题,为以后各章的学习提供必要的代数准备,因此可以说,本章内容是解析几何的基础知识.

1.1　向量及其线性运算

1.1.1　向量的概念

人们在工作与生活中,经常会遇到许多的量,像温度、时间、长度、面积、体积等,这些量在规定了单位后,都可以用一个实数来表示. 我们把这种只有大小的量叫做**数量**(或**标量**). 但是还存在另外一些量,例如位移、力、速度、加速度等,它们的共同点是不仅有大小而且有方向. 通常把既有大小又有方向的量叫做**向量**(或**矢量**). 在几何上,我们采用有向线段这一最简单的几何图形来表示向量.

给定空间一线段,如取它的一个端点作为起点,另一端点为终点,并规定由起点指向终点为线段的方向,这样确定了方向的线段叫做**有向线段**. 用有向线段表示向量,有向线段的起点与终点分别称为向量的**起点**与**终点**,向量的方向是由有向线段的起点指向终点,向量的大小用有向线段的长度表示,称为向量的**模**或**长度**. 起点是 A,终点是 B 的向量记作$\overrightarrow{AB}$(图 1.1),或用黑体字母 $\boldsymbol{a}$ 表示,它的长度记为$|\overrightarrow{AB}|$或$|\boldsymbol{a}|$.

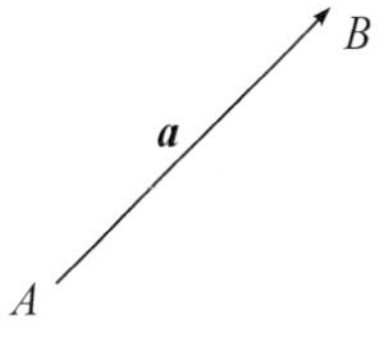

图 1.1

模等于 1 的向量叫做**单位向量**. 模等于 0 的向量称为**零向量**,记作 $\mathbf{0}$. 零向量的方向不定. 不是零向量的向量叫**非零向量**. 与非零向量 $\boldsymbol{a}$ 同方向的单位向量记为 $\boldsymbol{a}^{\circ}$.

两个向量 $\boldsymbol{a}$ 与 $\boldsymbol{b}$,若它们的方向相同且模相等,则称为**相等的向量**(图 1.2),记

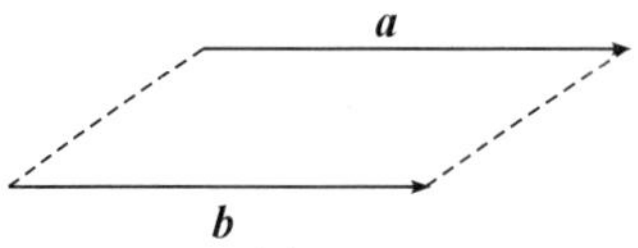

图 1.2

为 $\boldsymbol{a}=\boldsymbol{b}$. 另外,规定所有的零向量都相等. 因此两个向量是否相等与它们的起点无关,今后运用的正是这种起点可以任意选取,只由模和方向决定的向量,这样的向量通常叫做**自由向量**. 也就是说,自由向量可以任意平行移动,移动后的向量仍然是原来的向量.

两个向量,若它们的模相等,但方向相反,则叫做互为**反向量**. 向量 $\boldsymbol{a}$ 的反向量记为 $-\boldsymbol{a}$. 显然有 $\overrightarrow{AB}=-\overrightarrow{BA}$.

一组非零向量若用同一起点的有向线段表示后,它们在一条直线(一个平面)上,则这组向量叫做**共线(共面)**的. 另外规定零向量与任何共线(共面)的向量组共线(共面).

若向量 $\boldsymbol{a}$ 与 $\boldsymbol{b}$ 共线,则记为 $\boldsymbol{a}/\!/\boldsymbol{b}$. 显然,任意两个向量一定共面,三个向量中有两个共线则这三个向量共面. 又共线的向量组必共面.

1.1.2　向量的加法

联系物理学中力、速度、位移的合成,例如接连作两次位移 $\overrightarrow{AB}$ 和 $\overrightarrow{BC}$ 的效果是作了位移 $\overrightarrow{AC}$(图 1.3),由此可抽象出两个向量的加法运算定义.

定义 1.1.1　对于向量 $\boldsymbol{a},\boldsymbol{b}$,作有向线段 $\overrightarrow{AB}=\boldsymbol{a}$, $\overrightarrow{BC}=\boldsymbol{b}$,把 $\overrightarrow{AC}$ 表示的向量 $\boldsymbol{c}$ 称为 $\boldsymbol{a}$ 与 $\boldsymbol{b}$ 的和,记为 $\boldsymbol{c}=\boldsymbol{a}+\boldsymbol{b}$(图 1.4),即

$$\overrightarrow{AB}+\overrightarrow{BC}=\overrightarrow{AC},$$

由这一公式表示的向量加法法则称为**三角形法则**.

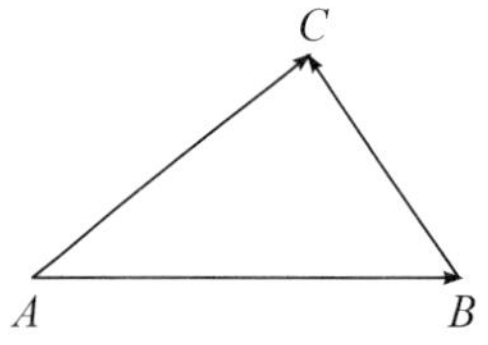

图 1.3

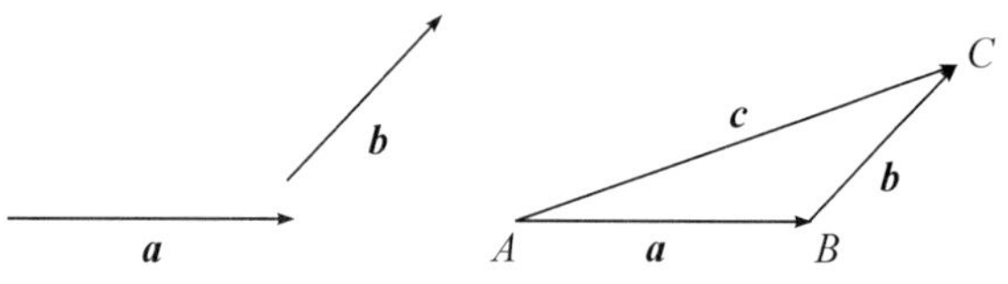

图 1.4

注　对于不共线向量 $\boldsymbol{a},\boldsymbol{b}$,若以空间中任意点 O 为起点,作 $\overrightarrow{OA}=\boldsymbol{a}$, $\overrightarrow{OB}=\boldsymbol{b}$,再以 OA 和 OB 为邻边作平行四边形 $OACB$,则对角线向量 $\overrightarrow{OC}$ 也表示向量 $\boldsymbol{a}$ 与 $\boldsymbol{b}$ 的和 $\boldsymbol{c}$(图 1.5),这称为向量加法的**平行四边形法则**.

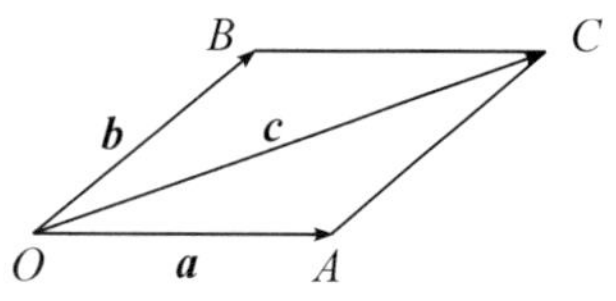

图 1.5

定理 1.1.1　向量的加法满足下面的运算规律:

(1) 结合律 $(\boldsymbol{a}+\boldsymbol{b})+\boldsymbol{c}=\boldsymbol{a}+(\boldsymbol{b}+\boldsymbol{c})$;

(2) 交换律 $\boldsymbol{a}+\boldsymbol{b}=\boldsymbol{b}+\boldsymbol{a}$;

(3) $\boldsymbol{a}+\boldsymbol{0}=\boldsymbol{a}$;

(4) $\boldsymbol{a}+(-\boldsymbol{a})=\boldsymbol{0}$.

其中 $\boldsymbol{a},\boldsymbol{b},\boldsymbol{c}$ 为任意向量.

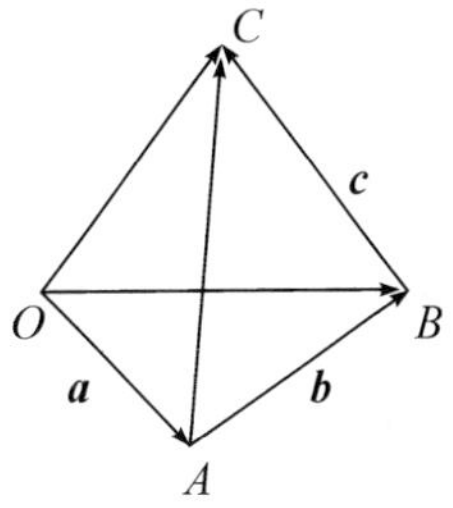

图 1.6

证明 (1)自空间任意点 O 为起点,依次作$\overrightarrow{OA}=\boldsymbol{a},\overrightarrow{AB}=\boldsymbol{b},\overrightarrow{BC}=\boldsymbol{c}$(图 1.6),则 $\boldsymbol{a}+\boldsymbol{b}=\overrightarrow{OB},\boldsymbol{b}+\boldsymbol{c}=\overrightarrow{AC}$,于是$(\boldsymbol{a}+\boldsymbol{b})+\boldsymbol{c}=\overrightarrow{OB}+\overrightarrow{BC}=\overrightarrow{OC},\boldsymbol{a}+(\boldsymbol{b}+\boldsymbol{c})=\overrightarrow{OA}+\overrightarrow{AC}=\overrightarrow{OC}$,所以

$$(\boldsymbol{a}+\boldsymbol{b})+\boldsymbol{c}=\boldsymbol{a}+(\boldsymbol{b}+\boldsymbol{c}).$$

(2),(3),(4)留给读者证明.

由于向量的加法满足结合律与交换律,所以三个向量 $\boldsymbol{a},\boldsymbol{b},\boldsymbol{c}$ 相加,不论它们的先后顺序与结合顺序如何,它们的和总是相同的,因此可将和写成 $\boldsymbol{a}+\boldsymbol{b}+\boldsymbol{c}$. 进而可推广到任意有限个情形,详情见二维码.

定义 1.1.2 向量 $\boldsymbol{a}$ 与 $\boldsymbol{b}$ 的**差**,记为 $\boldsymbol{a}-\boldsymbol{b}$,定义为向量 $\boldsymbol{a}$ 加上 $\boldsymbol{b}$ 的反向量,即

$$\boldsymbol{a}-\boldsymbol{b}=\boldsymbol{a}+(-\boldsymbol{b}).$$

若 $\boldsymbol{a},\boldsymbol{b}$ 分别用同一起点的有向线段$\overrightarrow{OA},\overrightarrow{OB}$表示(图 1.7),则

$$\boldsymbol{a}-\boldsymbol{b}=\overrightarrow{OA}-\overrightarrow{OB}=\overrightarrow{BA}.$$

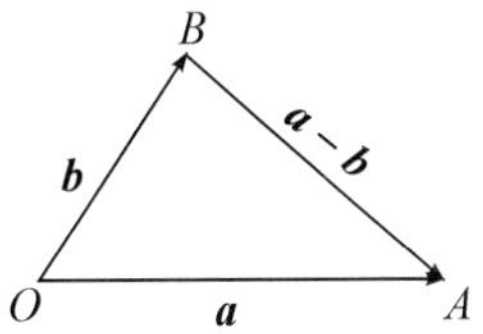

图 1.7

显然我们有

$$(\boldsymbol{a}-\boldsymbol{b})+\boldsymbol{b}=\boldsymbol{a}.$$

由此可见,向量的减法是作为加法的逆运算来定义的.

根据向量加法(含有减法)的三角形法则以及三角形三边之间的关系,容易知道下述关系式是成立的,即对于任意向量 $\boldsymbol{a},\boldsymbol{b}$,有

$$|\boldsymbol{a}+\boldsymbol{b}|\leqslant|\boldsymbol{a}|+|\boldsymbol{b}|,\quad |\boldsymbol{a}-\boldsymbol{b}|\leqslant|\boldsymbol{a}|+|\boldsymbol{b}|,$$
$$|\boldsymbol{a}+\boldsymbol{b}|\geqslant|\boldsymbol{a}|-|\boldsymbol{b}|,\quad |\boldsymbol{a}-\boldsymbol{b}|\geqslant|\boldsymbol{a}|-|\boldsymbol{b}|.$$

问题 从向量的减法定义能否得出向量等式的移项法则? 例如由等式 $\boldsymbol{a}+\boldsymbol{b}+\boldsymbol{c}=\boldsymbol{d}$ 得出 $\boldsymbol{a}+\boldsymbol{b}=\boldsymbol{d}-\boldsymbol{c}$,请说明理由.

例 1.1.1 用向量法证明:对角线互相平分的四边形是平行四边形.

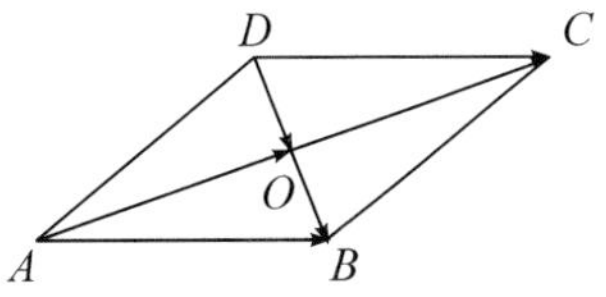

图 1.8

证明 设四边形 $ABCD$ 的对角线 AC 和 BD 互相平分于点 O(图 1.8),则$\overrightarrow{AO}=\overrightarrow{OC},\overrightarrow{DO}=\overrightarrow{OB}$,于是

$$\overrightarrow{AB}=\overrightarrow{AO}+\overrightarrow{OB}=\overrightarrow{OC}+\overrightarrow{DO}=\overrightarrow{DC}.$$

由此可见,$\overrightarrow{AB}/\!/\overrightarrow{DC}$且$|\overrightarrow{AB}|=|\overrightarrow{DC}|$,因此四边形 $ABCD$ 是平行四边形.

1.1.3 数乘向量

从著名的牛顿第二定律

$$\boldsymbol{f}=m\boldsymbol{a}$$

看出,需要考虑数与向量的乘法运算,这里 $\boldsymbol{f}$ 表示力,$\boldsymbol{a}$ 表示加速度,m 表示质量.

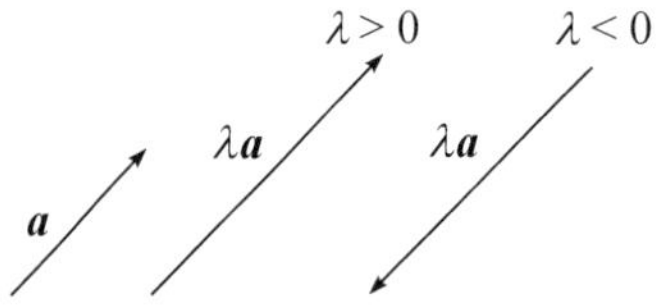

图 1.9

定义 1.1.3 实数 λ 与向量 $\boldsymbol{a}$ 的乘积 $\lambda\boldsymbol{a}$ 是一个向量,它的模为 $|\lambda\boldsymbol{a}|=|\lambda||\boldsymbol{a}|$;$\lambda\boldsymbol{a}$ 的方向,当 $\lambda>0$ 时与 $\boldsymbol{a}$ 相同,当 $\lambda<0$ 时与 $\boldsymbol{a}$ 相反(图 1.9),当 $\lambda=0$ 时,$\lambda\boldsymbol{a}=\boldsymbol{0}$. 我们把这种运算称为**数乘向量**.

由定义立即得到,$\lambda\boldsymbol{a}$ 与 $\boldsymbol{a}$ 是共线向量. 特别,$(-1)\boldsymbol{a}=-\boldsymbol{a}$. 记与非零向量 $\boldsymbol{a}$ 同方向的单位向量为 $\boldsymbol{a}^{\circ}$,则有 $\boldsymbol{a}=|\boldsymbol{a}|\boldsymbol{a}^{\circ}$,且

$$\boldsymbol{a}^{\circ}=\frac{1}{|\boldsymbol{a}|}\boldsymbol{a},$$

这说明非零向量 $\boldsymbol{a}$ 乘以它的模的倒数,便得到与它同方向的单位向量 $\boldsymbol{a}^{\circ}$,简称为把 $\boldsymbol{a}$ 单位化.

定理 1.1.2 数与向量的乘法满足如下的规律:

(1) $1\cdot\boldsymbol{a}=\boldsymbol{a}$;

(2) 结合律 $\lambda(\mu\boldsymbol{a})=(\lambda\mu)\boldsymbol{a}$;

(3) 第一分配律 $(\lambda+\mu)\boldsymbol{a}=\lambda\boldsymbol{a}+\mu\boldsymbol{a}$;

(4) 第二分配律 $\lambda(\boldsymbol{a}+\boldsymbol{b})=\lambda\boldsymbol{a}+\lambda\boldsymbol{b}$.

这里 $\boldsymbol{a},\boldsymbol{b}$ 为任意向量,λ,μ 为任意实数.

证明 (1)与(2)可以根据定义 1.1.3 直接验证.

(3) 如果 $\boldsymbol{a}=\boldsymbol{0}$ 或 $\lambda,\mu,\lambda+\mu$ 中有一个为 0,那么等式显然成立. 下面设 $\boldsymbol{a}\neq\boldsymbol{0}$,$\lambda\mu\neq0$ 且 $\lambda+\mu\neq0$.

① 若 $\lambda\mu>0$,则 $\lambda+\mu$ 与 λ,μ 都同号,于是$(\lambda+\mu)\boldsymbol{a},\lambda\boldsymbol{a},\mu\boldsymbol{a}$ 同向,并且

$$\begin{aligned}|(\lambda+\mu)\boldsymbol{a}|&=|\lambda+\mu||\boldsymbol{a}|=(|\lambda|+|\mu|)|\boldsymbol{a}|=|\lambda||\boldsymbol{a}|+|\mu||\boldsymbol{a}|\\&=|\lambda\boldsymbol{a}|+|\mu\boldsymbol{a}|=|\lambda\boldsymbol{a}+\mu\boldsymbol{a}|,\end{aligned}$$

所以有

$$(\lambda+\mu)\boldsymbol{a}=\lambda\boldsymbol{a}+\mu\boldsymbol{a}.$$

② 若 $\lambda\mu<0$,不失一般性,可设 $\lambda>0,\mu<0$. 再区分 $\lambda+\mu>0$ 和 $\lambda+\mu<0$ 两种情形. 下面就前一种情形证明,后一种情形可相仿证明. 现假设 $\lambda>0,\mu<0,\lambda+\mu>0$,这时 $-\mu>0$. 据①有

$$(\lambda+\mu)\boldsymbol{a}+(-\mu)\boldsymbol{a}=[(\lambda+\mu)+(-\mu)]\boldsymbol{a}=\lambda\boldsymbol{a},$$

所以

$$(\lambda+\mu)\boldsymbol{a}=\lambda\boldsymbol{a}-(-\mu)\boldsymbol{a}=\lambda\boldsymbol{a}+\mu\boldsymbol{a}.$$

(4) 如果 $\lambda=0$ 或 $\boldsymbol{a},\boldsymbol{b}$ 中有一个为 $\boldsymbol{0}$,则等式显然成立. 下设 $\lambda\neq0,\boldsymbol{a}\neq\boldsymbol{0},\boldsymbol{b}\neq\boldsymbol{0}$.

① 若 $\boldsymbol{a},\boldsymbol{b}$ 共线,则存在实数 m 使得 $\boldsymbol{a}=m\boldsymbol{b}$(请读者补述理由). 于是

$$\begin{aligned}\lambda(\boldsymbol{a}+\boldsymbol{b})&=\lambda(m\boldsymbol{b}+\boldsymbol{b})=\lambda[(m+1)\boldsymbol{b}]=[\lambda(m+1)]\boldsymbol{b}\\&=(\lambda m+\lambda)\boldsymbol{b}=(\lambda m)\boldsymbol{b}+\lambda\boldsymbol{b}=\lambda(m\boldsymbol{b})+\lambda\boldsymbol{b}\\&=\lambda\boldsymbol{a}+\lambda\boldsymbol{b}.\end{aligned}$$

② 若 $\boldsymbol{a},\boldsymbol{b}$ 不共线,则由 $\boldsymbol{a},\boldsymbol{b}$ 为两边构成的 $\triangle OAB$ 与由 $\lambda\boldsymbol{a},\lambda\boldsymbol{b}$ 为两边构成的 $\triangle OCD$ 相似(图 1.10),因此对应的第三边所成的向量满足 $\lambda\overrightarrow{OB}=\overrightarrow{OD}$. 但是 $\overrightarrow{OB}=\boldsymbol{a}+\boldsymbol{b},\overrightarrow{OD}=\lambda\boldsymbol{a}+\lambda\boldsymbol{b}$,所以

$$\lambda(\boldsymbol{a}+\boldsymbol{b})=\lambda\boldsymbol{a}+\lambda\boldsymbol{b}.$$

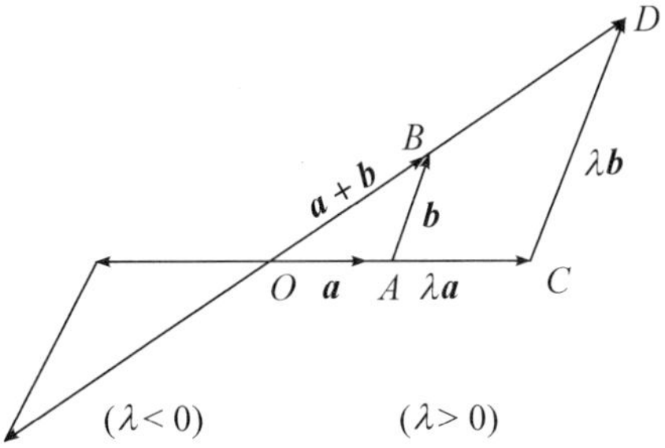

图 1.10

由定理 1.1.1 和定理 1.1.2 知,向量的加法以及数与向量的乘法可以像实数及多项式那样去进行运算.

常见错误之一:"设 $\boldsymbol{a}=\lambda\boldsymbol{b}(\boldsymbol{b}\neq\boldsymbol{0})$,则 $\lambda=\dfrac{\boldsymbol{a}}{\boldsymbol{b}}$". 试分析错误原因.

例 1.1.2 线段的定比分点.

对于线段 $AB(A\neq B)$,如果点 P 满足 $\overrightarrow{AP}=\lambda\overrightarrow{PB}$,则称点 P 分线段 AB 成定比 λ. 当 $\lambda>0$ 时,$\overrightarrow{AP}$ 与 $\overrightarrow{PB}$ 同向,点 P 是线段 AB 内部的点,称 P 为内分点;当 $\lambda<0$ 时,$\overrightarrow{AP}$ 与 $\overrightarrow{PB}$ 反向,P 是线段 AB 外部的点,称 P 为外分点;$\lambda=0$ 时,点 P 与点 A 重合. 假如 $\lambda=-1$,则有 $\overrightarrow{AP}=-\overrightarrow{PB},\overrightarrow{AB}=\boldsymbol{0}$,与条件 $A\neq B$ 矛盾,因此 $\lambda\neq-1$.

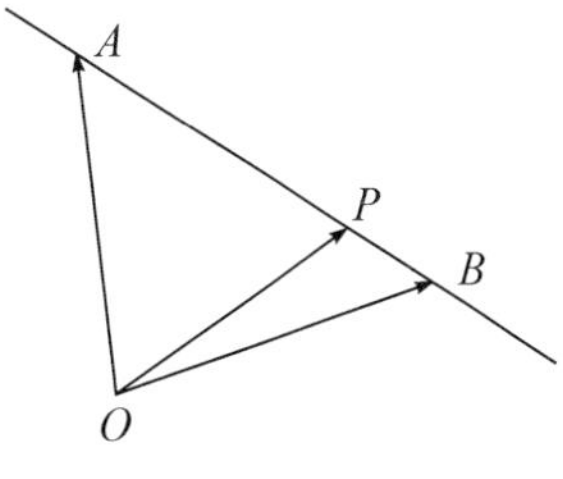

图 1.11

设点 P 分线段 AB 成定比 $\lambda(\lambda\neq-1)$,则对任意点 O(图 1.11),有

$$\overrightarrow{OP}=\frac{\overrightarrow{OA}+\lambda\overrightarrow{OB}}{1+\lambda}. \qquad (1.1.1)$$

公式(1.1.1)称为向量形式的**定比分点公式**.

事实上,由$\overrightarrow{AP}=\lambda\overrightarrow{PB}$,即$\overrightarrow{OP}-\overrightarrow{OA}=\lambda(\overrightarrow{OB}-\overrightarrow{OP})$,得$(1+\lambda)\overrightarrow{OP}=\overrightarrow{OA}+\lambda\overrightarrow{OB}$,故(1.1.1)式成立.

特别,若P为线段AB的中点(此时$\lambda=1$),则$\overrightarrow{OP}=\frac{1}{2}(\overrightarrow{OA}+\overrightarrow{OB})$,这是线段中点公式.

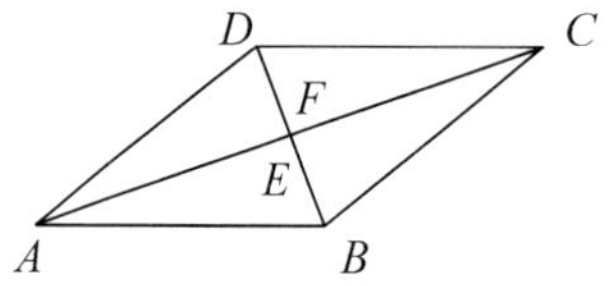

图1.12

例1.1.3　证明平行四边形的两条对角线互相平分.

证明　设$ABCD$为平行四边形,AC与BD的中点分别为E和F(图1.12),则

$$\overrightarrow{AE}=\frac{1}{2}\overrightarrow{AC}=\frac{1}{2}(\overrightarrow{AB}+\overrightarrow{BC}),$$

又由中点公式得

$$\overrightarrow{AF}=\frac{1}{2}(\overrightarrow{AB}+\overrightarrow{AD}).$$

因为$\overrightarrow{BC}=\overrightarrow{AD}$,所以$\overrightarrow{AE}=\overrightarrow{AF}$,$E$与$F$重合.因而结论得证.

1.1.4　共线及共面向量的判定

向量的加法及数乘向量统称为向量的**线性运算**.设$\boldsymbol{a}_i(i=1,2,\cdots,n)$是一组向量,$k_i(i=1,2,\cdots,n)$是一组实数,经线性运算得到的向量

$$\boldsymbol{a}=k_1\boldsymbol{a}_1+k_2\boldsymbol{a}_2+\cdots+k_n\boldsymbol{a}_n$$

叫做向量组$\boldsymbol{a}_i(i=1,2,\cdots,n)$的一个**线性组合**,或说向量$\boldsymbol{a}$可以用$\boldsymbol{a}_1,\boldsymbol{a}_2,\cdots,\boldsymbol{a}_n$**线性表示**.

在定理1.1.2(4)的证明中曾说过,若非零向量$\boldsymbol{a},\boldsymbol{b}$共线,则存在实数$m$使得$\boldsymbol{a}=m\boldsymbol{b}$.进而我们有

定理1.1.3　设向量$\boldsymbol{e}\neq\boldsymbol{0}$,则向量$\boldsymbol{r}$与$\boldsymbol{e}$共线的充要条件是存在唯一的实数$\lambda$,使得

$$\boldsymbol{r}=\lambda\boldsymbol{e}. \qquad (1.1.2)$$

证明留给读者.

定理1.1.4　设向量$\boldsymbol{e}_1,\boldsymbol{e}_2$不共线,则向量$\boldsymbol{r}$与$\boldsymbol{e}_1,\boldsymbol{e}_2$共面的充要条件是存在唯一的一对实数$\lambda,\mu$,使得

$$\boldsymbol{r}=\lambda\boldsymbol{e}_1+\mu\boldsymbol{e}_2. \qquad (1.1.3)$$

证明 根据向量加法的三角形法则,充分性显然成立.下证必要性.

因为 $\boldsymbol{e}_1,\boldsymbol{e}_2$ 不共线,所以 $\boldsymbol{e}_1\neq\boldsymbol{0},\boldsymbol{e}_2\neq\boldsymbol{0}$. 现假定 $\boldsymbol{r}$ 与 $\boldsymbol{e}_1,\boldsymbol{e}_2$ 共面,我们首先证明存在实数 λ,μ 使得(1.1.3)式成立.

(1) 若 $\boldsymbol{r}$ 与 $\boldsymbol{e}_1$(或 $\boldsymbol{e}_2$)共线,则依定理 1.1.3,有 $\boldsymbol{r}=\lambda\boldsymbol{e}_1+\mu\boldsymbol{e}_2$,其中 $\mu=0$(或 $\lambda=0$);

(2) 若 $\boldsymbol{r}$ 与 $\boldsymbol{e}_1,\boldsymbol{e}_2$ 都不共线,则将 $\boldsymbol{r},\boldsymbol{e}_1,\boldsymbol{e}_2$ 平移至同一起点 O,并设 $\overrightarrow{OE_i}=\boldsymbol{e}_i(i=1,2)$,$\overrightarrow{OP}=\boldsymbol{r}$. 过点 P 分别作 OE_2,OE_1 的平行线交 $\boldsymbol{e}_1,\boldsymbol{e}_2$ 所在的直线于 A,B 两点(图 1.13). 据定理 1.1.3,可设

$$\overrightarrow{OA}=\lambda\boldsymbol{e}_1,\quad \overrightarrow{OB}=\mu\boldsymbol{e}_2.$$

于是

$$\boldsymbol{r}=\overrightarrow{OP}=\overrightarrow{OA}+\overrightarrow{OB}=\lambda\boldsymbol{e}_1+\mu\boldsymbol{e}_2.$$

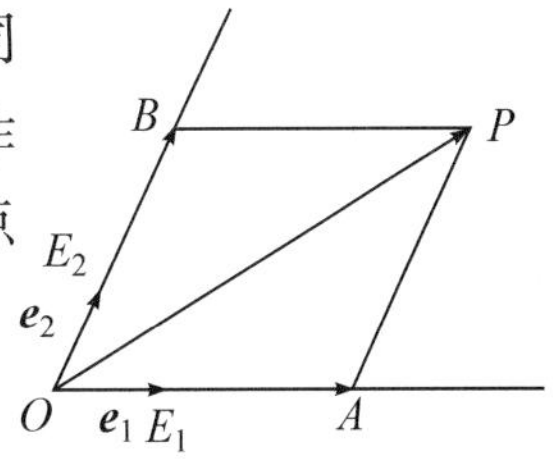

图 1.13

其次证明使得(1.1.3)成立的实数 λ,μ 是唯一的.

假设

$$\boldsymbol{r}=\lambda\boldsymbol{e}_1+\mu\boldsymbol{e}_2=\lambda'\boldsymbol{e}_1+\mu'\boldsymbol{e}_2,$$

那么 $(\lambda-\lambda')\boldsymbol{e}_1+(\mu-\mu')\boldsymbol{e}_2=\boldsymbol{0}$. 若 $\lambda\neq\lambda'$,则 $\boldsymbol{e}_1=-\dfrac{\mu-\mu'}{\lambda-\lambda'}\boldsymbol{e}_2$,这与 $\boldsymbol{e}_1,\boldsymbol{e}_2$ 不共线矛盾,因此 $\lambda=\lambda'$. 同理可证 $\mu=\mu'$.

定理 1.1.5 设向量 $\boldsymbol{e}_1,\boldsymbol{e}_2,\boldsymbol{e}_3$ 不共面,则对空间任意向量 $\boldsymbol{r}$,存在唯一的实数组 (λ,μ,ν),使得

$$\boldsymbol{r}=\lambda\boldsymbol{e}_1+\mu\boldsymbol{e}_2+\nu\boldsymbol{e}_3.$$

证明 首先证存在性. 因为 $\boldsymbol{e}_1,\boldsymbol{e}_2,\boldsymbol{e}_3$ 不共面,所以 $\boldsymbol{e}_i\neq\boldsymbol{0}(i=1,2,3)$,并且它们彼此不共线.

如果 $\boldsymbol{r}$ 和 $\boldsymbol{e}_1,\boldsymbol{e}_2,\boldsymbol{e}_3$ 之中的某两个向量共面,例如 $\boldsymbol{r}$ 与 $\boldsymbol{e}_1,\boldsymbol{e}_2$ 共面,那么依定理 1.1.4,有 $\boldsymbol{r}=\lambda\boldsymbol{e}_1+\mu\boldsymbol{e}_2+0\cdot\boldsymbol{e}_3$.

如果 $\boldsymbol{r}$ 和 $\boldsymbol{e}_1,\boldsymbol{e}_2,\boldsymbol{e}_3$ 之中的任何两个向量都不共面,那么将它们平移至同一起点 O,并设 $\overrightarrow{OE_i}=\boldsymbol{e}_i(i=1,2,3)$,$\overrightarrow{OP}=\boldsymbol{r}$. 过点 P 作直线与 OE_3 平行,且与 OE_1,OE_2 决定的平面交于 N(图 1.14). 现 $\overrightarrow{ON}$ 与 $\boldsymbol{e}_1,\boldsymbol{e}_2$ 共面,据定理 1.1.4,存在实数 λ,μ 使得

$$\overrightarrow{ON}=\lambda\boldsymbol{e}_1+\mu\boldsymbol{e}_2.$$

又 $\overrightarrow{NP}/\!/\boldsymbol{e}_3$,据定理 1.1.3,存在实数 ν 使得

$$\overrightarrow{NP}=\nu\boldsymbol{e}_3.$$

于是

$$\boldsymbol{r}=\overrightarrow{OP}=\overrightarrow{ON}+\overrightarrow{NP}=\lambda\boldsymbol{e}_1+\mu\boldsymbol{e}_2+\nu\boldsymbol{e}_3.$$

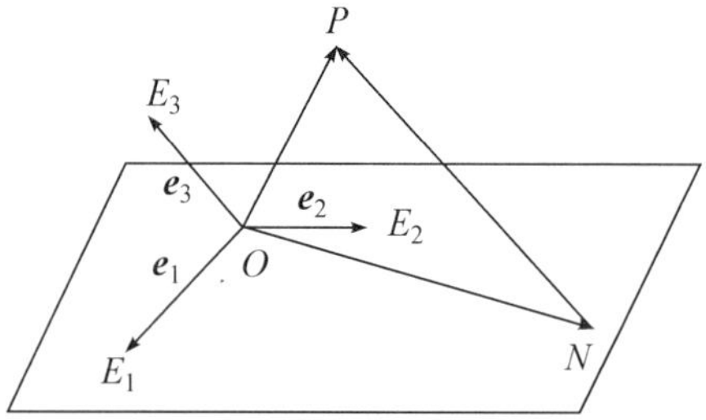

图 1.14

唯一性可仿照定理 1.1.4 中的证明写出,留给读者.

定义 1.1.4 对于 n 个向量 $\boldsymbol{a}_1,\boldsymbol{a}_2,\cdots,\boldsymbol{a}_n$,如果存在不全为零的 n 个实数 k_1, $k_2,\cdots,k_n$,使得

$$k_1\boldsymbol{a}_1+k_2\boldsymbol{a}_2+\cdots+k_n\boldsymbol{a}_n=\boldsymbol{0}\qquad(n\geqslant1),$$

我们说向量 $\boldsymbol{a}_1,\boldsymbol{a}_2,\cdots,\boldsymbol{a}_n$ 是**线性相关**. 若上式只有在 $k_1=k_2=\cdots=k_n=0$ 时才成立,则称向量 $\boldsymbol{a}_1,\boldsymbol{a}_2,\cdots,\boldsymbol{a}_n$ 是**线性无关**.

命题 1.1.1 两个向量 $\boldsymbol{a},\boldsymbol{b}$ 共线的充要条件是 $\boldsymbol{a},\boldsymbol{b}$ 线性相关.

证明 必要性. 设 $\boldsymbol{a},\boldsymbol{b}$ 共线,若其中有一个为零向量,不妨设 $\boldsymbol{a}=\boldsymbol{0}$,则 $1\boldsymbol{a}+0\boldsymbol{b}=\boldsymbol{0}$;若 $\boldsymbol{a}\neq\boldsymbol{0},\boldsymbol{b}\neq\boldsymbol{0}$,则由定理 1.1.3 知, $\boldsymbol{a}=\lambda\boldsymbol{b}$, $1\cdot\boldsymbol{a}+(-\lambda)\boldsymbol{b}=\boldsymbol{0}$,因此 $\boldsymbol{a},\boldsymbol{b}$ 线性相关.

充分性. $\boldsymbol{a},\boldsymbol{b}$ 线性相关,则存在不全为 0 的实数 k,l,使得

$$k\boldsymbol{a}+l\boldsymbol{b}=\boldsymbol{0},$$

不妨设 $k\neq0$,则有 $\boldsymbol{a}=-\dfrac{l}{k}\boldsymbol{b}$,因此 $\boldsymbol{a},\boldsymbol{b}$ 共线.

命题 1.1.2 三向量 $\boldsymbol{a},\boldsymbol{b},\boldsymbol{c}$ 共面(不共面)的充要条件是 $\boldsymbol{a},\boldsymbol{b},\boldsymbol{c}$ 线性相关(线性无关).

命题 1.1.3 空间中任意四个向量总是线性相关.

以上二命题的证明留给读者.

例 1.1.4 用向量法证明:三角形 ABC 的三条中线相交于一点.

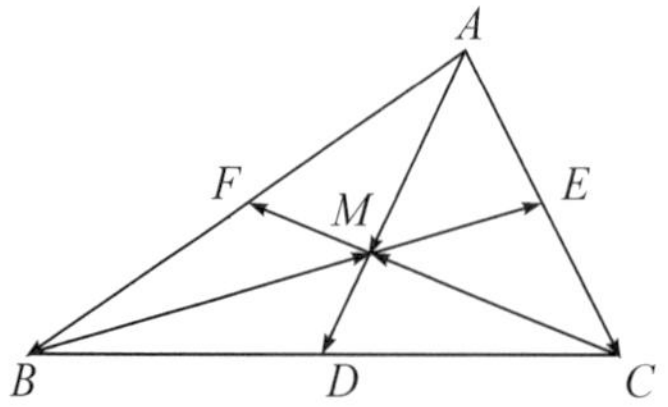

图 1.15

证明 设$\triangle ABC$ 的两条中线 AD 与 BE 相交于点 M. 要证第三条中线 CF 经过点 M,只需证$\overrightarrow{CM}=k\,\overrightarrow{CF}$($k$ 为某一实数)即可(图 1.15).

因$\overrightarrow{AM}$与$\overrightarrow{AD}$共线,$\overrightarrow{BM}$与$\overrightarrow{BE}$共线. 故可设$\overrightarrow{AM}=\lambda\,\overrightarrow{AD}$,$\overrightarrow{BM}=\mu\,\overrightarrow{BE}$,其中实数 λ,μ 满足 $0<\lambda,\mu<1$. 经计算

$$\overrightarrow{CM}=\overrightarrow{AM}-\overrightarrow{AC}=\frac{\lambda}{2}\overrightarrow{AB}+\left(\frac{\lambda}{2}-1\right)\overrightarrow{AC},$$

又

$$\overrightarrow{CM}=\overrightarrow{CB}+\overrightarrow{BM}=(1-\mu)\overrightarrow{AB}+\left(\frac{\mu}{2}-1\right)\overrightarrow{AC},$$

故

$$\left(\frac{\lambda}{2}+\mu-1\right)\overrightarrow{AB}+\frac{1}{2}(\lambda-\mu)\overrightarrow{AC}=0,$$

解得 $\lambda=\mu=\dfrac{2}{3}$，于是可推出 $\overrightarrow{CM}=\dfrac{2}{3}\overrightarrow{CF}$，$\triangle ABC$ 的三条中线相交于点 M. 推导细节见二维码.

习　题　1.1

1. 设 $ABCD-EFGH$ 是一个平行六面体，在下列各对向量中，找出相等的向量和互为反向量的向量：

(1) $\overrightarrow{AB},\overrightarrow{CD}$；(2) $\overrightarrow{AE},\overrightarrow{CG}$；(3) $\overrightarrow{AC},\overrightarrow{EG}$；(4) $\overrightarrow{AD},\overrightarrow{GF}$；(5) $\overrightarrow{BE},\overrightarrow{CH}$.

2. 在平行六面体 $ABCD-EFGH$ 中，令 $\overrightarrow{AB}=\boldsymbol{a}$，$\overrightarrow{AD}=\boldsymbol{b}$，$\overrightarrow{AE}=\boldsymbol{c}$，试用 $\boldsymbol{a},\boldsymbol{b},\boldsymbol{c}$ 表示向量 $\overrightarrow{AG}$，$\overrightarrow{BH}$，$\overrightarrow{CE}$，$\overrightarrow{DF}$.

3. 要使下列各式成立，向量 $\boldsymbol{a},\boldsymbol{b}$ 应满足什么条件？

(1) $|\boldsymbol{a}+\boldsymbol{b}|=|\boldsymbol{a}|+|\boldsymbol{b}|$；　(2) $|\boldsymbol{a}+\boldsymbol{b}|=|\boldsymbol{a}|-|\boldsymbol{b}|$；

(3) $|\boldsymbol{a}-\boldsymbol{b}|=|\boldsymbol{b}|-|\boldsymbol{a}|$；　(4) $|\boldsymbol{a}-\boldsymbol{b}|=|\boldsymbol{a}|+|\boldsymbol{b}|$；

(5) $|\boldsymbol{a}+\boldsymbol{b}|=|\boldsymbol{a}-\boldsymbol{b}|$.

4. 已知平行四边形 $ABCD$ 的边 BC 和 CD 的中点分别为 K 和 L. 设 $\overrightarrow{AK}=\boldsymbol{k}$，$\overrightarrow{AL}=\boldsymbol{l}$，求 $\overrightarrow{BC}$ 和 $\overrightarrow{CD}$.

5. 设向量 $\boldsymbol{e}_1,\boldsymbol{e}_2$ 不共线，$\overrightarrow{AB}=\boldsymbol{e}_1+\boldsymbol{e}_2$，$\overrightarrow{BC}=3\boldsymbol{e}_1+7\boldsymbol{e}_2$，$\overrightarrow{CD}=2\boldsymbol{e}_1-2\boldsymbol{e}_2$. 证明：$A,B,D$ 三点共线.

6. 设向量 $\boldsymbol{a},\boldsymbol{b}$ 不共线，$\overrightarrow{AB}=\boldsymbol{a}+2\boldsymbol{b}$，$\overrightarrow{BC}=-4\boldsymbol{a}-\boldsymbol{b}$，$\overrightarrow{CD}=-5\boldsymbol{a}-3\boldsymbol{b}$，证明四边形 $ABCD$ 为梯形.

7. 设 L,M,N 分别为 $\triangle ABC$ 三边 BC,CA,AB 的中点，证明：三中线向量 $\overrightarrow{AL},\overrightarrow{BM},\overrightarrow{CN}$ 可以构成一个三角形.

8. 设 $\boldsymbol{a},\boldsymbol{b},\boldsymbol{c}$ 为任意向量，λ,μ,ν 为任意实数，证明向量 $\lambda\boldsymbol{a}-\mu\boldsymbol{b}$，$\nu\boldsymbol{b}-\lambda\boldsymbol{c}$，$\mu\boldsymbol{c}-\nu\boldsymbol{a}$ 共面.

9. 设 M 为平行四边形 $ABCD$ 的对角线的交点，证明：对任意一点 O，有

$$\overrightarrow{OA}+\overrightarrow{OB}+\overrightarrow{OC}+\overrightarrow{OD}=4\overrightarrow{OM}.$$

10. 设空间四边形 $ABCD$ 的对角线 AC 和 BD 的中点分别是 M 和 N，证明：

$$\overrightarrow{AB}+\overrightarrow{CB}+\overrightarrow{AD}+\overrightarrow{CD}=4\overrightarrow{MN}.$$

11. 在 $\triangle ABC$ 中，点 M,N 为 AB 边上的三等分点. 设 $\overrightarrow{CA}=\boldsymbol{a}$，$\overrightarrow{CB}=\boldsymbol{b}$，求向量 $\overrightarrow{CM},\overrightarrow{CN}$ 对 $\boldsymbol{a},\boldsymbol{b}$ 的分解式.

12. 设 AL 是 $\triangle ABC$ 中角 A 的平分线，其中 L 为角平分线与 BC 边的交点. 记 $\overrightarrow{AB}=\boldsymbol{c}$，$\overrightarrow{AC}=\boldsymbol{b}$，将向量 $\overrightarrow{AL}$ 分解为 $\boldsymbol{b},\boldsymbol{c}$ 的线性组合.

13. 用向量法证明梯形两腰中点连线平行于上、下两底边并且等于它们长度和的一半.

14. 证明定理 1.1.3.

15. 试证三点 A,B,C 共线的充要条件是:存在不全为零的实数 λ,μ,ν,使得

$$\lambda\overrightarrow{OA}+\mu\overrightarrow{OB}+\nu\overrightarrow{OC}=\mathbf{0},\quad \lambda+\mu+\nu=0,$$

其中 O 是任意取定的一点.

16. 设 A,B,C 是不在一条直线上的三点,则点 M 在 A,B,C 确定的平面上的充要条件是:存在实数 λ,μ,ν,使得

$$\overrightarrow{OM}=\lambda\overrightarrow{OA}+\mu\overrightarrow{OB}+\nu\overrightarrow{OC},\quad \lambda+\mu+\nu=1,$$

其中 O 是任意取定的一点.

17. 设 O 是正 n 边形 $A_1A_2\cdots A_n$ 的中心,证明:

$$\overrightarrow{OA_1}+\overrightarrow{OA_2}+\overrightarrow{OA_3}+\cdots+\overrightarrow{OA_n}=\mathbf{0}.$$

1.2　标架与坐标

定理 1.1.3、定理 1.1.4 及定理 1.1.5 为我们在直线上、平面内以及空间中引入标架与坐标提供了理论依据. 本节不仅给向量引进坐标,同时也给点引进坐标,以便把向量法与坐标法结合起来使用. 我们着重在空间中讨论.

1.2.1　标架,向量与点的坐标

空间中任意三个有序的不共面向量 $\boldsymbol{e}_1,\boldsymbol{e}_2,\boldsymbol{e}_3$ 称为空间中的一组**基**. 根据定理 1.1.5,任意空间向量 $\boldsymbol{r}$ 可以用 $\boldsymbol{e}_1,\boldsymbol{e}_2,\boldsymbol{e}_3$ 线性表示,并且这种表示是唯一的,即

$$\boldsymbol{r}=x\boldsymbol{e}_1+y\boldsymbol{e}_2+z\boldsymbol{e}_3,$$

其中 x,y,z 是唯一的一组有序实数. 我们把有序的三实数组 (x,y,z) 称为向量 $\boldsymbol{r}$ 在基 $\boldsymbol{e}_1,\boldsymbol{e}_2,\boldsymbol{e}_3$ 下的**坐标**或**分量**,记为 $\boldsymbol{r}=(x,y,z)$.

定义 1.2.1　空间中一个点 O 和一组基 $\boldsymbol{e}_1,\boldsymbol{e}_2,\boldsymbol{e}_3$ 合在一起叫做空间的一个**仿射标架**或**仿射坐标系**,简称为**标架**,记作 $\{O;\boldsymbol{e}_1,\boldsymbol{e}_2,\boldsymbol{e}_3\}$,其中 O 称为**原点**,$\boldsymbol{e}_1,\boldsymbol{e}_2,\boldsymbol{e}_3$ 叫做**坐标向量**.

现在对空间中的点引入坐标. 空间中任意点 P 与向量 $\overrightarrow{OP}$ 一一对应,$\overrightarrow{OP}$ 叫做点 P 的**位置向量**或**向径**. 位置向量 $\overrightarrow{OP}$ 在基 $\boldsymbol{e}_1,\boldsymbol{e}_2,\boldsymbol{e}_3$ 下的坐标称为点 P 在仿射坐标系 $\{O;\boldsymbol{e}_1,\boldsymbol{e}_2,\boldsymbol{e}_3\}$ 中的坐标. 若 $\overrightarrow{OP}=(x,y,z)$,则点 P 的坐标记为 $P(x,y,z)$. 因此在 $\{O;\boldsymbol{e}_1,\boldsymbol{e}_2,\boldsymbol{e}_3\}$ 中,点 P 的坐标为 $(x,y,z)\Leftrightarrow\overrightarrow{OP}=x\boldsymbol{e}_1+y\boldsymbol{e}_2+z\boldsymbol{e}_3$.

以后将空间中任意向量 $\boldsymbol{r}$ 在基 $\boldsymbol{e}_1,\boldsymbol{e}_2,\boldsymbol{e}_3$ 下的坐标也称为 $\boldsymbol{r}$ 在仿射标架 $\{O;\boldsymbol{e}_1,\boldsymbol{e}_2,\boldsymbol{e}_3\}$ 中的坐标.

空间中取定一个标架后,由定理 1.1.5 知,空间中全体向量的集合与全体

有序三实数组的集合之间建立了一一对应关系;并且通过位置向量,所有空间点组成的集合与全体有序三实数组的集合之间也建立了一一对应.

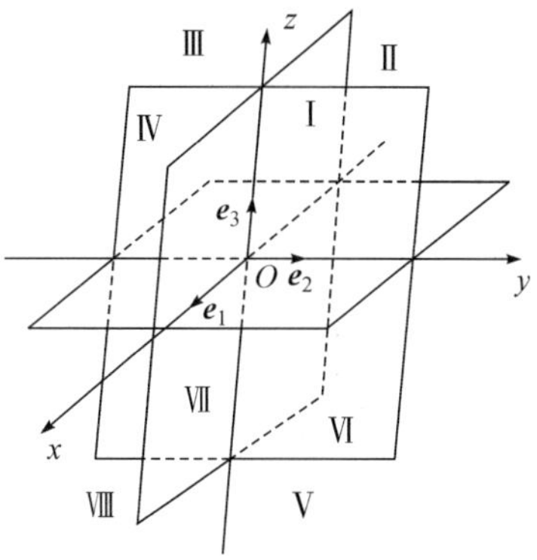

图 1.16

设$\{O;\boldsymbol{e}_1,\boldsymbol{e}_2,\boldsymbol{e}_3\}$为空间的一个标架.过原点$O$分别以$\boldsymbol{e}_1,\boldsymbol{e}_2,\boldsymbol{e}_3$为方向的有向直线分别称为$x$轴、$y$轴和$z$轴,统称为**坐标轴**.由每两条坐标轴所确定的平面叫做**坐标平面**,它们分别是xOy平面,yOz平面,zOx平面.三个坐标平面把空间分成8个部分,称为8个**卦限**(图1.16).在每个卦限内,点的坐标的符号是不变的.

坐标 \ 卦限	Ⅰ	Ⅱ	Ⅲ	Ⅳ	Ⅴ	Ⅵ	Ⅶ	Ⅷ
x	+	−	−	+	+	−	−	+
y	+	+	−	−	+	+	−	−
z	+	+	+	+	−	−	−	−

将右手四指(拇指除外)从x轴方向弯向y轴方向(转角小于180°),如果拇指所指的方向与z轴方向在xOy平面同侧,则称此坐标系为**右手系**,否则为**左手系**(图1.17).

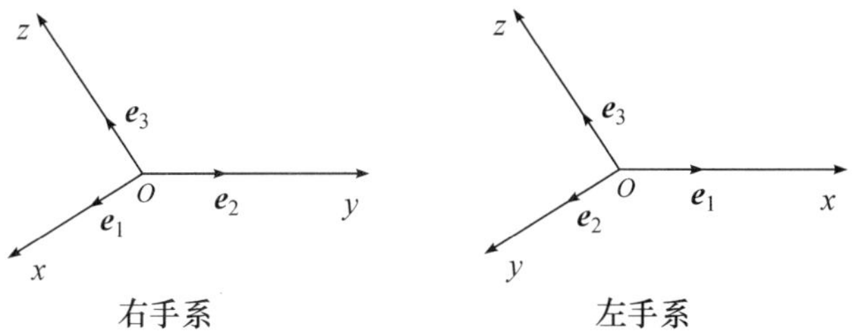

图 1.17

定义 1.2.2 如果$\boldsymbol{e}_1,\boldsymbol{e}_2,\boldsymbol{e}_3$都是单位向量,并且两两垂直,则$\{O;\boldsymbol{e}_1,\boldsymbol{e}_2,\boldsymbol{e}_3\}$称为**笛卡儿直角标架**或**笛卡儿直角坐标系**,简称为**直角标架**与**直角坐标系**.

显然直角坐标系是特殊的仿射坐标系.点(或向量)在直角坐标系下的坐标叫做它的**直角坐标**,在仿射坐标系中的坐标叫做**仿射坐标**.

约定:空间直角坐标系中的坐标向量$\boldsymbol{e}_1,\boldsymbol{e}_2,\boldsymbol{e}_3$改写为$\boldsymbol{i},\boldsymbol{j},\boldsymbol{k}$,并用$\{O;\boldsymbol{i},\boldsymbol{j},\boldsymbol{k}\}$来记右手直角坐标系.

类似地,可定义平面上的仿射标架和直角标架等概念,请读者参照上面所写的内容自己补述.

1.2.2　用坐标作向量的运算

1. 用向量的分量进行向量的线性运算.

命题 1.2.1　取定标架$\{O;\boldsymbol{e}_1,\boldsymbol{e}_2,\boldsymbol{e}_3\}$. 对于任意向量$\boldsymbol{a}=(a_1,a_2,a_3)$,$\boldsymbol{b}=(b_1,b_2,b_3)$及任意实数$\lambda$,有

(1) $\boldsymbol{a}+\boldsymbol{b}=(a_1+b_1,a_2+b_2,a_3+b_3)$,即两个向量和的坐标等于对应坐标的和;

(2) $\boldsymbol{a}-\boldsymbol{b}=(a_1-b_1,a_2-b_2,a_3-b_3)$,即两个向量差的坐标等于对应坐标的差;

(3) $\lambda\boldsymbol{a}=(\lambda a_1,\lambda a_2,\lambda a_3)$,即数乘向量的坐标等于这个数与向量的对应坐标的积.

证明　(1)

$$\begin{aligned}\boldsymbol{a}+\boldsymbol{b}&=(a_1,a_2,a_3)+(b_1,b_2,b_3)\\&=(a_1\boldsymbol{e}_1+a_2\boldsymbol{e}_2+a_3\boldsymbol{e}_3)+(b_1\boldsymbol{e}_1+b_2\boldsymbol{e}_2+b_3\boldsymbol{e}_3)\\&=(a_1+b_1)\boldsymbol{e}_1+(a_2+b_2)\boldsymbol{e}_2+(a_3+b_3)\boldsymbol{e}_3,\end{aligned}$$

所以$\boldsymbol{a}+\boldsymbol{b}$的坐标是$(a_1+b_1,a_2+b_2,a_3+b_3)$.

用同样的方法可证(2)与(3).

2. 用向量的起点和终点的坐标表示向量的分量.

命题 1.2.2　设向量$\overrightarrow{P_1P_2}$的起点P_1与终点P_2的坐标分别为(x_1,y_1,z_1),(x_2,y_2,z_2),则

$$\overrightarrow{P_1P_2}=(x_2-x_1,y_2-y_1,z_2-z_1),\tag{1.2.1}$$

即向量的坐标等于其终点的坐标减去其起点的坐标.

证明　留给读者.

3. 两向量共线、三向量共面的条件.

命题 1.2.3　在仿射坐标系$\{O;\boldsymbol{e}_1,\boldsymbol{e}_2,\boldsymbol{e}_3\}$中,两个非零向量$\boldsymbol{v}_1(X_1,Y_1,Z_1)$,$\boldsymbol{v}_2(X_2,Y_2,Z_2)$共线的充要条件是对应分量成比例,即

$$\frac{X_1}{X_2}=\frac{Y_1}{Y_2}=\frac{Z_1}{Z_2}.\tag{1.2.2}$$

这里我们约定:当分母为零时,分子亦为零.

证明　据定理 1.1.3,向量$\boldsymbol{v}_1$,$\boldsymbol{v}_2$共线的充要条件是其中一个向量可用另一个向量来线性表示,不妨设$\boldsymbol{v}_1=\lambda\boldsymbol{v}_2$,于是

$$(X_1,Y_1,Z_1)=\lambda(X_2,Y_2,Z_2)=(\lambda X_2,\lambda Y_2,\lambda Z_2),$$

由此得到$X_1=\lambda X_2$,$Y_1=\lambda Y_2$,$Z_1=\lambda Z_2$,所以(1.2.2)式成立.

推论 1.2.1　三个点$A(x_1,y_1,z_1)$,$B(x_2,y_2,z_2)$和$C(x_3,y_3,z_3)$共线的充要

条件是

$$\frac{x_2-x_1}{x_3-x_1}=\frac{y_2-y_1}{y_3-y_1}=\frac{z_2-z_1}{z_3-z_1}. \tag{1.2.3}$$

命题 1.2.4 在仿射坐标系$\{O;\boldsymbol{e}_1,\boldsymbol{e}_2,\boldsymbol{e}_3\}$中，三个非零向量$\boldsymbol{v}_i(X_i,Y_i,Z_i)$ $(i=1,2,3)$共面的充要条件是

$$\begin{vmatrix} X_1 & Y_1 & Z_1 \\ X_2 & Y_2 & Z_2 \\ X_3 & Y_3 & Z_3 \end{vmatrix}=0. \tag{1.2.4}$$

证明 据命题 1.1.2，三个向量$\boldsymbol{v}_1,\boldsymbol{v}_2,\boldsymbol{v}_3$共面的充要条件是它们线性相关，即存在不全为 0 的实数λ,μ,ν使得

$$\lambda\boldsymbol{v}_1+\mu\boldsymbol{v}_2+\nu\boldsymbol{v}_3=\boldsymbol{0}.$$

由此可得到

$$\begin{cases}\lambda X_1+\mu X_2+\nu X_3=0,\\ \lambda Y_1+\mu Y_2+\nu Y_3=0,\\ \lambda Z_1+\mu Z_2+\nu Z_3=0,\end{cases}$$

这是关于λ,μ,ν的齐次线性方程组. 该方程组有非零解λ,μ,ν的充要条件是系数行列式等于 0，即

$$\begin{vmatrix} X_1 & Y_1 & Z_1 \\ X_2 & Y_2 & Z_2 \\ X_3 & Y_3 & Z_3 \end{vmatrix}=0.$$

推论 1.2.2 4 个点$A_i(x_i,y_i,z_i)(i=1,2,3,4)$共面的充要条件是

$$\begin{vmatrix} x_2-x_1 & y_2-y_1 & z_2-z_1 \\ x_3-x_1 & y_3-y_1 & z_3-z_1 \\ x_4-x_1 & y_4-y_1 & z_4-z_1 \end{vmatrix}=0 \tag{1.2.5}$$

或

$$\begin{vmatrix} x_1 & y_1 & z_1 & 1 \\ x_2 & y_2 & z_2 & 1 \\ x_3 & y_3 & z_3 & 1 \\ x_4 & y_4 & z_4 & 1 \end{vmatrix}=0. \tag{1.2.5$'$}$$

4. 线段的定比分点坐标.

命题 1.2.5 在仿射坐标系$\{O;\boldsymbol{e}_1,\boldsymbol{e}_2,\boldsymbol{e}_3\}$中，已知点$A(x_1,y_1,z_1)$与点$B(x_2,y_2,z_2)$，那么分线段$AB$成定比$\lambda(\lambda\neq-1)$的分点$P$的坐标是

$$x=\frac{x_1+\lambda x_2}{1+\lambda},\quad y=\frac{y_1+\lambda y_2}{1+\lambda},\quad z=\frac{z_1+\lambda z_2}{1+\lambda}. \tag{1.2.6}$$

证明提示 由例 1.1.2 中的定比分点公式(1.1.1)可得公式(1.2.6).

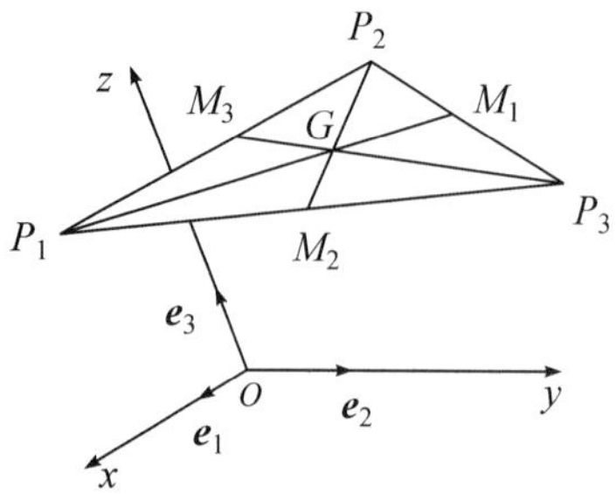

图 1.18

例 1.2.1　已知三角形三顶点为 $P_i(x_i,y_i,z_i)$ $(i=1,2,3)$，求$\triangle P_1P_2P_3$ 的重心的坐标.

解　设$\triangle P_1P_2P_3$ 的三条中线为 P_iM_i，其中顶点 P_i 所对的对边上的中点为$M_i(i=1,2,3)$，三中线的公共点为 $G(x,y,z)$(图 1.18)，因此有

$$\overrightarrow{P_1G}=2\overrightarrow{GM_1},$$

即重心 G 把 P_1M_1 分成定比 $\lambda=2$.

因为 M_1 为 P_2P_3 的中点，所以点 M_1 的坐标为$\left(\frac{x_2+x_3}{2},\frac{y_2+y_3}{2},\frac{z_2+z_3}{2}\right)$. 再根据公式(1.2.6)，得重心 G 的坐标

$$x=\frac{x_1+2\cdot\frac{x_2+x_3}{2}}{1+2}=\frac{1}{3}(x_1+x_2+x_3),$$

$$y=\frac{1}{3}(y_1+y_2+y_3),\quad z=\frac{1}{3}(z_1+z_2+z_3).$$

所以$\triangle P_1P_2P_3$ 的重心为

$$G\left(\frac{x_1+x_2+x_3}{3},\frac{y_1+y_2+y_3}{3},\frac{z_1+z_2+z_3}{3}\right).$$

习　题　1.2

1. 给定仿射坐标系.

(1) 已知点 $A(2,0,-1)$，向量$\overrightarrow{AB}=(1,3,4)$，求点 B 的坐标；

(2) 求点$(7,-3,1)$关于点$(4,0,-1)$的对称点的坐标.

2. 给定直角坐标系. 设点 M 的坐标为(x,y,z)，求它分别对于 xOy 面，x 轴和原点的对称点的坐标.

3. 设平行四边形 $ABCD$ 的对角线相交于点 M，又

$$\overrightarrow{DP}=\frac{1}{5}\overrightarrow{DB},\quad \overrightarrow{CQ}=\frac{1}{6}\overrightarrow{CA}.$$

在仿射坐标系$\{A;\overrightarrow{AB},\overrightarrow{AD}\}$下，求点 M,P,Q 的坐标及向量$\overrightarrow{PQ}$的坐标.

4. 设 $ABCDEF$ 为正六边形，求各顶点以及向量$\overrightarrow{DB},\overrightarrow{DF}$在$\{A;\overrightarrow{AB},\overrightarrow{AF}\}$中的坐标.

5. 设向量 $\boldsymbol{a}=(5,7,2)$，$\boldsymbol{b}=(3,0,4)$，$\boldsymbol{c}=(-6,1,2)$，求下列向量坐标：

(1) $2\boldsymbol{a}-\boldsymbol{b}+3\boldsymbol{c}$；　(2) $3\boldsymbol{a}+4\boldsymbol{b}-\boldsymbol{c}$.

6. 已知点 A 的坐标为$(7,-4,1)$，点 B 的坐标为$(-2,2,4)$，将线段 AB 三等分，求各分点的坐标.

7. 判断下列各组的三个向量 $\boldsymbol{a},\boldsymbol{b},\boldsymbol{c}$ 是否共面？能否将 $\boldsymbol{c}$ 表示成 $\boldsymbol{a},\boldsymbol{b}$ 的线性组合？若能表示，则写出表达式.

(1) $\boldsymbol{a}(5,2,1)$，$\boldsymbol{b}(-1,4,2)$，$\boldsymbol{c}(-1,-1,5)$；

(2) $\boldsymbol{a}(6,4,2)$，$\boldsymbol{b}(-9,6,3)$，$\boldsymbol{c}(-3,6,3)$；

(3) $\boldsymbol{a}(1,2,-3)$，$\boldsymbol{b}(-2,-4,6)$，$\boldsymbol{c}(1,0,5)$.

8. 已知 $\boldsymbol{a}=(1,5,3)$，$\boldsymbol{b}=(6,-4,-2)$，$\boldsymbol{c}=(0,-5,7)$，$\boldsymbol{d}=(20,-27,35)$. 试证明 $\boldsymbol{a},\boldsymbol{b},\boldsymbol{c}$ 不共面，并将 $\boldsymbol{d}$ 表示成 $\boldsymbol{a},\boldsymbol{b},\boldsymbol{c}$ 的线性组合.

1.3 向量的内积

如同从力或位移的合成引出向量加法运算一样，人们从另外一些力学、物理学或其他科技问题出发，又概括出向量乘法运算，并且这种运算为解决许多实际问题提供了工具. 本节及下一节分别介绍向量的内积与外积这两种乘法运算.

首先看一个力学问题：求力 $\boldsymbol{F}$ 使质点产生位移 $\boldsymbol{S}$ 所做的功 W. 如果质点沿着力的方向移动，那么力所做的功等于力的大小与质点移动的距离的乘积；如果质点移动的方向和力的方向不一致(图 1.19)，那么力所做的功等于这个力在位移方向上的分力大小与移动距离的乘积，用公式表达为

$$W=|\boldsymbol{F}_1||\boldsymbol{S}|=|\boldsymbol{F}||\boldsymbol{S}|\cos\alpha,$$

其中 $\boldsymbol{F}_1$ 是 $\boldsymbol{F}$ 沿 $\boldsymbol{S}$ 方向的分力，α 是 $\boldsymbol{F}$ 与 $\boldsymbol{S}$ 的夹角.

反映在数学上，两个非零向量 $\boldsymbol{a}$ 与 $\boldsymbol{b}$ 的夹角 $\angle(\boldsymbol{a},\boldsymbol{b})$ 规定如下：自空间任意点 O 作 $\overrightarrow{OA}=\boldsymbol{a}$，$\overrightarrow{OB}=\boldsymbol{b}$，我们把由射线 OA 和 OB 构成的角度在 0 与 π 之间的角叫做 $\boldsymbol{a}$ 与 $\boldsymbol{b}$ 的**夹角**(图 1.20).

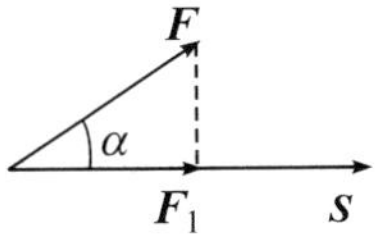

图 1.19

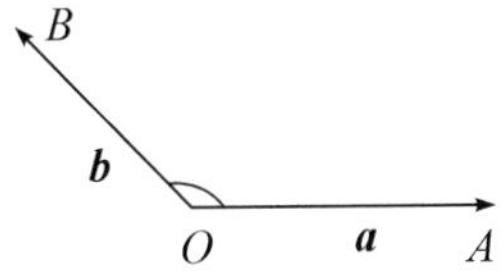

图 1.20

当 $\angle(\boldsymbol{a},\boldsymbol{b})=\dfrac{\pi}{2}$ 时，称向量 $\boldsymbol{a}$ 与 $\boldsymbol{b}$ 是互相垂直的，记作 $\boldsymbol{a}\perp\boldsymbol{b}$.

下面来考察类似于 $\boldsymbol{F}$ 沿 $\boldsymbol{S}$ 方向的分力 $\boldsymbol{F}_1$ 那样的向量.

1.3.1 向量的射影

定义 1.3.1 设 $\boldsymbol{a},\boldsymbol{b}$ 是两个向量，且 $\boldsymbol{b}\neq\boldsymbol{0}$. 过向量 $\boldsymbol{a}$ 的起点 A 和终点 B 分别作平面与 $\boldsymbol{b}$ 垂直，并且交 $\boldsymbol{b}$ 所在直线于 A'，B' 两点(图 1.21)，则所得向量 $\overrightarrow{A'B'}$ 叫做向量 $\boldsymbol{a}$ 在向量 $\boldsymbol{b}$ 上的**射影向量**.

如果 $\overrightarrow{A'B'}=x\boldsymbol{b}^{\circ}$($\boldsymbol{b}^{\circ}$ 是与 $\boldsymbol{b}$ 同向的单位向量)，那么实数 x 称为向量 $\boldsymbol{a}$ 在向量 $\boldsymbol{b}$ 上的**射影**，记为 $\mathrm{Prj}_{\boldsymbol{b}}\boldsymbol{a}$.

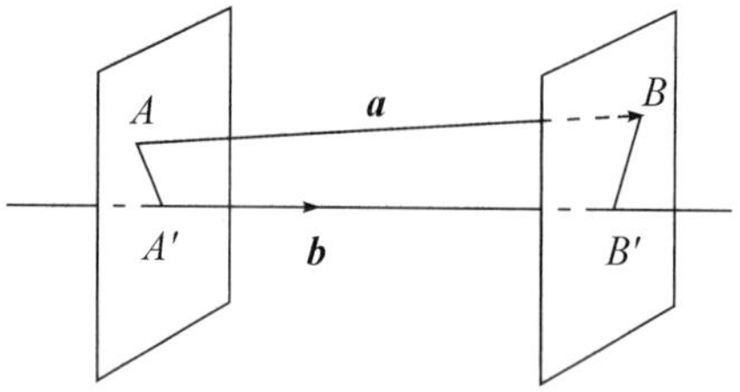

图 1.21

命题 1.3.1　$\mathrm{Prj}_{\boldsymbol{b}}\boldsymbol{a}=|\boldsymbol{a}|\cos\angle(\boldsymbol{a},\boldsymbol{b})$.

证明　过向量 $\boldsymbol{a}$ 的起点 A 和终点 B 分别作平面 α 和 β 与 $\boldsymbol{b}$ 垂直，并且交 $\boldsymbol{b}$ 所在直线于 A'，B' 两点(图 1.22)，再过点 A 作直线平行于 $\boldsymbol{b}$(若 $A\neq A'$)交平面 β 于点 B''，则 $\overrightarrow{A'B'}=\overrightarrow{AB''}$. 在直角三角形 ABB'' 中，有

$$|\overrightarrow{AB''}|=|\boldsymbol{a}|\cos\varphi,\quad 0<\varphi<\frac{\pi}{2}.$$

当 $\overrightarrow{A'B'}$ 与 $\boldsymbol{b}$ 同向时，$\angle(\boldsymbol{a},\boldsymbol{b})=\varphi$；当 $\overrightarrow{A'B'}$ 与 $\boldsymbol{b}$ 反向时，$\varphi=\pi-\angle(\boldsymbol{a},\boldsymbol{b})$，所以

$$\mathrm{Prj}_{\boldsymbol{b}}\boldsymbol{a}=|\boldsymbol{a}|\cos\angle(\boldsymbol{a},\boldsymbol{b}).$$

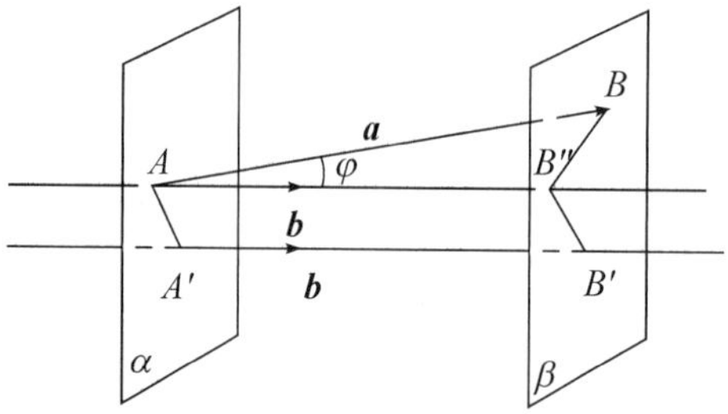

图 1.22

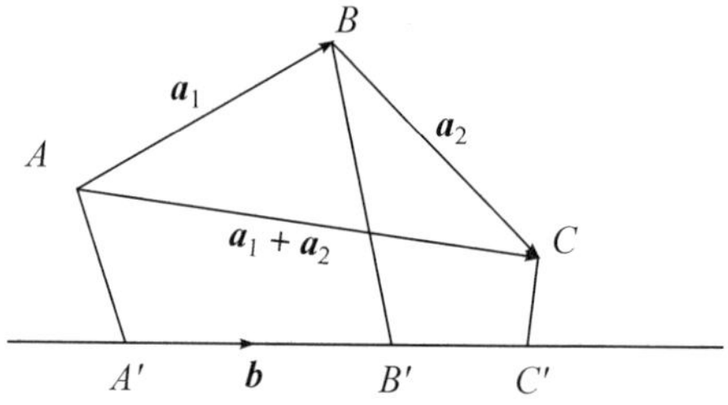

图 1.23

命题 1.3.2　(1) $\mathrm{Prj}_{\boldsymbol{b}}(\boldsymbol{a}_1+\boldsymbol{a}_2)=\mathrm{Prj}_{\boldsymbol{b}}\boldsymbol{a}_1+\mathrm{Prj}_{\boldsymbol{b}}\boldsymbol{a}_2$；

(2) $\mathrm{Prj}_{\boldsymbol{b}}(\lambda\boldsymbol{a})=\lambda\mathrm{Prj}_{\boldsymbol{b}}\boldsymbol{a}$.

证明　(1) 取 $\overrightarrow{AB}=\boldsymbol{a}_1$，$\overrightarrow{BC}=\boldsymbol{a}_2$，则 $\overrightarrow{AC}=\boldsymbol{a}_1+\boldsymbol{a}_2$. 据定义 1.3.1，向量 $\boldsymbol{a}_1$，$\boldsymbol{a}_2$，$\boldsymbol{a}_1+\boldsymbol{a}_2$ 在向量 $\boldsymbol{b}$ 上的射影向量分别是 $\overrightarrow{A'B'}$，$\overrightarrow{B'C'}$，$\overrightarrow{A'C'}$(图 1.23). 设 $\overrightarrow{A'B'}=x\boldsymbol{b}^\circ$，$\overrightarrow{B'C'}=y\boldsymbol{b}^\circ$，则 $\overrightarrow{A'C'}=\overrightarrow{A'B'}+\overrightarrow{B'C'}=(x+y)\boldsymbol{b}^\circ$，所以

$$\mathrm{Prj}_{\boldsymbol{b}}(\boldsymbol{a}_1+\boldsymbol{a}_2)=\mathrm{Prj}_{\boldsymbol{b}}\boldsymbol{a}_1+\mathrm{Prj}_{\boldsymbol{b}}\boldsymbol{a}_2.$$

(2) 当 $\lambda=0$ 或 $\boldsymbol{a}=\boldsymbol{0}$ 时，结论显然成立. 下设 $\lambda\neq0$ 且 $\boldsymbol{a}\neq\boldsymbol{0}$. 分 $\lambda>0$ 和 $\lambda<0$ 讨论，细节留给读者，可参见二维码.

1.3.2　向量内积的定义和性质

定义 1.3.2　两个向量 $\boldsymbol{a}$ 和 $\boldsymbol{b}$ 的**内积**(也称**点积**或**数量积**)记为 $\boldsymbol{a}\cdot\boldsymbol{b}$ 或 $\boldsymbol{ab}$，规定为 $\boldsymbol{a}$ 与 $\boldsymbol{b}$ 的模和它们的夹角的余弦的乘积，即

$$\boldsymbol{a}\cdot\boldsymbol{b}=|\boldsymbol{a}||\boldsymbol{b}|\cos\angle(\boldsymbol{a},\boldsymbol{b}).\tag{1.3.1}$$

显然，两个向量的内积是一个实数. 并且由命题 1.3.1 知，

$$\boldsymbol{a}\cdot\boldsymbol{b}=|\boldsymbol{a}|\mathrm{Prj}_{\boldsymbol{a}}\boldsymbol{b}=|\boldsymbol{b}|\mathrm{Prj}_{\boldsymbol{b}}\boldsymbol{a}.\tag{1.3.2}$$

如果 $\boldsymbol{a}\neq\boldsymbol{0},\boldsymbol{b}\neq\boldsymbol{0}$,那么

$$\cos\angle(\boldsymbol{a},\boldsymbol{b})=\frac{\boldsymbol{a}\cdot\boldsymbol{b}}{|\boldsymbol{a}||\boldsymbol{b}|}. \tag{1.3.3}$$

特别地,当 $\boldsymbol{a}=\boldsymbol{b}$ 时,$\boldsymbol{a}\cdot\boldsymbol{a}=|\boldsymbol{a}|^2$. 记 $\boldsymbol{a}^2=\boldsymbol{a}\cdot\boldsymbol{a}$,则 $|\boldsymbol{a}|=\sqrt{\boldsymbol{a}^2}$.

命题 1.3.3 设 $\boldsymbol{a},\boldsymbol{b}$ 为向量,则 $\boldsymbol{a}\perp\boldsymbol{b}$ 的充要条件是 $\boldsymbol{a}\cdot\boldsymbol{b}=0$.

证明留给读者.

命题 1.3.4 向量的内积满足下面的运算规律:对任意向量 $\boldsymbol{a},\boldsymbol{b},\boldsymbol{c}$ 及任意实数 λ,有

(1) 交换律 $\boldsymbol{a}\cdot\boldsymbol{b}=\boldsymbol{b}\cdot\boldsymbol{a}$;

(2) 关于数因子的结合律 $(\lambda\boldsymbol{a})\cdot\boldsymbol{b}=\lambda(\boldsymbol{a}\cdot\boldsymbol{b})$;

(3) 分配律 $(\boldsymbol{a}+\boldsymbol{b})\cdot\boldsymbol{c}=\boldsymbol{a}\cdot\boldsymbol{c}+\boldsymbol{b}\cdot\boldsymbol{c}$;

(4) $\boldsymbol{a}\cdot\boldsymbol{a}\geqslant 0$,等号成立当且仅当 $\boldsymbol{a}=\boldsymbol{0}$.

证明 (1),(4)显然.

(2) $(\lambda\boldsymbol{a})\cdot\boldsymbol{b}=|\boldsymbol{b}|\mathrm{Prj}_{\boldsymbol{b}}(\lambda\boldsymbol{a})=\lambda|\boldsymbol{b}|\mathrm{Prj}_{\boldsymbol{b}}\boldsymbol{a}=\lambda(\boldsymbol{a}\cdot\boldsymbol{b})$;

(3) $$\begin{aligned}(\boldsymbol{a}+\boldsymbol{b})\cdot\boldsymbol{c}&=|\boldsymbol{c}|\mathrm{Prj}_{\boldsymbol{c}}(\boldsymbol{a}+\boldsymbol{b})=|\boldsymbol{c}|(\mathrm{Prj}_{\boldsymbol{c}}\boldsymbol{a}+\mathrm{Prj}_{\boldsymbol{c}}\boldsymbol{b})\\&=|\boldsymbol{c}|\mathrm{Prj}_{\boldsymbol{c}}\boldsymbol{a}+|\boldsymbol{c}|\mathrm{Prj}_{\boldsymbol{c}}b=\boldsymbol{a}\cdot\boldsymbol{c}+\boldsymbol{b}\cdot\boldsymbol{c}.\end{aligned}$$

问题 (1)向量的内积是否满足消去律,即由 $\boldsymbol{a}\cdot\boldsymbol{b}=\boldsymbol{a}\cdot\boldsymbol{c}$ 及 $\boldsymbol{a}\neq\boldsymbol{0}$ 能否推出 $\boldsymbol{b}=\boldsymbol{c}$?

(2) 对任意三个向量 $\boldsymbol{a},\boldsymbol{b},\boldsymbol{c}$,$(\boldsymbol{a}\boldsymbol{b})\boldsymbol{c}\neq\boldsymbol{a}(\boldsymbol{b}\boldsymbol{c})$,为什么?

例 1.3.1 证明三角形的三条高交于一点.

证明 如图 1.24,设 H 是 $\triangle ABC$ 的高 AD 与 BE 的交点,只需证 CH 垂直于 AB.

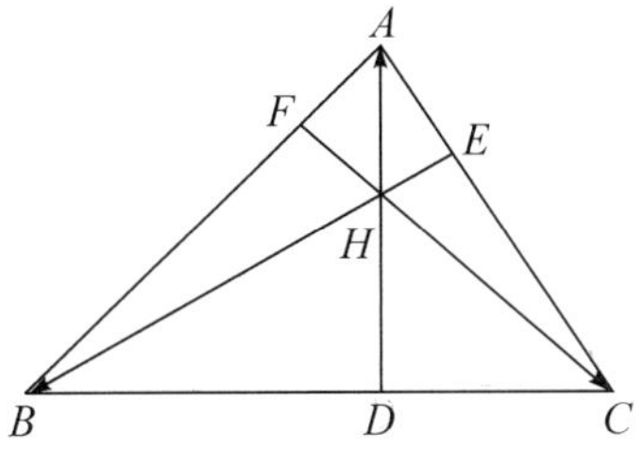

图 1.24

因 $\overrightarrow{HA}\cdot\overrightarrow{BC}=0$,即 $(\overrightarrow{HC}+\overrightarrow{CA})\cdot\overrightarrow{BC}=0$,故 $\overrightarrow{HC}\cdot\overrightarrow{BC}=\overrightarrow{AC}\cdot\overrightarrow{BC}$. 同理由 $\overrightarrow{HB}\cdot\overrightarrow{AC}=0$ 得 $\overrightarrow{HC}\cdot\overrightarrow{AC}=\overrightarrow{BC}\cdot\overrightarrow{AC}$,因此

$$\overrightarrow{HC}\cdot\overrightarrow{AB}=\overrightarrow{HC}\cdot\overrightarrow{AC}+\overrightarrow{HC}\cdot\overrightarrow{CB}=\overrightarrow{BC}\cdot\overrightarrow{AC}-\overrightarrow{AC}\cdot\overrightarrow{BC}=0,$$

于是 $\overrightarrow{HC}\perp\overrightarrow{AB}$,这证明了三角形的三条高交于一点.

读者可探讨另外的证法，可参见二维码.

例 1.3.2　空间四边形的两条对角线互相垂直的充要条件是对边平方的和相等(图 1.25).

证明　在空间四边形 $ABCD$ 中，设 $\overrightarrow{AB}=\boldsymbol{a}$，$\overrightarrow{BC}=\boldsymbol{b}$，$\overrightarrow{CD}=\boldsymbol{c}$，$\overrightarrow{DA}=\boldsymbol{d}$，则 $\boldsymbol{a}+\boldsymbol{b}+\boldsymbol{c}+\boldsymbol{d}=\boldsymbol{0}$，因此

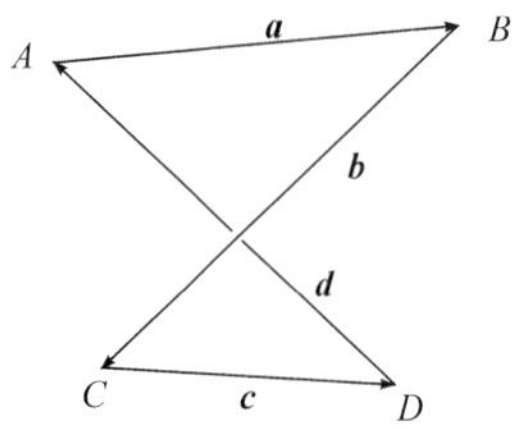

图 1.25

$$\begin{aligned}(-\boldsymbol{d})^2&=(\boldsymbol{a}+\boldsymbol{b}+\boldsymbol{c})^2\\&=\boldsymbol{a}^2+\boldsymbol{b}^2+\boldsymbol{c}^2+2\boldsymbol{a}\cdot\boldsymbol{b}+2\boldsymbol{b}\cdot\boldsymbol{c}+2\boldsymbol{a}\cdot\boldsymbol{c}\\&=\boldsymbol{a}^2+\boldsymbol{c}^2-\boldsymbol{b}^2+2(\boldsymbol{b}^2+\boldsymbol{b}\cdot\boldsymbol{c}+\boldsymbol{a}\cdot\boldsymbol{b}+\boldsymbol{a}\cdot\boldsymbol{c})\\&=\boldsymbol{a}^2+\boldsymbol{c}^2-\boldsymbol{b}^2+2(\boldsymbol{a}+\boldsymbol{b})\cdot(\boldsymbol{b}+\boldsymbol{c}),\end{aligned}$$

并且

$$\boldsymbol{b}^2+\boldsymbol{d}^2-\boldsymbol{a}^2-\boldsymbol{c}^2=2\overrightarrow{AC}\cdot\overrightarrow{BD}.$$

由此可知

$$\overrightarrow{AC}\perp\overrightarrow{BD}\Leftrightarrow\overrightarrow{AC}\cdot\overrightarrow{BD}=0\Leftrightarrow\boldsymbol{a}^2+\boldsymbol{c}^2=\boldsymbol{b}^2+\boldsymbol{d}^2.$$

1.3.3　用坐标计算向量的内积

选取一个仿射坐标系 $\{O;\boldsymbol{e}_1,\boldsymbol{e}_2,\boldsymbol{e}_3\}$. 设向量 $\boldsymbol{a},\boldsymbol{b}$ 的坐标分别为 (a_1,a_2,a_3)，(b_1,b_2,b_3)，则

$$\begin{aligned}\boldsymbol{a}\cdot\boldsymbol{b}&=(a_1\boldsymbol{e}_1+a_2\boldsymbol{e}_2+a_3\boldsymbol{e}_3)\cdot(b_1\boldsymbol{e}_1+b_2\boldsymbol{e}_2+b_3\boldsymbol{e}_3)\\&=a_1b_1\boldsymbol{e}_1^2+a_2b_2\boldsymbol{e}_2^2+a_3b_3\boldsymbol{e}_3^2+(a_1b_2+a_2b_1)\boldsymbol{e}_1\cdot\boldsymbol{e}_2\\&\quad+(a_1b_3+a_3b_1)\boldsymbol{e}_1\cdot\boldsymbol{e}_3+(a_2b_3+a_3b_2)\boldsymbol{e}_2\cdot\boldsymbol{e}_3.\end{aligned}\tag{1.3.4}$$

可见只要求出基向量 $\boldsymbol{e}_1,\boldsymbol{e}_2,\boldsymbol{e}_3$ 之间的内积，就可以求出任意两个向量的内积.

现在我们考察在直角坐标系 $\{O;\boldsymbol{i},\boldsymbol{j},\boldsymbol{k}\}$ 下向量的内积的坐标表达式.

定理 1.3.1　在直角坐标系下，两个向量的内积等于它们的对应坐标的乘积之和.

证明　设向量 $\boldsymbol{a},\boldsymbol{b}$ 在直角坐标系 $\{O;\boldsymbol{i},\boldsymbol{j},\boldsymbol{k}\}$ 下的坐标分别为 $\boldsymbol{a}=(X_1,Y_1,Z_1)$，$\boldsymbol{b}=(X_2,Y_2,Z_2)$. 因为

$$\boldsymbol{i}\cdot\boldsymbol{i}=\boldsymbol{j}\cdot\boldsymbol{j}=\boldsymbol{k}\cdot\boldsymbol{k}=1,\qquad\boldsymbol{i}\cdot\boldsymbol{j}=\boldsymbol{j}\cdot\boldsymbol{k}=\boldsymbol{k}\cdot\boldsymbol{i}=0,$$

所以

$$\boldsymbol{a}\cdot\boldsymbol{b}=X_1X_2+Y_1Y_2+Z_1Z_2.\tag{1.3.5}$$

推论 1.3.1　在直角坐标系 $\{O;\boldsymbol{i},\boldsymbol{j},\boldsymbol{k}\}$ 下，

(1) 向量 $\boldsymbol{a}=(X,Y,Z)$ 的模 $|\boldsymbol{a}|=\sqrt{X^2+Y^2+Z^2}$；　(1.3.6)

(2) 点 $M_1(x_1,y_1,z_1)$ 与 $M_2(x_2,y_2,z_2)$ 之间的距离

$$|\overrightarrow{M_1M_2}|=\sqrt{(x_2-x_1)^2+(y_2-y_1)^2+(z_2-z_1)^2};\tag{1.3.7}$$

(3) 两个非零向量 $\boldsymbol{a}=(X_1,Y_1,Z_1)$,$\boldsymbol{b}=(X_2,Y_2,Z_2)$的夹角的余弦

$$\cos\angle(\boldsymbol{a},\boldsymbol{b})=\frac{\boldsymbol{a}\cdot\boldsymbol{b}}{|\boldsymbol{a}||\boldsymbol{b}|}=\frac{X_1X_2+Y_1Y_2+Z_1Z_2}{\sqrt{X_1^2+Y_1^2+Z_1^2}\cdot\sqrt{X_2^2+Y_2^2+Z_2^2}}. \tag{1.3.8}$$

特别地,

$$\boldsymbol{a}\perp\boldsymbol{b}\Leftrightarrow X_1X_2+Y_1Y_2+Z_1Z_2=0. \tag{1.3.9}$$

1.3.4 向量的方向余弦

在直角坐标系$\{O;\boldsymbol{i},\boldsymbol{j},\boldsymbol{k}\}$中,向量 $\boldsymbol{a}$ 与坐标向量 $\boldsymbol{i},\boldsymbol{j},\boldsymbol{k}$ 的夹角称为 $\boldsymbol{a}$ 的**方向角**,分别用 α,β,γ 来表示. 方向角的余弦 $\cos\alpha,\cos\beta,\cos\gamma$ 称为向量 $\boldsymbol{a}$ 的**方向余弦**.

命题 1.3.5 在直角坐标系$\{O;\boldsymbol{i},\boldsymbol{j},\boldsymbol{k}\}$中,非零向量 $\boldsymbol{a}=(X,Y,Z)$的方向余弦是

$$\cos\alpha=\frac{X}{|\boldsymbol{a}|},\quad \cos\beta=\frac{Y}{|\boldsymbol{a}|},\quad \cos\gamma=\frac{Z}{|\boldsymbol{a}|}, \tag{1.3.10}$$

且

$$\cos^2\alpha+\cos^2\beta+\cos^2\gamma=1. \tag{1.3.11}$$

证明 因为 $\boldsymbol{a}\cdot\boldsymbol{i}=|\boldsymbol{a}|\cos\alpha$,且 $\boldsymbol{a}\cdot\boldsymbol{i}=X$,所以 $\cos\alpha=\dfrac{X}{|\boldsymbol{a}|}$. 同理可证(1.3.10)式其余两式成立. 并且由(1.3.10)式立即可知(1.3.11)式成立.

易见,$\boldsymbol{a}^\circ=(\cos\alpha,\cos\beta,\cos\gamma)$是与 $\boldsymbol{a}$ 同方向的单位向量.

与方向余弦成比例的任一数组(l,m,n)都称为向量 $\boldsymbol{a}$ 的一组**方向数**,此时

$$l:m:n=\cos\alpha:\cos\beta:\cos\gamma.$$

一个向量的方向余弦是唯一的,但方向数却可以有无穷多组.

思考题 利用向量的内积证明柯西-施瓦茨(Cauchy-Schwarz)不等式

$$\left(\sum_{i=1}^{3}a_ib_i\right)^2\leqslant\sum_{i=1}^{3}a_i^2\cdot\sum_{i=1}^{3}b_i^2.$$

习 题 1.3

1. 已知向量 $\boldsymbol{a}$ 与 $\boldsymbol{b}$ 的夹角为$\frac{2}{3}\pi$,且$|\boldsymbol{a}|=3$,$|\boldsymbol{b}|=4$,计算:

(1) $(\boldsymbol{a}+\boldsymbol{b})^2$; (2) $(\boldsymbol{a}+\boldsymbol{b})(\boldsymbol{a}-\boldsymbol{b})$;

(3) $(3\boldsymbol{a}-2\boldsymbol{b})(\boldsymbol{a}+2\boldsymbol{b})$; (4) $(3\boldsymbol{a}+2\boldsymbol{b})^2$.

2. 证明命题 1.4.3.

3. 证明:(1)向量 $\boldsymbol{a}$ 垂直于向量$(\boldsymbol{a}\cdot\boldsymbol{b})\boldsymbol{c}-(\boldsymbol{a}\cdot\boldsymbol{c})\boldsymbol{b}$;

(2) $\overrightarrow{AB}\cdot\overrightarrow{CD}+\overrightarrow{BC}\cdot\overrightarrow{AD}+\overrightarrow{CA}\cdot\overrightarrow{BD}=0$.

4. 证明:对任意向量 $\boldsymbol{a},\boldsymbol{b}$ 都有

$$|\boldsymbol{a}+\boldsymbol{b}|^2+|\boldsymbol{a}-\boldsymbol{b}|^2=2(|\boldsymbol{a}|^2+|\boldsymbol{b}|^2).$$

当 $\boldsymbol{a}$ 与 $\boldsymbol{b}$ 不共线时，说明此等式的几何意义.

5. 下列等式是否正确？说明理由.

(1) $|\boldsymbol{a}|\boldsymbol{a}=\boldsymbol{a}^2$；　　(2) $(\boldsymbol{a}\cdot\boldsymbol{b})^2=\boldsymbol{a}^2\boldsymbol{b}^2$；

(3) $\boldsymbol{a}(\boldsymbol{a}\cdot\boldsymbol{b})=\boldsymbol{a}^2\boldsymbol{b}$；　(4) $(\boldsymbol{a}\cdot\boldsymbol{b})\boldsymbol{c}=\boldsymbol{a}(\boldsymbol{b}\cdot\boldsymbol{c})$.

6. 计算下列各题：

(1) 已知等边三角形 ABC 的边长为 1，且 $\overrightarrow{BC}=\boldsymbol{a}$，$\overrightarrow{CA}=\boldsymbol{b}$，$\overrightarrow{AB}=\boldsymbol{c}$，求 $\boldsymbol{a}\cdot\boldsymbol{b}+\boldsymbol{b}\cdot\boldsymbol{c}+\boldsymbol{c}\cdot\boldsymbol{a}$；

(2) 设 $\boldsymbol{a}+\boldsymbol{b}+\boldsymbol{c}=\boldsymbol{0}$，$|\boldsymbol{a}|=3$，$|\boldsymbol{b}|=1$，$|\boldsymbol{c}|=4$，求 $\boldsymbol{a}\cdot\boldsymbol{b}+\boldsymbol{b}\cdot\boldsymbol{c}+\boldsymbol{c}\cdot\boldsymbol{a}$；

(3) 已知 $\boldsymbol{a},\boldsymbol{b},\boldsymbol{c}$ 两两垂直，且 $|\boldsymbol{a}|=1$，$|\boldsymbol{b}|=2$，$|\boldsymbol{c}|=3$，求 $\boldsymbol{r}=\boldsymbol{a}+\boldsymbol{b}+\boldsymbol{c}$ 的长以及它与 $\boldsymbol{a},\boldsymbol{b},\boldsymbol{c}$ 的夹角；

(4) 已知 $\boldsymbol{a}+3\boldsymbol{b}$ 与 $7\boldsymbol{a}-5\boldsymbol{b}$ 垂直，且 $\boldsymbol{a}-4\boldsymbol{b}$ 与 $7\boldsymbol{a}-2\boldsymbol{b}$ 垂直，求 $\boldsymbol{a},\boldsymbol{b}$ 的夹角；

(5) 已知 $|\boldsymbol{a}|=2$，$|\boldsymbol{b}|=5$，$\angle(\boldsymbol{a},\boldsymbol{b})=\dfrac{2}{3}\pi$，$\boldsymbol{p}=3\boldsymbol{a}-\boldsymbol{b}$，$\boldsymbol{q}=\lambda\boldsymbol{a}+17\boldsymbol{b}$，问系数 λ 取何值时，$\boldsymbol{p}$ 与 $\boldsymbol{q}$ 垂直.

7. 用向量法证明：

(1) 三角形的余弦定理 $a^2=b^2+c^2-2bc\cos A$；

(2) 平行四边形成为菱形的充要条件是对角线互相垂直；

(3) 三角形各边的垂直平分线共点且这点到各顶点等距.

8. 在直角坐标系中，向量 $\boldsymbol{a},\boldsymbol{b}$ 的坐标分别为(2,1,−1)，(1,−2,1). 已知平行四边形以 $\boldsymbol{a},\boldsymbol{b}$ 为相邻两边，(1)求它的边长和内角；(2)求它的两对角线的长和夹角.

9. 设方向 $\boldsymbol{a}$ 的直角坐标为(2,1,−2)，求它的方向角和方向余弦.

10. 证明：设 $\boldsymbol{a},\boldsymbol{b},\boldsymbol{c}$ 不共面且向量 $\boldsymbol{r}$ 满足

$$\boldsymbol{r}\cdot\boldsymbol{a}=0,\quad \boldsymbol{r}\cdot\boldsymbol{b}=0,\quad \boldsymbol{r}\cdot\boldsymbol{c}=0,$$

则 $\boldsymbol{r}=\boldsymbol{0}$.

11. 证明：如果一个四面体有两对对棱互相垂直，则第三对对棱也必垂直，并且三对对棱的长度的平方和相等.

1.4　向量的外积

从力学中知道，一个力 $\boldsymbol{F}$ 作用在棒的一端 A，使棒绕其支点 O 转动，那么力 $\boldsymbol{F}$ 关于支点 O 的力矩 $\boldsymbol{M}$ 的大小为

$$|\boldsymbol{M}|=|\boldsymbol{F}||\overrightarrow{OA}|\sin\angle(\boldsymbol{F},\overrightarrow{OA}),$$

力矩 $\boldsymbol{M}$ 的方向如下确定：让右手四指从 $\overrightarrow{OA}$ 弯向 $\boldsymbol{F}$（转角小于 π），则拇指指向为 $\boldsymbol{M}$ 的方向（图 1.26）. 类似于这种由 $\overrightarrow{OA}$ 与 $\boldsymbol{F}$ 求 $\boldsymbol{M}$ 的向量运算，现引入向量的外积.

1.4.1　向量外积的定义及性质

定义 1.4.1　两个非零向量 $\boldsymbol{a}$ 与 $\boldsymbol{b}$ 的**外积**（也称**叉积**或**向量积**）是一个向量，记为 $\boldsymbol{a}\times\boldsymbol{b}$ 或 $[\boldsymbol{a},\boldsymbol{b}]$，它的模是

$$|\boldsymbol{a}\times\boldsymbol{b}|=|\boldsymbol{a}||\boldsymbol{b}|\sin\angle(\boldsymbol{a},\boldsymbol{b}),$$

它的方向与 $\boldsymbol{a},\boldsymbol{b}$ 都垂直，并且按 $\boldsymbol{a},\boldsymbol{b},\boldsymbol{a}\times\boldsymbol{b}$ 这一顺序组成右手系(图 1.27).

如果 $\boldsymbol{a},\boldsymbol{b}$ 中有一个为零向量，则规定 $\boldsymbol{a}\times\boldsymbol{b}=\boldsymbol{0}$.

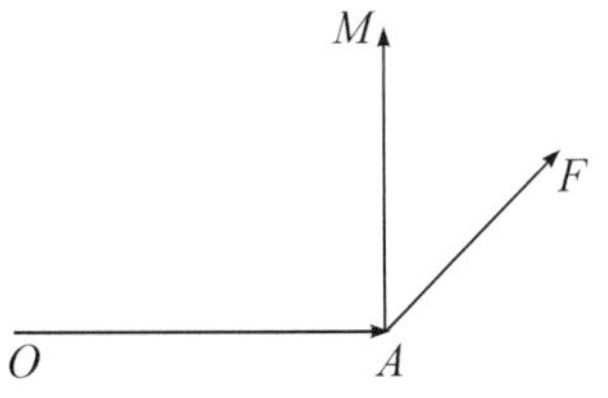

图 1.26

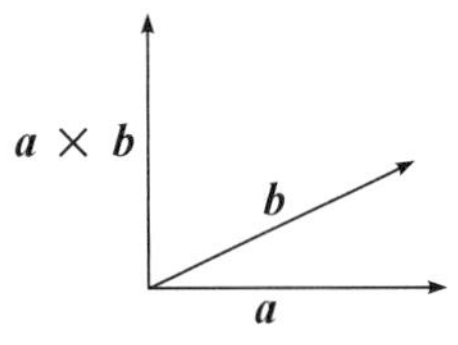

图 1.27

由外积定义立即有下列命题.

命题 1.4.1 二向量 $\boldsymbol{a}$ 与 $\boldsymbol{b}$ 共线的充要条件是 $\boldsymbol{a}\times\boldsymbol{b}=\boldsymbol{0}$.

若向量 $\boldsymbol{a}$ 与 $\boldsymbol{b}$ 不共线，则 $|\boldsymbol{a}\times\boldsymbol{b}|$ 表示以 $\boldsymbol{a},\boldsymbol{b}$ 为邻边的平行四边形的面积.

命题 1.4.2 向量的外积满足下列算律：对任意向量 $\boldsymbol{a},\boldsymbol{b},\boldsymbol{c}$ 及任意实数 λ，有

(1) 反交换律 $\boldsymbol{a}\times\boldsymbol{b}=-\boldsymbol{b}\times\boldsymbol{a}$;

(2) 关于数因子的结合律 $(\lambda\boldsymbol{a})\times\boldsymbol{b}=\lambda(\boldsymbol{a}\times\boldsymbol{b})=\boldsymbol{a}\times(\lambda\boldsymbol{b})$;

(3) 右分配律 $(\boldsymbol{a}+\boldsymbol{b})\times\boldsymbol{c}=\boldsymbol{a}\times\boldsymbol{c}+\boldsymbol{b}\times\boldsymbol{c}$,

左分配律 $\boldsymbol{a}\times(\boldsymbol{b}+\boldsymbol{c})=\boldsymbol{a}\times\boldsymbol{b}+\boldsymbol{a}\times\boldsymbol{c}$.

证明 (1) 留给读者.

(2) 当 $\boldsymbol{a}/\!/\boldsymbol{b}$ 或 $\lambda=0$ 时，显然成立. 下设 $\boldsymbol{a},\boldsymbol{b}$ 不共线且 $\lambda\neq0$. 不难验证

$$|(\lambda\boldsymbol{a})\times\boldsymbol{b}|=|\lambda(\boldsymbol{a}\times\boldsymbol{b})|=|\boldsymbol{a}\times(\lambda\boldsymbol{b})|,$$

其次容易看出，当 $\lambda>0$ 时，$(\lambda\boldsymbol{a})\times\boldsymbol{b},\lambda(\boldsymbol{a}\times\boldsymbol{b}),\boldsymbol{a}\times(\lambda\boldsymbol{b})$ 都和 $\boldsymbol{a}\times\boldsymbol{b}$ 的方向相同，当 $\lambda<0$ 时都与 $\boldsymbol{a}\times\boldsymbol{b}$ 的方向相反，因此这三个向量方向相同，故(2)成立.

(3) 右分配律的证明见 1.5 节中例 1.5.1，左分配律则可由右分配律及反交换律推出，留给读者写出.

例 1.4.1 设 $\boldsymbol{r}_1,\boldsymbol{r}_2,\boldsymbol{r}_3$ 为非零向量，具有公共的起点 O，试证：

$$\boldsymbol{r}_1\times\boldsymbol{r}_2+\boldsymbol{r}_2\times\boldsymbol{r}_3+\boldsymbol{r}_3\times\boldsymbol{r}_1=\boldsymbol{0}$$

的充要条件是 $\boldsymbol{r}_1,\boldsymbol{r}_2,\boldsymbol{r}_3$ 的终点在一条直线上.

证明 设向量 $\boldsymbol{r}_1,\boldsymbol{r}_2,\boldsymbol{r}_3$ 的终点分别为 A,B,C. 因为

$$\begin{aligned}\overrightarrow{AB}\times\overrightarrow{AC}&=(\overrightarrow{OB}-\overrightarrow{OA})\times(\overrightarrow{OC}-\overrightarrow{OA})=(\boldsymbol{r}_2-\boldsymbol{r}_1)\times(\boldsymbol{r}_3-\boldsymbol{r}_1)\\&=\boldsymbol{r}_2\times\boldsymbol{r}_3-\boldsymbol{r}_1\times\boldsymbol{r}_3-\boldsymbol{r}_2\times\boldsymbol{r}_1+\boldsymbol{r}_1\times\boldsymbol{r}_1\\&=\boldsymbol{r}_1\times\boldsymbol{r}_2+\boldsymbol{r}_2\times\boldsymbol{r}_3+\boldsymbol{r}_3\times\boldsymbol{r}_1,\end{aligned}$$

所以 A,B,C 三点共线当且仅当 $\overrightarrow{AB}\times\overrightarrow{AC}=\boldsymbol{0}$，即 $\boldsymbol{r}_1\times\boldsymbol{r}_2+\boldsymbol{r}_2\times\boldsymbol{r}_3+\boldsymbol{r}_3\times\boldsymbol{r}_1=\boldsymbol{0}$.

例 1.4.2 设 $\boldsymbol{a},\boldsymbol{b}$ 为非零向量，则

$$(\boldsymbol{a}\times\boldsymbol{b})^2+(\boldsymbol{a}\cdot\boldsymbol{b})^2=\boldsymbol{a}^2\boldsymbol{b}^2,$$

并由此推出求三角形面积的海伦(Heron)公式

$$S_{\triangle ABC}=\sqrt{p(p-a)(p-b)(p-c)},$$

这里 a,b,c 是 $\triangle ABC$ 三边之长，p 是 $\triangle ABC$ 的周长之半，$S_{\triangle ABC}$ 表 $\triangle ABC$ 的面积(图 1.28).

证明　因为

$$(\boldsymbol{a}\times\boldsymbol{b})^2=\boldsymbol{a}^2\boldsymbol{b}^2\sin^2\angle(\boldsymbol{a},\boldsymbol{b}),(\boldsymbol{a}\cdot\boldsymbol{b})^2=\boldsymbol{a}^2\boldsymbol{b}^2\cos^2\angle(\boldsymbol{a},\boldsymbol{b}),$$

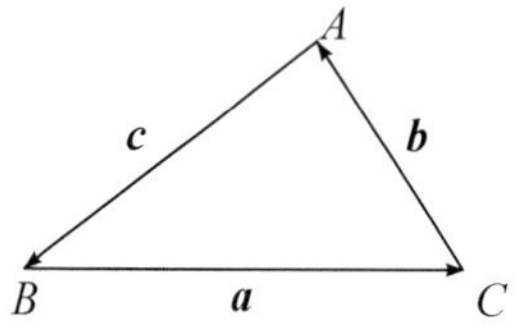

图 1.28

所以

$$(\boldsymbol{a}\times\boldsymbol{b})^2+(\boldsymbol{a}\cdot\boldsymbol{b})^2=\boldsymbol{a}^2\boldsymbol{b}^2.$$

在 $\triangle ABC$ 中，设 $\overrightarrow{BC}=\boldsymbol{a},\overrightarrow{CA}=\boldsymbol{b},\overrightarrow{AB}=\boldsymbol{c},|\boldsymbol{a}|=a,|\boldsymbol{b}|=b,|\boldsymbol{c}|=c$，则 $\boldsymbol{a}+\boldsymbol{b}+\boldsymbol{c}=\boldsymbol{0}$，即 $\boldsymbol{a}+\boldsymbol{b}=-\boldsymbol{c}$. 于是

$$\boldsymbol{c}^2=(\boldsymbol{a}+\boldsymbol{b})^2=\boldsymbol{a}^2+\boldsymbol{b}^2+2\boldsymbol{a}\cdot\boldsymbol{b},$$

$$\boldsymbol{a}\cdot\boldsymbol{b}=\frac{1}{2}(\boldsymbol{c}^2-\boldsymbol{a}^2-\boldsymbol{b}^2).$$

由外积的几何意义知，$S_{\triangle ABC}=\frac{1}{2}|\boldsymbol{a}\times\boldsymbol{b}|$，所以

$$\begin{aligned}(S_{\triangle ABC})^2&=\frac{1}{4}(\boldsymbol{a}\times\boldsymbol{b})^2=\frac{1}{4}[\boldsymbol{a}^2\boldsymbol{b}^2-(\boldsymbol{a}\cdot\boldsymbol{b})^2]\\&=\frac{1}{4}[a^2b^2-\frac{1}{4}(c^2-a^2-b^2)^2]\\&=\frac{1}{16}[2ab+(c^2-a^2-b^2)][2ab-(c^2-a^2-b^2)]\\&=\frac{1}{16}(c+a-b)(c-a+b)(a+b+c)(a+b-c).\end{aligned}$$

将 $p=\frac{1}{2}(a+b+c)$ 代入，得

$$S_{\triangle ABC}=\sqrt{p(p-a)(p-b)(p-c)}.$$

1.4.2　向量外积的坐标表示

给定仿射坐标系 $\{O;\boldsymbol{e}_1,\boldsymbol{e}_2,\boldsymbol{e}_3\}$. 设向量 $\boldsymbol{a}$ 与 $\boldsymbol{b}$ 的坐标分别为 (a_1,a_2,a_3) 和 (b_1,b_2,b_3)，则

$$\begin{aligned}\boldsymbol{a}\times\boldsymbol{b}&=(a_1\boldsymbol{e}_1+a_2\boldsymbol{e}_2+a_3\boldsymbol{e}_3)\times(b_1\boldsymbol{e}_1+b_2\boldsymbol{e}_2+b_3\boldsymbol{e}_3)\\&=(a_1b_2-a_2b_1)\boldsymbol{e}_1\times\boldsymbol{e}_2+(a_3b_1-a_1b_3)\boldsymbol{e}_3\times\boldsymbol{e}_1\\&\quad+(a_2b_3-a_3b_2)\boldsymbol{e}_2\times\boldsymbol{e}_3.\end{aligned}\tag{1.4.1}$$

由此可见，只要知道坐标向量之间的外积，就可由向量 $\boldsymbol{a},\boldsymbol{b}$ 的坐标求出 $\boldsymbol{a}\times\boldsymbol{b}$

的坐标.

现在来看在直角坐标系$\{O;\boldsymbol{i},\boldsymbol{j},\boldsymbol{k}\}$中二向量的外积的坐标表示. 设$\boldsymbol{a}=X_1\boldsymbol{i}+Y_1\boldsymbol{j}+Z_1\boldsymbol{k}$,$\boldsymbol{b}=X_2\boldsymbol{i}+Y_2\boldsymbol{j}+Z_2\boldsymbol{k}$. 因为

$$\boldsymbol{i}\times\boldsymbol{j}=\boldsymbol{k},\boldsymbol{j}\times\boldsymbol{k}=\boldsymbol{i},\boldsymbol{k}\times\boldsymbol{i}=\boldsymbol{j},\boldsymbol{i}\times\boldsymbol{i}=\boldsymbol{j}\times\boldsymbol{j}=\boldsymbol{k}\times\boldsymbol{k}=\boldsymbol{0},$$

所以

$$\begin{aligned}\boldsymbol{a}\times\boldsymbol{b}&=(X_1\boldsymbol{i}+Y_1\boldsymbol{j}+Z_1\boldsymbol{k})\times(X_2\boldsymbol{i}+Y_2\boldsymbol{j}+Z_2\boldsymbol{k})\\&=(Y_1Z_2-Y_2Z_1)\boldsymbol{i}+(X_2Z_1-X_1Z_2)\boldsymbol{j}+(X_1Y_2-X_2Y_1)\boldsymbol{k}.\end{aligned}$$

于是有

定理 1.4.1 设向量$\boldsymbol{a},\boldsymbol{b}$在直角坐标系$\{O;\boldsymbol{i},\boldsymbol{j},\boldsymbol{k}\}$中的坐标分别为

$$(X_1,Y_1,Z_1),(X_2,Y_2,Z_2),$$

则$\boldsymbol{a}\times\boldsymbol{b}$的坐标为

$$\left(\begin{vmatrix}Y_1 & Z_1\\ Y_2 & Z_2\end{vmatrix},-\begin{vmatrix}X_1 & Z_1\\ X_2 & Z_2\end{vmatrix},\begin{vmatrix}X_1 & Y_1\\ X_2 & Y_2\end{vmatrix}\right). \tag{1.4.2}$$

为便于记忆,将上式形式地写成

$$\boldsymbol{a}\times\boldsymbol{b}=\begin{vmatrix}\boldsymbol{i} & \boldsymbol{j} & \boldsymbol{k}\\ X_1 & Y_1 & Z_1\\ X_2 & Y_2 & Z_2\end{vmatrix}, \tag{1.4.3}$$

该行列式按第一行展开.

将向量$\boldsymbol{a}$与$\boldsymbol{b}$作外积得$\boldsymbol{a}\times\boldsymbol{b}$,那么这个向量还可以与第三个向量$\boldsymbol{c}$再作内积或外积. 在前一种情形便得到$(\boldsymbol{a}\times\boldsymbol{b})\cdot\boldsymbol{c}$,下一节将讨论. 对于后一种情形,我们得到$(\boldsymbol{a}\times\boldsymbol{b})\times\boldsymbol{c}$,称之为二重外积,它是一个向量. 因为向量$(\boldsymbol{a}\times\boldsymbol{b})\times\boldsymbol{c}$垂直于$\boldsymbol{a}\times\boldsymbol{b}$,而$\boldsymbol{a},\boldsymbol{b}$也垂直于$\boldsymbol{a}\times\boldsymbol{b}$,因此$(\boldsymbol{a}\times\boldsymbol{b})\times\boldsymbol{c}$与$\boldsymbol{a},\boldsymbol{b}$共面.

例 1.4.3 用坐标法证明:对任意向量$\boldsymbol{a},\boldsymbol{b},\boldsymbol{c}$,有

$$(\boldsymbol{a}\times\boldsymbol{b})\times\boldsymbol{c}=(\boldsymbol{a}\cdot\boldsymbol{c})\boldsymbol{b}-(\boldsymbol{b}\cdot\boldsymbol{c})\boldsymbol{a}, \tag{1.4.4}$$

(1.4.4)式称为**二重外积公式**.

证明 取直角坐标系$\{O;\boldsymbol{i},\boldsymbol{j},\boldsymbol{k}\}$. 设$\boldsymbol{a},\boldsymbol{b},\boldsymbol{c}$的坐标分别为$(X_1,Y_1,Z_1)$,$(X_2,Y_2,Z_2)$,$(X_3,Y_3,Z_3)$,并设$\boldsymbol{a}\times\boldsymbol{b}$的坐标为$(S_1,S_2,S_3)$,$(\boldsymbol{a}\times\boldsymbol{b})\times\boldsymbol{c}$的坐标为$(T_1,T_2,T_3)$.

由(1.4.2)式得

$$\begin{aligned}T_1&=S_2Z_3-S_3Y_3=(X_2Z_1-X_1Z_2)Z_3-(X_1Y_2-X_2Y_1)Y_3\\&=X_2(Z_1Z_3+Y_1Y_3)-X_1(Z_2Z_3+Y_2Y_3)\\&=X_2(\boldsymbol{a}\cdot\boldsymbol{c}-X_1X_3)-X_1(\boldsymbol{b}\cdot\boldsymbol{c}-X_2X_3)\\&=(\boldsymbol{a}\cdot\boldsymbol{c})X_2-(\boldsymbol{b}\cdot\boldsymbol{c})X_1,\end{aligned}$$

同理可得

$$T_2=(\boldsymbol{a}\cdot\boldsymbol{c})Y_2-(\boldsymbol{b}\cdot\boldsymbol{c})Y_1,\quad T_3=(\boldsymbol{a}\cdot\boldsymbol{c})Z_2-(\boldsymbol{b}\cdot\boldsymbol{c})Z_1,$$

所以

$$(\boldsymbol{a}\times\boldsymbol{b})\times\boldsymbol{c}=(\boldsymbol{a}\cdot\boldsymbol{c})\boldsymbol{b}-(\boldsymbol{b}\cdot\boldsymbol{c})\boldsymbol{a}.$$

由公式(1.4.4)和外积的反交换律可得到

$$\boldsymbol{a}\times(\boldsymbol{b}\times\boldsymbol{c})=(\boldsymbol{a}\cdot\boldsymbol{c})\boldsymbol{b}-(\boldsymbol{a}\cdot\boldsymbol{b})\boldsymbol{c},\tag{1.4.5}$$

因而在一般情形下，$(\boldsymbol{a}\times\boldsymbol{b})\times\boldsymbol{c}\neq\boldsymbol{a}\times(\boldsymbol{b}\times\boldsymbol{c})$，即向量的外积不满足结合律.

习　题　1.4

1. 已知 $|\boldsymbol{a}|=1,|\boldsymbol{b}|=5,\boldsymbol{a}\cdot\boldsymbol{b}=-3$，试求：

(1) $(\boldsymbol{a}\times\boldsymbol{b})^2$；　(2) $[(2\boldsymbol{a}+\boldsymbol{b})\times(\boldsymbol{a}+2\boldsymbol{b})]^2$；　(3) $|(\boldsymbol{a}+3\boldsymbol{b})\times(3\boldsymbol{a}-\boldsymbol{b})|$.

2. 证明：

(1) 如果 $\boldsymbol{a}+\boldsymbol{b}+\boldsymbol{c}=\boldsymbol{0}$，那么 $\boldsymbol{a}\times\boldsymbol{b}=\boldsymbol{b}\times\boldsymbol{c}=\boldsymbol{c}\times\boldsymbol{a}$，并说明它的几何意义；

(2) 如果 $\boldsymbol{a}\times\boldsymbol{b}=\boldsymbol{c}\times\boldsymbol{d},\boldsymbol{a}\times\boldsymbol{c}=\boldsymbol{b}\times\boldsymbol{d}$，那么 $\boldsymbol{a}-\boldsymbol{d}$ 与 $\boldsymbol{b}-\boldsymbol{c}$ 共线；

(3) 如果非零向量 $\boldsymbol{r}_i(i=1,2,3)$ 满足 $\boldsymbol{r}_1=\boldsymbol{r}_2\times\boldsymbol{r}_3,\boldsymbol{r}_2=\boldsymbol{r}_3\times\boldsymbol{r}_1,\boldsymbol{r}_3=\boldsymbol{r}_1\times\boldsymbol{r}_2$，那么 $\boldsymbol{r}_1,\boldsymbol{r}_2,\boldsymbol{r}_3$ 是彼此垂直的单位向量，并且按这一次序构成右手系.

3. 在直角坐标系中，已知 $\boldsymbol{a}=(2,-3,1),\boldsymbol{b}=(1,-2,3)$，求与 $\boldsymbol{a},\boldsymbol{b}$ 都垂直，且满足如下条件之一的向量 $\boldsymbol{c}$：

(1) $\boldsymbol{c}$ 为单位向量；

(2) $\boldsymbol{c}\cdot\boldsymbol{d}=10$，其中 $\boldsymbol{d}=(2,1,-7)$.

4. 在直角坐标系中，已知三点 $A(1,2,3),B(2,0,4),C(2,-1,3)$，求$\triangle ABC$的面积.

5. 已知二非零向量 $\boldsymbol{a},\boldsymbol{b}$，求 k 的值使得 $k\boldsymbol{a}+\boldsymbol{b}$ 与 $\boldsymbol{a}+k\boldsymbol{b}$ 共线.

6. 设 $\boldsymbol{a}_1,\boldsymbol{a}_2$ 为不共线向量，$\boldsymbol{b}_1=\lambda_1\boldsymbol{a}_1+\lambda_2\boldsymbol{a}_2,\boldsymbol{b}_2=\mu_1\boldsymbol{a}_1+\mu_2\boldsymbol{a}_2$. 证明：以 $\boldsymbol{a}_1,\boldsymbol{a}_2$ 为相邻边的平行四边形面积等于以 $\boldsymbol{b}_1,\boldsymbol{b}_2$ 为相邻边的平行四边形面积的充要条件是 $|\lambda_1\mu_2-\lambda_2\mu_1|=1$.

7. 用向量法证明三角形的正弦定理：$\dfrac{a}{\sin A}=\dfrac{b}{\sin B}=\dfrac{c}{\sin C}$.

8. 设 M 为$\triangle ABC$的重心，求证：M 将$\triangle ABC$分成三个等积的三角形，即 $S_{\triangle MAB}=S_{\triangle MBC}=S_{\triangle MCA}$.

9. 在直角坐标系中，已知 $\boldsymbol{a}=(2,-3,1),\boldsymbol{b}=(-3,1,2),\boldsymbol{c}=(1,2,3)$，分别计算 $\boldsymbol{a}\times(\boldsymbol{b}\times\boldsymbol{c})$ 和 $(\boldsymbol{a}\times\boldsymbol{b})\times\boldsymbol{c}$，从而说明向量等式

$$\boldsymbol{a}\times(\boldsymbol{b}\times\boldsymbol{c})=(\boldsymbol{a}\times\boldsymbol{b})\times\boldsymbol{c}$$

一般不成立，也就是说向量外积运算不满足结合律.

10. 证明雅可比(Jacobi)恒等式：

$$(\boldsymbol{a}\times\boldsymbol{b})\times\boldsymbol{c}+(\boldsymbol{b}\times\boldsymbol{c})\times\boldsymbol{a}+(\boldsymbol{c}\times\boldsymbol{a})\times\boldsymbol{b}=\boldsymbol{0}.$$

11. 设向量 $\boldsymbol{a}$ 与 $\boldsymbol{b}$ 垂直，求证：

(1) $[(\boldsymbol{a}\times\boldsymbol{b})\times\boldsymbol{a}]\times\boldsymbol{b}=\boldsymbol{0}$；

(2) $\boldsymbol{a}\times[\boldsymbol{a}\times(\boldsymbol{a}\times(\boldsymbol{a}\times\boldsymbol{b}))]=|\boldsymbol{a}|^4\boldsymbol{b}$.

1.5 向量的混合积

向量 $\boldsymbol{a},\boldsymbol{b}$ 的外积 $\boldsymbol{a}\times\boldsymbol{b}$ 和向量 $\boldsymbol{c}$ 作内积 $(\boldsymbol{a}\times\boldsymbol{b})\cdot\boldsymbol{c}$，所得的数叫做三个向量 $\boldsymbol{a}$，$\boldsymbol{b},\boldsymbol{c}$ 的**混合积**，记为 $(\boldsymbol{a},\boldsymbol{b},\boldsymbol{c})$ 或 $(\boldsymbol{abc})$，即

$$(\boldsymbol{a},\boldsymbol{b},\boldsymbol{c})=(\boldsymbol{a}\times\boldsymbol{b})\cdot\boldsymbol{c}.$$

下面来讨论混合积 $(\boldsymbol{a},\boldsymbol{b},\boldsymbol{c})$ 的几何意义. 大家知道，一个平行六面体可以由同一个顶点引出的三条棱所确定，而这三条棱可用三个向量 $\boldsymbol{a},\boldsymbol{b},\boldsymbol{c}$ 表示(图 1.29)，我们来求这个平行六面体的体积 V.

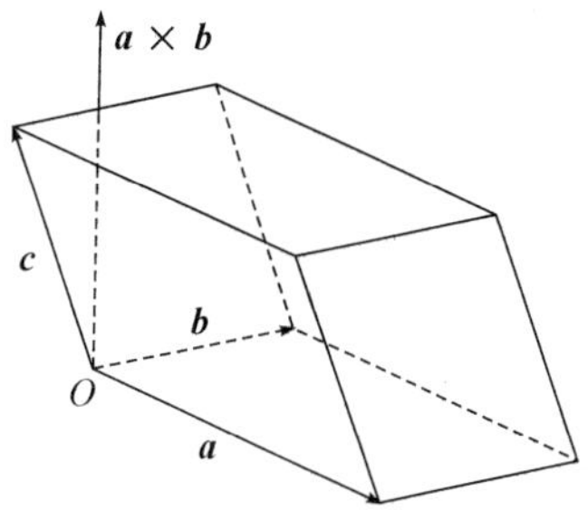

图 1.29

以 $\boldsymbol{a},\boldsymbol{b}$ 为邻边的平行四边形可看作平行六面体的底面，其面积 $S=|\boldsymbol{a}\times\boldsymbol{b}|$. 而对应于底面上的高 h 是向量 $\boldsymbol{c}$ 在底面的垂线上的射影的绝对值. 又 $\boldsymbol{a}\times\boldsymbol{b}$ 与底面垂直，因此

$$h=|\boldsymbol{c}||\cos\angle(\boldsymbol{a}\times\boldsymbol{b},\boldsymbol{c})|,$$

于是平行六面体的体积

$$\begin{aligned}V&=S\cdot h=|\boldsymbol{a}\times\boldsymbol{b}|\cdot|\boldsymbol{c}||\cos\angle(\boldsymbol{a}\times\boldsymbol{b},\boldsymbol{c})|\\&=|(\boldsymbol{a}\times\boldsymbol{b})\cdot\boldsymbol{c}|=|(\boldsymbol{a},\boldsymbol{b},\boldsymbol{c})|.\end{aligned}$$

这说明三个不共面的向量的混合积的绝对值等于以这三个向量为相邻棱的平行六面体的体积.

而混合积 $(\boldsymbol{a},\boldsymbol{b},\boldsymbol{c})$ 的值可正可负，它反映出向量 $\boldsymbol{a},\boldsymbol{b},\boldsymbol{c}$ 的不同的相互位置. 当 $\boldsymbol{a},\boldsymbol{b},\boldsymbol{c}$ 依序成右手系时，$\angle(\boldsymbol{a}\times\boldsymbol{b},\boldsymbol{c})$ 是锐角，因而 $(\boldsymbol{a}\times\boldsymbol{b})\cdot\boldsymbol{c}$ 为正；当 $\boldsymbol{a},\boldsymbol{b},\boldsymbol{c}$ 依序成左手系时，$\angle(\boldsymbol{a}\times\boldsymbol{b},\boldsymbol{c})$ 是钝角，因而 $(\boldsymbol{a}\times\boldsymbol{b})\cdot\boldsymbol{c}$ 为负. 因此混合积 $(\boldsymbol{a},\boldsymbol{b},\boldsymbol{c})$ 是正或负取决于向量 $\boldsymbol{a},\boldsymbol{b},\boldsymbol{c}$ 依序成右手系或左手系，这就是混合积符号的几何意义.

将上面的讨论总结为下面的命题.

命题 1.5.1 三个不共面向量 $\boldsymbol{a},\boldsymbol{b},\boldsymbol{c}$ 的混合积的绝对值等于以 $\boldsymbol{a},\boldsymbol{b},\boldsymbol{c}$ 为相邻棱的平行六面体的体积，并且当 $\boldsymbol{a},\boldsymbol{b},\boldsymbol{c}$ 依序组成右手系(左手系)时，混合积是正数(负数).

命题 1.5.2 三个向量 $\boldsymbol{a},\boldsymbol{b},\boldsymbol{c}$ 共面的充要条件是混合积 $(\boldsymbol{a},\boldsymbol{b},\boldsymbol{c})=0$.

证明留给读者练习.

命题 1.5.3 轮换混合积的三个因子，不改变它的值；而对调任何两个因子要改变符号，即

$$(\boldsymbol{a},\boldsymbol{b},\boldsymbol{c})=(\boldsymbol{b},\boldsymbol{c},\boldsymbol{a})=(\boldsymbol{c},\boldsymbol{a},\boldsymbol{b})=-(\boldsymbol{b},\boldsymbol{a},\boldsymbol{c})=-(\boldsymbol{c},\boldsymbol{b},\boldsymbol{a})=-(\boldsymbol{a},\boldsymbol{c},\boldsymbol{b}).$$

证明 (1) 当 $\boldsymbol{a},\boldsymbol{b},\boldsymbol{c}$ 共面时，结论显然成立.

(2) 当 $\boldsymbol{a},\boldsymbol{b},\boldsymbol{c}$ 不共面时，轮换或对调因子，混合积的绝对值都等于以 $\boldsymbol{a},\boldsymbol{b},\boldsymbol{c}$ 为相邻棱的平行六面体体积. 又因为轮换 $\boldsymbol{a},\boldsymbol{b},\boldsymbol{c}$ 的顺序，不会改变右(左)手系，而对调任意两个因子的位置，右手系变为左手系，左手系变成右手系，因此混合积要变号.

例 1.5.1　利用混合积的性质证明外积满足右分配律，即证

$$(\boldsymbol{a}+\boldsymbol{b})\times\boldsymbol{c}=\boldsymbol{a}\times\boldsymbol{c}+\boldsymbol{b}\times\boldsymbol{c}.$$

证明　任取向量 $\boldsymbol{d}$，我们有

$$\begin{aligned}[(\boldsymbol{a}+\boldsymbol{b})\times\boldsymbol{c}]\cdot\boldsymbol{d}&=(\boldsymbol{a}+\boldsymbol{b},\boldsymbol{c},\boldsymbol{d})=(\boldsymbol{c},\boldsymbol{d},\boldsymbol{a}+\boldsymbol{b})\\&=(\boldsymbol{c},\boldsymbol{d},\boldsymbol{a})+(\boldsymbol{c},\boldsymbol{d},\boldsymbol{b})=(\boldsymbol{a},\boldsymbol{c},\boldsymbol{d})+(\boldsymbol{b},\boldsymbol{c},\boldsymbol{d})\\&=(\boldsymbol{a}\times\boldsymbol{c})\cdot\boldsymbol{d}+(\boldsymbol{b}\times\boldsymbol{c})\cdot\boldsymbol{d}\\&=[(\boldsymbol{a}\times\boldsymbol{c})+(\boldsymbol{b}\times\boldsymbol{c})]\cdot\boldsymbol{d}.\end{aligned}$$

由于 $\boldsymbol{d}$ 是任取的，所以有

$$(\boldsymbol{a}+\boldsymbol{b})\times\boldsymbol{c}=\boldsymbol{a}\times\boldsymbol{c}+\boldsymbol{b}\times\boldsymbol{c}.$$

从证明中看到，利用混合积的性质，将外积的分配律转换为内积的分配律来证. 下面我们利用向量的坐标来计算向量的混合积.

取仿射坐标系 $\{O;\boldsymbol{e}_1,\boldsymbol{e}_2,\boldsymbol{e}_3\}$. 设向量 $\boldsymbol{a},\boldsymbol{b},\boldsymbol{c}$ 的坐标分别为 (a_1,a_2,a_3)，(b_1,b_2,b_3)，(c_1,c_2,c_3). 利用公式(1.4.1)，得

$$\begin{aligned}(\boldsymbol{a}\times\boldsymbol{b})\cdot\boldsymbol{c}&=[(a_1b_2-a_2b_1)\boldsymbol{e}_1\times\boldsymbol{e}_2+(a_3b_1-a_1b_3)\boldsymbol{e}_3\times\boldsymbol{e}_1\\&\quad+(a_2b_3-a_3b_2)\boldsymbol{e}_2\times\boldsymbol{e}_3]\cdot(c_1\boldsymbol{e}_1+c_2\boldsymbol{e}_2+c_3\boldsymbol{e}_3)\\&=\left(\begin{vmatrix}a_1&a_2\\b_1&b_2\end{vmatrix}c_3-\begin{vmatrix}a_1&a_3\\b_1&b_3\end{vmatrix}c_2+\begin{vmatrix}a_2&a_3\\b_2&b_3\end{vmatrix}c_1\right)(\boldsymbol{e}_1\times\boldsymbol{e}_2)\cdot\boldsymbol{e}_3\\&=\begin{vmatrix}a_1&a_2&a_3\\b_1&b_2&b_3\\c_1&c_2&c_3\end{vmatrix}(\boldsymbol{e}_1,\boldsymbol{e}_2,\boldsymbol{e}_3).\end{aligned}\tag{1.5.1}$$

由此可见，只要知道 $(\boldsymbol{e}_1,\boldsymbol{e}_2,\boldsymbol{e}_3)$，就可以由 $\boldsymbol{a},\boldsymbol{b},\boldsymbol{c}$ 的坐标算出 $(\boldsymbol{a},\boldsymbol{b},\boldsymbol{c})$.

命题 1.5.4　设向量 $\boldsymbol{a},\boldsymbol{b},\boldsymbol{c}$ 在仿射坐标系 $\{O;\boldsymbol{e}_1,\boldsymbol{e}_2,\boldsymbol{e}_3\}$ 中的坐标分别为 (a_1,a_2,a_3)，(b_1,b_2,b_3)，(c_1,c_2,c_3)，则 $\boldsymbol{a},\boldsymbol{b},\boldsymbol{c}$ 共面的充要条件是

$$\begin{vmatrix}a_1&a_2&a_3\\b_1&b_2&b_3\\c_1&c_2&c_3\end{vmatrix}=0.\tag{1.5.2}$$

证明　据命题 1.5.2，三向量 $\boldsymbol{a},\boldsymbol{b},\boldsymbol{c}$ 共面的充要条件是混合积 $(\boldsymbol{a},\boldsymbol{b},\boldsymbol{c})=0$. 由(1.5.1)式及 $(\boldsymbol{e}_1,\boldsymbol{e}_2,\boldsymbol{e}_3)\neq0$ 知，$\boldsymbol{a},\boldsymbol{b},\boldsymbol{c}$ 共面当且仅当(1.5.2)式成立.

在直角坐标系下，向量的混合积有更简单的形式.

命题 1.5.5　设向量 $\boldsymbol{a},\boldsymbol{b},\boldsymbol{c}$ 在直角坐标系 $\{O;\boldsymbol{i},\boldsymbol{j},\boldsymbol{k}\}$ 中的坐标分别为 (X_1,Y_1,Z_1)，(X_2,Y_2,Z_2)，(X_3,Y_3,Z_3)，则混合积

$$(\boldsymbol{a},\boldsymbol{b},\boldsymbol{c})=\begin{vmatrix} X_1 & Y_1 & Z_1 \\ X_2 & Y_2 & Z_2 \\ X_3 & Y_3 & Z_3 \end{vmatrix}. \tag{1.5.3}$$

事实上,由(1.5.1)式和$(\boldsymbol{i},\boldsymbol{j},\boldsymbol{k})=1$立即可得(1.5.3)式.

例 1.5.2　证明:对任意四个向量 $\boldsymbol{a},\boldsymbol{b},\boldsymbol{c},\boldsymbol{d}$,有

$$(\boldsymbol{a}\times\boldsymbol{b})\cdot(\boldsymbol{c}\times\boldsymbol{d})=\begin{vmatrix} \boldsymbol{a}\cdot\boldsymbol{c} & \boldsymbol{a}\cdot\boldsymbol{d} \\ \boldsymbol{b}\cdot\boldsymbol{c} & \boldsymbol{b}\cdot\boldsymbol{d} \end{vmatrix}, \tag{1.5.4}$$

(1.5.4)式称为拉格朗日(Lagrange)恒等式.

证明

$$\begin{aligned}(\boldsymbol{a}\times\boldsymbol{b})\cdot(\boldsymbol{c}\times\boldsymbol{d})&=[\boldsymbol{b}\times(\boldsymbol{c}\times\boldsymbol{d})]\cdot\boldsymbol{a}\\&=[(\boldsymbol{b}\cdot\boldsymbol{d})\boldsymbol{c}-(\boldsymbol{b}\cdot\boldsymbol{c})\boldsymbol{d}]\cdot\boldsymbol{a}\\&=(\boldsymbol{b}\cdot\boldsymbol{d})(\boldsymbol{a}\cdot\boldsymbol{c})-(\boldsymbol{b}\cdot\boldsymbol{c})(\boldsymbol{a}\cdot\boldsymbol{d})\\&=\begin{vmatrix} \boldsymbol{a}\cdot\boldsymbol{c} & \boldsymbol{a}\cdot\boldsymbol{d} \\ \boldsymbol{b}\cdot\boldsymbol{c} & \boldsymbol{b}\cdot\boldsymbol{d} \end{vmatrix}.\end{aligned}$$

习　题　1.5

1. 证明下列等式:

(1) $(\boldsymbol{a},\boldsymbol{b},\lambda\boldsymbol{a}+\mu\boldsymbol{b}+\boldsymbol{c})=(\boldsymbol{a},\boldsymbol{b},\boldsymbol{c})$;

(2) $(\boldsymbol{a}+\boldsymbol{b},\boldsymbol{b}+\boldsymbol{c},\boldsymbol{c}+\boldsymbol{a})=2(\boldsymbol{a},\boldsymbol{b},\boldsymbol{c})$.

2. 证明:若 $\boldsymbol{a}\times\boldsymbol{b}+\boldsymbol{b}\times\boldsymbol{c}+\boldsymbol{c}\times\boldsymbol{a}=\boldsymbol{0}$,则 $\boldsymbol{a},\boldsymbol{b},\boldsymbol{c}$ 共面.

3. 已知直角坐标系中向量 $\boldsymbol{a},\boldsymbol{b},\boldsymbol{c}$ 的分量,判别这些向量是否共面? 如果不共面,求出以它们为三邻边作成的平行六面体体积.

(1) $\boldsymbol{a}(3,4,5),\boldsymbol{b}(1,2,2),\boldsymbol{c}(9,14,16)$;

(2) $\boldsymbol{a}(3,0,-1),\boldsymbol{b}(2,-4,3),\boldsymbol{c}(-1,-2,2)$.

4. 证明:$(\boldsymbol{a}\times\boldsymbol{b},\boldsymbol{b}\times\boldsymbol{c},\boldsymbol{c}\times\boldsymbol{a})=(\boldsymbol{a},\boldsymbol{b},\boldsymbol{c})^2$.

5. 设 $\boldsymbol{a},\boldsymbol{b},\boldsymbol{c}$ 为三个不共面的向量,求任意向量 $\boldsymbol{d}$ 关于 $\boldsymbol{a},\boldsymbol{b},\boldsymbol{c}$ 的分解式

$$\boldsymbol{d}=x\boldsymbol{a}+y\boldsymbol{b}+z\boldsymbol{c}$$

中的诸系数 x,y,z.

6. 证明:

(1) $(\boldsymbol{a}\times\boldsymbol{b})\times(\boldsymbol{c}\times\boldsymbol{d})=(\boldsymbol{a},\boldsymbol{b},\boldsymbol{d})\boldsymbol{c}-(\boldsymbol{a},\boldsymbol{b},\boldsymbol{c})\boldsymbol{d}$;

(2) $(\boldsymbol{a}\times\boldsymbol{b})\times(\boldsymbol{c}\times\boldsymbol{d})=(\boldsymbol{a},\boldsymbol{c},\boldsymbol{d})\boldsymbol{b}-(\boldsymbol{b},\boldsymbol{c},\boldsymbol{d})\boldsymbol{a}$.

7. 证明:对任意四个向量 $\boldsymbol{a},\boldsymbol{b},\boldsymbol{c},\boldsymbol{d}$,有

$$(\boldsymbol{b},\boldsymbol{c},\boldsymbol{d})\boldsymbol{a}+(\boldsymbol{c},\boldsymbol{a},\boldsymbol{d})\boldsymbol{b}+(\boldsymbol{a},\boldsymbol{b},\boldsymbol{d})\boldsymbol{c}+(\boldsymbol{b},\boldsymbol{a},\boldsymbol{c})\boldsymbol{d}=\boldsymbol{0}.$$

8. 证明:$(\boldsymbol{a}\times\boldsymbol{b},\boldsymbol{c}\times\boldsymbol{d},\boldsymbol{e}\times\boldsymbol{f})=(\boldsymbol{a},\boldsymbol{b},\boldsymbol{d})(\boldsymbol{c},\boldsymbol{e},\boldsymbol{f})-(\boldsymbol{a},\boldsymbol{b},\boldsymbol{c})(\boldsymbol{d},\boldsymbol{e},\boldsymbol{f})$.

拓展材料 1　应用向量的线性运算解初等几何问题

1.1 节中的诸命题告诉我们,向量的线性运算可以用来解决有关点的共线或

共面问题，直线的共点问题以及线段的定比分点问题等. 本部分通过举例说明如何使用向量方法解决上述有关仿射性质的几何问题. 向量法的优点在于比较直观，有些几何概念用向量表述比较简单，因此讨论其性质也颇方便. 但是向量的运算不如数的运算简洁. 在空间建立了坐标系后，向量的运算可转化为数的运算，因此本节也介绍用坐标方法解初等几何问题.

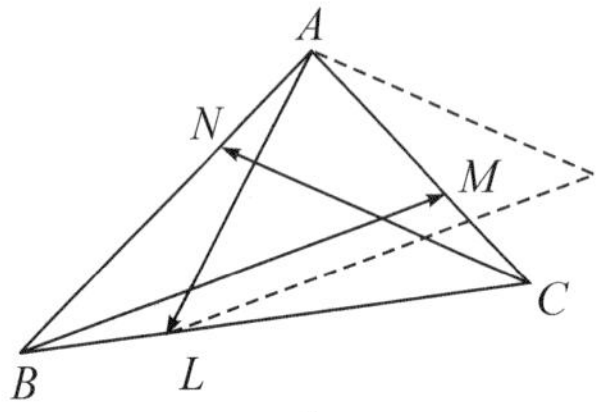

图 1

例 1　在三角形 ABC 的 BC 边上取点 L，CA 边上取点 M，AB 边上取点 N，试求以向量$\overrightarrow{AL}$，$\overrightarrow{BM}$和$\overrightarrow{CN}$为边构成三角形的条件.

解　以向量$\overrightarrow{AL}$，$\overrightarrow{BM}$，$\overrightarrow{CN}$为边构成一个三角形是说，顺次将它们的终点与起点相连而成一个三角形(图 1)，因此$\overrightarrow{AL}$，$\overrightarrow{BM}$，$\overrightarrow{CN}$组成一个三角形的充要条件是

$$\overrightarrow{AL}+\overrightarrow{BM}+\overrightarrow{CN}=\mathbf{0}. \tag{1}$$

设$\overrightarrow{AN}=\lambda\overrightarrow{AB}$，$\overrightarrow{BL}=\mu\overrightarrow{BC}$，$\overrightarrow{CM}=\nu\overrightarrow{CA}$，则

$$\overrightarrow{AL}=\overrightarrow{AB}+\overrightarrow{BL}=\overrightarrow{AB}+\mu\overrightarrow{BC},$$

$$\overrightarrow{BM}=\overrightarrow{BC}+\overrightarrow{CM}=\overrightarrow{BC}+\nu\overrightarrow{CA},$$

$$\overrightarrow{CN}=\overrightarrow{CA}+\overrightarrow{AN}=\overrightarrow{CA}+\lambda\overrightarrow{AB}.$$

将以上三个等式两边分别相加，得

$$\overrightarrow{AL}+\overrightarrow{BM}+\overrightarrow{CN}=\overrightarrow{AB}+\overrightarrow{BC}+\overrightarrow{CA}+\lambda\overrightarrow{AB}+\mu\overrightarrow{BC}+\nu\overrightarrow{CA}.$$

显然$\overrightarrow{AB}+\overrightarrow{BC}+\overrightarrow{CA}=\mathbf{0}$，所以

$$\overrightarrow{AL}+\overrightarrow{BM}+\overrightarrow{CN}=\lambda\overrightarrow{AB}+\mu\overrightarrow{BC}+\nu\overrightarrow{CA}. \tag{2}$$

若$\overrightarrow{AL}+\overrightarrow{BM}+\overrightarrow{CN}=\mathbf{0}$ 则

$$\lambda\overrightarrow{AB}+\mu\overrightarrow{BC}+\nu\overrightarrow{CA}=\mathbf{0}$$

或

$$(\lambda-\nu)\overrightarrow{AB}+(\mu-\nu)\overrightarrow{BC}=\mathbf{0}.$$

但$\overrightarrow{AB}$，$\overrightarrow{BC}$不共线，因而线性无关，故 $\lambda-\nu=0$，$\mu-\nu=0$，即 $\lambda=\mu=\nu$. 由此可知：若$\overrightarrow{AL}$，$\overrightarrow{BM}$，$\overrightarrow{CN}$构成三角形，则在各边上取的点 L，M，N 应满足下列条件

$$\frac{|\overrightarrow{AN}|}{|\overrightarrow{AB}|}=\frac{|\overrightarrow{BL}|}{|\overrightarrow{BC}|}=\frac{|\overrightarrow{CM}|}{|\overrightarrow{CA}|}. \tag{3}$$

反之，若条件(3)式成立，则由(2)式得

$$\overrightarrow{AL}+\overrightarrow{BM}+\overrightarrow{CN}=\lambda(\overrightarrow{AB}+\overrightarrow{BC}+\overrightarrow{CA})=\mathbf{0},$$

即(1)式成立. 于是$\overrightarrow{AL}$，$\overrightarrow{BM}$，$\overrightarrow{CN}$构成一个三角形的充要条件是(3)式成立，即在三角形各边上取的分点 L，M，N 使得截成的线段 AN，BL，CM 与所在的边成定比.

例 2　试证：连接平行四边形的一个顶点至对边中点的直线段三等分对角线.

证明　设在平行四边形 $ABCD$ 中，E，F 分别是 AD，DC 边上的中点，BE，BF 分别交 AC 于 G，H 两点(图 2).

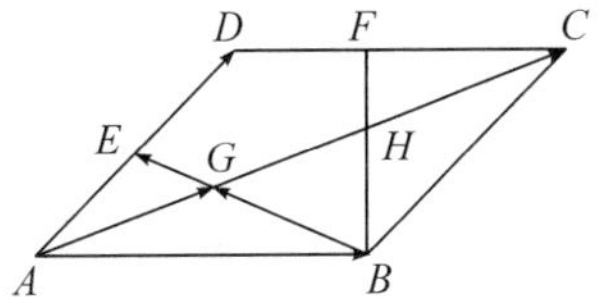

图 2

证法一　使用向量法证.

设$\overrightarrow{AB}=\boldsymbol{a}$，$\overrightarrow{AD}=\boldsymbol{b}$，则$\overrightarrow{AC}=\boldsymbol{a}+\boldsymbol{b}$，$\overrightarrow{AG}=m(\boldsymbol{a}+\boldsymbol{b})$，$m$ 为某一实数. 又令$\overrightarrow{BG}=n\overrightarrow{BE}$，$n$ 为某一实数，则

$$\begin{aligned}\overrightarrow{AG}&=\overrightarrow{AB}+\overrightarrow{BG}=\overrightarrow{AB}+n\overrightarrow{BE}=\boldsymbol{a}+n\left(-\boldsymbol{a}+\frac{1}{2}\boldsymbol{b}\right)\\&=(1-n)\boldsymbol{a}+\frac{n}{2}\boldsymbol{b},\end{aligned}$$

因此

$$m\boldsymbol{a}+m\boldsymbol{b}=(1-n)\boldsymbol{a}+\frac{n}{2}\boldsymbol{b}.$$

由于 $\boldsymbol{a}$，$\boldsymbol{b}$ 线性无关，所以

$$\begin{cases}m=1-n,\\ m=\dfrac{n}{2},\end{cases}$$

解得 $m=\dfrac{1}{3}$，$n=\dfrac{2}{3}$，所以$\overrightarrow{AG}=\dfrac{1}{3}(\boldsymbol{a}+\boldsymbol{b})$.

同理可证　$\overrightarrow{HC}=\dfrac{1}{3}(\boldsymbol{a}+\boldsymbol{b})$，$\overrightarrow{GH}=\dfrac{1}{3}(\boldsymbol{a}+\boldsymbol{b})$，于是

$$\overrightarrow{AG}=\overrightarrow{GH}=\overrightarrow{HC},AG=GH=HC.$$

注　从上面两题可见，用向量法讨论初等几何问题，应该在图形中选定线性无关的向量，其他的向量则设法用它们线性表示，再利用给定的条件确定相应的关系. 下面利用坐标方法来证.

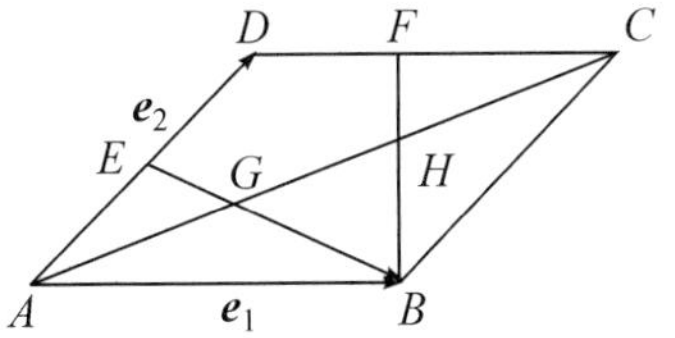

图 3

证法二　在平行四边形 $ABCD$ 中，设$\overrightarrow{AB}=\boldsymbol{e}_1$，$\overrightarrow{AD}=\boldsymbol{e}_2$，建立平面仿射坐标系$\{A;\boldsymbol{e}_1,\boldsymbol{e}_2\}$，则 A，B，C，D，E，F 各点的坐标分别为

$$A(0,0),\quad B(1,0),\quad D(0,1),\quad C(1,1),\quad E\left(0,\frac{1}{2}\right),\quad F\left(\frac{1}{2},1\right)$$

(图 3). 假设 BE 与 AC 交于点 $G(x,y)$，因此可设$\overrightarrow{EG}=\lambda\overrightarrow{GB}$，$\overrightarrow{AG}=\mu\overrightarrow{GC}$. 根据线段

的定比分点公式,点 G 的坐标

$$x=\frac{0+\lambda\cdot 1}{1+\lambda}=\frac{\lambda}{1+\lambda},\quad y=\frac{\frac{1}{2}+\lambda\cdot 0}{1+\lambda}=\frac{1}{2(1+\lambda)},$$

及

$$x=\frac{0+\mu\cdot 1}{1+\mu}=\frac{\mu}{1+\mu},\quad y=\frac{0+\mu\cdot 1}{1+\mu}=\frac{\mu}{1+\mu}.$$

于是

$$\begin{cases}\dfrac{\lambda}{1+\lambda}=\dfrac{\mu}{1+\mu},\\ \dfrac{1}{2(1+\lambda)}=\dfrac{\mu}{1+\mu}.\end{cases}$$

解得 $\lambda=\mu=\frac{1}{2}$,从而点 G 的坐标为 $\left(\frac{1}{3},\frac{1}{3}\right)$.

同样的方法可得到 AC 与 BF 的交点 H 的坐标为 $\left(\frac{2}{3},\frac{2}{3}\right)$. 因此 G,H 为线段 AC 的两个三等分点.

注 我们从上面解法获得另一信息是:$\overrightarrow{EG}=\frac{1}{2}\overrightarrow{GB},\overrightarrow{FH}=\frac{1}{2}\overrightarrow{HB}$.

三线共点和三点共线是初等几何中的常见问题,这类问题可以利用向量法或坐标法来解决.

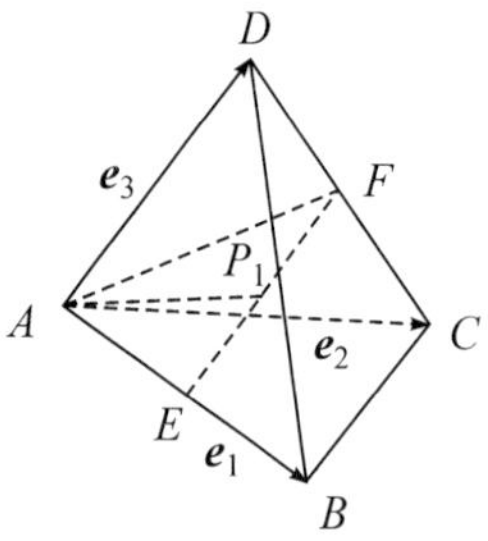

图 4

例 3 试证四面体的对棱中点的连线相交于一点,且互相平分.

证法一 设四面体 $ABCD$ 的一组对棱 AB,CD 的中点 E,F 的连线为 EF,它的中点为 P_1(图 4). 其余两组对棱中点连线的中点分别为 P_2,P_3,我们需证 P_1,P_2,P_3 三点重合.

取不共面的三向量 $\overrightarrow{AB}=\boldsymbol{e}_1,\overrightarrow{AC}=\boldsymbol{e}_2,\overrightarrow{AD}=\boldsymbol{e}_3$. 求出 $\overrightarrow{AP_1}$ 用 $\boldsymbol{e}_1,\boldsymbol{e}_2,\boldsymbol{e}_3$ 线性表示的关系式.

连 AF,AP_1 是 $\triangle AEF$ 的中线,AF 是 $\triangle ACD$ 的中线,我们有

$$\overrightarrow{AP_1}=\frac{1}{2}(\overrightarrow{AE}+\overrightarrow{AF})=\frac{1}{4}\overrightarrow{AB}+\frac{1}{4}(\overrightarrow{AC}+\overrightarrow{AD})=\frac{1}{4}(\boldsymbol{e}_1+\boldsymbol{e}_2+\boldsymbol{e}_3).$$

同理可得 $\overrightarrow{AP_i}=\frac{1}{4}(\boldsymbol{e}_1+\boldsymbol{e}_2+\boldsymbol{e}_3)$,$i=2,3$,所以 $\overrightarrow{AP_1}=\overrightarrow{AP_2}=\overrightarrow{AP_3}$,$P_1,P_2,P_3$ 三点重合.

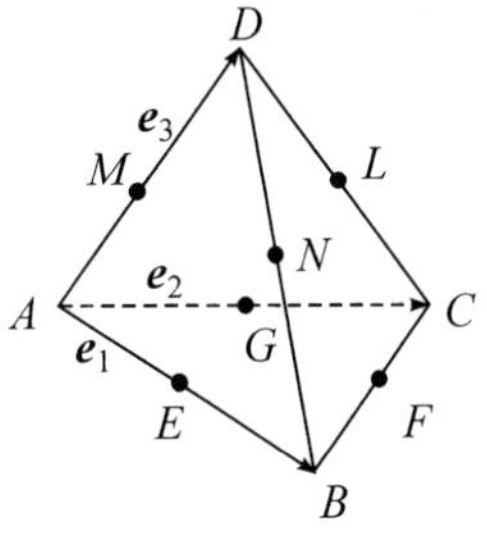

图 5

证法二　在四面体 $ABCD$ 中，设 $\overrightarrow{AB}=\boldsymbol{e}_1$，$\overrightarrow{AC}=\boldsymbol{e}_2$，$\overrightarrow{AD}=\boldsymbol{e}_3$，建立仿射坐标系$\{A;\boldsymbol{e}_1,\boldsymbol{e}_2,\boldsymbol{e}_3\}$（见图 5），则四面体 $ABCD$ 的各顶点坐标为

$$A(0,0,0),\quad B(1,0,0),\quad C(0,1,0),\quad D(0,0,1).$$

于是各棱中点坐标为

$$E\left(\frac{1}{2},0,0\right),\quad F\left(\frac{1}{2},\frac{1}{2},0\right),\quad G\left(0,\frac{1}{2},0\right),$$

$$L\left(0,\frac{1}{2},\frac{1}{2}\right),\quad M\left(0,0,\frac{1}{2}\right),\quad N\left(\frac{1}{2},0,\frac{1}{2}\right).$$

因此 EL 的中点坐标为 $\left(\frac{1}{4},\frac{1}{4},\frac{1}{4}\right)$，同理可求出 FM，GN 的中点坐标都是 $\left(\frac{1}{4},\frac{1}{4},\frac{1}{4}\right)$，所以四面体的对棱中点连线相交于一点，且互相平分.

注　可以按例 2 提供的方法求出 EL 与 FM 的交点坐标为 $\left(\frac{1}{4},\frac{1}{4},\frac{1}{4}\right)$，$EL$ 与 GN 的交点坐标也是 $\left(\frac{1}{4},\frac{1}{4},\frac{1}{4}\right)$，所以四面体的三条对棱中点连线交于一点，且互相平分.

向量法在力学、物理学中也有重要应用，我们以质点组的重心为例.

例 4　设 $M_1,M_2,\cdots,M_n$ 为 n 个质点在空间中的位置，它们分别具有质量 m_1，m_2，$\cdots$，m_n. 在空间任取一点 O，作向量 $\overrightarrow{OC}$ 如下：

$$\overrightarrow{OC}=\frac{m_1\overrightarrow{OM_1}+m_2\overrightarrow{OM_2}+\cdots+m_n\overrightarrow{OM_n}}{m_1+m_2+\cdots+m_n},\tag{4}$$

如此决定的点 C 称为这组质点的**重心**.

求证：由(4)式确定的重心与点 O 的选取无关.

证明　取另一点 O'，作向量

$$\overrightarrow{O'C'}=\frac{m_1\overrightarrow{O'M_1}+m_2\overrightarrow{O'M_2}+\cdots+m_n\overrightarrow{O'M_n}}{m_1+m_2+\cdots+m_n}.\tag{5}$$

只要能证明点 C' 与点 C 重合，就说明了重心与点 O 的选取无关. 将

$$\overrightarrow{O'M_i}=\overrightarrow{O'O}+\overrightarrow{OM_i}\quad(i=1,2,\cdots,n)$$

代入(5)式，得

$$\begin{aligned}\overrightarrow{O'C'}&=\frac{(m_1+m_2+\cdots+m_n)\overrightarrow{O'O}+m_1\overrightarrow{OM_1}+m_2\overrightarrow{OM_2}+\cdots+m_n\overrightarrow{OM_n}}{m_1+m_2+\cdots+m_n}\\&=\overrightarrow{O'O}+\overrightarrow{OC}=\overrightarrow{O'C},\end{aligned}$$

所以 $C'=C$.

习　题

1. 在$\triangle ABC$中，D为BC边的中点，E，F分别为AC，AB边上的点使得EF平行于BC，证明AD，BE，CF相交于一点.

2. 在空间四边形$ABCD$的四边AB，CB，CD，AD上分别取点E，F，G，H使得

$$\frac{AE}{AB}=\frac{FC}{BC}=\frac{CG}{CD}=\frac{HA}{DA}=\lambda(\text{常数}),$$

则$EFGH$是平行四边形.

3. 在$\triangle ABC$中，E，F分别是AC，AB上的点，并且$CE=\frac{1}{3}CA$，$AF=\frac{1}{3}AB$. 设BE与CF交于G，证明：

$$GE=\frac{1}{7}BE,\quad GF=\frac{4}{7}CF.$$

4. 用坐标法证明：三角形ABC的三条中线交于一点.

5. 用坐标法证明：在$\triangle ABC$中，设P，Q，R分别是直线AB，BC，CA上的点，并且

$$\overrightarrow{AP}=\lambda\overrightarrow{PB},\quad \overrightarrow{BQ}=\mu\overrightarrow{QC},\quad \overrightarrow{CR}=\nu\overrightarrow{RA}.$$

证明：P，Q，R共线的充要条是$\lambda\mu\nu=-1$.

6. 用向量法证明契维定理：若三角形ABC的三边AB，BC，CA依次被分割成

$$AF:FB=\lambda:\mu,\quad BD:DC=\nu:\lambda,\quad CE:EA=\mu:\nu,$$

其中λ，μ，ν均为正实数，则$\triangle ABC$的顶点与对边分点的连线交于一点M，并且对任意点O，有

$$\overrightarrow{OM}=\frac{1}{\lambda+\mu+\nu}(\mu\overrightarrow{OA}+\lambda\overrightarrow{OB}+\nu\overrightarrow{OC}).$$

第 2 章　空间的平面与直线

平面和直线是空间中最简单同时也是最基本的几何图形. 在空间取定坐标系后,它们的一般方程都是用线性方程来表示,因此称之为线性图形. 本章采用坐标法与向量法相结合,首先建立平面和直线的方程,然后探讨这些线性图形的几何性质,主要是它们的位置关系以及相关的度量问题.

2.1　平面和直线的方程

读者熟悉确定空间中一个平面的条件,例如不在同一条直线上的三点,一条直线和此直线外的一点,两条相交直线或两条平行直线等,并且这些条件又是相互联系的. 为使用向量法来研究,我们利用"一个点和两个不共线向量可唯一确定一个平面"这一事实展开对平面方程的讨论.

2.1.1　仿射坐标系下的平面方程

取定一个仿射标架$\{O;\boldsymbol{e}_1,\boldsymbol{e}_2,\boldsymbol{e}_3\}$. 设已知点 $M_0(x_0,y_0,z_0)$和两个不共线向量$\boldsymbol{v}_i=(X_i,Y_i,Z_i)(i=1,2)$,求通过点 M_0 且与向量$\boldsymbol{v}_1,\boldsymbol{v}_2$ 平行的平面 π 的方程(图 2.1).

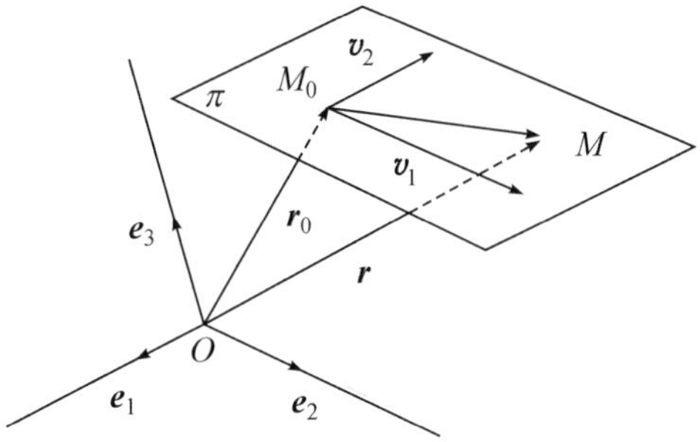

图 2.1

点 $M(x,y,z)\in$平面 π 当且仅当向量$\overrightarrow{M_0M},\boldsymbol{v}_1,\boldsymbol{v}_2$ 共面. 因为$\boldsymbol{v}_1$ 与$\boldsymbol{v}_2$ 不共线,所以$\overrightarrow{M_0M},\boldsymbol{v}_1,\boldsymbol{v}_2$ 共面的充要条件是存在唯一的实数 λ,μ 使得

$$\overrightarrow{M_0M}=\lambda\boldsymbol{v}_1+\mu\boldsymbol{v}_2.$$

记 M_0，M 的位置向量分别为 $\boldsymbol{r}_0$ 和 $\boldsymbol{r}$，则 $\overrightarrow{M_0M}=\boldsymbol{r}-\boldsymbol{r}_0$，并且上式可写为

$$\boldsymbol{r}=\boldsymbol{r}_0+\lambda\boldsymbol{v}_1+\mu\boldsymbol{v}_2. \tag{2.1.1}$$

(2.1.1)式称为平面 π 的**向量式参数方程**，其中 λ,μ 为参数，$\boldsymbol{v}_1$ 和 $\boldsymbol{v}_2$ 叫做平面 π 的**方位向量**. 将坐标代入(2.1.1)式中，则有

$$\begin{cases}x=x_0+\lambda X_1+\mu X_2,\\ y=y_0+\lambda Y_1+\mu Y_2,\\ z=z_0+\lambda Z_1+\mu Z_2,\end{cases} \tag{2.1.2}$$

(2.1.2)式称为平面 π 的**坐标式参数方程**.

由于三向量共面可用它们的混合积为零来刻画，因此 $\overrightarrow{M_0M},\boldsymbol{v}_1,\boldsymbol{v}_2$ 共面当且仅当 $(\overrightarrow{M_0M},\boldsymbol{v}_1,\boldsymbol{v}_2)=0$[①]，于是平面 π 的方程可表示为

$$(\boldsymbol{r}-\boldsymbol{r}_0,\boldsymbol{v}_1,\boldsymbol{v}_2)=0 \tag{2.1.3}$$

或

$$\begin{vmatrix}x-x_0 & y-y_0 & z-z_0\\ X_1 & Y_1 & Z_1\\ X_2 & Y_2 & Z_2\end{vmatrix}=0, \tag{2.1.4}$$

(2.1.3)式与(2.1.4)式称为平面 π 的**点位式方程**，它们分别用向量与坐标的形式表示.

将(2.1.4)式按第一行展开，有

$$Ax+By+Cz+D=0, \tag{2.1.5}$$

其中

$$A=\begin{vmatrix}Y_1 & Z_1\\ Y_2 & Z_2\end{vmatrix},\quad B=\begin{vmatrix}Z_1 & X_1\\ Z_2 & X_2\end{vmatrix},\quad C=\begin{vmatrix}X_1 & Y_1\\ X_2 & Y_2\end{vmatrix},\quad D=-(Ax_0+By_0+Cz_0).$$

因为 $\boldsymbol{v}_1,\boldsymbol{v}_2$ 不共线，据命题 1.5.1，A,B,C 不全为零. (2.1.5)式叫做平面 π 的**一般方程**，它说明空间任一平面都可以用关于 x,y,z 的三元一次方程来表示.

反过来，变元 x,y,z 的任意一个一次方程都表示一个平面. 事实上，任给一个三元一次方程

$$A_1x+B_1y+C_1z+D_1=0,$$

其中 A_1,B_1,C_1 不全为零. 不失一般性，设 $A_1\neq0$. 取点 $M_1\left(-\dfrac{D_1}{A_1},0,0\right)$，并取向量 $\boldsymbol{u}_1=\left(-\dfrac{B_1}{A_1},1,0\right)$，$\boldsymbol{u}_2=\left(-\dfrac{C_1}{A_1},0,1\right)$，显然 $\boldsymbol{u}_1$ 和 $\boldsymbol{u}_2$ 不共线. 由点 M_1，向量 $\boldsymbol{u}_1$ 和 $\boldsymbol{u}_2$ 所决定的平面 π_1 的方程为

① 将等式 $\overrightarrow{M_0M}=\lambda\boldsymbol{v}_1+\mu\boldsymbol{v}_2$ 两边与 $\boldsymbol{v}_1\times\boldsymbol{v}_2$ 作数量积也可得到 $(\overrightarrow{M_0M},\boldsymbol{v}_1,\boldsymbol{v}_2)=0$.

$$\begin{vmatrix} x+\frac{D_1}{A_1} & y-0 & z-0 \\ -\frac{B_1}{A_1} & 1 & 0 \\ -\frac{C_1}{A_1} & 0 & 1 \end{vmatrix}=0,$$

即

$$A_1x+B_1y+C_1z+D_1=0,$$

这说明它表示平面 π_1.

于是我们证明了下列定理.

定理 2.1.1 在空间中选取一个仿射坐标系,则平面的方程是一个三元一次方程. 反之,任意一个三元一次方程表示一个平面.

命题 2.1.1 设平面 π 的方程为

$$Ax+By+Cz+D=0,$$

则向量 $\boldsymbol{v}(X,Y,Z)$ 平行于平面 π 的充要条件是

$$AX+BY+CZ=0.$$

证明 平面 π 的方程中的系数 A,B,C 不全为零,不妨设 $A\neq 0$. 由定理 2.1.1 的证明过程知, $\boldsymbol{u}_1=\left(-\frac{B}{A},1,0\right)$, $\boldsymbol{u}_2=\left(-\frac{C}{A},0,1\right)$ 是平面 π 的两个方位向量.

$\boldsymbol{v}$ 平行于平面 π 当且仅当 $\boldsymbol{v},\boldsymbol{u}_1,\boldsymbol{u}_2$ 共面,即

$$\begin{vmatrix} X & Y & Z \\ -\frac{B}{A} & 1 & 0 \\ -\frac{C}{A} & 0 & 1 \end{vmatrix}=0,$$

展开后得

$$AX+BY+CZ=0.$$

推论 2.1.1 设平面 π 的方程为 $Ax+By+Cz+D=0$, 则平面 π 平行于 x 轴(或 y 轴或 z 轴)的充要条件是 $A=0$(或 $B=0$ 或 $C=0$);平面 π 过原点的充要条件是 $D=0$.

例 2.1.1 已知不共线三点 $M_i(x_i,y_i,z_i)$, $i=1,2,3$, 求通过 M_1,M_2,M_3 三个点的平面 π 的方程.

解 取平面 π 的方位向量 $\boldsymbol{v}_1=\overrightarrow{M_1M_2}$, $\boldsymbol{v}_2=\overrightarrow{M_1M_3}$. 设 $M(x,y,z)$ 为平面 π 上的任意一点,则依公式(2.1.4)得 π 的方程为

$$\begin{vmatrix} x-x_1 & y-y_1 & z-z_1 \\ x_2-x_1 & y_2-y_1 & z_2-z_1 \\ x_3-x_1 & y_3-y_1 & z_3-z_1 \end{vmatrix}=0 \tag{2.1.6}$$

或

$$\begin{vmatrix} x & y & z & 1 \\ x_1 & y_1 & z_1 & 1 \\ x_2 & y_2 & z_2 & 1 \\ x_3 & y_3 & z_3 & 1 \end{vmatrix}=0, \tag{2.1.6$'$}$$

称为平面 π 的**三点式方程**.

特别,如果已知的三点是平面与三条坐标轴的交点 $M_1(a,0,0)$,$M_2(0,b,0)$,$M_3(0,0,c)$,其中 $abc\neq0$,那么由(2.1.6)式得

$$\begin{vmatrix} x-a & y & z \\ -a & b & 0 \\ -a & 0 & c \end{vmatrix}=0,$$

展开可写成

$$bcx+acy+abz=abc,$$

因 $abc\neq0$,上式可改写为

$$\frac{x}{a}+\frac{y}{b}+\frac{z}{c}=1. \tag{2.1.7}$$

它叫做平面的**截距式方程**,a,b,c 分别是平面在 x 轴、y 轴和 z 轴上的截距.

例 2.1.2　求通过点 $M_1(3,2,-1)$ 与 $M_2(-1,0,2)$,且平行于 z 轴的平面方程.

解法一　令 $\boldsymbol{v}_1=\overrightarrow{M_1M_2}=(-4,-2,3)$,$\boldsymbol{v}_2=(0,0,1)$. 显然 $\boldsymbol{v}_1$ 与 $\boldsymbol{v}_2$ 不共线. 过点 M_1,以 $\boldsymbol{v}_1$,$\boldsymbol{v}_2$ 为方位向量的平面方程为

$$\begin{vmatrix} x-3 & y-2 & z+1 \\ -4 & -2 & 3 \\ 0 & 0 & 1 \end{vmatrix}=0,$$

即

$$x-2y+1=0.$$

解法二　设平行于 z 轴的平面方程为

$$Ax+By+D=0,$$

因平面通过点 M_1 和 M_2,所以有

$$\begin{cases} 3A+2B+D=0, \\ -A+D=0, \end{cases}$$

解得 $A:B:D=1:(-2):1$,因此所求的平面方程为

$$x-2y+1=0.$$

2.1.2 直角坐标系下的平面方程

在空间给定一个点 M_0 和一个非零向量 $\boldsymbol{n}$,那么通过点 M_0 且与向量 $\boldsymbol{n}$ 垂直的平面是唯一确定的. 我们把 $\boldsymbol{n}$ 叫做这一平面的**法向量**.

取一直角标架$\{O;\boldsymbol{i},\boldsymbol{j},\boldsymbol{k}\}$,现求过点 $M_0(x_0,y_0,z_0)$且法向量为 $\boldsymbol{n}=(A,B,C)$ 的平面 π 的方程.

任取点 $M(x,y,z)$,则点 $M\in$ 平面 π 当且仅当$\overrightarrow{M_0M}$与 $\boldsymbol{n}$ 垂直(图 2.2).

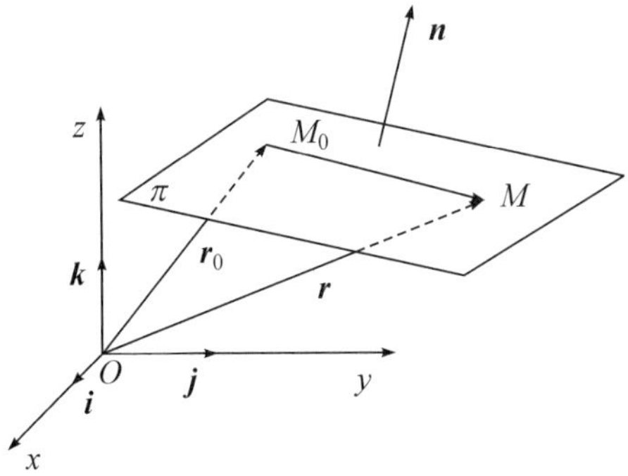

图 2.2

记点 M,M_0 的位置向量为 $\boldsymbol{r},\boldsymbol{r}_0$,上述条件可写为

$$\boldsymbol{n}\cdot(\boldsymbol{r}-\boldsymbol{r}_0)=0 \tag{2.1.8}$$

或

$$A(x-x_0)+B(y-y_0)+C(z-z_0)=0. \tag{2.1.9}$$

(2.1.8)式与(2.1.9)式都叫做平面的**点法式方程**.

令 $D=-(Ax_0+By_0+Cz_0)$,则(2.1.9)式便成为

$$Ax+By+Cz+D=0.$$

由此可知,在直角坐标系下,平面的一般方程中的一次项系数 A,B,C 就是这个平面的法向量 $\boldsymbol{n}$ 的分量,具有简明的几何意义.

特别地,如果点 M_0 是原点向平面 π 所引垂线的垂足 P. 又平面 π 的法向量取成单位法向量 $\boldsymbol{n}^0$,并且当平面不过原点时,规定 $\boldsymbol{n}^0$ 的正向与$\overrightarrow{OP}$相同(图 2.3),即由原点指向平面;当平面过原点时,$\boldsymbol{n}^0$ 的正向在垂直于平面的两个方向中任选一个. 设$|\overrightarrow{OP}|=p$,则$\overrightarrow{OP}=p\boldsymbol{n}^0$. 据(2.1.8)式,平面 π 的方程为

$$\boldsymbol{n}^0\cdot(\boldsymbol{r}-p\boldsymbol{n}^0)=0,$$

即

$$\boldsymbol{n}^0 \cdot \boldsymbol{r} - p = 0, \tag{2.1.10}$$

它叫做平面的**向量式法式方程**. 写成坐标形式,设 $\boldsymbol{n}^0=(\cos\alpha,\cos\beta,\cos\gamma)$,其中 α, β, γ 是向量 $\boldsymbol{n}^0$ 的三个方向角,则(2.1.10)式可写成

$$x\cos\alpha + y\cos\beta + z\cos\gamma - p = 0, \tag{2.1.11}$$

它称为平面的**坐标式法式方程**.

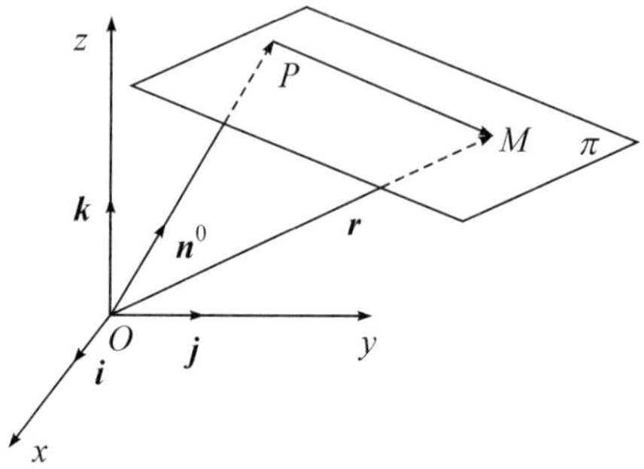

图 2.3

平面的坐标式法式方程也是一种一般方程,但它满足两个条件:①一次项系数的平方和等于 1,②常数项 $-p\leqslant 0$. 将直角坐标系下平面的一般方程

$$Ax+By+Cz+D=0$$

化为法式方程,需将法向量 $\boldsymbol{n}=(A,B,C)$ 单位化,只要以

$$\lambda=\pm\frac{1}{|\boldsymbol{n}|}=\pm\frac{1}{\sqrt{A^2+B^2+C^2}}$$

乘一般方程即可,其中 λ 的正负号选取满足 $\lambda D=-p\leqslant 0$. 或者说当 $D\neq 0$ 时,取 λ 的符号与 D 异号;当 $D=0$ 时,λ 的符号可以任意选取. 因子 $\lambda=\pm\dfrac{1}{\sqrt{A^2+B^2+C^2}}$ 在取定符号后称为平面的**法式化因子**.

例如,在直角坐标系下已知平面 π 的方程为 $3x-2y+6z+14=0$,那么它的法式方程是 $-\dfrac{3}{7}x+\dfrac{2}{7}y-\dfrac{6}{7}z-2=0$. 原点指向平面 π 的单位法向量 $\boldsymbol{n}^0=\left(-\dfrac{3}{7},\dfrac{2}{7},-\dfrac{6}{7}\right)$,法式化因子 $\lambda=-\dfrac{1}{7}$.

2.1.3　空间直线的方程

在空间给定一个点 M_0 和非零向量 $\boldsymbol{v}$,那么过点 M_0 且与向量 $\boldsymbol{v}$ 平行的直线便唯一确定,向量 $\boldsymbol{v}$(以及 $k\boldsymbol{v}$, $k\neq 0$)叫做直线的**方向向量**. 现推导直线方程(图 2.4).

取定仿射标架 $\{O;\boldsymbol{e}_1,\boldsymbol{e}_2,\boldsymbol{e}_3\}$. 设点 M_0 的坐标为 (x_0,y_0,z_0),$\boldsymbol{v}=(X,Y,Z)$,则

点 $M(x,y,z)\in$ 直线 l 的充要条件是向量 $\overrightarrow{M_0M}$ 与 $\boldsymbol{v}$ 共线，即存在唯一的实数 t，使得

$$\overrightarrow{M_0M}=t\boldsymbol{v}.$$

记 M_0，M 的位置向量分别为 $\boldsymbol{r}_0$ 与 $\boldsymbol{r}$，则上式可写为

$$\boldsymbol{r}=\boldsymbol{r}_0+t\boldsymbol{v}, \qquad (2.1.12)$$

它叫做直线 l 的**向量式参数方程**，t 为参数. 用坐标表示，则有

$$\begin{cases} x=x_0+Xt, \\ y=y_0+Yt, \\ z=z_0+Zt, \end{cases} \qquad (2.1.13)$$

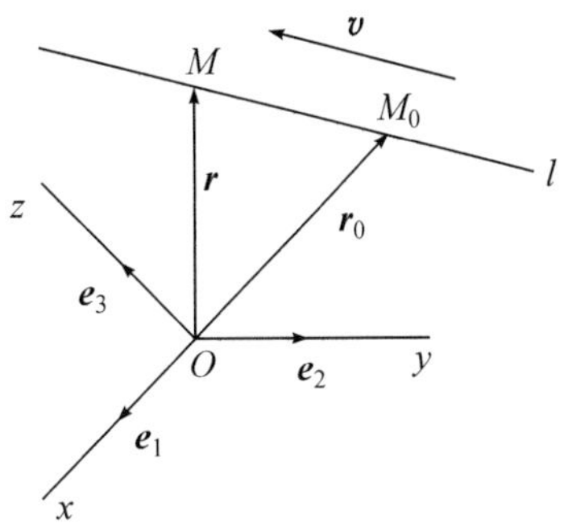

图 2.4

(2.1.13)式称为直线 l 的**坐标式参数方程**.

从(2.1.13)式消去参数 t 便得到直线 l 的**标准方程**

$$\frac{x-x_0}{X}=\frac{y-y_0}{Y}=\frac{z-z_0}{Z}. \qquad (2.1.14)$$

由于这一表达式具有对称性，又称为直线 l 的**对称式方程**，其中 X,Y,Z 或与它成比例的一组数 l,m,n（即 $l:m:n=X:Y:Z$）叫做直线 l 的**方向数**.

(2.1.14)式中的 X,Y,Z 有可能为零，为此我们约定：(2.1.14)式中某分式的分母为零就表示分子也为零（约定的合理性留给读者）. 例如当 $X=0$ 时，方程(2.1.14)式应理解为

$$\begin{cases} x-x_0=0, \\ \dfrac{y-y_0}{Y}=\dfrac{z-z_0}{Z}. \end{cases}$$

空间任意两点可唯一确定一条直线，读者容易导出经过点 $M_i(x_i,y_i,z_i)$ $(i=1,2)$ 的直线方程是

$$\frac{x-x_1}{x_2-x_1}=\frac{y-y_1}{y_2-y_1}=\frac{z-z_1}{z_2-z_1}, \qquad (2.1.15)$$

它叫做直线的**两点式方程**.

任意一条空间直线也可以看作某两个相交平面的交线. 设平面 π_i 的方程为

$$A_ix+B_iy+C_iZ+D_i=0, \qquad i=1,2.$$

下一节将证明：如果 $A_1:B_1:C_1\neq A_2:B_2:C_2$，那么平面 π_1 和 π_2 相交. 直线 l 作为相交平面 π_1 和 π_2 的交线，它的方程由这两个平面方程组成的方程组来表示，即

$$l:\begin{cases} A_1x+B_1y+C_1z+D_1=0, \\ A_2x+B_2y+C_2z+D_2=0, \end{cases} \qquad (2.1.16)$$

它称为直线 l 的**一般方程**.

在直角坐标系 $\{O;\boldsymbol{i},\boldsymbol{j},\boldsymbol{k}\}$ 下，直线 l 的方向向量可取成单位向量

$$\boldsymbol{v}^0=(\cos\alpha,\cos\beta,\cos\gamma),$$

这时 l 的参数方程为

$$\boldsymbol{r}=\boldsymbol{r}_0+t\,\boldsymbol{v}^0$$

或

$$\begin{cases}x=x_0+t\cos\alpha,\\ y=y_0+t\cos\beta,\\ z=z_0+t\cos\gamma,\end{cases}$$

其中参数 t 的绝对值恰好是直线 l 上的两点 M_0 与 M 之间的距离，这是因为

$$|t|=|\boldsymbol{r}-\boldsymbol{r}_0|=|\overrightarrow{M_0M}|.$$

这时直线 l 的对称式方程则为

$$\frac{x-x_0}{\cos\alpha}=\frac{y-y_0}{\cos\beta}=\frac{z-z_0}{\cos\gamma}.$$

l 的方向向量 $\boldsymbol{v}^0$ 的方向角 α,β,γ 与方向余弦 $\cos\alpha,\cos\beta,\cos\gamma$ 分别叫做直线 l 的**方向角**和**方向余弦**. 由于与 $\boldsymbol{v}^0$ 共线的任何非零向量都可以作为直线 l 的方向向量，因此 $\pi-\alpha,\pi-\beta,\pi-\gamma$ 以及 $\cos(\pi-\alpha)=-\cos\alpha,\cos(\pi-\beta)=-\cos\beta,\cos(\pi-\gamma)=-\cos\gamma$ 也可以看作 l 的方向角与方向余弦.

习　题　2.1

1～5 题，在仿射坐标系下讨论.

1. 求下列平面的参数方程和一般方程：

(1) 过点 $(3,1,-1)$ 和 $(1,-1,0)$，平行于向量 $\boldsymbol{v}=(-1,0,2)$；

(2) 过点 $(2,1,5)$，$(0,4,-1)$ 和 $(3,4,-7)$；

(3) 过点 $(3,1,-2)$ 和 z 轴；

(4) 过点 $(2,5,-4)$，平行于平面 $3x-2y+5=0$.

2. 已知四点 $A(5,1,3)$，$B(1,6,2)$，$C(5,0,4)$，$D(4,0,6)$.

(1) 求通过直线 AB 且平行于直线 CD 的平面方程；

(2) 求三线段 AB,AC,AD 的中点所确定的平面方程.

3. 化平面方程 $x+2y-z+4=0$ 为截距式与参数式.

4. 求下列各直线的方程：

(1) 通过点 $A(-3,0,1)$ 和 $B(2,-5,1)$ 的直线；

(2) 通过点 $M_0(x_0,y_0,z_0)$，平行于二相交平面 $\pi_i:A_ix+B_iy+C_iz+D_i=0\,(i=1,2)$ 的直线.

5. 设平面 $\pi:Ax+By+Cz+D=0$ 与连接两点 $M_1(x_1,y_1,z_1)$ 和 $M_2(x_2,y_2,z_2)$ 的线段相交于点 M，且 $\overrightarrow{M_1M}=k\overrightarrow{MM_2}$. 证明：

$$k=-\frac{Ax_1+By_1+Cz_1+D}{Ax_2+By_2+Cz_2+D}.$$

以下各题均在直角坐标系中讨论.

6. 求下列平面的一般方程：

(1) 过点(3,−5,1)和点(4,1,2)，垂直于平面 $x-8y+3z-1=0$；

(2) 原点 O 在所求平面上的正投影为 $P(2,9,-6)$；

(3) 过 x 轴且垂直于平面 $5x+y-2z+3=0$.

7. 将下列平面的一般方程化为法式方程：

(1) $x-2y+5z-3=0$；　　(2) $x-y+1=0$；

(3) $x+2=0$；　　(4) $4x-4y+7z=0$.

8. 求自坐标原点向以下各平面所引垂线的长和指向平面的单位法向量的方向余弦：

(1) $2x+3y+6z-35=0$；　　(2) $x-2y+2z+21=0$.

9. 求下列各直线的方程：

(1) 通过点(1,−5,3)且与 x 轴、y 轴、z 轴分别成角 60°，45°，120°的直线；

(2) 通过点(2,−3,−5)且与平面 $6x-3y-5z+2=0$ 垂直的直线；

(3) 通过点(1,0,−2)且与两直线 $\frac{x-1}{1}=\frac{y}{1}=\frac{z+1}{-1}$ 和 $\frac{x}{1}=\frac{y-1}{-1}=\frac{z+1}{0}$ 垂直的直线.

10. 求经过点(1,0,−2)并与平面

$$\pi_1: 2x+y-z-2=0$$

和

$$\pi_2: x-y-z-3=0$$

都垂直的平面方程.

11. 求与原点距离为 6 个单位，且在三条坐标轴 Ox, Oy, Oz 上的截距之比为 $a:b:c=(-1):3:2$ 的平面.

12. 设点 $M_0(x_0, y_0, z_0)$ 不在坐标平面上. 过点 M_0 作 OM_0 的垂直平面 π，分别与三条坐标轴交于点 A, B, C. 求证三角形 ABC 的面积为 $\frac{d^5}{2|x_0y_0z_0|}$，其中 $d=|\overrightarrow{OM_0}|$.

13. 已知不在坐标平面上一点 $P(a,b,c)$. 试在 x 轴、y 轴、z 轴上分别求点 A, B, C，使它们与点 P 的连线两两互相垂直，并证明平面 ABC 平分原点 O 与点 P 的连线 OP.

2.2　线性图形的位置关系

空间的平面和直线的一般方程是三元一次方程以及两个独立的三元一次方程组成的方程组，因此平面和直线称为**线性图形**. 直线是一维的(单参数族的点集)，平面是二维的(双参数族的点集). 点也可看作零维线性图形，它可以用三个独立的线性方程表示. 本节讨论线性图形的位置关系主要是平面与平面、平面与直线以及直线与直线之间的位置关系，包括平行、重合、相交等. 对于这些有关直线、平面的结合问题以及相交、共线、共面等仿射性质，采用一般的仿射坐标系或者特殊的直角坐标系，它们的结论都是一样的，我们在本节采用仿射坐标系进行推导. 我们还可考虑点与直线以及点与平面的关系，即点在直线(平面)上或之外. 在仿射坐标系下，只需将点的坐标代入直线方程或平面方程便可判定，不再赘述.

2.2.1　两平面的相关位置

两平面的相关位置有三种可能情形,即相交、平行与重合. 如何从两平面的方程来判断它们属于何种情形呢?

定理 2.2.1　在仿射坐标系下,设二平面的方程为

$$\pi_1: A_1x+B_1y+C_1z+D_1=0,$$
$$\pi_2: A_2x+B_2y+C_2z+D_2=0,$$

那么

(1) π_1 与 π_2 相交于一直线的充要条件是 $A_1:B_1:C_1\neq A_2:B_2:C_2$;

(2) π_1 与 π_2 平行的充要条件是$\dfrac{A_1}{A_2}=\dfrac{B_1}{B_2}=\dfrac{C_1}{C_2}\neq\dfrac{D_1}{D_2}$;

(3) π_1 与 π_2 重合的充要条件是$\dfrac{A_1}{A_2}=\dfrac{B_1}{B_2}=\dfrac{C_1}{C_2}=\dfrac{D_1}{D_2}$.

证明　充分性. 平面 π_1 与 π_2 的相关位置取决于线性方程组

$$\begin{cases}A_1x+B_1y+C_1z+D_1=0,\\ A_2x+B_2y+C_2z+D_2=0\end{cases}\tag{2.2.1}$$

的解的情况.

(1) 假设 $A_1:B_1:C_1\neq A_2:B_2:C_2$,那么下面三个 2 阶行列式

$$\begin{vmatrix}A_1 & B_1\\ A_2 & B_2\end{vmatrix},\quad \begin{vmatrix}A_1 & C_1\\ A_2 & C_2\end{vmatrix},\quad \begin{vmatrix}B_1 & C_1\\ B_2 & C_2\end{vmatrix}$$

不全为零,不妨设第一个行列式不为零. 在方程组(2.2.1)中令 $z=0$,得

$$\begin{cases}A_1x+B_1y+D_1=0,\\ A_2x+B_2y+D_2=0.\end{cases}\tag{2.2.2}$$

因方程组(2.2.2)的系数行列式$\begin{vmatrix}A_1 & B_1\\ A_2 & B_2\end{vmatrix}\neq0$,所以它有唯一解,设为 $x=x_0$, $y=y_0$. 于是 $x=x_0$, $y=y_0$, $z=0$ 是方程组(2.2.1)的解,从而平面 π_1 和 π_2 有公共点,并且第三个坐标为零的公共点只有一个,即$(x_0,y_0,0)$. 而方程组(2.2.2)的第一个方程有无穷多个解,设它的另一个解为 $x=x_1$, $y=y_1$,于是点$(x_1,y_1,0)\in\pi_1$,但$(x_1,y_1,0)\notin\pi_2$. 从而 π_1 与 π_2 相交.

(2) 由已知条件知,存在实数 $\lambda\neq0$ 使得

$$A_2=\lambda A_1,\quad B_2=\lambda B_1,\quad C_2=\lambda C_1,\quad D_2\neq\lambda D_1.$$

于是方程组(2.2.1)变成

$$\begin{cases}A_1x+B_1y+C_1z+D_1=0,\\ A_1x+B_1y+C_1z+\dfrac{D_2}{\lambda}=0.\end{cases}$$

因为 $D_1\neq\frac{D_2}{\lambda}$,所以上述方程组无解,$\pi_1$ 与 π_2 没有公共点,即 π_1 与 π_2 平行.

(3) 由条件知存在实数 $\lambda\neq0$ 使得

$$A_2=\lambda A_1,\quad B_2=\lambda B_1,\quad C_2=\lambda C_1,\quad D_2=\lambda D_1,$$

这时方程组(2.2.1)变为一个方程 $A_1x+B_1y+C_1z+D_1=0$,因此 π_1 与 π_2 重合.

必要性. 利用以上结果,使用反证法可得.

由上可知,当 $A_1:B_1:C_1\neq A_2:B_2:C_2$ 时,相交平面 π_1 和 π_2 的交线 l 可表示为

$$l:\begin{cases}A_1x+B_1y+C_1z+D_1=0,\\A_2x+B_2y+C_2z+D_2=0.\end{cases}\tag{2.2.3}$$

问:如何把直线 l 的一般方程(2.2.3)化成标准方程呢? 读者可参见二维码.

下面通过举例来说明方法.

例 2.2.1 化直线 l 的一般方程

$$\begin{cases}2x+y+z-5=0,\\2x+y-3z-1=0\end{cases}$$

为标准方程.

解 因 $2:1:1\neq2:1:(-3)$,上述方程组确实表示一条直线. 下面给出两种解法.

解法一 先求出直线 l 上的一个点,然后求 l 的一个方向向量.

因为 y,z 的系数行列式 $\begin{vmatrix}1&1\\1&-3\end{vmatrix}\neq0$,可令 $x=0$,解方程组

$$\begin{cases}y+z-5=0,\\y-3z-1=0,\end{cases}$$

得 l 上一点(0,4,1).

设 l 的方向向量 $\boldsymbol{v}=(X,Y,Z)$. 因 $\boldsymbol{v}$ 平行于这两个相交平面,据命题 2.1.1,有

$$\begin{cases}2X+Y+Z=0,\\2X+Y-3Z=0.\end{cases}$$

解得 $Z=0,2X+Y=0$,因而 $X:Y:Z=1:(-2):0$. 取 $\boldsymbol{v}=(1,-2,0)$,直线 l 的标准方程为

$$\frac{x}{1}=\frac{y-4}{-2}=\frac{z-1}{0}.$$

解法二 由原方程分别消去 y 与 z,得

$$\begin{cases}z=1,\\y=-2x+4,\end{cases}$$

从而得直线 l 的标准方程

$$\frac{x-2}{1}=\frac{y}{-2}=\frac{z-1}{0}.$$

2.2.2　直线与平面的相关位置

直线与平面的位置关系有三种情形，即相交、平行和直线在平面上.

命题 2.2.1　在仿射坐标系中，设直线 l 与平面 π 的方程分别为

$$l:\frac{x-x_0}{X}=\frac{y-y_0}{Y}=\frac{z-z_0}{Z},$$

$$\pi: Ax+By+Cz+D=0,$$

则

(1) l 与 π 相交的充要条件是 $AX+BY+CZ\neq 0$；

(2) l 与 π 平行的充要条件是 $AX+BY+CZ=0$ 且 $Ax_0+By_0+Cz_0+D\neq 0$；

(3) l 在 π 上的充要条件是 $AX+BY+CZ=0$ 且 $Ax_0+By_0+Cz_0+D=0$.

证明提示：利用命题 2.1.1.

例 2.2.2　试求 α 与 β 的值使得直线

$$l:\begin{cases}x-2y+z+2\alpha=0,\\ 3x+\beta y+z-6=0\end{cases}$$

在平面 $z=0$ 上.

解　因 x,z 的系数行列式 $\begin{vmatrix}1 & 1\\ 3 & 1\end{vmatrix}\neq 0$，故在直线 l 的方程中，取 $y=0$，由下列方程组

$$\begin{cases}x+z+2\alpha=0,\\ 3x+z-6=0\end{cases}$$

解得 $x=3+\alpha, z=-3(1+\alpha)$，于是点 $(3+\alpha,0,-3(1+\alpha))\in l$. 又直线 l 的方向向量

$$\boldsymbol{v}=\left(\begin{vmatrix}-2 & 1\\ \beta & 1\end{vmatrix},\begin{vmatrix}1 & 1\\ 1 & 3\end{vmatrix},\begin{vmatrix}1 & -2\\ 3 & \beta\end{vmatrix}\right)=(-2-\beta,2,\beta+6).$$

依题意，$\boldsymbol{v}$ 平行于平面 $z=0$，且点 $(3+\alpha,0,-3(1+\alpha))$ 在平面 $z=0$ 上，因此有

$$\beta+6=0,\quad -3(1+\alpha)=0,$$

于是 $\alpha=-1,\beta=-6$ 为所求的值.

2.2.3　两条直线的相关位置

两条直线之间的位置关系是共面或异面. 在共面的情况下，又有相交、平行与重合三种情形.

在仿射坐标系中，设直线 l_i 过点 $M_i(x_i, y_i, z_i)$，方向向量为 $\boldsymbol{v}_i(X_i, Y_i, Z_i)$，$i=1,2$，那么它们的标准方程为

$$l_1: \frac{x-x_1}{X_1}=\frac{y-y_1}{Y_1}=\frac{z-z_1}{Z_1},$$

$$l_2: \frac{x-x_2}{X_2}=\frac{y-y_2}{Y_2}=\frac{z-z_2}{Z_2}.$$

从图 2.5 易见，两直线 l_1 与 l_2 的相关位置取决于三个向量 $\overrightarrow{M_1M_2}, \boldsymbol{v}_1, \boldsymbol{v}_2$ 的相互关系.

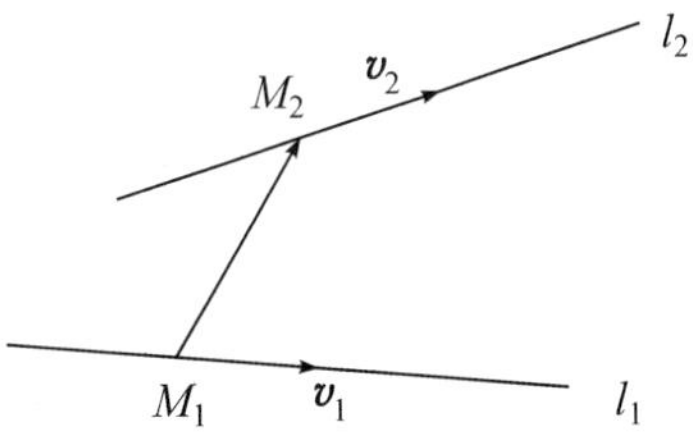

图 2.5

(1) l_1 与 l_2 异面$\Leftrightarrow \overrightarrow{M_1M_2}, \boldsymbol{v}_1, \boldsymbol{v}_2$ 不共面；

(2) l_1 与 l_2 相交$\Leftrightarrow \overrightarrow{M_1M_2}, \boldsymbol{v}_1, \boldsymbol{v}_2$ 共面，且 $\boldsymbol{v}_1$ 与 $\boldsymbol{v}_2$ 不共线；

(3) l_1 与 l_2 平行$\Leftrightarrow \boldsymbol{v}_1$ 与 $\boldsymbol{v}_2$ 共线（这时 $\overrightarrow{M_1M_2}, \boldsymbol{v}_1, \boldsymbol{v}_2$ 必共面）但不与 $\overrightarrow{M_1M_2}$ 共线；

(4) l_1 与 l_2 重合$\Leftrightarrow \overrightarrow{M_1M_2}, \boldsymbol{v}_1$ 与 $\boldsymbol{v}_2$ 共线.

因此我们有

命题 2.2.2 直线 l_1 与 l_2 如上面所述.

(1) l_1 与 l_2 异面$\Leftrightarrow (\overrightarrow{M_1M_2}, \boldsymbol{v}_1, \boldsymbol{v}_2) \neq 0$；

(2) l_1 与 l_2 相交$\Leftrightarrow (\overrightarrow{M_1M_2}, \boldsymbol{v}_1, \boldsymbol{v}_2)=0$ 且 $\boldsymbol{v}_1, \boldsymbol{v}_2$ 不共线；

(3) l_1 与 l_2 平行$\Leftrightarrow \boldsymbol{v}_1$ 与 $\boldsymbol{v}_2$ 共线但和 $\overrightarrow{M_1M_2}$ 不共线；

(4) l_1 与 l_2 重合$\Leftrightarrow \boldsymbol{v}_1, \boldsymbol{v}_2, \overrightarrow{M_1M_2}$ 为共线向量.

用坐标表示，则有

推论 2.2.1 设直线 $l_i: \dfrac{x-x_i}{X_i}=\dfrac{y-y_i}{Y_i}=\dfrac{z-z_i}{Z_i}, i=1,2$，则

(1) l_1 与 l_2 是异面直线$\Leftrightarrow \Delta=\begin{vmatrix} x_2-x_1 & y_2-y_1 & z_2-z_1 \\ X_1 & Y_1 & Z_1 \\ X_2 & Y_2 & Z_2 \end{vmatrix} \neq 0$；

(2) l_1 与 l_2 相交于一点$\Leftrightarrow \Delta=0$ 且 $X_1:Y_1:Z_1 \neq X_2:Y_2:Z_2$；

(3) $l_1 /\!/ l_2 \Leftrightarrow X_1:Y_1:Z_1=X_2:Y_2:Z_2 \neq (x_2-x_1):(y_2-y_1):(z_2-z_1)$；

(4) l_1 与 l_2 重合$\Leftrightarrow X_1:Y_1:Z_1=X_2:Y_2:Z_2=(x_2-x_1):(y_2-y_1):(z_2-z_1)$.

例 2.2.3 求与直线 $l_0: \begin{cases} x-3y+z=0, \\ x+y-z+4=0 \end{cases}$ 平行且与下列两条直线

$$l_1: x=3+t, y=-1+2t, z=4t \text{ 和 } l_2: x=-2+3t, y=-1, z=4-t$$

相交的直线方程.

解法一　直线 l_0 的方向向量为 $\left(\begin{vmatrix}-3 & 1\\ 1 & -1\end{vmatrix}, \begin{vmatrix}1 & 1\\ -1 & 1\end{vmatrix}, \begin{vmatrix}1 & -3\\ 1 & 1\end{vmatrix}\right)=2(1,1,2)$. 因所求直线 l 与 l_0 平行，取 $\boldsymbol{v}_0=(1,1,2)$ 作为 l_0 因而也是 l 的方向向量. 如果能找到 l 所经过的一个点，就可写出 l 的对称式方程.

设 l 与 l_1 的交点 P_1 对应的参数为 t_1，则 P_1 的坐标为 $(3+t_1,-1+2t_1,4t_1)$. 设 l 与 l_2 的交点 P_2 对应参数 t_2，则 P_2 的坐标为 $(-2+3t_2,-1,4-t_2)$. 那么

$$\overrightarrow{P_1P_2}=(3t_2-t_1-5,-2t_1,-4t_1-t_2+4)$$

也是直线 l 的方向向量，因此 $\overrightarrow{P_1P_2}$ 与 $\boldsymbol{v}_0$ 共线，立即得到

$$\frac{3t_2-t_1-5}{1}=\frac{-2t_1}{1}=\frac{-4t_1-t_2+4}{2},$$

解得 $t_1=-7, t_2=4$，于是 l 经过点 $P_2(10,-1,0)$，它的标准方程为

$$\frac{x-10}{1}=\frac{y+1}{1}=\frac{z}{2}.$$

解法二　由上已求得 l 的方向向量 $\boldsymbol{v}_0=(1,1,2)$. 又 l_1 过点 $M_1(3,-1,0)$，方向向量 $\boldsymbol{v}_1=(1,2,4)$. l_2 过点 $M_2(-2,-1,4)$，方向向量 $\boldsymbol{v}_2=(3,0,-1)$.

直线 l 与 l_1 相交，那么 l 必落在经过点 M_1，方位向量为 $\boldsymbol{v}_0,\boldsymbol{v}_1$ 的平面上，该平面方程为

$$\begin{vmatrix}x-3 & y+1 & z\\ 1 & 1 & 2\\ 1 & 2 & 4\end{vmatrix}=0,$$

展开得

$$2y-z+2=0.$$

同理，l 又落在经过点 M_2，方位向量为 $\boldsymbol{v}_0,\boldsymbol{v}_2$ 的平面上，它的方程是

$$\begin{vmatrix}x+2 & y+1 & z-4\\ 1 & 1 & 2\\ 3 & 0 & -1\end{vmatrix}=0,$$

即

$$x-7y+3z-17=0.$$

所求的直线 l 的一般方程为

$$\begin{cases}2y-z+2=0,\\ x-7y+3z-17=0.\end{cases}$$

因为直角坐标系是特殊的仿射坐标系，因此本节以及上一节的所有结论在直角坐标系下自然成立. 也正因为直角坐标系的特殊性，使得平面的一般方程 $Ax+By+Cz+D=0$ 中的一次项系数组成平面法向量的分量，具有鲜明的几何意义. 下面将对已介绍的部分结论给予几何解释.

(1) 命题 2.1.1 陈述了向量$\boldsymbol{v}(X,Y,Z)$与平面 π: $Ax+By+Cz+D=0$ 平行的充要条件.

在直角坐标系下,平面 π 的法向量 $\boldsymbol{n}=(A,B,C)$,因此

$$\text{向量}\boldsymbol{v}\text{平行于平面 }\pi\Leftrightarrow\boldsymbol{v}\text{与 }\boldsymbol{n}\text{ 垂直},$$

即

$$\boldsymbol{n}\cdot\boldsymbol{v}=0\xLeftrightarrow{\text{用坐标表示}}AX+BY+CZ=0.$$

(2) 定理 2.2.1 讨论平面 π_1: $A_1x+B_1y+C_1z+D_1=0$ 与 π_2: $A_2x+B_2y+C_2z+D_2=0$ 的位置关系.

在直角坐标系下,平面 π_i 的法向量 $\boldsymbol{n}_i=(A_i,B_i,C_i)$, $i=1,2$. 于是

π_1 与 π_2 相交 $\Leftrightarrow$ $\boldsymbol{n}_1$ 和 $\boldsymbol{n}_2$ 不共线 $\xLeftrightarrow{\text{用坐标表示}}A_1:B_1:C_1\neq A_2:B_2:C_2$.

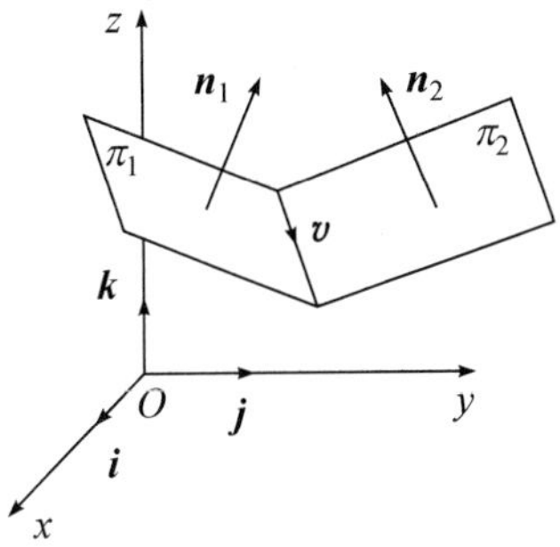

图 2.6

在这种情形下,求 π_1 和 π_2 的交线 l 的方向向量$\boldsymbol{v}$可以更为直观(图 2.6). 因为$\boldsymbol{v}\perp\boldsymbol{n}_1$ 且$\boldsymbol{v}\perp\boldsymbol{n}_2$,所以$\boldsymbol{v}$与 $\boldsymbol{n}_1\times\boldsymbol{n}_2$ 共线,不妨取$\boldsymbol{v}=\boldsymbol{n}_1\times\boldsymbol{n}_2$,它的分量恰为

$$\left(\begin{vmatrix}B_1 & C_1\\ B_2 & C_2\end{vmatrix},\begin{vmatrix}C_1 & A_1\\ C_2 & A_2\end{vmatrix},\begin{vmatrix}A_1 & B_1\\ A_2 & B_2\end{vmatrix}\right).$$

两平面平行或重合这两种情形,留给读者讨论.

(3) 命题 2.2.1 谈及直线 l: $\dfrac{x-x_0}{X}=\dfrac{y-y_0}{Y}=\dfrac{z-z_0}{Z}$ 与平面 π: $Ax+By+Cz+D=0$ 的位置关系,我们仅讨论平行情形.

在直角坐标系下,平面 π 的法向量 $\boldsymbol{n}=(A,B,C)$,直线 l 的方向向量$\boldsymbol{v}=(X,Y,Z)$,又点 $M_0(x_0,y_0,z_0)\in l$. 那么

$$l\,/\!/\,\pi\Leftrightarrow\boldsymbol{v}\perp\boldsymbol{n},\text{且点 }M_0\notin\pi\Leftrightarrow\boldsymbol{v}\cdot\boldsymbol{n}=0\text{ 且点 }M_0\notin\pi\xLeftrightarrow{\text{用坐标表示}}AX+BY+CZ=0$$

且 $Ax_0+By_0+Cz_0+D\neq0$.

由上可见,诸结论在直角坐标系下获得了简明的几何解释,不仅几何直观强,便于记忆,而且证明也变得简洁. 那么有读者可能会问:还有必要采用仿射坐标系吗?

例 2.2.4 证明每一个平行六面体的三条对角线交于一点而且互相平分.

证明 已给一个平行六面体,其顶点为 O,A,D,B,E,C,F,G(图 2.7).

选取仿射坐标系如下:取 O 为原点,$\boldsymbol{e}_1=\overrightarrow{OA}$, $\boldsymbol{e}_2=\overrightarrow{OB}$, $\boldsymbol{e}_3=\overrightarrow{OC}$ 作为基向量. 在该坐标系下,六面体的八个顶点的坐标是 $O(0,0,0)$, $A(1,0,0)$, $B(0,1,0)$, $C(0,0,1)$, $D(1,1,0)$, $E(0,1,1)$, $F(1,0,1)$, $G(1,1,1)$. 利用直线的两点式方程,可以得到:

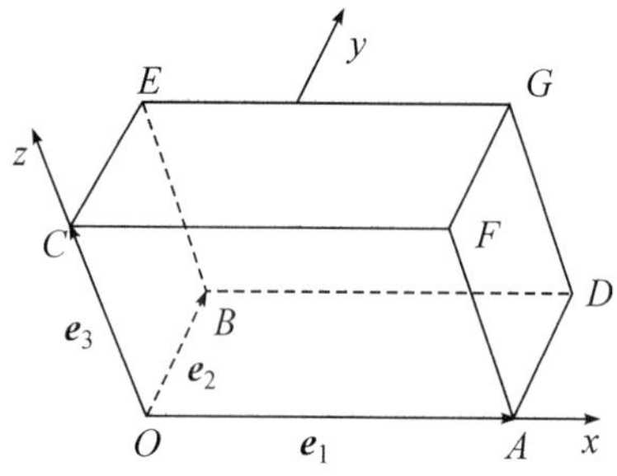

图 2.7

连接点 O 与 G 的直线 l_1 的方程为 $x=y=z$;

连接点 A 和 E 的直线 l_2 的方程为 $\frac{x-1}{-1}=\frac{y}{1}=\frac{z}{1}$;

连接点 C 与 D 的直线 l_3 的方程为 $\frac{x}{1}=\frac{y}{1}=\frac{z-1}{-1}$.

因为 l_1,l_2,l_3 中每两条的交点都是 $M\left(\frac{1}{2},\frac{1}{2},\frac{1}{2}\right)$,所以三条对角线交于一点 M,并且不难看出 M 是 OG,AE 及 CD 的中点.

由本例(以及本节习题)可见,适当选取坐标系可以简化证明,并看出使用仿射坐标系带来的方便.

习　题　2.2

1. 判别下列各对平面的相关位置:

(1) $x+2y-4z+1=0$ 与 $\frac{x}{4}+\frac{y}{2}-z+5=0$;

(2) $2x-y-2z-5=0$ 与 $x+3y-z-1=0$;

(3) $3x+9y-6z+2=0$ 与 $2x+6y-4z+\frac{4}{3}=0$.

2. 按下列条件确定 l,m,n 的值:

(1) $2x+my+3z-5=0$ 与 $lx-6y-6z+2=0$ 表示二平行平面;

(2) $(l-3)x+(m+1)y+(n-3)z+8=0$ 和 $(m+3)x+(n-9)y+(l-3)z-16=0$ 表示同一平面.

3. 将下列直线的一般方程化成标准方程:

(1) $\begin{cases}x+y+z-3=0,\\3x-3y+5z-5=0;\end{cases}$　　(2) $\begin{cases}x+y-z=0,\\x=2;\end{cases}$

(3) $\begin{cases}2x+y-z+1=0,\\3x-y-2z-3=0.\end{cases}$

4. 判别下列直线与平面的相关位置:

(1) $\frac{x-3}{2}=\frac{y+4}{7}=\frac{z}{-3}$ 与 $4x-2y-2z=3$;

(2) $\begin{cases}5x-3y+2z-5=0,\\2x-y-z-1=0\end{cases}$　与　$4x-3y+7z-7=0$;

(3) $\begin{cases}x=t,\\y=-2t,\\z=9t-4\end{cases}$　与　$3x-4y+7z-10=0$.

5. 求下列平面的方程：

(1) 过点(2,0,−1)且通过直线$\frac{x+1}{2}=\frac{y}{-1}=\frac{z-2}{3}$；

(2) 通过直线$\frac{x-2}{1}=\frac{y+3}{-5}=\frac{z+1}{-1}$且与直线$\begin{cases}2x-y+z-3=0,\\ x+2y-z-5=0\end{cases}$平行.

6. 确定α,β的值使直线

$$\frac{x-4}{2-\alpha}=\frac{y}{2}=\frac{z-5}{\beta+6}$$

同时平行于平面$3x-2y+2z=0$和$x+3y-3z+1=0$.

7. 判别下列各对直线的相关位置：

(1) $\begin{cases}x=2z+1,\\ y=3z+2\end{cases}$ 与 $\begin{cases}2x=2-z,\\ 3y=6+z;\end{cases}$

(2) $\begin{cases}x-2y+2z=0,\\ 3x+2y-6=0\end{cases}$ 与 $\begin{cases}x+2y-z-11=0,\\ 2x+z-14=0;\end{cases}$

(3) $\frac{x-3}{3}=\frac{y-8}{-1}=\frac{z-3}{1}$ 与 $\frac{x+3}{-3}=\frac{y+7}{2}=\frac{z-6}{4}$.

8. 求直线

$$l:\begin{cases}A_1x+B_1y+C_1z+D_1=0,\\ A_2x+B_2y+C_2z+D_2=0\end{cases}$$

与z轴相交的条件.

9. 求由下列条件所确定的直线方程：

(1) 过点(1,0,−2),平行于平面$x-2y+z-1=0$且与直线$x=-1+2t,y=t,z=1-t$相交；

(2) 过点(4,0,−1)且与下列二直线相交,它们的方程为

$$\begin{cases}x+y+z=1,\\ 2x-y-z=2\end{cases}\quad 和 \quad\begin{cases}x-y-z=3,\\ 2x+4y-z=4;\end{cases}$$

(3) 平行于向量(8,7,1)且与下列两条直线

$$l_1:\frac{x+13}{2}=\frac{y-5}{3}=\frac{z}{1}\quad 和 \quad l_2:\frac{x-10}{5}=\frac{y+7}{4}=\frac{z}{1}$$

相交.

10. 在$\triangle ABC$中,设P,Q,R分别是直线AB,BC,CA上的点,满足

$$\overrightarrow{AP}=\lambda\overrightarrow{PB},\quad \overrightarrow{BQ}=\mu\overrightarrow{QC},\quad \overrightarrow{CR}=\nu\overrightarrow{RA}.$$

证明:AQ,BR,CP共点的充要条件是$\lambda\mu\nu=1$且$1+\mu+\mu\nu\neq0$.

11. 用坐标法证明契维定理:若三角形的三边依次被分割成$\lambda:\mu,\nu:\lambda,\mu:\nu$,其中$\lambda,\mu,\nu$均为正实数,则此三角形的顶点与对边分点的连线交于一点.

12. 已知点$M_0(x_0,y_0,z_0)$和两个平面

$$\pi_i:A_ix+B_iy+C_iz+D_i=0,\quad i=1,2.$$

试讨论过点M_0并且与平面π_1,π_2都平行的直线.

以下两题在直角坐标系下讨论.

13. 求下列直线的方程：

(1) 在 Oxz 面上，通过原点且垂直于直线

$$\frac{x-2}{3}=\frac{y-1}{-2}=\frac{z-5}{1};$$

(2) 过点(2，−1，3)，与直线

$$\frac{x-1}{-1}=\frac{y}{0}=\frac{z-2}{2}$$

垂直相交；

(3) 从点(2，−3，−1)引向直线

$$\frac{x-1}{-2}=\frac{y+1}{-1}=\frac{z}{1}$$

的垂线；

(4) 在平面 $\pi: x+y+z+1=0$ 内，过直线

$$l:\begin{cases}y+z+1=0,\\ x+2z=0\end{cases}$$

与平面 π 的交点且与直线 l 垂直.

14. 已知点 $M_1(1,0,3)$ 和 $M_2(0,2,5)$ 以及直线

$$l:\frac{x-1}{2}=\frac{y+1}{1}=\frac{z}{3}.$$

设 N_1, N_2 分别为 M_1, M_2 在 l 上的垂足，求 $|N_1N_2|$ 以及 N_1, N_2 的坐标.

2.3 平　面　束

我们把空间中过同一条直线 l 的一切平面的集合叫做**共轴平面束**，l 叫做平面束的**轴**. 并把空间中平行于同一平面的所有平面的集合叫做**平行平面束**.

本节在仿射坐标系下讨论.

定理 2.3.1　设两个平面

$$\pi_1: A_1x+B_1y+C_1z+D_1=0,$$
$$\pi_2: A_2x+B_2y+C_2z+D_2=0$$

交于一条直线 l，则以 l 为轴的共轴平面束的方程是

$$\lambda(A_1x+B_1y+C_1z+D_1)+\mu(A_2x+B_2y+C_2z+D_2)=0, \qquad (2.3.1)$$

其中 λ,μ 是不全为零的任意实数.

证明　对于 λ,μ 的任意两个不同时为零的值，(2.3.1)式表示一个过直线 l 的平面. 事实上，将(2.3.1)式改写为

$$(\lambda A_1+\mu A_2)x+(\lambda B_1+\mu B_2)y+(\lambda C_1+\mu C_2)z+(\lambda D_1+\mu D_2)=0,$$

其中 $\lambda A_1+\mu A_2, \lambda B_1+\mu B_2, \lambda C_1+\mu C_2$ 不能全为零，否则 $\dfrac{A_1}{A_2}=\dfrac{B_1}{B_2}=\dfrac{C_1}{C_2}$，这与 π_1 和 π_2

是二相交平面的假设相矛盾,因此(2.3.1)式是一个三元一次方程,它表示一平面.又因 π_1 与 π_2 的交点坐标既满足平面 π_1 的方程,又满足平面 π_2 的方程,因此必满足方程(2.3.1).于是(2.3.1)式总代表过直线 l 的平面.

其次,对于过直线 l 的任意一个平面 π,都可以选取适当的 λ,μ 值,使得 π 的方程具有(2.3.1)式的形式.

设在平面 π 上任取点 $M_0(x_0,y_0,z_0)$ 使其不在轴 l 上,即 $M_0(x_0,y_0,z_0)\in\pi$ 但 $M_0\notin l$.那么(2.3.1)式表示的平面要过点 M_0 的条件是

$$\lambda(A_1x_0+B_1y_0+C_1z_0+D_1)+\mu(A_2x_0+B_2y_0+C_2z_0+D_2)=0,$$

即要求

$$\lambda:\mu=(A_2x_0+B_2y_0+C_2z_0+D_2):[-(A_1x_0+B_1y_0+C_1z_0+D_1)].$$

因 $M_0\notin l$,故 $A_ix_0+B_iy_0+C_iz_0+D_i(i=1,2)$ 不全为 0,因此平面 π 的方程可写为(2.3.1)式的形式:

$$(A_2x_0+B_2y_0+C_2z_0+D_2)(A_1x+B_1y+C_1z+D_1)$$
$$-(A_1x_0+B_1y_0+C_1z_0+D_1)(A_2x+B_2y+C_2z+D_2)=0.$$

类似地有

定理 2.3.2 设

$$\pi_1:A_1x+B_1y+C_1z+D_1=0,$$
$$\pi_2:A_2x+B_2y+C_2z+D_2=0$$

为二平行平面,因而 $A_1:B_1:C_1=A_2:B_2:C_2$,则平行于平面 π_1(及 π_2)的平行平面束的方程亦具(2.3.1)式的形式.

推论 2.3.1 由平面 $\pi:Ax+By+Cz+D=0$ 决定的平行平面束的方程为

$$Ax+By+Cz+\lambda=0, \tag{2.3.2}$$

其中 λ 为任意实数.

命题 2.3.1 三个平面 $\pi_i:A_ix+B_iy+C_iz+D_i=0(i=1,2,3)$ 相交于一点的充要条件是

$$\begin{vmatrix} A_1 & B_1 & C_1 \\ A_2 & B_2 & C_2 \\ A_3 & B_3 & C_3 \end{vmatrix}\neq 0. \tag{2.3.3}$$

证明 平面 π_1,π_2,π_3 相交于一点意指线性方程组

$$\begin{cases} A_1x+B_1y+C_1z+D_1=0, \\ A_2x+B_2y+C_2z+D_2=0, \\ A_3x+B_3y+C_3z+D_3=0 \end{cases}$$

有唯一解.再由线性方程组的克拉默法则知(2.3.3)式成立.

例 2.3.1 求经过直线 $l_1:\begin{cases} x+y-z+2=0, \\ 4x-3y+z+2=0 \end{cases}$ 且与直线 $l_2:\begin{cases} z=-x+1, \\ y=3 \end{cases}$ 平行

的平面方程.

解　设所求的平面方程为

$$\pi:\lambda(x+y-z+2)+\mu(4x-3y+z+2)=0,$$

即

$$(\lambda+4\mu)x+(\lambda-3\mu)y+(-\lambda+\mu)z+2(\lambda+\mu)=0.$$

直线 l_2 的方向向量 $\boldsymbol{v}=(-1,0,1)$. l_2 平行于平面 π,据命题 2.1.1,有

$$-1\cdot(\lambda+4\mu)+1\cdot(-\lambda+\mu)=0,$$

$$2\lambda+3\mu=0,$$

因此 $\lambda:\mu=-3:2$,所求平面方程为

$$-3(x+y-z+2)+2(4x-3y+z+2)=0,$$

即

$$5x-9y+5z-2=0.$$

读者可思考其他的解法. 例如在 l_1 上选取一点,并求出 l_1 和 l_2 的方向向量,然后利用平面的点位式方程来求平面方程. 细节可参看二维码.

例 2.3.2　求过点 $M_0(0,0,-2)$,与平面

$$\pi_1:3x-y+2z-1=0$$

平行且与直线

$$l_1:\frac{x-1}{4}=\frac{y-3}{-2}=\frac{z}{1}$$

相交的直线 l 的方程.

解　l 在过点 M_0 且与平面 π_1 平行的平面 π_2 上,设 π_2 的方程为

$$3x-y+2z+D=0.$$

将 M_0 的坐标代入上式,求得 $D=4$,故 π_2 的方程为

$$3x-y+2z+4=0.$$

l 又在过点 M_0 及直线 l_1 的平面 π_3 上,点 $M_1(1,3,0)\in l_1$,π_3 的方位向量可取 $\boldsymbol{v}_1=(4,-2,1)$ 与 $\overrightarrow{M_0M_1}=(1,3,2)$,因此 π_3 的方程为

$$\begin{vmatrix} x & y & z+2 \\ 4 & -2 & 1 \\ 1 & 3 & 2 \end{vmatrix}=0,$$

即 $x+y-2z-4=0$. l 作为 π_2 与 π_3 的交线,其方程为

$$\begin{cases} 3x-y+2z+4=0, \\ x+y-2z-4=0. \end{cases}$$

读者按如下提示写出另外的两种解法:(1)求出 l 的一个方向向量,利用直线的对称式方程求 l 的方程;(2)求出 l 与 l_1 的交点,利用直线的两点式方程写出 l 的方程. 细节可参看二维码.

习 题 2.3

1. 求通过平面 $4x-y+3z-1=0$ 和 $x+5y-z+2=0$ 的交线且满足下列条件之一的平面：

(1) 通过原点； (2) 与 y 轴平行.

2. 求过直线

$$\begin{cases} x+3y-5=0, \\ x-y-2z+4=0, \end{cases}$$

并且在 x 轴和 y 轴上有相同的非零截距的平面方程.

3. 在直角坐标系中,求经过直线

$$\begin{cases} x+y-2z+1=0, \\ 2x-2y+z=0, \end{cases}$$

且与平面 $2x+y+z+1=0$ 垂直的平面.

4. 求与平面 $x-2y+3z-4=0$ 平行,且满足下列条件之一的平面：

(1) 通过点 $(1,-2,3)$； (2) 在 y 轴上截距等于 -3.

5. 在直角坐标系下,求与平面 $x+3y+2z=0$ 平行,且与三个坐标面围成的四面体体积为 6 的平面方程.

6. 在直角坐标系中,由平面 $2x+y-3z+2=0$ 与 $5x+5y-4z+3=0$ 所决定的平面束内,求两个互相垂直的平面,使其中的一个经过点 $(4,-3,1)$.

7. 在直角坐标系中,已知三个平面 $\pi_1: 2x+3y-4z+5=0$, $\pi_2: 2x-z+7=0$, $\pi_3: x+y-z=0$,求含 π_1,π_2 的交线 l 的平面 π,使得 π 与 π_3 的交线 l_1 垂直于 l.

8. 证明:任何与直线

$$l_1: \begin{cases} A_1x+B_1y+C_1z+D_1=0, \\ A_2x+B_2y+C_2z+D_2=0 \end{cases}$$

和直线

$$l_2: \begin{cases} A_3x+B_3y+C_3z+D_3=0, \\ A_4x+B_4y+C_4z+D_4=0 \end{cases}$$

都相交的直线 l 的方程为

$$\begin{cases} \lambda(A_1x+B_1y+C_1z+D_1)+\mu(A_2x+B_2y+C_2z+D_2)=0, \\ \lambda'(A_3x+B_3y+C_3z+D_3)+\mu'(A_4x+B_4y+C_4z+D_4)=0, \end{cases}$$

其中 λ,μ 是不全为零的实数,λ',μ' 也是不全为零的实数.

9. 直线方程

$$\begin{cases} A_1x+B_1y+C_1z+D_1=0, \\ A_2x+B_2y+C_2z+D_2=0 \end{cases}$$

的系数应满足什么条件才能使该直线在坐标平面 Oxz 内.

2.4 线性图形的度量关系

线性图形的度量关系是指线性图形间的距离和角度,这里讨论的是点到平面和点到直线的距离,平面与平面、直线与平面以及直线与直线之间的距离和夹角.

回忆第 1 章曾引入向量的内积和外积两种运算. 例如由内积可以算出向量的长度以及二向量之间的夹角. 而在直角坐标系下,用向量的分量来表示内积与外积,其表达式最为简洁,因此讨论度量性质最为方便. 这可以看作是本节采用直角坐标系讨论线性图形之间的度量关系的一个理由.

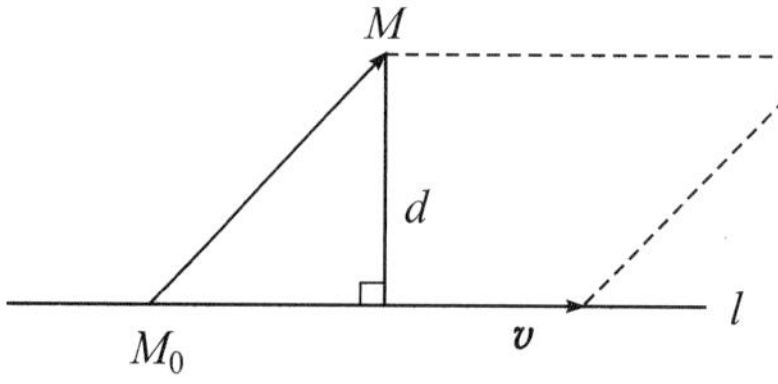

图 2.8

2.4.1　点到直线的距离

设直线 l 过点 M_0,方向向量为$\boldsymbol{v}$. 由图 2.8看出,不在 l 上的点M 到直线 l 的距离 d 是以$\overrightarrow{M_0M}$,$\boldsymbol{v}$为邻边的平行四边形的底边$\boldsymbol{v}$上的高,因此有

$$d=\frac{|\overrightarrow{M_0M}\times\boldsymbol{v}|}{|\boldsymbol{v}|}.\qquad(2.4.1)$$

2.4.2　点到平面的距离

空间点 M_0 到平面 π 的距离指的是点M_0 到平面 π 的最短距离,即点到平面的垂直距离. 因此自点 M_0 向平面 π 引垂线得垂足 Q_0,那么点 M_0 到平面 π 的距离 $d=|\overrightarrow{Q_0M_0}|$.

在求点到平面的距离之前,先引入点关于平面的离差的概念.

定义 2.4.1　如果自点 M_0 向平面 π 引垂线,其垂足为 Q_0,那么向量$\overrightarrow{Q_0M_0}$在平面 π 的单位法向量 $\boldsymbol{n}^0$ 上的射影叫做点 M_0 到平面 π 的**离差**,记做 $\delta=\mathrm{Prj}_{\boldsymbol{n}^0}\overrightarrow{Q_0M_0}$.

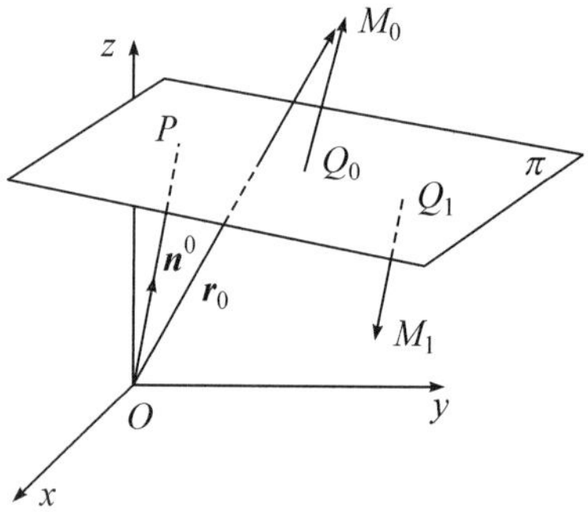

图 2.9

从图 2.9 容易看出,当点 M_0 位于平面 π 的单位法向量$\boldsymbol{n}^0$ 所指向的一侧时,离差 $\delta>0$(这时$\overrightarrow{Q_0M_0}$与 $\boldsymbol{n}^0$ 同向);当点 M_0 位于平面 π 的另一侧时,$\overrightarrow{Q_0M_0}$与 $\boldsymbol{n}^0$ 反向,$\delta<0$;只有当 M_0 在平面 π 上时才有 $\delta=0$.

另外,离差的绝对值$|\delta|$就是点 M_0 与平面 π 之间的距离 d.

命题 2.4.1　设平面 π 用法式方程(2.1.10)表示,即

$$\pi:\boldsymbol{n}^0\cdot\boldsymbol{r}-p=0,$$

其中 p 是原点O 到平面 π 的距离. 那么点 M_0 到平面 π 的离差

$$\delta=\boldsymbol{n}^0\cdot\boldsymbol{r}_0-p,\qquad(2.4.2)$$

这里 $\boldsymbol{r}_0=\overrightarrow{OM_0}$.

证明 记$\overrightarrow{OQ_0}=\boldsymbol{q}_0$. 依定义 2.4.1 有

$$\delta=\mathrm{Prj}_{\boldsymbol{n}^0}\overrightarrow{Q_0M_0}=\boldsymbol{n}^0\cdot(\overrightarrow{OM_0}-\overrightarrow{OQ_0})$$
$$=\boldsymbol{n}^0\cdot(\boldsymbol{r}_0-\boldsymbol{q}_0)=\boldsymbol{n}^0\cdot\boldsymbol{r}_0-\boldsymbol{n}^0\cdot\boldsymbol{q}_0,$$

而点 $Q_0\in\pi$,故 $\boldsymbol{n}^0\cdot\boldsymbol{q}_0-p=0$,因此

$$\delta=\boldsymbol{n}^0\cdot\boldsymbol{r}_0-p.$$

推论 2.4.1 点 $M_0(x_0,y_0,z_0)$到平面

$$\pi: x\cos\alpha+y\cos\beta+z\cos\gamma-p=0$$

的离差

$$\delta=x_0\cos\alpha+y_0\cos\beta+z_0\cos\gamma-p. \tag{2.4.3}$$

推论 2.4.2 点 $M_0(x_0,y_0,z_0)$到平面

$$\pi: Ax+By+Cz+D=0$$

的距离

$$d=\frac{|Ax_0+By_0+Cz_0+D|}{\sqrt{A^2+B^2+C^2}}. \tag{2.4.4}$$

平面 $\pi: Ax+By+Cz+D=0$ 把空间中的所有不在 π 上的点分成两部分,位于平面 π 的同侧的所有点,离差 δ 的符号相同;对于在平面 π 两侧的点,δ 有不同的符号. 于是坐标满足不等式

$$Ax+By+Cz+D>0$$

的所有点都在平面 π 的同一侧,而坐标满足不等式

$$Ax+By+Cz+D<0$$

的所有点都在平面 π 的另一侧.

例 2.4.1 在直角坐标系下,平面 π_1 和 π_2 的方程分别是

$$2x-y+2z-3=0 \quad 和 \quad 3x+2y-6z-1=0,$$

求由 π_1 和 π_2 构成的二面角的角平分面的方程,在此二面角内含有点 $P_0(1,2,-3)$.

解 点 $M(x,y,z)$在所求的角平分面上的充要条件是:(1)M 到 π_1 的距离等于 M 到 π_2 的距离,(2)M 与 P_0 或者都在 $\pi_i(i=1,2)$的同侧,或者都在 $\pi_i(i=1,2)$的异侧,或者 M 在 π_1 与 π_2 的交线上. 因为 P_0 的坐标满足:

$$2\times1-2+2\times(-3)-3=-9<0,$$
$$3\times1+2\times2-6\times(-3)-1=24>0,$$

因此 M 的坐标应满足下列等式

$$\frac{|2x-y+2z-3|}{\sqrt{2^2+(-1)^2+2^2}}=\frac{|3x+2y-6z-1|}{\sqrt{3^2+2^2+(-6)^2}},$$

并且适合

$$\begin{cases}2x-y+2z-3\leqslant 0,\\ 3x+2y-6z-1\geqslant 0\end{cases}$$

或

$$\begin{cases}2x-y+2z-3\geqslant 0,\\ 3x+2y-6z-1\leqslant 0.\end{cases}$$

经整理得

$$23x-y-4z-24=0,$$

这就是所求二面角的角平分面的方程.

2.4.3　两条直线之间的距离

空间两直线上的点之间的最短距离叫做这两条直线之间的距离. 显然,两相交或重合的直线间的距离等于零,两平行直线间的距离等于其中一直线上的任一点到另一直线的距离. 下面着重讨论两条异面直线之间的距离.

定义 2.4.2　分别与两条异面直线 l_1,l_2 垂直相交的直线 l 叫做 l_1 和 l_2 的**公垂线**,两垂足的连线段称为**公垂线段**.

有兴趣的读者可以证明:两条异面直线的公垂线存在而且唯一,并且二异面直线的公垂线段的长度就是它们之间的距离. 现在我们先求公垂线的方程.

设直线 l_1 与 l_2 异面,l_i 过点 $M_i(x_i,y_i,z_i)$,方向向量为 $\boldsymbol{v}_i=(X_i,Y_i,Z_i)$,其标准方程是

$$l_i:\frac{x-x_i}{X_i}=\frac{y-y_i}{Y_i}=\frac{z-z_i}{Z_i},\quad i=1,2,$$

那么公垂线 l 的方向向量 $\boldsymbol{v}$ 可以取为 $\boldsymbol{v}_1\times\boldsymbol{v}_2$. 显然 $\boldsymbol{v}=\boldsymbol{v}_1\times\boldsymbol{v}_2\neq\mathbf{0}$,因 $\boldsymbol{v}_1$ 与 $\boldsymbol{v}_2$ 不共线.

公垂线 l 在经过点 $M_1\in l_1$,且以 $\boldsymbol{v}_1,\boldsymbol{v}_1\times\boldsymbol{v}_2$ 为方位向量的平面 π_1 上;同时 l 又在经过点 $M_2\in l_2$,以 $\boldsymbol{v}_2,\boldsymbol{v}_1\times\boldsymbol{v}_2$ 为方位向量的平面 π_2 上(图 2.10),因此公垂线 l 作为平面 π_1 和 π_2 的交线,它的方程用向量形式表示为

$$\begin{cases}(\boldsymbol{r}-\boldsymbol{r}_1,\boldsymbol{v}_1,\boldsymbol{v}_1\times\boldsymbol{v}_2)=0,\\ (\boldsymbol{r}-\boldsymbol{r}_2,\boldsymbol{v}_2,\boldsymbol{v}_1\times\boldsymbol{v}_2)=0.\end{cases}\tag{2.4.5}$$

其坐标形式留给读者.

命题 2.4.2　设两条异面直线 l_1,l_2 分别过点 M_1,M_2,方向向量分别为 $\boldsymbol{v}_1$,$\boldsymbol{v}_2$,则 l_1 与 l_2 之间的距离

$$d=\frac{|(\overrightarrow{M_1M_2},\boldsymbol{v}_1,\boldsymbol{v}_2)|}{|\boldsymbol{v}_1\times\boldsymbol{v}_2|}.\tag{2.4.6}$$

证明　设 l_1 与 l_2 的公垂线段为 P_1P_2. 因为公垂线 l 的方向向量为 $\boldsymbol{v}_1\times\boldsymbol{v}_2$,所以 $\overrightarrow{P_1P_2}$ 与 $\boldsymbol{v}_1\times\boldsymbol{v}_2$ 共线. 记 $\boldsymbol{e}=\dfrac{\boldsymbol{v}_1\times\boldsymbol{v}_2}{|\boldsymbol{v}_1\times\boldsymbol{v}_2|}$,则

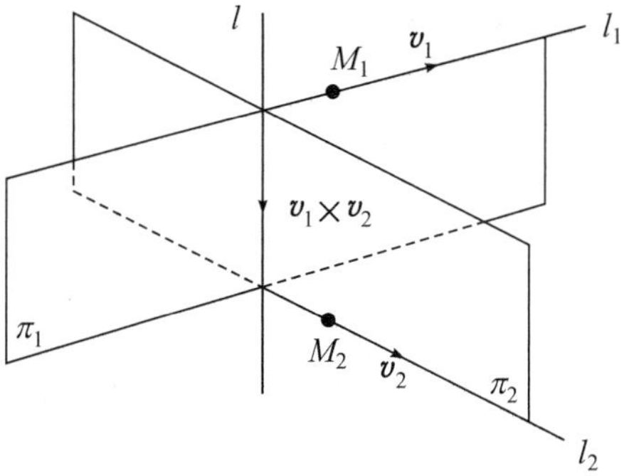

图 2.10

$$d=|\overrightarrow{P_1P_2}|=|\mathrm{Prj}_{\boldsymbol{e}}\overrightarrow{M_1M_2}|=|\overrightarrow{M_1M_2}\cdot\boldsymbol{e}|$$
$$=\frac{|\overrightarrow{M_1M_2}\cdot(\boldsymbol{v}_1\times\boldsymbol{v}_2)|}{|\boldsymbol{v}_1\times\boldsymbol{v}_2|}=\frac{|(\overrightarrow{M_1M_2},\boldsymbol{v}_1,\boldsymbol{v}_2)|}{|\boldsymbol{v}_1\times\boldsymbol{v}_2|}.$$

公式(2.4.6)的几何意义:两条异面直线 l_1 与 l_2 之间的距离等于以$\overrightarrow{M_1M_2}$,$\boldsymbol{v}_1$,$\boldsymbol{v}_2$ 为棱的平行六面体的体积除以$\boldsymbol{v}_1$,$\boldsymbol{v}_2$ 为邻边的平行四边形的面积(图 2.11).

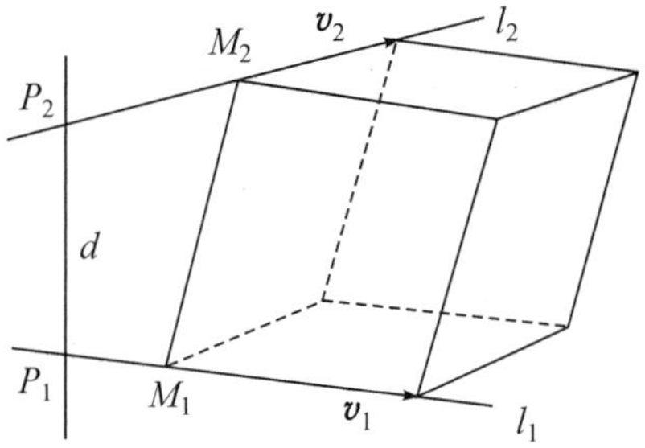

图 2.11

例 2.4.2 已知二直线

$$l_1:\frac{x-1}{3}=\frac{y-7}{-1}=\frac{z+4}{2}\quad 和\quad l_2:\frac{x-1}{1}=\frac{y+2}{-2}=\frac{z}{2},$$

试说明 l_1 与 l_2 为异面直线,并求 l_1 与 l_2 的距离与它们的公垂线方程.

解 直线 l_1 过点 $M_1(1,7,-4)$,方向向量$\boldsymbol{v}_1=(3,-1,2)$,直线 l_2 过点 $M_2(1,-2,0)$,方向向量$\boldsymbol{v}_2=(1,-2,2)$. 计算混合积

$$(\overrightarrow{M_1M_2},\boldsymbol{v}_1,\boldsymbol{v}_2)=\begin{vmatrix}0&-9&4\\3&-1&2\\1&-2&2\end{vmatrix}=16\neq0,$$

因此 l_1 与 l_2 为异面直线. l_1 与 l_2 的公垂线 l 的方向向量可取为

$$\boldsymbol{v}_1 \times \boldsymbol{v}_2 = (2, -4, -5),$$

依公式(2.4.6)，l_1 与 l_2 之间的距离

$$d = \frac{|(\overrightarrow{M_1M_2}, \boldsymbol{v}_1, \boldsymbol{v}_2)|}{|\boldsymbol{v}_1 \times \boldsymbol{v}_2|} = \frac{16}{\sqrt{45}} = \frac{16}{3\sqrt{5}}.$$

公垂线 l 的方程为

$$\begin{cases} \begin{vmatrix} x-1 & y-7 & z+4 \\ 3 & -1 & 2 \\ 2 & -4 & -5 \end{vmatrix} = 0, \\ \begin{vmatrix} x-1 & y+2 & z \\ 1 & -2 & 2 \\ 2 & -4 & -5 \end{vmatrix} = 0, \end{cases}$$

经整理得

$$\begin{cases} 25x + 10z + 186 = 0, \\ 2x + y = 0. \end{cases}$$

至于两平面之间的距离以及直线与平面之间的距离，它们的定义和计算留给读者思考.

例 2.4.3　求二平面

$$\pi_1: 2x - 2y + z - 3 = 0,$$
$$\pi_2: 4x - 4y + 2z + 5 = 0$$

之间的距离.

解法一　易见 π_1 平行于 π_2. 在 π_1 上取点 $P_1(0,0,3)$. 利用公式(2.4.4)，求点 P_1 到 π_2 的距离

$$d = \frac{|4\times 0 - 4\times 0 + 2\times 3 + 5|}{\sqrt{4^2 + (-4)^2 + 2^2}} = \frac{11}{6},$$

它就是 π_1 与 π_2 之间的距离.

解法二　将平面 π_1 和 π_2 的方程都化成法式

$$\pi_1: \frac{2}{3}x - \frac{2}{3}y + \frac{1}{3}z - 1 = 0,$$

$$\pi_2: -\frac{2}{3}x + \frac{2}{3}y - \frac{1}{3}z - \frac{5}{6} = 0.$$

由此可知原点到 π_1 的距离 $d_1 = 1$，原点到 π_2 的距离 $d_2 = \frac{5}{6}$. 但从法式方程又知 π_1 和 π_2 的法向量方向相反，两平面位于原点两侧，所以 π_1 和 π_2 之间的距离

$$d = d_1 + d_2 = \frac{11}{6}.$$

2.4.4 角度

两平面相交,直线与平面相交,两直线相交或异面都涉及角度问题,我们可以利用向量的内积与其夹角的关系来求这些角度.

1. 两相交平面的夹角.

两个相交平面交成四个二面角,它们的**夹角**是指这四个二面角中的任意一个,并且其中的两个等于这两个平面的法向量的夹角,所以两个相交平面的夹角可以由这两个平面的法向量的夹角来表示. 此外,两个平行(或重合)的平面的夹角规定为 0 或 π.

设两个平面的方程分别为

$$\pi_1: A_1x+B_1y+C_1z+D_1=0$$

和

$$\pi_2: A_2x+B_2y+C_2z+D_2=0,$$

我们用$\angle(\pi_1,\pi_2)$表示平面 π_1 和 π_2 的夹角,而两平面的法向量 $\boldsymbol{n}_1$ 与 $\boldsymbol{n}_2$ 的夹角记为 $\theta=\angle(\boldsymbol{n}_1,\boldsymbol{n}_2)$,那么有$\angle(\pi_1,\pi_2)=\theta$ 或 $\pi-\theta$(图 2.12),因此我们得到

$$\begin{aligned}\cos\angle(\pi_1,\pi_2)&=\pm\cos\theta=\pm\frac{\boldsymbol{n}_1\cdot\boldsymbol{n}_2}{|\boldsymbol{n}_1||\boldsymbol{n}_2|}\\&=\pm\frac{A_1A_2+B_1B_2+C_1C_2}{\sqrt{A_1^2+B_1^2+C_1^2}\cdot\sqrt{A_2^2+B_2^2+C_2^2}}.\end{aligned}\tag{2.4.7}$$

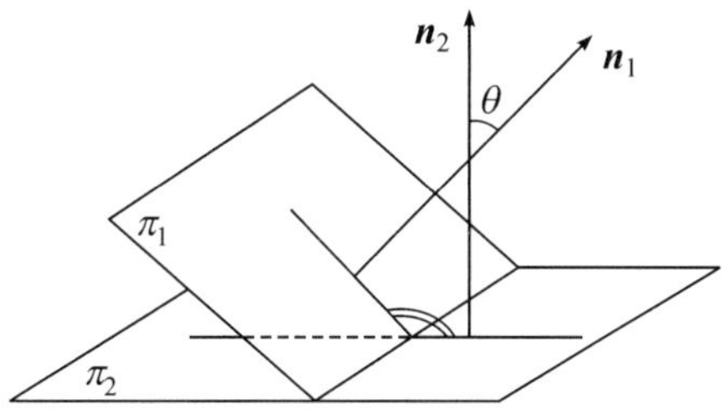

图 2.12

推论 2.4.3 平面 π_1 与 π_2 互相垂直的充要条件是

$$A_1A_2+B_1B_2+C_1C_2=0.$$

2. 直线与平面的夹角.

当直线不和平面垂直时,直线与平面的**夹角** φ 是指这条直线和它在平面上的垂直射影所构成的锐角(图 2.13);当直线垂直于平面时,规定直线与平面的夹角为直角.

设平面 π 的法向量为 $\boldsymbol{n}$,直线 l 的方向向量为$\boldsymbol{v}$. 记 $\boldsymbol{n}$ 与$\boldsymbol{v}$的夹角为$\angle(\boldsymbol{n},\boldsymbol{v})=\theta$

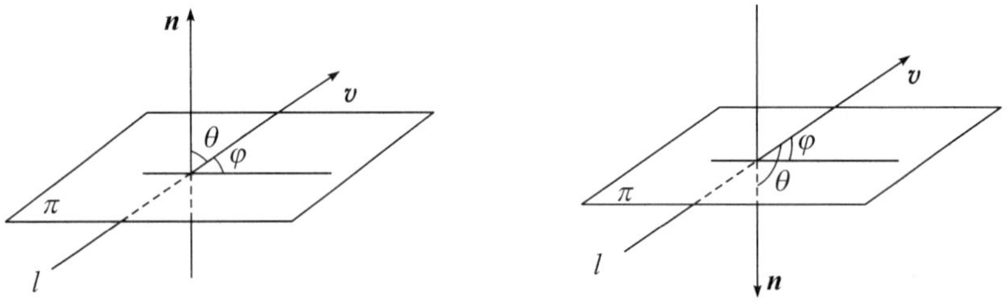

图 2.13

$(0 \leqslant \theta \leqslant \pi)$，那么直线 l 与平面 π 的夹角 φ 与 θ 有如下关系：

$$\varphi = \left|\frac{\pi}{2} - \theta\right|,$$

因此

$$\sin\varphi = |\cos\theta| = \frac{|\boldsymbol{n} \cdot \boldsymbol{v}|}{|\boldsymbol{n}|\,|\boldsymbol{v}|}. \tag{2.4.8}$$

3. 两条直线之间的夹角.

两条直线的**夹角**是指它们的方向向量的夹角或其补角.

设直线 l_i 的方向向量为 $\boldsymbol{v}_i = (X_i, Y_i, Z_i)$，$i=1,2$，则 l_1 与 l_2 的夹角 $\angle(l_1, l_2)$ 或等于 $\angle(\boldsymbol{v}_1, \boldsymbol{v}_2)$ 或等于 $\pi - \angle(\boldsymbol{v}_1, \boldsymbol{v}_2)$，因此有

$$\begin{aligned}\cos\angle(l_1, l_2) &= \pm\cos\angle(\boldsymbol{v}_1, \boldsymbol{v}_2) = \pm\frac{\boldsymbol{v}_1 \cdot \boldsymbol{v}_2}{|\boldsymbol{v}_1| \cdot |\boldsymbol{v}_2|} \\ &= \pm\frac{X_1X_2 + Y_1Y_2 + Z_1Z_2}{\sqrt{X_1^2 + Y_1^2 + Z_1^2} \cdot \sqrt{X_2^2 + Y_2^2 + Z_2^2}}.\end{aligned} \tag{2.4.9}$$

推论 2.4.4　直线 l_1 与 l_2 垂直的充要条件是

$$X_1X_2 + Y_1Y_2 + Z_1Z_2 = 0.$$

例 2.4.4　试求直线

$$l: \begin{cases} x + y - z - 1 = 0, \\ x - y + z + 1 = 0 \end{cases}$$

在平面 $\pi: x + y + z = 0$ 上的射影直线方程，并求 l 与 π 的夹角.

解　直线 l 的方向向量为 $(1,1,-1)\times(1,-1,1) = -2(0,1,1)$，为简单起见，取为 $\boldsymbol{v} = (0,1,1)$. 又平面 π 的法向量 $\boldsymbol{n} = (1,1,1)$. 依公式(2.4.8)，直线 l 与平面 π 的夹角 φ 满足

$$\sin\varphi=\frac{|\boldsymbol{n}\cdot\boldsymbol{v}|}{|\boldsymbol{n}||\boldsymbol{v}|}=\frac{\sqrt{6}}{3},$$

所以 $\varphi=\arcsin\frac{\sqrt{6}}{3}$.

下面求直线 l 在平面 π 上的射影直线方程.

解法一 已求出 l 的方向向量$\boldsymbol{v}=(0,1,1)$,再找出 l 上的一点. 在 l 的方程中令 $y=0$,则由方程组

$$\begin{cases}x-z-1=0,\\x+z+1=0\end{cases}$$

解出 $x=0,z=-1$,因而点 $M_0(0,0,-1)\in l$.

经过直线 l 且与平面 π 垂直的平面以$\boldsymbol{v},\boldsymbol{n}$ 作为方位向量,其方程为

$$\begin{vmatrix}x & y & z+1\\0 & 1 & 1\\1 & 1 & 1\end{vmatrix}=0,$$

即 $y-z-1=0$,因此所求的射影直线方程为

$$\begin{cases}x+y+z=0,\\y-z-1=0.\end{cases}$$

解法二 以直线 l 为轴的平面束方程为

$$\lambda(x+y-z-1)+\mu(x-y+z+1)=0,$$

即

$$(\lambda+\mu)x+(\lambda-\mu)y+(-\lambda+\mu)z+(-\lambda+\mu)=0.$$

在平面束中找一个平面与平面 π 垂直,那么依两平面垂直的条件,有

$$1\cdot(\lambda+\mu)+1\cdot(\lambda-\mu)+1\cdot(-\lambda+\mu)=0,$$

解得 $\lambda:\mu=1:(-1)$,于是经过直线 l 且与平面 π 垂直的平面方程为

$$y-z-1=0,$$

所以

$$\begin{cases}x+y+z=0,\\y-z-1=0\end{cases}$$

为所求的射影直线方程.

习 题 2.4

1. 求点(2,3,−1)到直线$\begin{cases}2x-2y+z+3=0,\\3x-2y+2z+17=0\end{cases}$的距离.

2. 计算下列点和平面间的离差和距离:

(1) $M(-2,4,3)$,π:$2x-y+2z+3=0$;

(2) $M(1,2,-3)$，π：$5x-3y+z+4=0$.

3. 已知平面 π：$x+2y-3z+4=0$，点 $O(0,0,0)$，$A(1,1,4)$，$B(1,0,-2)$，$C(2,0,2)$，$D(0,0,4)$，$E(1,3,0)$，$F(-1,0,1)$. 试区分上述各点哪些在平面 π 的某一侧，哪些在 π 的另一侧，哪些点在平面上.

4. 求下列各点的坐标：

(1) 在 z 轴上，并且到点 $(1,-2,0)$ 与到平面 $3x-2y+6z-9=0$ 距离相等的点；

(2) 在 x 轴上并且到平面 $12x-16y+15z+1=0$ 和 $2x+2y-z-1=0$ 距离相等的点.

5. 判别点 $M(2,-1,1)$ 和 $N(1,2,-3)$ 在由下列相交平面所构成的同一个二面角内，还是分别在相邻二面角内，或是在对顶的二面角内？

(1) π_1：$3x-y+2z-3=0$　与　π_2：$x-2y-z+4=0$；

(2) π_1：$2x-y+5z-1=0$　与　π_2：$3x-2y+6z-1=0$.

6. 求下列两平行平面间的距离，并求到二平行平面距离相等的点的轨迹.

(1) $19x-4y+8z+21=0$，　$19x-4y+8z+42=0$；

(2) $Ax+By+Cz+D_1=0$，　$Ax+By+Cz+D_2=0$，　$D_1\neq D_2$.

7. 求由平面 π_1：$3x+6y-2z-7=0$ 与 π_2：$4x-3y-5=0$ 所构成的二面角的角平分面的方程，在此二面角内有点 $O(0,0,0)$.

8. 求到两个平面的距离为定比的点的轨迹.

9. 已知三个平行平面 π_i：$Ax+By+Cz+D_i=0(i=1,2,3)$. 设 L,M,N 是分别属于平面 π_1，π_2，π_3 的任意点，求 $\triangle LMN$ 的重心的轨迹.

10. 说明下列二直线异面，并求它们的距离及公垂线方程.

(1) l_1：$\dfrac{x}{1}=\dfrac{y-1}{-1}=\dfrac{z+1}{0}$　和　l_2：$\dfrac{x+1}{2}=\dfrac{y-1}{-1}=\dfrac{z}{2}$；

(2) l_1：$\begin{cases}x=3+t,\\y=1+t,\\z=2+2t\end{cases}$　和　l_2：$\dfrac{x}{-1}=\dfrac{y-2}{3}=\dfrac{z}{3}$.

11. 求下列各组平面所成的角：

(1) $x+y-11=0$，　$3x+8=0$；

(2) $2x-3y+6z-12=0$，　$x+2y+2z-7=0$.

12. 求下列直线与平面的交点和夹角：

(1) l：$\dfrac{x-1}{2}=\dfrac{y}{3}=\dfrac{z-2}{6}$，　π：$x-2y+z-1=0$；

(2) l：$\begin{cases}x+3y-z-2=0,\\x-y+z=0,\end{cases}$　π：$2x+y-z-3=0$.

13. 求下列各对直线间的夹角：

(1) $\dfrac{x-1}{1}=\dfrac{y}{-4}=\dfrac{z}{1}$　和　$\dfrac{x}{2}=\dfrac{y+2}{-2}=\dfrac{z}{-1}$；

(2) $\begin{cases}2x-2y+3z-21=0,\\2x-3z+13=0\end{cases}$　和　$\begin{cases}3x+2y-4z-10=0,\\3x-2y+2z+8=0.\end{cases}$

14. (1)记直线与三条坐标轴所成的方向角为 α,β,γ，证明 $\sin^2\alpha+\sin^2\beta+\sin^2\gamma=2$；

(2) 设直线与三个坐标面的交角为 λ,μ,ν，证明 $\cos^2\lambda+\cos^2\mu+\cos^2\nu=2$.

15. 求点 $P_0(1,2,-3)$ 在平面 $6x-y+3z-41=0$ 上的射影以及点 P_0 关于该平面的对称点.

16. 求点 $P_0(2,0,-1)$ 在直线

$$l:\begin{cases}x-y-4z+12=0,\\2x+y-2z+3=0\end{cases}$$

上的射影以及点 P_0 关于直线 l 的对称点.

17. 求下列平面方程：

(1) 过直线 $\begin{cases}x+5y+z=0,\\x-z+4=0\end{cases}$ 且与平面 $x-4y-8z+12=0$ 成 $\frac{\pi}{4}$ 角的平面；

(2) 过直线 $\frac{x+1}{0}=\frac{y+2}{2}=\frac{z-2}{-3}$ 且与点 $P(4,1,2)$ 的距离等于 3 的平面；

(3) 通过二直线

$$l_1:\frac{x-1}{1}=\frac{y+2}{2}=\frac{z-5}{1}\quad 和 \quad l_2:\frac{x}{1}=\frac{y+3}{3}=\frac{z+1}{2}$$

的公垂线，并且平行于向量 $\boldsymbol{v}=(1,0,-1)$ 的平面.

18. 求包含直线

$$l_1:\begin{cases}\dfrac{y}{b}+\dfrac{z}{c}=1,\\x=0,\end{cases}$$

且平行于直线

$$l_2:\begin{cases}\dfrac{x}{a}-\dfrac{z}{c}=1,\\y=0\end{cases}$$

的平面. 设 l_1 与 l_2 之间的距离为 $2d$，试证 $\frac{1}{d^2}=\frac{1}{a^2}+\frac{1}{b^2}+\frac{1}{c^2}$.

19. 已知两条异面直线 l_1 和 l_2，试证连接 l_1 上任一点与 l_2 上任一点的线段的中点轨迹是公垂线段的垂直平分面.

第 3 章　常见的曲面

本章在初步介绍空间图形与方程之间的一般关系后，对柱面、锥面、旋转曲面以及二次曲面(包括椭球面、单叶双曲面、双叶双曲面、椭圆抛物面和双曲抛物面)进行讨论. 前三种曲面具有明显的几何特征，我们着重从这些曲面的几何特性来建立它们的方程. 而对后五种二次曲面，我们则从曲面的标准方程出发来讨论它们的几何性质，描述它们的几何形状. 希望通过对这些常见曲面的讨论，读者能逐步领悟到如何从曲面的几何特性来推导其方程，以及如何通过对方程的分析来探讨其图形的几何性质，描述它们的几何形状. 本章最后一节讲作图，介绍画曲面的交线以及由曲面围成的空间区域，有利于发展读者的空间想象能力，也兼顾到读者学习数学的某些课程的需要.

3.1　图形和方程

取定空间坐标系后，我们有可能对空间图形建立起方程，进而通过对方程的分析来研究几何图形. 现从大家所熟悉的几个简单图形说起.

例 3.1.1　到定点的距离等于定长的点的轨迹是**球面**. 定点称为**球心**，定长称为**半径**. 取定一直角坐标系，容易写出以点 $C_0(x_0, y_0, z_0)$ 为球心，半径为 R 的球面方程. 空间点 $P(x,y,z)$ 位于球面上当且仅当

$$|\overrightarrow{C_0P}| = R,$$

用坐标表示则为

$$(x-x_0)^2+(y-y_0)^2+(z-z_0)^2=R^2, \tag{3.1.1}$$

这就是球面方程. 将这个方程展开，得到关于 x, y, z 的三元二次方程

$$x^2+y^2+z^2+2ax+2by+2cz+d=0, \tag{3.1.2}$$

其中 $a=-x_0, b=-y_0, c=-z_0, d=x_0^2+y_0^2+z_0^2-R^2$. 该方程的特点是各平方项系数相同，不含交叉项(指 xy, yz, zx 项)且 $a^2+b^2+c^2-d>0$.

反过来，下列形式的三元二次方程

$$I(x^2+y^2+z^2)+Ax+By+Cz+D=0, \quad I\neq 0$$

可写成(3.1.2)式的形式，再经配方，得

$$(x+a)^2+(y+b)^2+(z+c)^2+d-a^2-b^2-c^2=0.$$

记 $a^2+b^2+c^2-d=K$. 当 $K>0$ 时，它表示一个球心在点 $C_0(-a,-b,-c)$，半径为 $\sqrt{K}$ 的球面；当 $K=0$ 时，它的图形退化成点 C_0，称为点球面；当 $K<0$ 时，无实

图形或说它表示一个虚球面. 因此我们有如下结论:

在直角坐标系下,球面方程是一个平方项系数相等而无交叉项的三元二次方程;反之,任何一个三元二次方程,如果它的平方项系数非零且相等,而且不含交叉项,那么它表示球面(实球面、点或虚球面).

例 3.1.2　与一条定直线 l 的距离为常数 a 的点组成一个曲面,它就是**圆柱面**,l 称为它的**轴**,a 叫做圆柱面的**半径**. 选取直角坐标系使 l 为 z 轴,我们来建立圆柱面的方程. 任取点 $M(x,y,z)$,它在 z 轴上的垂足是点 $(0,0,z)$. 这两个点之间的距离 $\sqrt{x^2+y^2}$ 就是点 M 到直线 l 的距离,因此点 M 在该圆柱面上的充分必要条件是

$$\sqrt{x^2+y^2}=a,$$

于是

$$x^2+y^2=a^2 \tag{3.1.3}$$

是所求的圆柱面方程. 这个方程不含 z,即不论点 $M(x,y,z)$ 的坐标 z 如何变动,只要 x,y 满足方程(3.1.3),点 M 必在圆柱面上,这说明圆柱面是由一族平行于 z 轴的直线组成. 另外,方程(3.1.3)不含 z,如果将它看作 xOy 平面上的方程,则表示 xOy 平面上以原点为圆心、半径为 a 的圆,这恰好是圆柱面与 xOy 平面的交线,记为 Γ,其方程应写为

$$\begin{cases}x^2+y^2=a^2,\\ z=0.\end{cases}$$

因此,方程(3.1.3)表示的空间图形是由平行于 z 轴且与圆周 Γ 相交的一族平行直线构成的圆柱面. 这族平行直线中的每一条都叫做母线.

更一般地,假设圆柱面的轴过点 $P_0(x_0,y_0,z_0)$,方向向量 $\boldsymbol{v}=(l,m,n)$,又 a 为圆柱面的半径,那么读者容易验证

$$|\overrightarrow{P_0P}\times\boldsymbol{v}|=a|\boldsymbol{v}|$$

是该圆柱面的向量式方程,其中 P 为圆柱面上的任意点.

例 3.1.3　过定直线 l 上一点 P_0 且与该直线交于定锐角 α 的动直线所形成的曲面是**圆锥面**,直线 l 叫做它的**轴**,点 P_0 称为**顶点**,定锐角 α 叫做**半顶角**. 用与轴垂直的平面截圆锥面所得的截线显然是圆.

选取直角坐标系,使坐标原点 O 为圆锥面顶点 P_0,z 轴为直线 l,因而 l 的方向向量可选为 $\boldsymbol{k}=(0,0,1)$. 点 $P(x,y,z)$ 在圆锥面上的必要充分条件是向量 $\overrightarrow{OP}$ 与 $\boldsymbol{k}$ 的夹角等于 α 或 $\pi-\alpha$,因而

$$|\cos\angle(\overrightarrow{OP},\boldsymbol{k})|=\cos\alpha,$$

由此可得到圆锥面的坐标式方程为

$$x^2+y^2-\tan^2\alpha\cdot z^2=0.$$

该方程的左边是 x,y,z 的二次齐次函数，因而方程是二次齐次方程，下节将进一步讨论.

由上可见，解析几何中所研究的曲面看成是满足一定条件或说具有某种几何特征性质的点的集合. 通过在空间建立直角(或仿射)坐标系，将空间点用坐标表示，那么点所满足的条件表示为它的坐标之间的关系. 通常，曲面 S 用一个含 x,y,z 的方程 $F(x,y,z)=0$ 来表示，这是指曲面 S 上每一点的坐标都满足方程

$$F(x,y,z)=0. \tag{3.1.4}$$

反之，任何满足方程(3.1.4)的有序数组 (x,y,z) 一定是曲面 S 上某个点的坐标. 方程(3.1.4)叫做曲面 S 的**一般方程**，曲面 S 称为方程(3.1.4)的**图形**.

对于空间曲线，将它看成是两个空间曲面的交线，例如直线可视为两张相交平面的交线，空间圆可看作一个球面与一张平面的交线. 一般来说，把两个曲面的一般方程联立起来得到的方程组

$$\begin{cases} F(x,y,z)=0, \\ G(x,y,z)=0 \end{cases} \tag{3.1.5}$$

是空间曲线 Γ 的**一般方程**，曲线 Γ 上每一点的坐标都满足方程组(3.1.5). 反之，任何满足方程组(3.1.5)的有序数组 (x,y,z) 一定是曲线 Γ 上某个点的坐标.

注意，用来表示图形的一般方程不一定唯一，例如两球面的交线

$$\begin{cases} (x-1)^2+(y-2)^2+(z-3)^2=1, \\ x^2+y^2+z^2=1 \end{cases}$$

是一个圆，也可用等价的方程组

$$\begin{cases} x^2+y^2+z^2=1, \\ x+2y+3z=7 \end{cases}$$

来表示.

如同在数学分析中讨论函数的图像那样，我们考虑方程及方程组的图像. 在空间引入坐标系以后，对于以 x,y,z 为变量的三元方程(或方程组)，它的所有解对应的空间点的集合便称为此方程(或方程组)的**图像**. 例如在直角坐标系下，方程

$$(z-2)(x^2+y^2+z^2-4x-6y+2z+5)=0$$

的图像是由平面 $z=2$ 和球面 $(x-2)^2+(y-3)^2+(z+1)^2=9$ 组成. 而方程组

$$\begin{cases} (x-2)^2+(y-3)^2+(z+1)^2=9, \\ z-2=0 \end{cases}$$

的解集仅为单点集 $\{(2,3,2)\}$，因而它的图像由一点组成，这说明球面 $(x-2)^2+(y-3)^2+(z+1)^2=9$ 与平面 $z=2$ 相切，切点为 $(2,3,2)$. 一个方程的图像也可能是一条曲线，例如方程

$$x^2+y^2=0$$

与方程组

$$\begin{cases} x = 0, \\ y = 0 \end{cases}$$

同解,图像是一条直线,即 z 轴.

例 3.1.4 方程组

$$\begin{cases} x^2 + y^2 + z^2 = a^2, \\ x^2 + y^2 = ax \end{cases} \quad (a > 0)$$

的图像是球面 $x^2+y^2+z^2=a^2$ 与母线平行于 z 轴的圆柱面 $\left(x-\frac{a}{2}\right)^2+y^2=\frac{a^2}{4}$ 的交线,称为**维维安尼**(Viviani)**曲线**,它也可以用等价的方程组

$$\begin{cases} z^2 + ax = a^2, \\ x^2 + y^2 = ax \end{cases} \quad (a > 0)$$

来表示,其中 $0\leqslant x\leqslant a$(参看图 3.23).

从图形建立方程,从方程确定其图像,这是本章讨论的两个基本问题. 由于几何图形千变万化,并且方程及方程组的形式繁多,有的十分复杂,因此本章仅就一些特殊的图形建立方程,只就某些简单的方程讨论其图像.

习 题 3.1

本节习题均在空间直角坐标系中讨论.

1. 求满足下列条件的球面方程:

(1) 经过点 $O(0,0,0)$,$P(1,0,0)$,$Q(0,1,0)$和 $R(0,0,1)$;

(2) 与平面 $x+2y+2z+3=0$ 相切于点 $M(1,1,-3)$,且半径为 3;

(3) 经过点$(1,2,5)$并且与三个坐标平面都相切;

(4) 经过点$(2,-4,3)$并且包含圆$\begin{cases} x^2+y^2=5, \\ z=0. \end{cases}$

2. 求经过点$(1,0,0)$,$(1,-2,0)$,$(0,2,1)$的圆的方程.

3. 求与直线$\frac{x-1}{1}=\frac{y}{2}=\frac{z-1}{1}$切于点$(1,0,1)$,又与直线$\frac{x}{2}=\frac{y-1}{1}=\frac{z-1}{2}$切于点$(0,1,1)$的球面方程.

4. 求球心在点 $C(4,5,-2)$,且与球面 $x^2+y^2+z^2-4x-12y+36=0$ 相内切的球面方程.

5. 求下列圆柱面的方程:

(1) 半径为 3,轴过点$(1,0,2)$且方向向量$\boldsymbol{v}=(1,2,3)$;

(2) 以直线 l:$\frac{x-1}{1}=\frac{y+1}{-2}=\frac{z+3}{-2}$为轴,且经过点$(1,-2,1)$.

6. 求与两球面 $x^2+y^2+z^2=25$,$(x-2)^2+(y-1)^2+z^2=25$ 均相切,且以两球面的球心连线为轴的圆柱面方程.

7. 证明半径为 ν,以$\frac{x}{\lambda}=\frac{y}{\mu}=\frac{z}{\nu}$为轴的圆柱面方程可以写成

$$x^2+y^2+z^2-\nu^2=\frac{(\lambda x+\mu y+\nu z)^2}{\lambda^2+\mu^2+\nu^2}.$$

8. 已知圆锥面的顶点为(1,2,3),轴与平面 $2x+2y-z+1=0$ 垂直,分别求出满足下列条件的圆锥面方程:

(1) 半顶角为$\frac{\pi}{6}$;　(2) 过点(3,2,1).

9. 求以直线 $x=y=z$ 为轴,且通过直线 $2x=3y=-5z$ 的圆锥面方程.

10. 已知点 P_0 到平面 π 的距离为 4,写出下列动点轨迹的方程:

(1) 动点到点 P_0 和平面 π 的距离相等;

(2) 动点到点 P_0 和平面 π 的距离之比为 3∶1.

11. 求下列动点的轨迹方程:

(1) 动点到两定点距离之比为一常数;

(2) 动点到两定点距离之和等于常数;

(3) 动点到两定点距离之差等于常数.

3.2　柱面和锥面

3.2.1　柱面

定义 3.2.1　由平行于某一定方向且与一条空间定曲线相交的一族平行直线所组成的曲面叫做**柱面**.定曲线叫做柱面的**准线**,平行直线族中的每一条都叫做柱面的(**直**)**母线**.定方向是直母线的方向,也叫做**柱面方向**(图 3.1).

圆柱面是柱面,如例 3.1.2 所述,它的直母线平行于轴线.平面是一种很特殊的柱面,它上面的每条直线都可作为直母线.

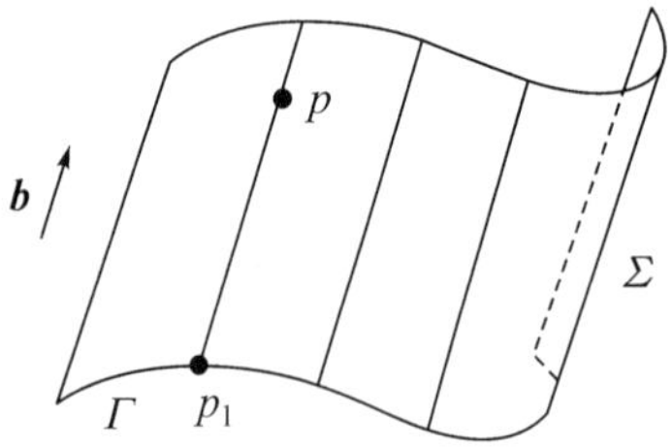

图 3.1

动图

显然,柱面由它的准线和母线方向所确定.它是直母线沿着准线平行移动的轨迹,也可看作准线沿着柱面方向平行移动的轨迹.如果已知母线的方向,要确定柱面,还需在每条母线上知道一个点,因此取一条与所有母线都相交的曲线作为柱面的准线(常用一个与母线方向不平行的平面去截柱面,以截得的那一条平面曲线作为准线),从准线的各点沿母线方向作平行线便得到柱面.下面来求柱面方程.

选取空间坐标系,设柱面 Σ 的准线 Γ 的方程为

$$\begin{cases}F(x,y,z)=0,\\G(x,y,z)=0,\end{cases}$$

母线方向 $\boldsymbol{b}=(l,m,n)$，求柱面 Σ 的方程.

点 $P(x,y,z)\in$ 柱面 Σ 的充要条件是点 P 在某一条母线上，即存在点 $P_1(x_1,y_1,z_1)\in$ 准线 Γ，使得点 P 位于过点 P_1 且以 $\boldsymbol{b}$ 为方向向量的直线上(图 3.1)，于是有下列方程组

$$\begin{cases}\dfrac{x-x_1}{l}=\dfrac{y-y_1}{m}=\dfrac{z-z_1}{n},\\ F(x_1,y_1,z_1)=0,\\ G(x_1,y_1,z_1)=0.\end{cases}\tag{3.2.1}$$

从这些方程不难想象：如果让点 $P_1(x_1,y_1,z_1)$ 取遍准线 Γ 上的所有点，那么过点 P_1 的动母线便形成整个柱面 Σ. 因此从方程组(3.2.1)中消去 x_1,y_1,z_1，得到一个只含 x,y,z 的方程

$$H(x,y,z)=0,$$

它就是所求的柱面 Σ 的一般方程. 读者从下例可归纳出求柱面的一般方程的步骤.

例 3.2.1　设柱面的准线方程为

$$\begin{cases}x^2+y^2=z,\\ 2x-z=0,\end{cases}$$

母线方向为 $(-2,0,1)$，求该柱面的方程.

解　设 $P_1(x_1,y_1,z_1)$ 是准线上的任意点，过点 P_1 的母线为

$$x=x_1-2t,\quad y=y_1,\quad z=z_1+t.$$

将 $x_1=x+2t,y_1=y,z_1=z-t$ 代入

$$\begin{cases}x_1^2+y_1^2=z_1,\\ 2x_1-z_1=0,\end{cases}$$

得

$$\begin{cases}(x+2t)^2+y^2=z-t,\\ 2x-z+5t=0,\end{cases}$$

消去 t，可求得柱面方程为

$$x^2+25y^2+4z^2+4xz-10x-20z=0.$$

有一种特殊情形值得指出，那就是柱面的母线平行于坐标轴，例如母线平行于 z 轴，此时可取柱面与 xOy 平面的交线作为准线，我们有下列命题.

命题 3.2.1　不含变量 z 的方程

$$F(x,y)=0\tag{3.2.2}$$

表示一个柱面，该柱面母线平行于 z 轴，且以 xOy 平面上的曲线

$$\begin{cases}F(x,y)=0,\\ z=0\end{cases}$$

作为它的一条准线. 反过来，任何一个母线平行于 z 轴的柱面，其方程均可表示为

(3.2.2)式的形式.

证明留作习题.

类似地,形如

$$G(y,z)=0,\quad H(z,x)=0$$

的方程在空间分别表示母线平行于 x 轴和 y 轴的柱面.

例 3.2.2　在空间直角坐标系中,方程

$$\frac{x^2}{a^2}+\frac{y^2}{b^2}=1,\quad \frac{x^2}{a^2}-\frac{y^2}{b^2}=1,\quad x^2=2py$$

都表示母线平行于 z 轴的柱面. 因为这些柱面与 xOy 平面的交线分别是椭圆、双曲线和抛物线,所以分别称之为**椭圆柱面**,**双曲柱面**和**抛物柱面**. 这三种类型的柱面的方程是二次的,因此统称为**二次柱面**(图 3.2).

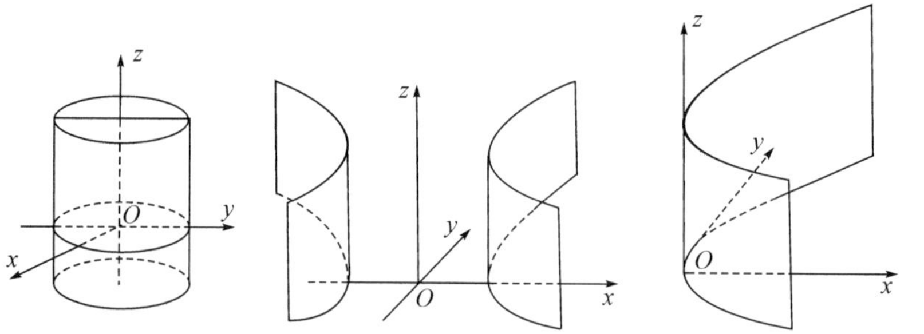

图 3.2

3.2.2　锥面

定义 3.2.2　过定点且与一条(不过定点的)定曲线相交的一族直线组成的曲面叫做**锥面**. 定点叫做锥面的**顶点**,定曲线叫做锥面的**准线**,这一族共点直线中的每一条都叫做锥面的**母线**(图 3.3).

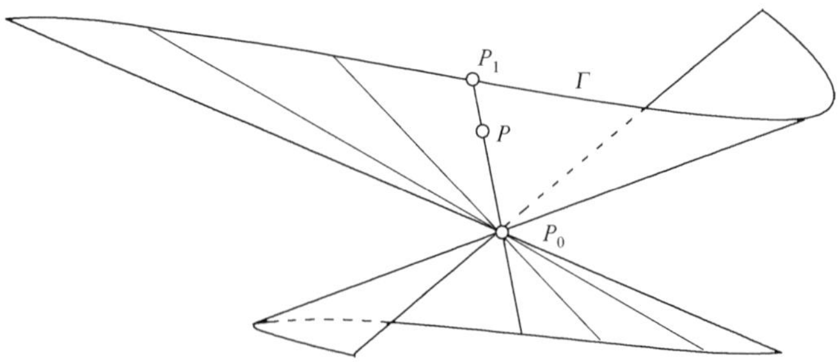

图 3.3

动图

圆锥面是锥面,如例 3.1.3 所述. 平面是一种很特殊的锥面,它上面的每一点都可取为锥面的顶点. 显然,锥面由它的顶点和准线所确定. 但是对于一个锥面而言,它

的准线并非唯一,任何一条与锥面的每一条母线都相交的曲线均可作为准线.

选取一空间坐标系,现在来求以曲线

$$\Gamma:\begin{cases}F(x,y,z)=0,\\G(x,y,z)=0\end{cases}$$

为准线,以 $P_0(x_0,y_0,z_0)$ 为顶点的锥面方程.

设点 $P(x,y,z)$ 不是顶点 P_0,则点 P 在锥面上当且仅当由点 P_0 与 P 所确定的直线必与准线 Γ 相交于某点 $P_1(x_1,y_1,z_1)$,因此

$$\begin{cases}\dfrac{x-x_0}{x_1-x_0}=\dfrac{y-y_0}{y_1-y_0}=\dfrac{z-z_0}{z_1-z_0},\\F(x_1,y_1,z_1)=0,\\G(x_1,y_1,z_1)=0.\end{cases}\tag{3.2.3}$$

从上述方程组中消去 x_1,y_1,z_1,得到一个关于 x,y,z 的方程

$$H(x,y,z)=0,$$

它就是所求锥面的一般方程.

由方程组(3.2.3)可知:若点 P_1 取遍准线 Γ 上所有点,则连接点 P_1 与顶点 P_0 的动母线形成整个锥面. 显然,顶点与锥面上任意其他点的连线位于锥面上,这是锥面的一个重要几何特征.

回到例 3.1.3 中的圆锥面,它以原点为顶点,其方程 $x^2+y^2-\tan^2\alpha\cdot z^2=0$ 是二次齐次方程,现引入一般的齐次方程.

如果函数 $F(x,y,z)$ 中的 x,y,z 分别以 tx,ty,tz 代替,总有

$$F(tx,ty,tz)=t^nF(x,y,z),\quad t\text{ 为任意实数},$$

其中 n 为正整数,那么 $F(x,y,z)$ 叫做 n 次**齐次函数**,$F(x,y,z)=0$ 叫做 n 次**齐次方程**.

命题 3.2.2 在取定的空间坐标系下,x,y,z 的 n 次齐次方程的图像是顶点在原点的锥面.

证明 设 $F(x,y,z)=0$ 是一个 n 次齐次方程,则

$$F(tx,ty,tz)=t^nF(x,y,z)=0.$$

将 $t=0$ 代入上式,得 $F(0,0,0)=0$,说明原点在方程的图像上.

设非原点 $P_1(x_1,y_1,z_1)$ 满足 $F(x_1,y_1,z_1)=0$,则直线 OP_1 的方程为

$$x=x_1t,\quad y=y_1t,\quad z=z_1t,$$

代入 $F(x,y,z)=0$,得

$$F(tx_1,ty_1,tz_1)=t^nF(x_1,y_1,z_1)=0,$$

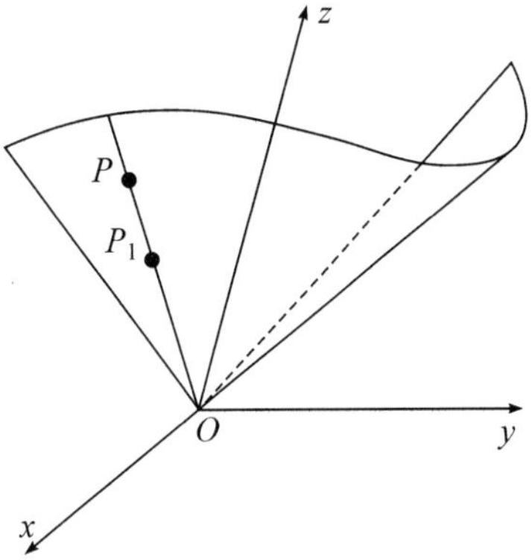

图 3.4

这说明直线 OP_1 上的每一点均落在方程 $F(x,y,z)=0$ 的图像上(图 3.4),从而方程

$F(x,y,z)=0$ 的图像是由过原点的一族直线组成，即它是以原点为顶点的锥面.

推论 3.2.1 一个关于 $x-x_0, y-y_0, z-z_0$ 的齐次方程表示以点 (x_0, y_0, z_0) 为顶点的锥面.

例 3.2.3 已知锥面顶点为 $(3,-1,-2)$，准线为 $x^2+y^2-z^2=1, x-y+z=0$，试求它的方程.

解 设 $P_1(x_1, y_1, z_1)$ 为准线上任意点，连接点 P_1 与顶点 $(3,-1,-2)$ 的母线为

$$\frac{x-3}{x_1-3}=\frac{y+1}{y_1+1}=\frac{z+2}{z_1+2}.$$

将它们的比值记为 $\frac{1}{t}$，得

$$x_1=3+t(x-3),\quad y_1=-1+t(y+1),\quad z_1=-2+t(z+2),$$

代入 x_1, y_1, z_1 所满足的方程

$$\begin{cases} x_1^2+y_1^2-z_1^2=1, \\ x_1-y_1+z_1=0, \end{cases}$$

得

$$\begin{cases} [3+t(x-3)]^2+[-1+t(y+1)]^2-[-2+t(z+2)]^2=1, \\ t[(x-3)-(y+1)+(z+2)]+2=0. \end{cases} \tag{3.2.4}$$

消去 t，由上式中的第二式解得

$$t=\frac{2}{-(x-3)+(y+1)-(z+2)},$$

再将 t 的表达式代入(3.2.4)式中的第一式，经化简整理得锥面的一般方程为

$$3(x-3)^2-5(y+1)^2+7(z+2)^2-6(x-3)(y+1)$$
$$+10(x-3)(z+2)-2(y+1)(z+2)=0.$$

注 在本节中多次出现“空间坐标系”一词，未明确指出它是直角坐标系还是仿射坐标系，初学者可以理解为空间直角坐标系. 但本节讨论的内容未涉及度量，在仿射坐标系下也是成立的. 事实上，采用何种坐标系随是否涉及度量而定. 如果与度量有关，则用直角坐标系，否则可用仿射坐标系. 例如下一节讨论旋转曲面便使用直角坐标系.

习 题 3.2

1. 求下列柱面方程：

(1) 准线为 $\begin{cases} y^2=2z, \\ x=0, \end{cases}$ 母线平行于 x 轴；

(2) 准线为 $\begin{cases} x^2+y^2+z^2=1, \\ x+y+z=0, \end{cases}$ 母线平行于 z 轴；

(3) 准线为$\begin{cases} xy=4, \\ z=0, \end{cases}$母线平行于向量$(1,-1,1)$；

(4) 准线为$\begin{cases} x^2+y^2=4, \\ z=2, \end{cases}$母线平行于向量$(-1,0,1)$；

(5) 准线为$\begin{cases} x^2+y^2=z, \\ z=2x, \end{cases}$母线平行于向量$(-2,0,1)$.

2. 求与直线$\begin{cases} y=mx, \\ z=nx \end{cases}$平行，且与圆$\begin{cases} x^2+y^2=a^2, \\ z=0 \end{cases}$相交的一族直线所产生的曲面方程.

3. 求下列锥面方程：

(1) 顶点在原点，准线为$\begin{cases} x^2-\dfrac{y^2}{4}=1, \\ z=2; \end{cases}$ (2) 顶点在原点，准线为$\begin{cases} y^2=2px, \\ z=k(\text{非零常数}); \end{cases}$

(3) 顶点为$(0,-2,0)$，准线为$\begin{cases} x^2+y^2+z^2=4, \\ y+z=2. \end{cases}$

4. 已知锥面 S 的顶点为$(2,5,4)$，S 与 yOz 平面的交线是圆，这个圆的圆心为$(0,1,1)$，半径为 2，求锥面 S 的方程.

5. 证明命题 3.2.1.

以下各题在直角坐标系中讨论.

6. 过 x 轴和 y 轴分别作动平面，其交角为 α（常数），求交线的轨迹方程，并证明它是一个锥面.

7. 设一柱面的母线方向与三条坐标轴正向交成等角，且其母线总是与球面

$$x^2+y^2+z^2=1$$

相切，求它的方程.

8. 已知三条平行直线 $x=y=z$，$x+1=y=z-1$，$x-1=y+1=z-2$，求经过它们的圆柱面方程.

9. 求过三条坐标轴的圆锥面方程.

10. 已知平面 $ax+by+cz=0\,(abc\neq 0)$ 与锥面 $xy+yz+zx=0$ 的交线是两条正交直线，证明：

$$\frac{1}{a}+\frac{1}{b}+\frac{1}{c}=0.$$

3.3 旋转曲面

定义 3.3.1 一条曲线 Γ 绕着一条直线 l 旋转一周所产生的曲面叫做**旋转曲面**，Γ 叫做旋转曲面的**母线**，l 叫做**旋转轴**或**轴**.

母线 Γ 上每一点绕轴 l 旋转得到的圆称为**纬圆**或**纬线**. 如果母线与旋转轴相交，那么过交点的纬圆就是交点本身. 以轴 l 为界的半平面与旋转曲面的交线称为**经线**. 经线可以作为母线，但母线不一定是经线. 旋转面上每一条与任意一个纬圆

都相交的曲线都可以作为母线.

球面是旋转曲面，每一个大圆都可作为母线，它的每一条直径所在的直线都可作为旋转轴. 而一个圆绕一条与它共面但相离的直线旋转所得的旋转面是环面(图 3.11). 又如两条平行直线中的一条绕另一条旋转所得的旋转面是圆柱面，两条非垂直相交的直线中的一条绕另一条旋转所得的旋转面是圆锥面.

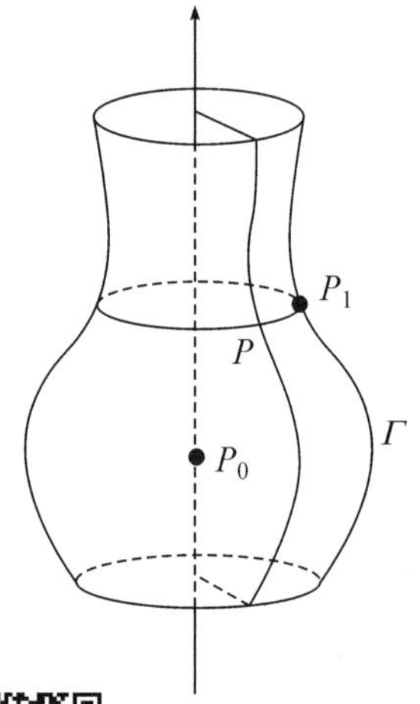

图 3.5

动图

在建立旋转曲面的方程之前，先分析旋转曲面上点的几何特性. 把以 l 为轴，Γ 为母线的旋转曲面记为 S，并假设 l 过点 P_0，方向向量为 $\boldsymbol{v}$. 空间点 $P\in$ 旋转面 S 的必要充分条件是点 P 绕轴 l 旋转所得的圆和母线 Γ 有交点，因而存在母线 Γ 上一点 P_1，使得点 P 位于过点 P_1 的纬圆上. 而这个纬圆必在过点 P_1 且垂直于轴 l 的平面上，并且纬圆上的每个点与点 P_0 的距离均相等(图 3.5).

由于在上面的分析中用到了长度和垂直等概念，因此我们在直角坐标系下建立旋转面的方程. 假设旋转面 S 的母线 Γ 的方程为

$$\begin{cases} F(x,y,z)=0, \\ G(x,y,z)=0, \end{cases}$$

轴 l 经过点 $P_0(x_0,y_0,z_0)$，方向向量 $\boldsymbol{v}=(l,m,n)$.

点 $P(x,y,z)\in S$ 当且仅当存在点 $P_1(x_1,y_1,z_1)\in\Gamma$，使得点 P 位于过点 P_1 的纬圆上. 该纬圆看成是过点 P_1 且垂直于轴 l 的平面与一球面的交线，这一球面以 $P_0(x_0,y_0,z_0)$ 为球心，以 $|\overrightarrow{P_0P_1}|=\sqrt{(x_1-x_0)^2+(y_1-y_0)^2+(z_1-z_0)^2}$ 为半径，因此有

$$\begin{cases} (x-x_0)^2+(y-y_0)^2+(z-z_0)^2=(x_1-x_0)^2+(y_1-y_0)^2+(z_1-z_0)^2, \\ l(x-x_1)+m(y-y_1)+n(z-z_1)=0, \\ F(x_1,y_1,z_1)=0, \\ G(x_1,y_1,z_1)=0. \end{cases} \tag{3.3.1}$$

从上述方程组中消去 x_1,y_1,z_1，便得到旋转曲面 S 的一般方程.

例 3.3.1　求直线 $\dfrac{x-1}{1}=\dfrac{y}{2}=\dfrac{z}{2}$ 绕直线 $x=y=z$ 旋转所得的旋转曲面方程.

解法一　在母线 $\dfrac{x-1}{1}=\dfrac{y}{2}=\dfrac{z}{2}$ 上任取一点 $P_1(x_1,y_1,z_1)$. 因为旋转轴过点 $O(0,0,0)$，所以过点 P_1 的纬圆方程可写为

$$\begin{cases}1\cdot(x-x_1)+1\cdot(y-y_1)+1\cdot(z-z_1)=0,\\ x^2+y^2+z^2=x_1^2+y_1^2+z_1^2,\end{cases}\tag{3.3.2}$$

又

$$\frac{x_1-1}{1}=\frac{y_1}{2}=\frac{z_1}{2},\tag{3.3.3}$$

从(3.3.2)式及(3.3.3)式中消去 x_1,y_1,z_1,得所求旋转面方程为

$$x^2+y^2+z^2=\frac{1}{25}(x+y+z+4)^2+\frac{8}{25}(x+y+z-1)^2.$$

解法二 容易看出直线 $l_1:\dfrac{x-1}{1}=\dfrac{y}{2}=\dfrac{z}{2}$ 与 $l_2:x=y=z$ 相交于点 $P_0(2,2,2)$,因此 l_1 绕 l_2 旋转所得的曲面是圆锥面,它由顶点,旋转轴及半顶角所决定,这里顶点是点 P_0,旋转轴为直线 l_2,半顶角 α 是直线 l_1 与 l_2 的夹角(取锐角). 又 l_1 与 l_2 的方向向量分别为 $\boldsymbol{v}_1=(1,2,2)$ 和 $\boldsymbol{v}_2=(1,1,1)$,因而

$$\cos\alpha=\frac{|\boldsymbol{v}_1\cdot\boldsymbol{v}_2|}{|\boldsymbol{v}_1||\boldsymbol{v}_2|}=\frac{5}{3\sqrt{3}}.$$

设 $P(x,y,z)$ 是圆锥面上任意点,且 $P\neq P_0$,则

$$|\cos\angle(\overrightarrow{P_0P},\boldsymbol{v}_2)|=\cos\alpha=\frac{5}{3\sqrt{3}},$$

$$|\overrightarrow{P_0P}\cdot\boldsymbol{v}_2|=\frac{5}{3\sqrt{3}}|\overrightarrow{P_0P}||\boldsymbol{v}_2|,$$

于是所求的圆锥面方程为

$$9(x+y+z-6)^2=25[(x-2)^2+(y-2)^2+(z-2)^2].$$

下面讨论旋转曲面的母线是坐标平面内的曲线,旋转轴是该坐标面上的坐标轴的情形. 不妨设母线 Γ 为

$$\begin{cases}f(y,z)=0,\\ x=0,\end{cases}$$

旋转轴为 z 轴. 将 Γ 绕 z 轴旋转所得曲面记为 S,我们采用另一种方法推导它的方程. 设点 $M(x,y,z)$ 绕 z 轴旋转所得圆 C 与 yOz 平面的交点为 M_1 和 M_2,则它们的坐标分别为

$$(0,\sqrt{x^2+y^2},z)\quad 和\quad (0,-\sqrt{x^2+y^2},z).$$

点 $M\in S$ 当且仅当圆 C 与 Γ 有交点,因而点 M_1 和 M_2 中有一个在 Γ 上,故

$$f(\sqrt{x^2+y^2},z)=0\quad 或\quad f(-\sqrt{x^2+y^2},z)=0,$$

常把它写成

$$f(\pm\sqrt{x^2+y^2}, z)=0,$$

这就是旋转曲面 S 的方程.

同理可得到曲线 Γ 绕 y 轴旋转的旋转曲面方程为

$$f(y, \pm\sqrt{x^2+z^2})=0.$$

一般地,坐标平面上的曲线绕此平面上的一条坐标轴旋转,其旋转曲面方程可按下列方式写出:对于曲线 Γ 在坐标面上的方程,保留与旋转轴同名的坐标,而以其他两个坐标平方和的平方根代替方程中的另一坐标.

读者不难看出,形如 $F(x^2+y^2,z)=0$ 的方程的图像是以 z 轴为旋转轴的旋转面. 例如方程 $(x^2+y^2)(1+z^2)=1$ 表示以 z 轴为旋转轴的旋转面,它的一条母线方程可以取为

$$\begin{cases} y^2(1+z^2)=1, \\ x=0, \end{cases}$$

读者还可写出另外的母线方程.

例 3.3.2　(1) 设 $b>c$,椭圆

$$\Gamma:\begin{cases} \dfrac{y^2}{b^2}+\dfrac{z^2}{c^2}=1, \\ x=0 \end{cases}$$

绕 y 轴旋转所得旋转曲面的方程为

$$\frac{y^2}{b^2}+\frac{x^2+z^2}{c^2}=1,$$

称为**长形旋转椭球面**(图 3.6). Γ 绕 z 轴旋转所得旋转曲面称为**扁形旋转椭球面**(图 3.7),其方程为

$$\frac{x^2+y^2}{b^2}+\frac{z^2}{c^2}=1.$$

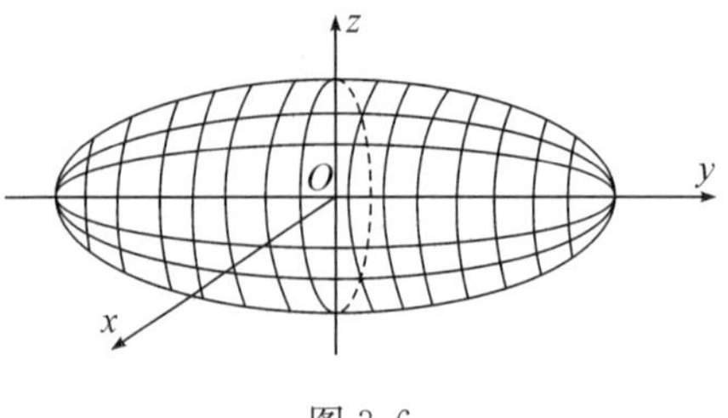

图 3.6

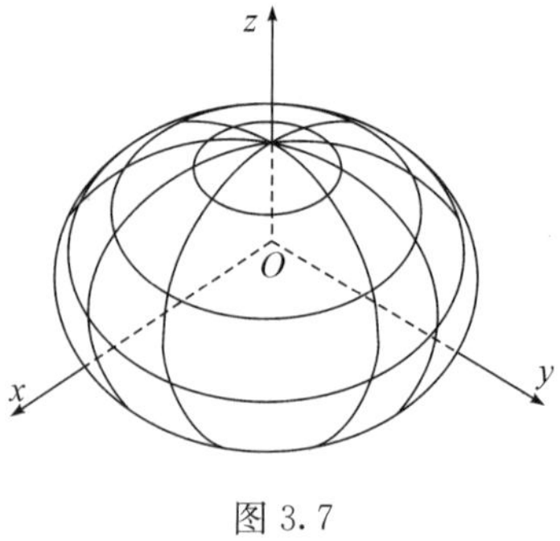

图 3.7

动图

(2) 将双曲线

$$\Gamma:\begin{cases}\dfrac{y^2}{b^2}-\dfrac{z^2}{c^2}=1,\\ x=0\end{cases}$$

绕 z 轴(虚轴)旋转所得的旋转曲面方程为

$$\frac{x^2}{b^2}+\frac{y^2}{b^2}-\frac{z^2}{c^2}=1,$$

该曲面称为**旋转单叶双曲面**(图 3.8). Γ 绕 y 轴(实轴)旋转所得的旋转曲面方程为

$$-\frac{x^2}{c^2}+\frac{y^2}{b^2}-\frac{z^2}{c^2}=1,$$

该曲面称为**旋转双叶双曲面**(图 3.9).

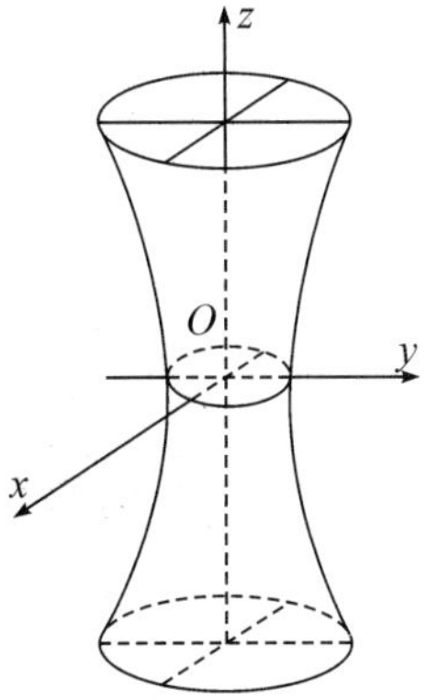

图 3.8

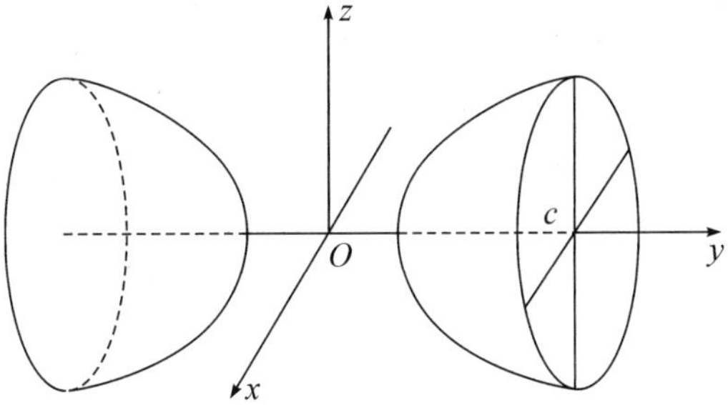

图 3.9

动图

(3) 将抛物线

$$\Gamma:\begin{cases}y^2=2pz,\\ x=0\end{cases}\quad (p\neq 0)$$

绕 z 轴(对称轴)旋转所得的旋转曲面方程为

$$x^2+y^2=2pz,$$

该曲面称为**旋转抛物面**(图 3.10). 它具有很好的光学性质,在焦点处射出的光线被它反射为平行光束,因而被应用到照明灯具(例如汽车前灯、探照灯)的制造上.

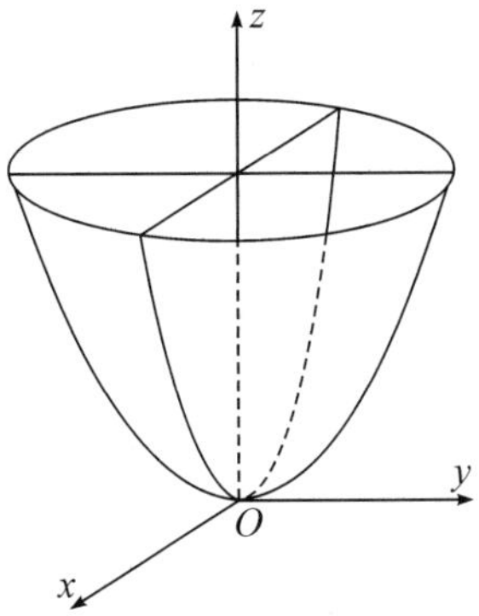

图 3.10

例 3.3.3 将圆

$$\Gamma:\begin{cases}(y-b)^2+z^2=a^2,\\ x=0\end{cases}\quad (b>a>0)$$

绕 z 轴旋转，求所得旋转曲面(称为**圆环面**)的方程.

解　因为 Γ 是 yOz 平面上的曲线，将方程 $(y-b)^2+z^2=a^2$ 中 z 保持不变，y 改成 $\pm\sqrt{x^2+y^2}$，则得圆环面的方程为

$$(\pm\sqrt{x^2+y^2}-b)^2+z^2=a^2,$$

即

$$(x^2+y^2+z^2+b^2-a^2)^2=4b^2(x^2+y^2).$$

圆环面的形状像汽车轮胎或救生圈(图 3.11).

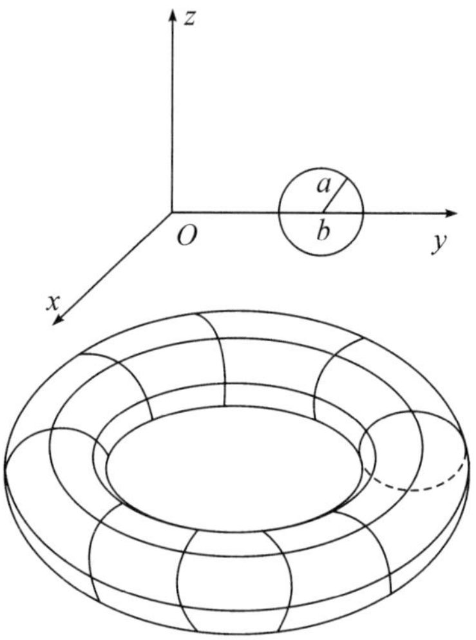

动图

图 3.11

习　题　3.3

1. 求下列旋转曲面的方程：

(1) $\dfrac{x}{1}=\dfrac{y+2}{-3}=\dfrac{z+7}{-2}$ 绕 z 轴旋转；

(2) $y=x^2+4, z=0$ 分别绕 x 轴，y 轴旋转；

(3) $xy=a^2, z=0$ 绕其渐近线旋转；

(4) $z=x^2, x^2+y^2=1$ 绕 z 轴旋转；

(5) 直线 $\dfrac{x}{2}=\dfrac{y}{1}=\dfrac{z-1}{0}$ 绕直线 $x=y=z$ 旋转；

(6) 直线 $\begin{cases}x-2y=0,\\x-2z+2=0\end{cases}$ 绕直线 $\begin{cases}x+y=0,\\2y+z-1=0\end{cases}$ 旋转.

2. 下列曲面中若有旋转曲面，指出其轴和母线.

(1) $z=\dfrac{1}{x^2+y^2}$；　　(2) $(x+y)^2-2(x-y)^2=0$；

(3) $4x^2+3y^2+4z^2=2$；　　(4) $x^2-y^2+z^2=-3$；

(5) $x^2+y^2-3z^2+2z-1=0$.

3. 求直线

$$\frac{x}{\alpha}=\frac{y-\beta}{0}=\frac{z}{1}$$

绕 z 轴旋转所成曲面的方程. 试按 α,β 取值情况确定方程表示何种曲面?

4. 求曲线

$$\begin{cases}\dfrac{x^2}{a^2}+\dfrac{y^2}{b^2}=1, \\ x=mz\end{cases} \quad (a>b>0)$$

绕 z 轴旋转所得的旋转曲面方程.

3.4 五种典型的二次曲面

柱面、锥面、旋转曲面等常见曲面具有明显的几何特性，利用这些图形的几何特征性质我们建立了它们的方程，本节则从方程出发来研究图形. 我们把三元二次方程的图像叫做二次曲面，例如二次柱面、二次锥面和二次旋转曲面(包括球面)都是二次曲面. 本节介绍五种典型的二次曲面，通过适当地选取坐标系，它们的方程可以化成最简形式. 换句话说，我们从五种典型的二次曲面的标准方程来讨论它们的几何性质，描述它们的几何形状. 第 4 章将对一般的二次曲面进行研究，包括对一般的二次曲面方程通过坐标变换化成标准形式，二次曲面的分类等.

因为图形在结构上最基本的几何性质是对称性，因此从方程来研究其图像需考虑对称性. 在本节讨论中我们运用了平行截割法，并且还用到空间的伸缩变换. 所谓“平行截割法”是指用一族平行平面来截割曲面，研究截口曲线是怎样变化的，通过这族截口曲线的变化情况想象出方程所表示的曲面的整体形状. 这是人们认识空间图形的一种有效方法，将比较复杂的空间图形归结为比较容易认识的平面曲线，例如测绘工作者绘制等高线地形图使用了这一方法. 下面再对空间的伸缩变换稍作介绍.

取定一空间直角坐标系，将空间任意点 $M(x,y,z)$ 变为点 $M'(x,y,kz)$(其中 k 为正常数)的变换叫做空间向 xOy 平面作系数为 k 的**伸缩变换**. 当 $0<k<1$ 时，它是压缩；当 $k>1$ 时则为拉伸. 空间图形向 xOy 平面的伸缩变换就是对图形上的每一点作伸缩变换. 同样可以规定空间向 yOz 平面及向 zOx 平面的伸缩变换.

设图形 S 的方程为 $F(x,y,z)=0$，经过向 xOy 平面作系数为 k 的伸缩变换后，S 变为 S'，问 S' 的方程是什么呢? 因为空间任意点 $M'(x,y,z)$ 是由 $M\left(x,y,\dfrac{z}{k}\right)$ 通过伸缩变换得到的，因此 $M'\in S'$ 当且仅当 $M\in S$，于是 S' 的方程为

$F\left(x, y, \dfrac{z}{k}\right)=0$.

伸缩变换是空间(作为点的集合)到自身的一一对应,它把平面变为平面,直线变为直线,并且不会改变两条直线的共面性与平行性,也保持平面之间的相交、平行等关系. 我们将在第5章进一步讨论.

3.4.1 椭球面

在直角坐标系中,方程

$$\frac{x^2}{a^2}+\frac{y^2}{b^2}+\frac{z^2}{c^2}=1 \tag{3.4.1}$$

的图像叫做**椭球面**或**椭圆面**. 方程(3.4.1)叫做椭球面的**标准方程**,其中 a,b,c 为任意正常数,称为椭球面的**半轴**. 显然,球面、旋转椭球面是椭球面的特殊情形.

将单位球面 $x^2+y^2+z^2=1$ 作三次伸缩变换:向 yOz 平面作系数为 a 的伸缩,向 zOx 平面作系数为 b 的伸缩,向 xOy 平面作系数为 c 的伸缩,得到一个曲面,其方程就是(3.4.1). 因此对球面实施伸缩变换不仅可以想象出椭球面的大体形状,而且可以推出椭球面是有限图形,即它上面的点不能无限制地跑远,并且对于每个坐标平面应该是对称的.

现在我们从椭球面方程(3.4.1)来进一步分析它的几何性质与曲面形状.

(1) 对称性. 如果点 (x,y,z) 在(3.4.1)式表示的椭球面 S 上,则它关于 xOy 面的对称点 $(x,y,-z)$ 也在 S 上,即 S 关于 xOy 面对称. 同样,S 关于 yOz 面及 zOx 面也对称. 因此三个坐标面是椭球面 S 的对称平面.

因为用 $-y,-z$ 分别代替 y,z,方程(3.4.1)不变,所以 S 关于 x 轴对称. 类似地,S 关于 y 轴和 z 轴也对称. 因此三条坐标轴是椭球面 S 的**对称轴**,又名**主轴**.

用 $-x,-y,-z$ 分别代替 x,y,z,方程(3.4.1)不变,这说明椭球面 S 关于坐标原点对称,因而原点是 S 的对称中心.

椭球面 S 的顶点(曲面与对称轴的交点)有六个,即 $(\pm a,0,0)$,$(0,\pm b,0)$,$(0,0,\pm c)$.

椭球面 S 与三个对称平面(即坐标平面)的交线是三个椭圆,称为椭球面的**主截线**,它们分别是

$$\Gamma_1:\begin{cases}\dfrac{x^2}{a^2}+\dfrac{y^2}{b^2}=1,\\ z=0;\end{cases}\qquad \Gamma_2:\begin{cases}\dfrac{y^2}{b^2}+\dfrac{z^2}{c^2}=1,\\ x=0;\end{cases}\qquad \Gamma_3:\begin{cases}\dfrac{x^2}{a^2}+\dfrac{z^2}{c^2}=1,\\ y=0.\end{cases}$$

(2) 分布范围. 由方程(3.4.1)立即看出

$$|x|\leqslant a,\ |y|\leqslant b,\ |z|\leqslant c,$$

即椭球面 S 在六个平面 $x=\pm a, y=\pm b, z=\pm c$ 所围成的长方体内,因此曲面 S

是有界的,这是椭球面在二次曲面中最为突出的特点.

(3) 截口. 用平面 $z=h$ 截曲面 S 得到的交线方程是

$$\begin{cases}\dfrac{x^2}{a^2}+\dfrac{y^2}{b^2}=1-\dfrac{h^2}{c^2},\\ z=h.\end{cases}$$

① 当 $|h|<c$ 时,交线是椭圆,中心为 $(0,0,h)$,它的半轴分别是

$$a\sqrt{1-\frac{h^2}{c^2}},\quad b\sqrt{1-\frac{h^2}{c^2}},$$

顶点坐标为

$$\left(\pm a\sqrt{1-\frac{h^2}{c^2}},0,h\right)\quad 和 \quad\left(0,\pm b\sqrt{1-\frac{h^2}{c^2}},h\right),$$

它们分别在椭圆 Γ_3 和 Γ_2 上.

② 当 $|h|=c$ 时,交线退化为一点 $(0,0,c)$ 或 $(0,0,-c)$.

③ 当 $|h|>c$ 时,没有交线.

因此椭球面可以看作是由一个长、短轴可变的椭圆(所在平面与 xOy 面平行)沿椭圆 Γ_2 与 Γ_3 运动的轨迹,并且这个变动的椭圆的两对顶点分别在椭圆 Γ_2 与 Γ_3 上.

用同样的方法可以得到平面 $x=h$ 或 $y=h$ 与椭球面的交线.

根据以上的讨论,可以得到(3.4.1)式表示的椭球面的图形(图 3.12).

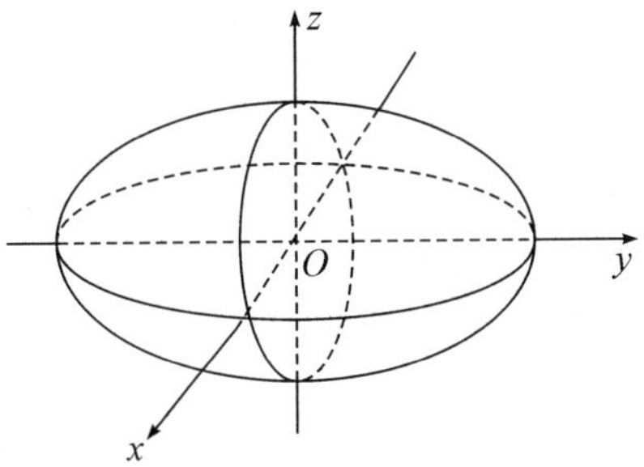

图 3.12

动图 动图

3.4.2 单叶双曲面

在直角坐标系下,方程

$$\frac{x^2}{a^2}+\frac{y^2}{b^2}-\frac{z^2}{c^2}=1,\quad a,b,c>0 \tag{3.4.2}$$

的图像叫做**单叶双曲面**,方程(3.4.2)叫做单叶双曲面的**标准方程**. 当 $a=b$ 时,它表示旋转单叶双曲面.

(1) 对称性. 由方程(3.4.2)可知它表示的曲面关于三个坐标平面、三条坐标轴及坐标原点都是对称的,因此原点是它的对称中心,坐标轴是它的对称轴,坐标平面是它的对称平面.

单叶双曲面 S 有四个顶点:$(\pm a,0,0)$,$(0,\pm b,0)$.

S 与三个坐标面的交线分别是主截线

$$\Gamma_1:\begin{cases}\dfrac{x^2}{a^2}+\dfrac{y^2}{b^2}=1,\\ z=0,\end{cases}\qquad \Gamma_2:\begin{cases}\dfrac{y^2}{b^2}-\dfrac{z^2}{c^2}=1,\\ x=0,\end{cases}\qquad \Gamma_3:\begin{cases}\dfrac{x^2}{a^2}-\dfrac{z^2}{c^2}=1,\\ y=0,\end{cases}$$

Γ_1 称为**腰椭圆**,Γ_2 和 Γ_3 是两条双曲线.

(2) 分布范围. 由方程(3.4.2)知

$$\frac{x^2}{a^2}+\frac{y^2}{b^2}\geqslant 1,$$

因此曲面 S 上的点在椭圆柱面

$$\frac{x^2}{a^2}+\frac{y^2}{b^2}=1$$

的外部或柱面上.

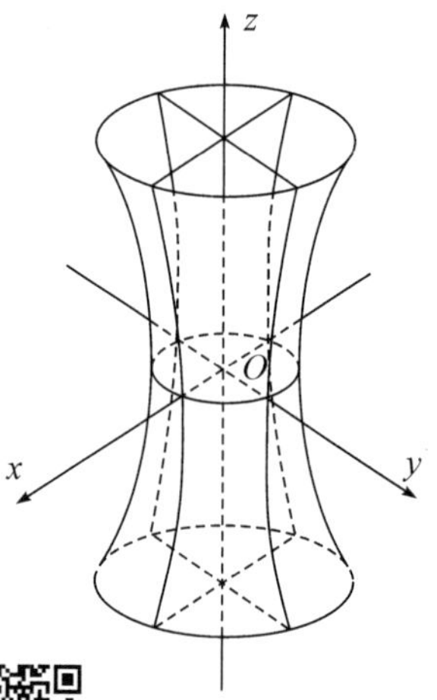

动图

图 3.13

(3) 截口. 用平行于 xOy 面的平面 $z=h$ 截曲面 S 得到的交线是椭圆

$$\begin{cases}\dfrac{x^2}{a^2}+\dfrac{y^2}{b^2}=1+\dfrac{h^2}{c^2},\\ z=h.\end{cases}$$

它的两对顶点分别在双曲线 Γ_2 和 Γ_3 上,因此单叶双曲面 S 可以看作是由一个长短轴可变的椭圆(所在平面平行于 xOy 平面)沿两条双曲线 Γ_2 与 Γ_3 运动的轨迹,这个椭圆的两对顶点分别在这两条双曲线上(图 3.13).

用平面 $y=k$ 截曲面 S 得到的交线是

$$\begin{cases}\dfrac{x^2}{a^2}-\dfrac{z^2}{c^2}=1-\dfrac{k^2}{b^2},\\ y=k.\end{cases}$$

① 当 $|k|<b$ 时,交线为双曲线,它的实轴平行于 x 轴,虚轴平行于 z 轴(图 3.14(1));

② 当 $|k|>b$ 时,交线为双曲线,其实轴平行于 z 轴,虚轴平行于 x 轴(图 3.14(2));

③ 当 $|k|=b$ 时,交线为两条直线,它们的方程为

$$\begin{cases}\dfrac{x}{a}\pm\dfrac{z}{c}=0,\\ y=b\end{cases}\qquad 或\qquad \begin{cases}\dfrac{x}{a}\pm\dfrac{z}{c}=0,\\ y=-b.\end{cases}$$

见图 3.14(3). 用同样的方法可以得到平面 $x=k$ 与曲面 S 的交线.

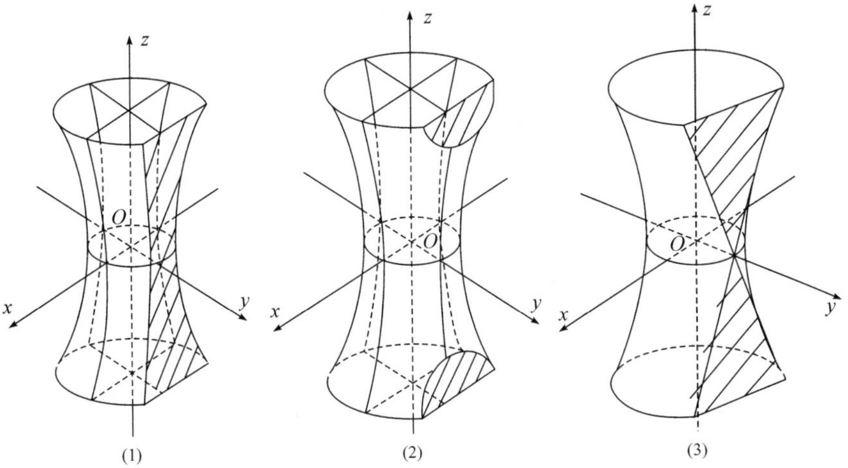

图 3.14

动图

方程

$$\frac{x^2}{a^2}-\frac{y^2}{b^2}+\frac{z^2}{c^2}=1 \quad 及 \quad -\frac{x^2}{a^2}+\frac{y^2}{b^2}+\frac{z^2}{c^2}=1$$

的图像均为单叶双曲面.

3.4.3 双叶双曲面

在直角坐标系下,方程

$$\frac{x^2}{a^2}+\frac{y^2}{b^2}-\frac{z^2}{c^2}=-1, \quad a,b,c>0 \tag{3.4.3}$$

的图像叫做**双叶双曲面**,方程(3.4.3)称为该曲面的**标准方程**(图 3.15).

由方程(3.4.3)可知,曲面上的点满足 $z^2 \geqslant c^2$,因此曲面分成两叶 $z \geqslant c$ 与 $z \leqslant -c$,一叶在平面 $z=c$ 的上方,另一叶在平面 $z=-c$ 的下方.

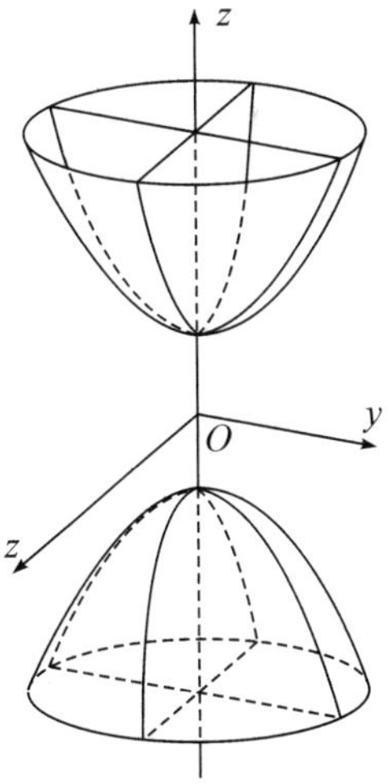

图 3.15

思考题 读者试就对称性、截口等作进一步讨论,可参考二维码.

动图

方程

$$\frac{x^2}{a^2}-\frac{y^2}{b^2}+\frac{z^2}{c^2}=-1 \text{ 和 } -\frac{x^2}{a^2}+\frac{y^2}{b^2}+\frac{z^2}{c^2}=-1$$

的图像也都是双叶双曲面.

单叶双曲面与双叶双曲面统称为**双曲面**. 下面我们考察双曲面(3.4.2),(3.4.3)与二次锥面

$$\frac{x^2}{a^2}+\frac{y^2}{b^2}-\frac{z^2}{c^2}=0 \tag{3.4.4}$$

之间的关系. 首先,下面三个旋转曲面,即旋转单叶双曲面、旋转双叶双曲面及圆锥面

$$\frac{x^2}{b^2}+\frac{y^2}{b^2}-\frac{z^2}{c^2}=1,\quad \frac{x^2}{b^2}+\frac{y^2}{b^2}-\frac{z^2}{c^2}=-1,\quad \frac{x^2}{b^2}+\frac{y^2}{b^2}-\frac{z^2}{c^2}=0$$

可分别由 yOz 坐标面上的一对共轭双曲线

$$\begin{cases}\dfrac{y^2}{b^2}-\dfrac{z^2}{c^2}=1,\\ x=0,\end{cases}\qquad \begin{cases}\dfrac{y^2}{b^2}-\dfrac{z^2}{c^2}=-1,\\ x=0\end{cases}$$

以及它们的渐近线

$$\begin{cases}\dfrac{y^2}{b^2}-\dfrac{z^2}{c^2}=0,\\ x=0\end{cases}$$

绕 z 轴旋转得到. 再经向 yOz 平面作系数为 $\dfrac{a}{b}$ 的伸缩变换,上面三个旋转曲面分别变为下面的单叶双曲面、双叶双曲面和二次锥面

$$\frac{x^2}{a^2}+\frac{y^2}{b^2}-\frac{z^2}{c^2}=1,\quad \frac{x^2}{a^2}+\frac{y^2}{b^2}-\frac{z^2}{c^2}=-1,$$

$$\frac{x^2}{a^2}+\frac{y^2}{b^2}-\frac{z^2}{c^2}=0.$$

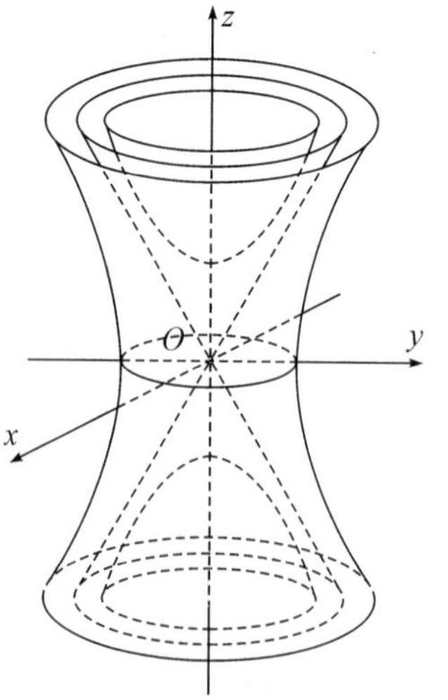

图 3.16

由此可见,二次锥面(3.4.4)位于单叶双曲面(3.4.2)和双叶双曲面(3.4.3)之间. 这三个曲面可向上、向下无限延伸,无公共点但可无限接近(图 3.16). 我们把二次锥面(3.4.4)叫做单叶双曲面(3.4.2)和双叶双曲面(3.4.3)的**渐近锥面**.

例 3.4.1　求到一定点和一定平面(定点不在定平面上)距离之比等于常数的点的轨迹.

解　首先建立坐标系,取定平面为 xOy 平面,定点向定平面所作垂线为 z 轴,垂足为原

点，则定点坐标可设为$(0,0,a)$. 又设比值为$k(>0)$，则有

$$\sqrt{x^2+y^2+(z-a)^2}=k\mid z\mid,$$

即

$$x^2+y^2+(1-k^2)z^2=2az-a^2.$$

讨论：当$k=1$时，方程可化为$x^2+y^2=2a\left(z-\dfrac{a}{2}\right)$，它是旋转抛物面.

当$k\neq1$时，方程可化为

$$x^2+y^2+(1-k^2)\left(z-\frac{a}{1-k^2}\right)^2=\frac{a^2k^2}{1-k^2}.$$

当$0<k<1$时，它表示旋转椭球面；当$k>1$时，它表示旋转双叶双曲面.

3.4.4 椭圆抛物面

把旋转抛物面$\dfrac{x^2+y^2}{a^2}=2z$向zOx平面作系数为$\dfrac{b}{a}$的伸缩变换所得的图形，称为**椭圆抛物面**，其方程

$$\frac{x^2}{a^2}+\frac{y^2}{b^2}=2z \tag{3.4.5}$$

叫做椭圆抛物面的**标准方程**.

从方程(3.4.5)可知，椭圆抛物面以yOz面和zOx面为对称平面，z轴为对称轴，无对称中心，顶点是$O(0,0,0)$. 该曲面上点的z坐标恒$\geqslant0$，图形在xOy面的上方.

用平面$z=h(h\geqslant0)$截曲面得交线的方程为

$$\begin{cases}\dfrac{x^2}{a^2}+\dfrac{y^2}{b^2}=2h,\\ z=h.\end{cases}$$

当$h=0$时，交线退化为一点$(0,0,0)$；当$h>0$时，交线是椭圆，并且随着h的增大，椭圆的半轴也增大. 而它的四个顶点分别在抛物线

$$\Gamma_1:\begin{cases}x^2=2a^2z,\\ y=0\end{cases}$$

和

$$\Gamma_2:\begin{cases}y^2=2b^2z,\\ x=0\end{cases}$$

上，因此椭圆抛物面可以看作是由一个长、短轴可变的椭圆(所在平面平行于xOy平面)沿上述两条

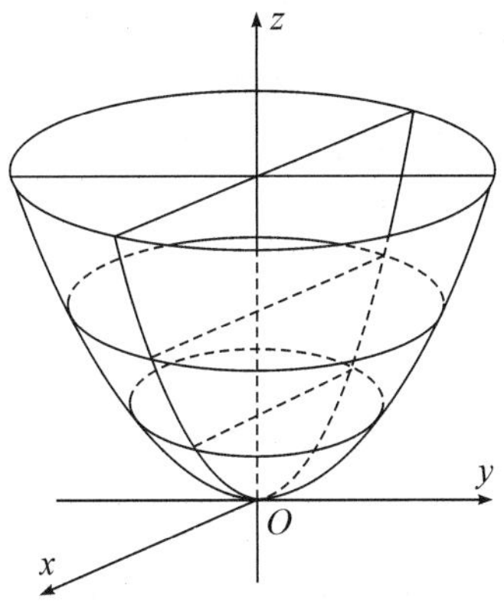

图 3.17

动图

抛物线运动的轨迹，并且这个椭圆的两对顶点分别在这两条抛物线上(图 3.17).

曲面与平面 $y=k$ 的交线是抛物线

$$\begin{cases} x^2=2a^2\left(z-\dfrac{k^2}{2b^2}\right), \\ y=k. \end{cases}$$

这些抛物线都与抛物线 Γ_1 全等(因有相同的焦参数)，顶点 $\left(0,k,\dfrac{k^2}{2b^2}\right)$ 在 Γ_2 上，因而椭圆抛物面又可以看成是抛物线 Γ_1 平行移动产生的曲面，抛物线 Γ_1 移动时，所在平面平行于 xOz 平面，其顶点始终在抛物线 Γ_2 上.

3.4.5　双曲抛物面

方程

$$\frac{x^2}{a^2}-\frac{y^2}{b^2}=2z, \qquad a,b>0 \tag{3.4.6}$$

表示的曲面叫做**双曲抛物面**或**马鞍面**，方程(3.4.6)叫做该曲面的**标准方程**.

(1) 对称性. 由方程(3.4.6)可知，曲面关于 yOz 面、zOx 面是对称的，z 轴是它的对称轴. 无对称中心，顶点只一个，即 $O(0,0,0)$，也叫做双曲抛物面的**鞍点**.

曲面与两个对称平面的交线分别为

$$\Gamma_1:\begin{cases} y^2=-2b^2z, \\ x=0 \end{cases} \quad 和 \quad \Gamma_2:\begin{cases} x^2=2a^2z, \\ y=0. \end{cases}$$

它们都是抛物线，有相同的顶点与对称轴，但开口方向不同，抛物线 Γ_1 的开口方向沿 z 轴负向，抛物线 Γ_2 则沿 z 轴正向开口.

(2) 范围. (3.4.6)式表示的曲面是无界的.

(3) 截口.

① 用平面 $z=h$ 截曲面得交线方程为

$$\begin{cases} \dfrac{x^2}{a^2}-\dfrac{y^2}{b^2}=2h, \\ z=h. \end{cases}$$

当 $h>0$ 时，交线是双曲线，它的实轴平行于 x 轴，虚轴平行于 y 轴；

当 $h<0$ 时，交线是双曲线，它的实轴平行于 y 轴，虚轴平行于 x 轴；

当 $h=0$，交线是两条相交直线

$$\begin{cases} \dfrac{x}{a}+\dfrac{y}{b}=0, \\ z=0, \end{cases} \qquad \begin{cases} \dfrac{x}{a}-\dfrac{y}{b}=0, \\ z=0. \end{cases}$$

② 用平面 $x=k$ 截曲面，交线是抛物线

$$\begin{cases} y^2 = -2b^2\left(z - \dfrac{k^2}{2a^2}\right), \\ x = k, \end{cases}$$

它与抛物线 Γ_1 全等，且顶点 $\left(k, 0, \dfrac{k^2}{2a^2}\right)$ 在抛物线 Γ_2 上. 因此双曲抛物面可以看成是抛物线 Γ_1 平行移动所产生的曲面，抛物线 Γ_1 在平行移动时，所在平面平行于 yOz 平面，其顶点始终落在抛物线 Γ_2 上(图 3.18).

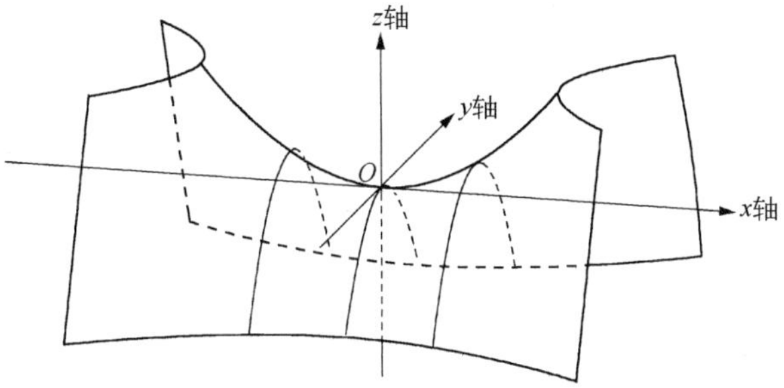

动图

图 3.18

椭圆抛物面与双曲抛物面统称为**抛物面**，它们无对称中心，称为**无心二次曲面**. 而椭球面和双曲面均有唯一的对称中心，因而叫做**中心二次曲面**.

例 3.4.2 将抛物线 Γ: $\begin{cases} x^2 = 2y, \\ z = 0 \end{cases}$ 作平行移动，使得抛物线移动时所在平面与 xOy 平面平行，并且其顶点位于抛物线 C: $\begin{cases} z^2 = -4y, \\ x = 0 \end{cases}$ 上，求动抛物线的轨迹.

解 抛物线 Γ 平行移动，假设其顶点移到点 $P_1(x_1, y_1, z_1)$，依题意曲线的方程为

$$\begin{cases} (x - x_1)^2 = 2(y - y_1), \\ z = z_1. \end{cases}$$

动图

又点 P_1 位于抛物线 C 上，故

$$\begin{cases} {z_1}^2 = -4y_1, \\ x_1 = 0. \end{cases}$$

从上面四个方程中消去 x_1, y_1, z_1，得所求轨迹方程为

$$2x^2 - z^2 = 4y,$$

它是双曲抛物面.

3.4.6 曲线族生成曲面

回顾对椭球面、双曲面及抛物面的五种标准方程的讨论. 为了解它们所表示

的曲面几何形状，我们采用了平行截割法. 通过对一组平行截线的形状变化去想象空间曲面的整体形状，从中发现这五种曲面都可以由动曲线生成，而前面讨论过的柱面、锥面及旋转曲面也是这样. 柱面是由平行于定方向且沿着准线运动的直线所产生，它是由一族平行直线生成的曲面；锥面是由通过一定点且沿着准线运动的直线所产生，这是空间一族共点直线生成的曲面；旋转曲面则是由一曲线绕其轴旋转一周而产生，它又可以看成一族纬圆生成的曲面. 由上可见，本章讨论的常见曲面均可由曲线族生成. 特别地，由直线族生成的曲面叫做**直纹曲面**，直纹面上的直线叫**直母线**. 柱面、锥面是直纹面，下一节将证明单叶双曲面和双曲抛物面也是直纹面.

例 3.4.3　求与两直线 $y=0,z=c$ 与 $x=0,z=-c(c\neq 0)$ 均相交，且与双曲线 $xy+c^2=0,z=0$ 也相交的动直线所产生的曲面方程.

解法一　在已知二直线上分别取点 $(\lambda,0,c)$ 和 $(0,\mu,-c)$，其中 λ,μ 是参数，于是动直线方程为

$$\frac{x-\lambda}{\lambda}=\frac{y}{-\mu}=\frac{z-c}{2c}. \tag{3.4.7}$$

因直线(3.4.7)与已知双曲线相交，令 $z=0$，则有

$$\frac{x-\lambda}{\lambda}=\frac{y}{-\mu}=-\frac{1}{2}.$$

故得 $x=\dfrac{\lambda}{2},y=\dfrac{\mu}{2}$，代入 $xy+c^2=0$ 中得

$$\lambda\mu+4c^2=0. \tag{3.4.8}$$

由(3.4.7)式得

$$\lambda=\frac{2cx}{z+c},\qquad \mu=\frac{-2cy}{z-c},$$

将上式代入(3.4.8)式即得所求曲面方程为

$$z^2-xy=c^2. \tag{3.4.9}$$

解法二　利用平面束来解此题. 以 $y=0,z=c$ 为轴的平面束方程为 $y+\lambda(z-c)=0$，以 $x=0,z=-c$ 为轴的平面束方程为 $x+\mu(z+c)=0$，则动直线方程为

$$\begin{cases}y+\lambda(z-c)=0,\\ x+\mu(z+c)=0.\end{cases} \tag{3.4.10}$$

又动直线要与已知双曲线相交，将(3.4.10)式与已知双曲线方程联立，得到

$$\lambda\mu=1. \tag{3.4.11}$$

从(3.4.10)与(3.4.11)中消去参数 λ,μ 即得所求曲面方程(3.4.9).

方程(3.4.9)究竟表示何种二次曲面，读者通过下一章学习便知道，而且还可以对它有深入的了解.

习 题 3.4

1. 指出下列方程代表什么曲面,并作出草图.

(1) $x^2-4y=0$;　(2) $3x^2-3y^2-z^2=0$;　(3) $x^2-4y^2+4z^2=4$;

(4) $x^2-4y^2+4z^2=-1$;　(5) $\frac{x^2}{4}+\frac{z^2}{2}=2y$;　(6) $\frac{x^2}{4}-\frac{z^2}{2}=2y$.

2. 已知椭球面的对称轴与坐标轴重合,且通过椭圆$\begin{cases}\frac{x^2}{9}+\frac{y^2}{16}=1,\\ z=0\end{cases}$和点$A\left(\sqrt{3},2,-\frac{\sqrt{15}}{3}\right)$,求椭球面的方程.

3. 求以原点为顶点,z轴为对称轴,并经过点$(3,0,1)$和$(3,2,2)$的椭圆抛物面的方程.

4. 已知马鞍面的鞍点为原点,对称平面为 xOz 面和 yOz 面,且过点$(1,2,0)$和$\left(\frac{1}{3},-1,1\right)$,求这个马鞍面的方程.

5. 已知椭球面$x^2+6y^2+2z^2=8$,求过z轴且与该椭球面的交线是圆的平面.

6. 求过坐标轴且与椭圆柱面$\frac{x^2}{a^2}+\frac{y^2}{b^2}=1(a>b)$的交线是圆的平面.

7. 已知椭球面

$$\frac{x^2}{a^2}+\frac{y^2}{b^2}+\frac{z^2}{c^2}=1\quad(a>b>c>0),$$

试求过y轴并与曲面的交线是圆的平面.

8. 椭球面

$$\frac{x^2}{a^2}+\frac{y^2}{b^2}+\frac{z^2}{c^2}=1$$

的中心沿某一定方向到曲面上的一点的距离记为r.如果定方向的方向余弦为λ,μ,ν,试证:

$$\frac{1}{r^2}=\frac{\lambda^2}{a^2}+\frac{\mu^2}{b^2}+\frac{\nu^2}{c^2}.$$

9. 已知双曲线$\frac{x^2}{a^2}-\frac{z^2}{c^2}=1,y=0$.设有长短轴之比为常数的一族椭圆,其中心在$z$轴上,长轴的两个端点位于给定的双曲线上,且所在平面与z轴垂直,求这族椭圆所形成的轨迹.

10. 给定方程

$$\frac{x^2}{A-\lambda}+\frac{y^2}{B-\lambda}+\frac{z^2}{C-\lambda}=1\quad(A>B>C>0),$$

试问当λ取异于A,B,C的各种数值时,它表示怎样的曲面?

11. 平面$x-mz=0$与单叶双曲面$x^2+y^2-z^2=1$相交,问m取何值时交线为椭圆?何时交线为双曲线?

12. 设动点与点$(4,0,0)$的距离等于这点到平面$x=1$的距离的两倍,求这动点的轨迹.

13. 讨论单叶双曲面$\frac{x^2}{9}+\frac{y^2}{4}-z^2=1$与平面$4x-3y-12z-6=0$的交线形状.

14. 给出单叶双曲面与双叶双曲面的参数方程.

15. 已知 yOz 面上一条抛物线 $y^2=2qz(q>0)$, $x=0$. 设动抛物线的顶点在该抛物线上滑动，其焦参数为 p，并且动抛物线所在平面平行于 xOz 面，它的对称轴平行于 z 轴，求动抛物线的轨迹.

16. 试求与二直线

$$\begin{cases} y=0, \\ z=1 \end{cases} \quad 和 \quad \begin{cases} x=0, \\ z=-1 \end{cases}$$

相切的球面的球心轨迹方程.

17. 已知二异面直线之间的距离为 $2a$，夹角是 2α，求到二已知异面直线等距离的点的轨迹方程.

18. 讨论曲面 $2x^2+3y^2=az^2+2bz+c(a^2+b^2+c^2\neq 0)$ 的形状.

19. 设 AB 是 xOy 平面内平行于 y 轴的直线，在 AB 上任取一点 C，在 COz 平面内作以 O 为圆心，以 OC 为半径的圆. 当 C 在 AB 上变动时，求这圆所产生的曲面.

20. 求与下列三条直线都共面的直线所生成的曲面方程，并指出曲面名称.

$$l_1: \begin{cases} x=1, \\ y=z; \end{cases} \quad l_2: \begin{cases} x=-1, \\ y=-z; \end{cases} \quad l_3: \frac{x-2}{-3}=\frac{y+1}{4}=\frac{z+2}{5}.$$

3.5　二次直纹曲面

3.4 节引入的五种二次曲面，哪些是直纹面呢？椭球面是有界曲面，它不是直纹面. 双叶双曲面也不是，因为当它由方程(3.4.3)给出时，要求 $|z|\geqslant c$，因此如果有直线在该曲面上，则直线必平行于 xOy 面(注意：与 xOy 平面相交的直线显然不会全在曲面上)，但这样的直线不可能全在曲面上. 类似地可知，椭圆抛物面不是直纹面. 本节将证明单叶双曲面和双曲抛物面是直纹面.

3.5.1　单叶双曲面的直纹性

定理 3.5.1　单叶双曲面是直纹曲面.

证明　设单叶双曲面 S 的标准方程为

$$\frac{x^2}{a^2}+\frac{y^2}{b^2}-\frac{z^2}{c^2}=1, \tag{3.5.1}$$

把它改写为

$$\left(\frac{x}{a}+\frac{z}{c}\right)\left(\frac{x}{a}-\frac{z}{c}\right)=\left(1+\frac{y}{b}\right)\left(1-\frac{y}{b}\right).$$

作方程组

$$\begin{cases} \lambda_1\left(\dfrac{x}{a}+\dfrac{z}{c}\right)=\lambda_2\left(1+\dfrac{y}{b}\right), \\ \lambda_2\left(\dfrac{x}{a}-\dfrac{z}{c}\right)=\lambda_1\left(1-\dfrac{y}{b}\right), \end{cases} \tag{3.5.2}$$

其中 λ_1,λ_2 是不同时为零的任意实数. 对于 $\lambda_1:\lambda_2$ 的每一个值，方程组(3.5.2)表示一条直线，因此方程组(3.5.2)表示一族直线，称为 λ 族直线. 现在证明，λ 族直线可以构成整个曲面，从而它是单叶双曲面的一族直母线. 为此需要证明下面两点：

(1) λ 族直线中的每一条直线在单叶双曲面上.

当 $\lambda_1\lambda_2\neq 0$ 时，将(3.5.2)式中的两式相乘得到方程(3.5.1)，这说明当 $\lambda_1\lambda_2\neq 0$ 时，(3.5.2)式表示的直线在曲面 S 上. 当 $\lambda_1\lambda_2=0$ 时，如 $\lambda_1\neq 0,\lambda_2=0$，则(3.5.2)式变为

$$\begin{cases}\dfrac{x}{a}+\dfrac{z}{c}=0,\\ 1-\dfrac{y}{b}=0,\end{cases}$$

显然这一条直线也在曲面 S 上. 同理可证当 $\lambda_1=0,\lambda_2\neq 0$ 时相应的直线也在曲面 S 上.

(2) 在曲面 S 上的每一点处，必有直线族(3.5.2)中的一条直线经过该点. 设 $P_0(x_0,y_0,z_0)$ 是曲面 S 上的任意一点，则有

$$\left(\frac{x_0}{a}+\frac{z_0}{c}\right)\left(\frac{x_0}{a}-\frac{z_0}{c}\right)=\left(1+\frac{y_0}{b}\right)\left(1-\frac{y_0}{b}\right). \tag{3.5.3}$$

作方程组

$$\begin{cases}\lambda_1\left(\dfrac{x_0}{a}+\dfrac{z_0}{c}\right)=\lambda_2\left(1+\dfrac{y_0}{b}\right),\\ \lambda_2\left(\dfrac{x_0}{a}-\dfrac{z_0}{c}\right)=\lambda_1\left(1-\dfrac{y_0}{b}\right),\end{cases}$$

这是一个关于 λ_1,λ_2 的二元一次齐次方程组. 由(3.5.3)式知，系数行列式等于零，从而上述方程组有非零解因而可唯一确定比值 $\lambda_1:\lambda_2$，于是在直线族(3.5.2)中有唯一的一条直线通过 P_0 点.

同样可以证明直线族

$$\begin{cases}\mu_1\left(\dfrac{x}{a}+\dfrac{z}{c}\right)=\mu_2\left(1-\dfrac{y}{b}\right),\\ \mu_2\left(\dfrac{x}{a}-\dfrac{z}{c}\right)=\mu_1\left(1+\dfrac{y}{b}\right)\end{cases} \tag{3.5.4}$$

也是单叶双曲面 S 上的一族直母线，称该族直母线为 μ 族直母线. 图 3.19 表示了单叶双曲面 S 上两族直母线的大致分布情况.

命题 3.5.1　单叶双曲面的直母线具有下列性质：

(1) 对于单叶双曲面上的每一点，两族直母线中各有唯一的一条直母线通过该点；

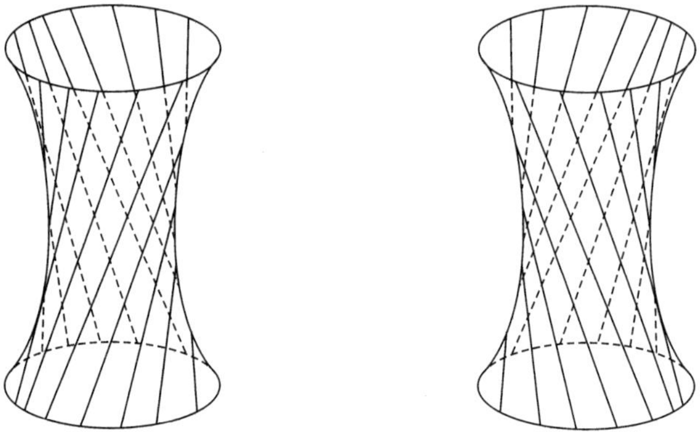

图 3.19

动图

(2) 异族的任意两条直母线共面;

(3) 同族的任意两条直母线是异面直线;

(4) 两族直母线无公共直线.

证明留作习题.

例 3.5.1　求单叶双曲面

$$\frac{x^2}{4}+\frac{y^2}{1}-\frac{z^2}{9}=1$$

上通过点 $P(2,1,3)$ 的两条直母线.

解法一　点 P 的坐标满足曲面方程,故点 P 在曲面上. 又曲面的两族直母线方程分别为

$$\begin{cases}\lambda_1\left(\dfrac{x}{2}+\dfrac{z}{3}\right)=\lambda_2(1+y),\\ \lambda_2\left(\dfrac{x}{2}-\dfrac{z}{3}\right)=\lambda_1(1-y)\end{cases}\quad \text{和}\quad \begin{cases}\mu_1\left(\dfrac{x}{2}+\dfrac{z}{3}\right)=\mu_2(1-y),\\ \mu_2\left(\dfrac{x}{2}-\dfrac{z}{3}\right)=\mu_1(1+y).\end{cases}$$

把 P 点坐标 $(2,1,3)$ 分别代入两族直母线方程中,解得 $\lambda_1:\lambda_2=1$ 和 $\mu_1=0$,故通过 P 点的两族直母线方程为

$$\begin{cases}\dfrac{x}{2}+\dfrac{z}{3}=1+y,\\ \dfrac{x}{2}-\dfrac{z}{3}=1-y\end{cases}\quad \text{和}\quad \begin{cases}1-y=0,\\ \dfrac{x}{2}-\dfrac{z}{3}=0,\end{cases}$$

即

$$\begin{cases}x-2=0,\\ 3y-z=0\end{cases}\quad \text{和}\quad \begin{cases}y-1=0,\\ 3x-2z=0.\end{cases}$$

解法二　设过 $P(2,1,3)$ 的直线方程为

$$\begin{cases} x = 2 + lt, \\ y = 1 + mt, \\ z = 3 + nt, \end{cases} \tag{3.5.5}$$

将它代入曲面方程,得到关于 t 的一元二次方程

$$\left(\frac{l^2}{4} + m^2 - \frac{n^2}{9}\right)t^2 + \left(l + 2m - \frac{2n}{3}\right)t = 0. \tag{3.5.6}$$

若直线(3.5.5)是单叶双曲面的直母线,则(3.5.6)式是关于 t 的一个恒等式,因此

$$\begin{cases} \dfrac{l^2}{4} + m^2 - \dfrac{n^2}{9} = 0, \\ l + 2m - \dfrac{2n}{3} = 0. \end{cases}$$

解得 $l : m : n = 2 : 0 : 3$ 或 $0 : 1 : 3$,从而所求母线方程为

$$\frac{x-2}{2} = \frac{y-1}{0} = \frac{z-3}{3} \quad 和 \quad \frac{x-2}{0} = \frac{y-1}{1} = \frac{z-3}{3}.$$

3.5.2 双曲抛物面的直纹性

对于双曲抛物面

$$\frac{x^2}{a^2} - \frac{y^2}{b^2} = 2z,$$

同样地可以证明它有两族直母线,它们的方程分别是

$$\begin{cases} \dfrac{x}{a} + \dfrac{y}{b} = 2\lambda, \\ \lambda\left(\dfrac{x}{a} - \dfrac{y}{b}\right) = z \end{cases} \quad 和 \quad \begin{cases} \dfrac{x}{a} - \dfrac{y}{b} = 2\mu, \\ \mu\left(\dfrac{x}{a} + \dfrac{y}{b}\right) = z. \end{cases}$$

定理 3.5.2 双曲抛物面是直纹二次曲面.

命题 3.5.2 双曲抛物面的直母线具有下列性质:

(1) 对于双曲抛物面上的任意点,两族直母线中各有一条直母线经过这一点;

(2) 任意两条异族直母线必相交;

(3) 同族的任意两条直母线异面;

(4) 两族直母线中没有公共直线;

(5) 同族中所有直母线必平行于同一平面.

证明留作习题.

双曲抛物面的两族直母线的大致分布情况如图 3.20.

单叶双曲面与双曲抛物面的直母线在建筑中的应用表现为构作建筑物的骨架.

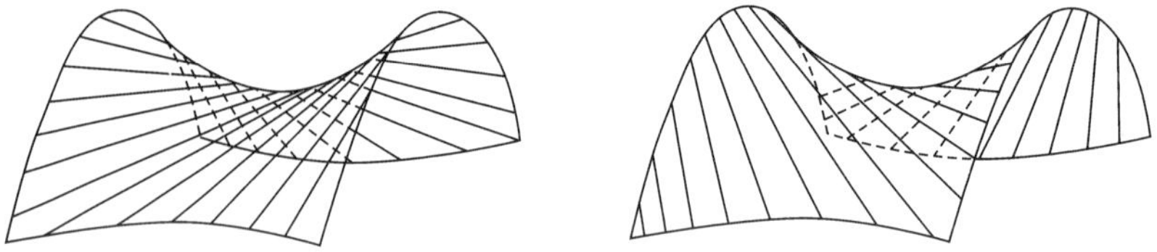

图 3.20

动图

动图

例 3.5.2　证明曲面 $x^2+y^2+2xy-6yz-6zx+2x+2y+4z=0$ 是柱面，并求曲面过点(1,1,1)的直母线方程.

证及解　采用析因式法将曲面方程改写为

$$(x+y)^2-6z(x+y)+2(x+y)+4z=0,$$

即

$$(x+y)(x+y-6z+2)=-4z.$$

作方程组

$$\begin{cases}x+y=u,\\u(x+y-6z+2)=-4z.\end{cases}$$

对于每一个 $u\in\mathbf{R}-\left\{\dfrac{2}{3}\right\}$，方程组表示一条直线，该直线在曲面上，其方向为 $1:(-1):0$. 反过来，在已知曲面上任取一点 $P_0(x_0,y_0,z_0)$，则

$$(x_0+y_0)(x_0+y_0-6z_0+2)=-4z_0.$$

若 $x_0+y_0\neq\dfrac{2}{3}$，令 $u_0=x_0+y_0$，则直线

$$\begin{cases}x+y=u_0,\\u_0(x+y-6z+2)=-4z\end{cases}$$

经过 P_0 点. 因此已知曲面由平行直线族构成，故为柱面.

给出曲面上点(1,1,1)，此时 $u_0=2$，故过点(1,1,1)的直母线方程为

$$\begin{cases}x+y=2,\\z=1.\end{cases}$$

习　题　3.5

1. 求下列直纹面的直母线方程：

(1) $x^2+y^2-z^2=0$；　　(2) $z=axy$；

(3) $xy+xz+x+y+1=0$；　　(4) $y^2-2xy+2yz-4zx-4x+2y-1=0$.

2. 试求单叶双曲面

$$\frac{x^2}{4}+\frac{y^2}{9}-z^2=1$$

上经过点 $M(2,-3,1)$的直母线方程.

3. 试求双曲抛物面

$$\frac{x^2}{4}-\frac{y^2}{9}=2z$$

上经过点 $M(4,0,2)$的直母线方程.

4. 在双曲抛物面$\frac{x^2}{16}-\frac{y^2}{4}=z$上,试求平行于平面 $3x+2y-4z-1=0$ 的直母线方程.

5. 求曲面 $x^2+3y^2+3z^2-2xy-2yz-2zx-8=0$ 的直母线方程.

6. 试证直线

$$\begin{cases}3x+\sqrt{2}y-3\sqrt{2}=0,\\x+2z-2\sqrt{2}=0\end{cases}$$

是单叶双曲面

$$\frac{x^2}{4}-\frac{y^2}{9}+z^2=1$$

的直母线.

7. 求二次曲面 $yz+2zx+3xy+6=0$ 上经过点 $A(-1,0,3)$的二直母线.

8. 设有直线

$$l_1:\begin{cases}x=\dfrac{3}{2}+3t,\\y=-1+2t,\\z=-t\end{cases}\quad 和\quad l_2:\begin{cases}x=3t,\\y=2t,\\z=0,\end{cases}$$

求所有由 l_1,l_2 上有相同参数 t 值的点的连线所构成的曲面方程.

9. 证明命题 3.6.1.

10. 证明命题 3.6.2.

11. 证明下列曲面是柱面:

(1) $(x+y)(y-z)=a^2$;　　(2) $(x-z)^2+(y+z-a)^2=a^2,a>0$.

12. 求与两直线

$$l_1:\frac{x-6}{3}=\frac{y}{2}=\frac{z-1}{1},\quad l_2:\frac{x}{3}=\frac{y-8}{2}=\frac{z+4}{-2}$$

相交,且与平面 $2x+3y-5=0$ 平行的直线的轨迹.

13. 试证:单叶双曲面

$$\frac{x^2}{a^2}+\frac{y^2}{b^2}-\frac{z^2}{c^2}=1$$

的任意一条直母线在 Oxy 平面上的射影一定是其腰椭圆的切线.

14. 设有两条异面直线

$$l_1:\begin{cases}y-3x=0,\\z-1=0,\end{cases}\qquad l_2:\begin{cases}y+3x=0,\\z+1=0.\end{cases}$$

过每条直线作一平面使彼此垂直,求交线所产生的曲面,并指出曲面名称.

15. 试求单叶双曲面

$$\frac{x^2}{a^2}+\frac{y^2}{b^2}-\frac{z^2}{c^2}=1$$

上互相垂直的两族直母线的交点的轨迹方程.

16. 试证明双曲抛物面

$$\frac{x^2}{a^2}-\frac{y^2}{b^2}=2z \quad (a\neq b)$$

上两直母线直交时,其交点必在一条双曲线上.

17. 证明:对于单叶双曲面,通过一条直母线的每一个平面也通过属于另一族的一条直母线.但此结论对于双曲抛物面不成立.

3.6 作 简 图

基于学习与应用的需要,对于由平面和二次曲面组成的空间曲面或由它们围成的空间区域,不仅要求能想象出它的大致形状,有时还需要绘出它的简图或草图.本节在直角坐标系下给出简单介绍.

3.6.1 两曲面交线的画法

对于空间中任意一点 P 以及它在三个坐标面上的射影点 P_1,P_2,P_3,在这四个点中只要知道其中两个点,就可以画出另外两个点.例如,若知道 P_1,P_2 两个点,则只要分别过 P_1 与 P_2 作 z 轴和 x 轴的平行线,它们的交点就是 P,再过 P 点作平行于 y 轴的直线,它与 xOz 面的交点就是 P_3(图 3.21).这样,要作空间两曲面的交线 Γ,只要知道 Γ 在三个坐标面的射影曲线中的两条,就可以画出曲线 Γ.而射影曲线是曲线 Γ 在各坐标面上的射影柱面与相应坐标面的交线.那么曲线对坐标面的射影柱面与射影曲线如何求呢?

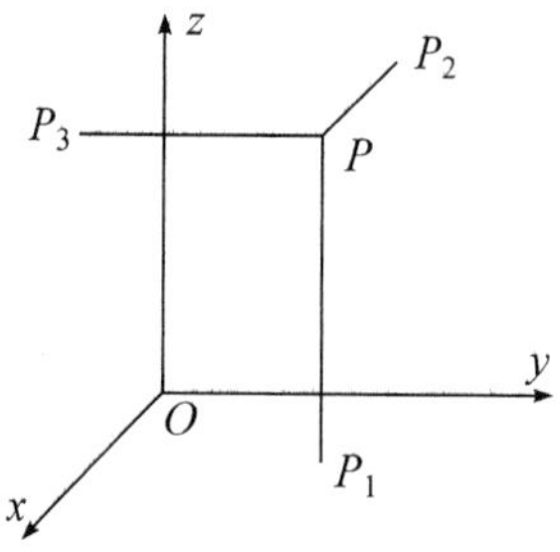

图 3.21

所谓曲线

$$\Gamma:\begin{cases}F(x,y,z)=0,\\ G(x,y,z)=0\end{cases}$$

对于平面 $\pi: Ax+By+Cz+D=0$ 的**射影柱面**指的是以 Γ 为准线,以 $\boldsymbol{b}=(A,B,C)$ 为母线方向的柱面.

如果我们可以在方程组

$$\begin{cases}F(x,y,z)=0,\\ G(x,y,z)=0\end{cases}$$

中分别消去坐标 z 与 y 后得到与它同解的方程组

$$\begin{cases} F_1(x,y)=0, \\ G_1(x,z)=0, \end{cases}$$

那么 $F_1(x,y)=0$ 表示母线平行于 z 轴的柱面，它是曲线 Γ 对于 xOy 平面的射影柱面，而曲线

$$\begin{cases} F_1(x,y)=0, \\ z=0 \end{cases}$$

称为曲线 Γ 在 xOy 面上的**射影曲线**. 同理 $G_1(x,z)=0$ 表示曲线 Γ 对于 xOz 平面的射影柱面，曲线

$$\begin{cases} G_1(x,z)=0, \\ y=0 \end{cases}$$

则为曲线 Γ 在 xOz 面上的射影曲线.

例 3.6.1 画出 $x^2+y^2=a^2$ 与 $y^2+z^2=a^2$ 在第一卦限内的交线.

解 交线

$$\Gamma:\begin{cases} x^2+y^2=a^2, \\ y^2+z^2=a^2 \end{cases} \quad (x\geqslant 0, y\geqslant 0, z\geqslant 0)$$

在 xOy 面上的射影是四分之一圆

$$\Gamma_1:\begin{cases} x^2+y^2=a^2, \\ z=0 \end{cases} \quad (x\geqslant 0, y\geqslant 0).$$

Γ 在 yOz 面上的射影是四分之一圆

$$\Gamma_2:\begin{cases} y^2+z^2=a^2, \\ x=0 \end{cases} \quad (y\geqslant 0, z\geqslant 0).$$

在 y 轴上的区间 $[0,a]$ 内取点 P，过 P 作 x 轴的平行线交 Γ_1 于 Q，过 P 作 z 轴的平行线交 Γ_2 于 R，再过 Q,R 分别作 z 轴与 x 轴的平行线相交于 S，那么 S 就是 Γ 上的点.

按这一方法在 y 轴上的区间 $[0,a]$ 内取若干个点 $P_1,P_2,\cdots$，便可求得 Γ 上的很多点，将这些点光滑地连接起来便得到曲线 Γ(图 3.22).

例 3.6.2 求维维安尼曲线

$$\Gamma:\begin{cases} x^2+y^2+z^2=4, \\ x^2+y^2=2x \end{cases}$$

对三个坐标面的射影柱面，并画出曲线 Γ.

解 原方程经同解变形化为

$$\begin{cases} z^2=4-2x, \\ (x-1)^2+y^2=1, \end{cases}$$

因此 $|y|\leqslant 1$，$|x-1|\leqslant 1$，即 $0\leqslant x\leqslant 2$，并且 $|z|\leqslant 2$，从而曲线 Γ 对 xOy 面和 xOz 面

的射影柱面分别是圆柱面 $(x-1)^2+y^2=1$ 和抛物柱面 $z^2=-2(x-2)$ 满足 $0\leqslant x\leqslant 2$ 的部分. 曲线 Γ 对 yOz 面的射影柱面方程是 $4y^2+(z^2-2)^2=4$.

曲线 Γ 关于平面 $z=0$ 对称，我们作出在 xOy 平面上方的部分 $\tilde{\Gamma}$，如图 3.23 所示. 为此先作出 $\tilde{\Gamma}$ 在 xOy 面及 zOx 面上的射影

$$\Gamma_1:\begin{cases}(x-1)^2+y^2=1,\\ z=0\end{cases}\quad 和\quad \Gamma_2:\begin{cases}z^2=-2(x-2),\\ y=0\end{cases}\quad (0\leqslant z\leqslant 2),$$

再按例 3.6.1 中介绍的方法，由射影曲线 Γ_1 和 Γ_2 便可画出 $\tilde{\Gamma}$. 例如过 x 轴上区间 $[0,2]$ 内点 P_1 作平行于 y 轴的直线交 Γ_1 于点 Q_1,Q_2，作平行于 z 轴的直线交 Γ_2 于 R_1. 过点 Q_1,Q_2 平行于 z 轴的直线是圆柱面 $(x-1)^2+y^2=1$ 上的直母线，过点 R_1 平行于 y 轴的直线是抛物柱面 $z^2=4-2x$ 上的直母线. 这些直母线的交点 A_1，A_2 就是曲线 $\tilde{\Gamma}$ 上的点.

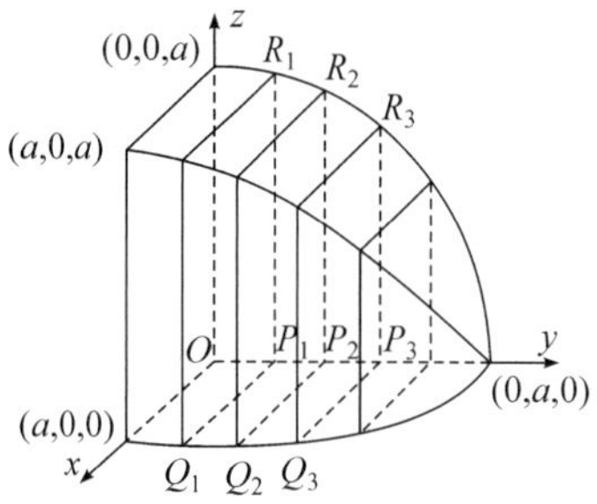

图 3.22

动图

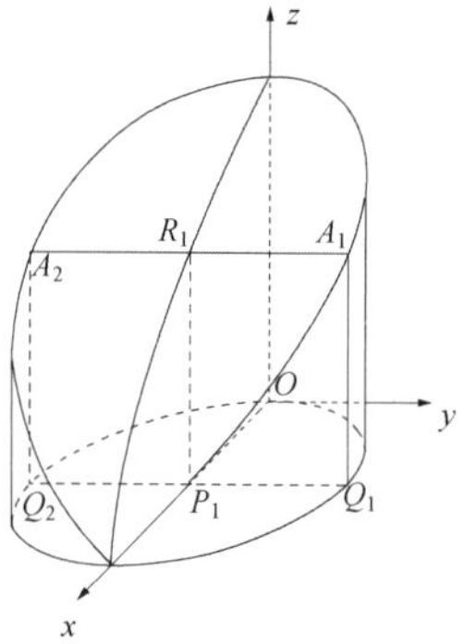

图 3.23

动图

3.6.2　曲面所围空间区域的画法

由几个曲面或平面所围成的空间区域可用几个不等式联立起来表示. 如何画出这个区域呢？在画空间区域的边界曲面（如顶盖面、侧面、底面等）时，最要紧的是画出相应曲面的交线，这样才能将区域表示出来.

例 3.6.3　用不等式组表示下列曲面所围成的区域，并画草图.

$$x^2+y^2=2z,x^2+y^2=4x,z=0.$$

解　$x^2+y^2=2z$ 是椭圆抛物面，其范围为 $z\geqslant 0$；$x^2+y^2=4x$ 是母线平行于 z 轴，半径为 2，对称轴为 $x=2,y=0$ 的圆柱面；$z=0$ 是 xOy 面. 因此它们所围区域应在 xOy 面的上方，在椭圆抛物面的下方，在圆柱面里面，于是这个区域可用下面不等式组表示：

$$\begin{cases}x^2+y^2\geqslant 2z,\\ x^2+y^2\leqslant 4x,\\ z\geqslant 0\end{cases}$$

或

$$0\leqslant x\leqslant 4,-\sqrt{4x-x^2}\leqslant y\leqslant\sqrt{4x-x^2},\quad 0\leqslant z\leqslant\frac{x^2+y^2}{2}.$$

要画出这个区域,必须画出椭圆抛物面与圆柱面的交线

$$\Gamma:\begin{cases}x^2+y^2=2z,\\x^2+y^2=4x.\end{cases}$$

Γ 在 xOy 面和 xOz 面上的射影分别为

$$\Gamma_1:\begin{cases}(x-2)^2+y^2=4,\\z=0\end{cases}\quad 和\quad \Gamma_2:\begin{cases}z=2x,\\y=0,\end{cases}\quad 0\leqslant x\leqslant 4.$$

根据前面所说的办法由 Γ_1 和 Γ_2 画出交线 Γ,就可画出区域的简图(图 3.24).

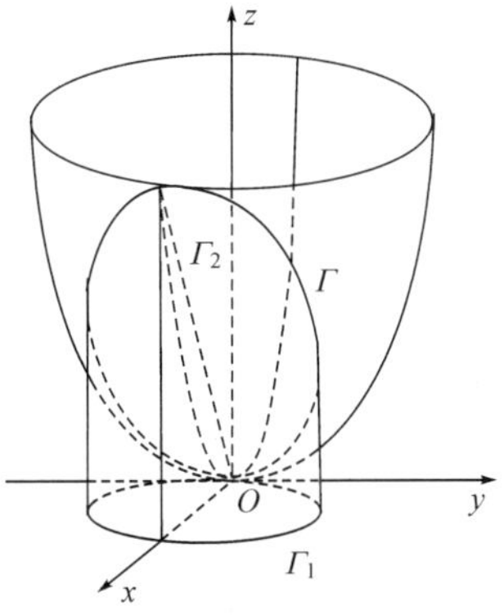

图 3.24

动图

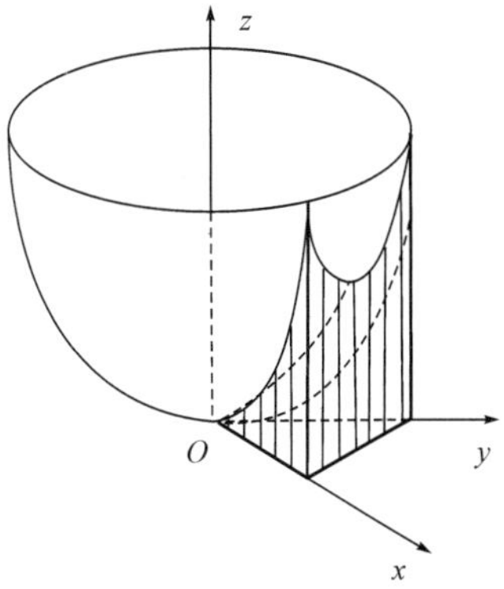

图 3.25

动图

例 3.6.4 用不等式组表示出由三坐标平面、平面 $x+y=1$ 以及曲面 $x^2+y^2=4z$围成的空间区域,并画出草图.

解 该空间区域在椭圆抛物面 $x^2+y^2=4z$ 的下方,在平面 $z=0$ 上方,并以平面 $x+y=1,x=0,y=0$ 为侧面(图 3.25). 用不等式组表示为

$$x^2+y^2\geqslant 4z,\quad x+y\leqslant 1,$$
$$x\geqslant 0,\quad y\geqslant 0,\quad z\geqslant 0$$

或

$$0\leqslant x\leqslant 1,\quad 0\leqslant y\leqslant 1-x,\quad 0\leqslant z\leqslant\frac{x^2+y^2}{4}.$$

又椭圆抛物面与平面 $x+y=1$ 的交线为

$$\Gamma:\begin{cases}x^2+y^2=4z,\\x+y=1,\end{cases}$$

交线 Γ 在三个坐标平面上的射影曲线为直线段或抛物线段,其表达式留给读者写出.

习 题 3.6

1. 求下列曲线在 xOy 面和 yOz 面上的射影曲线方程,并画出原曲线草图.

(1) $\begin{cases}x^2+y^2=4,\\ y^2+z^2=1;\end{cases}$ (2) $\begin{cases}x+y=1,\\ y^2+z^2=1;\end{cases}$

(3) $\begin{cases}x^2+y^2+z^2=4,\\ x^2+2y^2-z^2=0.\end{cases}$

2. 用不等式组表示下列曲面所围成的空间区域,并画出草图.

(1) 由 $3(x^2+y^2)=16z$ 和 $z=\sqrt{25-x^2-y^2}$ 围成;

(2) 由 $z^2=x^2+y^2, z=2(x^2+y^2)$ 围成;

(3) 由 $x^2+y^2=16, z=x+4, z=0$ 围成;

(4) 由 $x+z=2, x^2+z=4, y=0, y=4$ 围成;

(5) 由 $y=0, z=0, 3x+y=6, 3x+2y=12, x+y+z=6$ 围成;

(6) 由 $z=\sqrt{8-x^2-y^2}, y=\sqrt{4-x^2}, x\geqslant 0, y=0, z=0$ 围成;

(7) 由 $x^2+y^2=z^2, x^2+y^2=4x, z\geqslant 0$ 围成;

(8) 由 $z=xy, y=x, x=1, z\geqslant 0$ 围成.

拓展材料 2 曲线与曲面的参数方程

1. 空间曲线的参数方程.

在解析几何中,曲线常常表现为动点运动的轨迹. 在运动的不同时刻 t,动点处于不同的位置,每个位置都确定曲线上的一个点,因此曲线上的点的坐标可表示为 t 的函数,这就是曲线用参数方程表示的意思. 具体来说,曲线 Γ 的**参数方程**是含有一个参数的方程组:

$$\begin{cases}x=x(t),\\ y=y(t), \qquad t\in I,\\ z=z(t),\end{cases} \tag{1}$$

其中 I 为定义域. 对于 t 的每一个允许值,由(1)式确定的点 (x,y,z) 在 Γ 上,而 Γ 上任一点的坐标都可由 t 的某个值通过(1)式得到.

参数方程(1)也可写成向量的形式

$$\boldsymbol{r}=\boldsymbol{r}(t), \qquad t\in I,$$

这里 $\boldsymbol{r}=(x,y,z), \boldsymbol{r}(t)=(x(t),y(t),z(t))$.

从参数方程(1)中消去参数 t,便得到空间曲线的一般方程. 例如曲线 $x=a\cos\theta, y=b\sin\theta, z=c\,(0\leqslant\theta\leqslant 2\pi)$ 的一般方程为

$$\begin{cases}\dfrac{x^2}{a^2}+\dfrac{y^2}{b^2}=1,\\ z=c,\end{cases}$$

它表示平面 $z=c$ 上的一个椭圆. 又如曲线 $x=(t+1)^2, y=2(t+1)^2, z=-(2t+1)$ 的一般方程为

$$\begin{cases} 2x = y, \\ 4x = (z-1)^2, \end{cases}$$

它表示过 z 轴的平面与母线平行于 y 轴的抛物柱面的交线.

例 1　设一动点绕一条定直线作匀角速度 ω 的圆周运动，同时以速度 v_0 作平行于该直线的匀速直线运动，这个动点的轨迹称为**圆柱螺线**. 试建立圆柱螺线的方程.

解　建立坐标系，取定直线为 z 轴，动点运动的起点为 $P_0(a,0,0)$（图 1）. 假设在时刻 t，动点的位置在 $P(x,y,z)$，于是

$$z = v_0 t.$$

又设 P 在 xOy 面上的射影为 N，则 $\angle P_0ON = \omega t$. 于是 P 点的坐标 x,y,z 满足

$$\begin{cases} x = a\cos\omega t, \\ y = a\sin\omega t, \qquad -\infty < t < +\infty, \\ z = v_0 t, \end{cases}$$

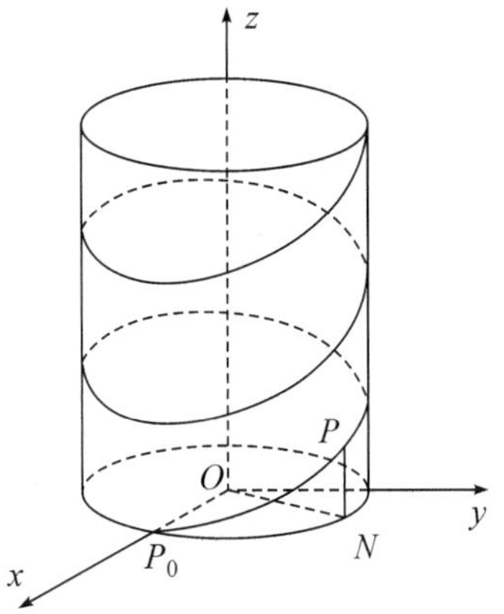

图 1

这就是圆柱螺线的参数方程，其中时间 t 是参数. 从上式中消去参数 t，得圆柱螺线的一般方程

$$\begin{cases} x^2 + y^2 = a^2, \\ x = a\cos\dfrac{\omega}{v_0}z. \end{cases}$$

由此可见，圆柱螺线在圆柱面 $x^2+y^2=a^2$ 上.

例 2　位于同一平面内的一小圆在另一大圆内作无滑动滚动，小圆上点 P 滚动所产生的轨迹叫做**内旋轮线**或**内摆线**. 试导出它的参数方程.

为讨论方便起见，我们在平面上引入有向角的概念. 设 $\boldsymbol{a},\boldsymbol{b}$ 是平面上两个非零向量，把它们的起点移到同一点，它们之间的有向角 $\measuredangle(\boldsymbol{a},\boldsymbol{b})$ 指的是向量 $\boldsymbol{a}$ 转动到 $\boldsymbol{b}$ 方向所得的角度. 并规定：逆时针旋转时，$\measuredangle(\boldsymbol{a},\boldsymbol{b})>0$；顺时针旋转时，$\measuredangle(\boldsymbol{a},\boldsymbol{b})<0$.

解　建立平面直角坐标系，取大圆圆心为坐标原点，x 轴过点 P 的初始位置 A（图 2）. 设大圆与小圆半径分别为 a 和 b，则点 A 的坐标为 $(a,0)$. 当小圆的圆心移到点 C 时，小圆与大圆的公切点记为 B. 令

$$\theta = \measuredangle(\overrightarrow{OA},\overrightarrow{OC}), \quad \varphi = \measuredangle(\overrightarrow{CP},\overrightarrow{CB}),$$

易见

$$\overrightarrow{OC} = (a-b)\cos\theta\boldsymbol{i} + (a-b)\sin\theta\boldsymbol{j}.$$

又小圆沿大圆作无滑动滚动，故$\overset{\frown}{AB}$的长度$=\overset{\frown}{PB}$的长度，即 $a\theta=b\varphi,\varphi=\dfrac{a}{b}\theta$. 而

$$\begin{aligned}\measuredangle(\overrightarrow{OA},\overrightarrow{CP})&=\measuredangle(\overrightarrow{OA},\overrightarrow{OC})+\measuredangle(\overrightarrow{OC},\overrightarrow{CP})\\&=\measuredangle(\overrightarrow{OA},\overrightarrow{OC})-\measuredangle(\overrightarrow{CP},\overrightarrow{CB}),\end{aligned}$$

即

$$\measuredangle(\boldsymbol{i},\overrightarrow{CP})=\theta-\varphi=\frac{b-a}{b}\theta.$$

于是

$$\begin{aligned}\overrightarrow{CP}&=b\left(\cos\frac{b-a}{b}\theta\boldsymbol{i}+\sin\frac{b-a}{b}\theta\boldsymbol{j}\right)=b\cos\frac{a-b}{b}\theta\boldsymbol{i}-b\sin\frac{a-b}{b}\theta\boldsymbol{j},\\\overrightarrow{OP}&=\overrightarrow{OC}+\overrightarrow{CP}\\&=\left[(a-b)\cos\theta+b\cos\frac{a-b}{b}\theta\right]\boldsymbol{i}+\left[(a-b)\sin\theta-b\sin\frac{a-b}{b}\theta\right]\boldsymbol{j}.\end{aligned}$$

小圆上点 P 的运动轨迹的坐标式参数方程是

$$\begin{cases}x=(a-b)\cos\theta+b\cos\dfrac{a-b}{b}\theta,\\y=(a-b)\sin\theta-b\sin\dfrac{a-b}{b}\theta,\end{cases}\quad\theta\text{为参数}.$$

特别地，当 $a=4b$ 时，应用公式 $\cos3\theta=4\cos^3\theta-3\cos\theta,\sin3\theta=3\sin\theta-4\sin^3\theta$，内旋转线方程可化为

$$\begin{cases}x=a\cos^3\theta,\\y=a\sin^3\theta,\end{cases}$$

即

$$x^{2/3}+y^{2/3}=a^{2/3},$$

它叫做**星形线**，如图 2 所示.

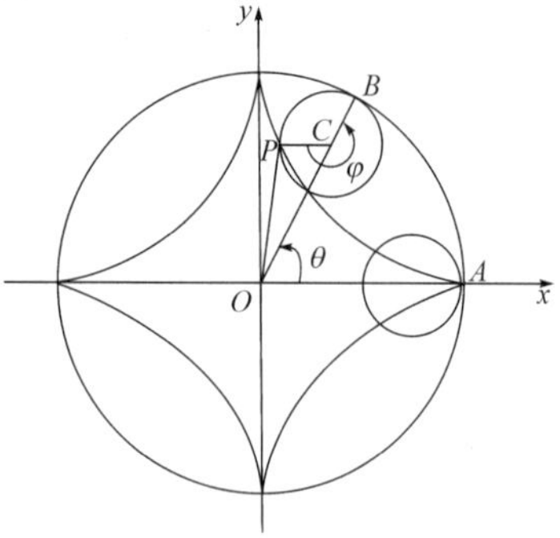

图 2

2. 空间曲面的参数方程.

我们先看两个具体例子.

例 3　球面的参数方程与点的球面坐标.

设球面的球心在原点，半径为 R. 在该球面上任取一点 $P(x,y,z)$，它在 xOy 平面上的射影记为 P_1，连接 OP,OP_1. 将 x 轴到$\overrightarrow{OP_1}$的角度(逆时针方向为正)记为 θ. $\overrightarrow{OP_1}$到$\overrightarrow{OP}$的角度记为 φ(点 P 在 xOy 面上方时，φ 为正，反之为负)，则有

$$\begin{cases} x = R\cos\varphi\cos\theta, \\ y = R\cos\varphi\sin\theta, \quad -\dfrac{\pi}{2} \leqslant \varphi \leqslant \dfrac{\pi}{2}, -\pi < \theta \leqslant \pi. \\ z = R\sin\varphi, \end{cases} \tag{2}$$

(2)式就是球心在原点，半径为 R 的球面的参数方程，其中参数 φ,θ 分别称为纬度和经度(图 3). 如果将地球表面近似地看成一个球面，那么地球表面上点的位置就由它的经度和纬度完全决定，因此经度和纬度又称为地理坐标.

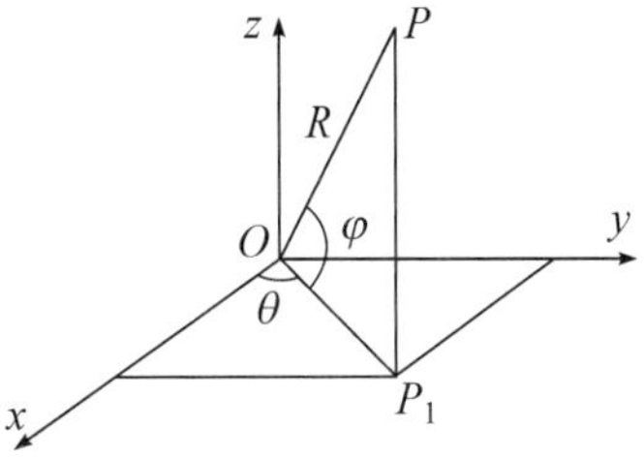

图 3

易见，椭球面 $\dfrac{x^2}{a^2}+\dfrac{y^2}{b^2}+\dfrac{z^2}{c^2}=1$ 的参数方程可写为

$$\begin{cases} x = a\cos\varphi\cos\theta, \\ y = b\cos\varphi\sin\theta, \quad 0 \leqslant \theta < 2\pi, -\dfrac{\pi}{2} \leqslant \varphi \leqslant \dfrac{\pi}{2}. \\ z = c\cos\varphi, \end{cases}$$

因为空间中任意点 $M(x,y,z)$ 必在以原点为球心，以 $r=|\overrightarrow{OM}|$ 为半径的球面上，而球面上的点(除去它与 z 轴的交点外)又由参数 (φ,θ) 唯一确定，因此，除去 z 轴外，空间中的点 M 由有序实数组 (r,φ,θ) 唯一确定，我们把 (r,φ,θ) 称为点 M 的**球面坐标或空间极坐标**，其中 $r \geqslant 0, -\dfrac{\pi}{2} \leqslant \varphi \leqslant \dfrac{\pi}{2}, -\pi < \theta \leqslant \pi$.

空间点的直角坐标 (x,y,z) 和球面坐标 (r,φ,θ) 之间的变换公式为

$$\begin{cases} x = r\cos\varphi\cos\theta, \\ y = r\cos\varphi\sin\theta, \\ z = r\sin\varphi \end{cases}$$

和

$$\begin{cases} r = \sqrt{x^2+y^2+z^2}, \\ \varphi = \arcsin \dfrac{z}{\sqrt{x^2+y^2+z^2}}, \\ \cos\theta = \dfrac{x}{\sqrt{x^2+y^2}}, \quad \sin\theta = \dfrac{y}{\sqrt{x^2+y^2}}. \end{cases}$$

思考题 在球面坐标系(r,φ,θ)中，求下列方程所表示的曲面：

(1) $r=r_0$(常数)；(2) $\varphi=\alpha$(小于$\dfrac{\pi}{2}$的正常数)；(3) $\theta=\beta$(常数).

例 4 半径为 R，以 z 轴为对称轴的圆柱面 $x^2+y^2=R^2$ 的参数方程为

$$\begin{cases} x = R\cos\theta, \\ y = R\sin\theta, \qquad 0 \leqslant \theta < 2\pi, -\infty < z < +\infty, \\ z = z, \end{cases}$$

其中 θ,z 为参数. 不难看出，除 z 轴外，空间中任意点 $P(x,y,z)$ 必在以 $r=\sqrt{x^2+y^2}$ 为半径，以 z 轴为对称轴的圆柱面上，而该圆柱面上的点又由数对(θ,z)唯一确定. 因此，除去 z 轴外，空间点 P 由有序实数组(r,θ,z)唯一确定. (r,θ,z)称为点 P 的**柱面坐标**或**空间半极坐标**，这里 $r\geqslant 0, 0\leqslant\theta<2\pi, -\infty<z<+\infty$.

空间点的直角坐标(x,y,z)和柱面坐标(r,θ,z)之间的关系是

$$\begin{cases} x = r\cos\theta, \\ y = r\sin\theta, \\ z = z \end{cases}$$

和

$$\begin{cases} r = \sqrt{x^2+y^2}, \\ \cos\theta = \dfrac{x}{\sqrt{x^2+y^2}}, \quad \sin\theta = \dfrac{y}{\sqrt{x^2+y^2}}, \\ z = z. \end{cases}$$

这样一来，在空间中除了仿射坐标系和直角坐标系这两种常用的坐标系外，还可以引入其他的坐标系，例如球面坐标系和柱面坐标系. 对于某些特殊的图形，用它们来表示方程更为简洁.

现考虑一般的空间曲面 S 的参数方程. 如果曲面 S 上的点的坐标表示成两个参数 u,v 的函数，由它们给出的方程组

$$\begin{cases} x = x(u,v), \\ y = y(u,v), \qquad (u,v) \in D \\ z = z(u,v), \end{cases} \tag{3}$$

(D 为 uv 平面上的区域)叫做曲面 S 的**参数方程**，其中对于(u,v)的每一对允许值，由(3)式确定的点(x,y,z)在 S 上，并且 S 上任一点的坐标都可由(u,v)的某一

对值通过(3)式得到. 于是通过曲面的参数方程(3),曲面 S 上的点(可能要除去某些点)便可由数对(u,v)来确定,我们把(u,v)称为曲面 S 上点的**曲纹坐标**.

参数方程(3)也可以写成向量形式

$$\boldsymbol{r}=\boldsymbol{r}(u,v),\quad (u,v)\in D,$$

这里 $\boldsymbol{r}=(x,y,z)$,$\boldsymbol{r}(u,v)=(x(u,v),y(u,v),z(u,v))$.

例 5　设旋转曲面的母线 Γ 由参数方程

$$\begin{cases}x=x(t),\\ y=y(t), & a\leqslant t\leqslant b\\ z=z(t),\end{cases}$$

给出,并以 z 轴为旋转轴,求该旋转曲面的方程.

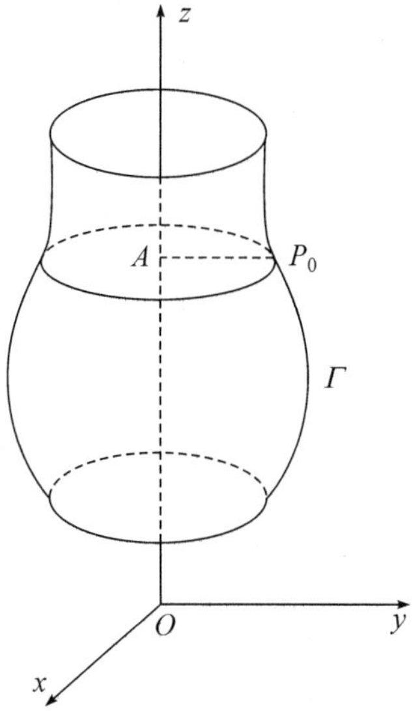

图 4

解　在 Γ 上任取一点 $P_0(x(t_0),y(t_0),z(t_0))$,过点 P_0 的纬圆在平面 $z=z(t_0)$上,并以点 $A(0,0,z(z_0))$为圆心,以 $|\overrightarrow{AP_0}|=\sqrt{x^2(t_0)+y^2(t_0)}$为半径(图 4),因此这个纬圆的参数方程是

$$\begin{cases}x=\sqrt{x^2(t_0)+y^2(t_0)}\cos\theta,\\ y=\sqrt{x^2(t_0)+y^2(t_0)}\sin\theta, & 0\leqslant\theta\leqslant 2\pi.\\ z=z(t_0),\end{cases}$$

当 P_0 取遍曲线 Γ 上所有点时,所有这样的纬圆组成所求的旋转曲面,因此旋转曲面的参数方程为

$$\begin{cases}x=\sqrt{x^2(t)+y^2(t)}\cos\theta,\\ y=\sqrt{x^2(t)+y^2(t)}\sin\theta, & a\leqslant t\leqslant b,\quad 0\leqslant\theta\leqslant 2\pi,\\ z=z(t),\end{cases}$$

这里参数为 t,θ.

读者容易验证,例 3.3.3 中的圆环面的参数方程可写成

$$\begin{cases}x=(b+a\cos t)\cos\theta,\\ y=(b+a\cos t)\sin\theta, & a\leqslant t\leqslant b,\quad 0\leqslant\theta\leqslant 2\pi.\\ z=a\sin t,\end{cases}$$

例 6　设有空间中两条异面直线 L_1,L_2,将 L_1 绕 L_2 旋转一周,所得旋转曲面是旋转单叶双曲面或平面(的一部分).

证明　选择直角坐标系:取 L_2 为 z 轴,L_1 和 L_2 的公垂线为 x 轴,L_1 与 x 轴的交点为$(a,0,0)$,其中 a 为 L_1,L_2 之间的距离. 设 L_1 的方向向量为$\boldsymbol{v}=(l,m,n)$,

则 L_1 的方程为

$$\frac{x-a}{l}=\frac{y}{m}=\frac{z}{n}.$$

因为 L_1 与 x 轴垂直，所以 $l=0$. 又 L_1 与 L_2（即 z 轴）异面，则

$$\begin{vmatrix} a & 0 & 0 \\ 0 & 0 & 1 \\ l & m & n \end{vmatrix} \neq 0,$$

从而 $m\neq 0$. 于是 L_1 的方向矢量可以设为 $\boldsymbol{v}=(0,1,b)$，这样 L_1 的方程为

$$\frac{x-a}{0}=\frac{y}{1}=\frac{z}{b},$$

化成参数方程为

$$\begin{cases} x=a, \\ y=t, \\ z=bt. \end{cases}$$

L_1 绕 L_2（z 轴）旋转所得旋转曲面的参数方程为

$$\begin{cases} x=\sqrt{a^2+t^2}\ \cos\theta, \\ y=\sqrt{a^2+t^2}\ \sin\theta, \\ z=bt, \end{cases} \qquad -\infty<t<+\infty, \quad 0\leqslant\theta\leqslant 2\pi. \tag{4}$$

当 $b\neq 0$ 时，消去参数 t,θ 得

$$\frac{x^2+y^2}{a^2}-\frac{z^2}{a^2b^2}=1,$$

这是一个旋转单叶双曲面.

当 $b=0$ 时，这时 L_1,L_2 异面垂直. 从参数方程(4)中消去参数 θ，得

$$\begin{cases} x^2+y^2=a^2+t^2, \\ z=0, \end{cases} \qquad -\infty<t<+\infty,$$

这是 xOy 平面上半径 $\geqslant a$ 的圆的轨迹，即为 xOy 平面挖去不含边界的圆盘 $\{(x,y,0)\,|\,x^2+y^2<a^2\}$.

习　题

1. 将下列曲线的参数方程化为一般方程，并指出其名称.

(1) $\begin{cases} x=2\cos\theta, \\ y=2+\sin\theta, \\ z=2; \end{cases}$　(2) $\begin{cases} x=3+t, \\ y=1-2t, \\ z=4t; \end{cases}$　(3) $\begin{cases} x=3\sin t, \\ y=4\sin t, \\ z=5\cos t. \end{cases}$

2. 将下列曲面的参数方程化为一般方程，并指出其名称.

(1) $\begin{cases} x=v\cos u, \\ y=v\sin u, \\ z=v, \end{cases}$ $\begin{matrix} 0\leqslant u<2\pi, \\ -\infty<v<+\infty; \end{matrix}$　(2) $\begin{cases} x=u\cos v, \\ y=u\sin v, \\ z=\pm\sqrt{u^2-1}, \end{cases}$ $\begin{matrix} 0\leqslant v<2\pi, \\ |u|\geqslant 1; \end{matrix}$

(3) $\begin{cases} x=a\cos\varphi\cos\theta, \\ y=b\cos\varphi\sin\theta, \\ z=c\cos\varphi, \end{cases}$ $\begin{matrix} 0\leqslant\theta<2\pi, \\ 0\leqslant\varphi<2\pi. \end{matrix}$

3. 证明曲线

$$x=\frac{t}{1+t^2+t^4},\quad y=\frac{t^2}{1+t^2+t^4},\quad z=\frac{t^3}{1+t^2+t^4}\quad(-\infty<t<+\infty)$$

在一球面上(称为球面曲线)，并求所在球面的方程.

4. 求下列曲线与曲面的参数方程：

(1) $\begin{cases} x^2+y^2=R^2, \\ z=c; \end{cases}$　(2) $\begin{cases} y^2=2px, \\ z=kx; \end{cases}$　(3) $\begin{cases} x^2\sqrt{1+z^2}=1, \\ xy=1; \end{cases}$

(4) $\frac{x^2}{a^2}-\frac{y^2}{b^2}=2z$;　(5) $\frac{x^2}{a^2}+\frac{y^2}{b^2}=2z$.

5. 一个圆在一条直线上无滑动地滚动，动圆上一点 P 运动的轨迹叫做旋轮线或摆线. 试建立旋轮线的参数方程.

6. 当一圆沿另一定圆的外部作无滑动滚动时，动圆上一点的轨迹称为外旋轮线. 如果用 a 和 b 分别表示定圆与动圆的半径，试导出外旋轮线的参数方程. 当 $a=b$ 时，曲线叫做心脏线.

7. 已知曲线 Γ: $x=x(t)$, $y=y(t)$, $z=z(t)$, $a\leqslant t\leqslant b$，求

(1) 以 Γ 为准线，母线平行于向量 $\boldsymbol{v}=(l,m,n)$ 的柱面方程；

(2) 以 Γ 为准线，顶点是 (a,b,c) 的锥面方程.

第 4 章　二次曲面的一般理论

在 3.4 节中我们从给定的方程讨论二次曲面，这些方程均为三元二次方程，它们不含形如 xy，yz，zx 的交叉项，而且最多含有一个一次项. 本章将探讨一般的二次曲面，采用右手直角坐标系. 我们把一般的三元二次方程

$$a_{11}x^2+a_{22}y^2+a_{33}z^2+2a_{12}xy+2a_{13}xz+2a_{23}yz$$
$$+2a_{14}x+2a_{24}y+2a_{34}z+a_{44}=0$$

的图像叫做(空间)**二次曲面**，其中诸 a_{ij} 为实常数，且二次项系数 a_{11}，a_{22}，a_{33}，a_{12}，a_{13}，a_{23}不全为零.

人们自然会问：空间二次曲面除了椭球面(包括球面)、单叶与双叶双曲面、椭圆与双曲抛物面、二次柱面(包括椭圆柱面、双曲柱面和抛物柱面)以及二次锥面外，还有没有其他类型的二次曲面？如何从给定的二次方程判别它表示何种二次曲面，它的形状以及在空间中所处的位置？二次曲面具有哪些几何性质？这些就是本章所要研究的主要内容. 而对一般的二次曲面方程进行研究，通过坐标变换化简为较简单的形式，这是本章研究的一种基本手法. 此外，用任意平面去截二次曲面，截线一般为二次曲线，因此安排一节讨论平面二次曲线，有利于对二次曲面作进一步认识. 不仅如此，它本身也是解析几何的一个重要研究内容.

4.1　空间直角坐标变换

空间点的坐标依赖于坐标系的选取，同一个点在不同的坐标系下有不同的坐标. 二次曲面作为空间图形，在不同的坐标系下，其方程也不相同. 如果能选取适当的坐标系，使二次曲面的方程变得简洁，这样既便于识别曲面的类型，讨论它的几何性质，又便于确定其空间位置，绘出它的图形. 为此首先弄清楚同一个点在两个不同的坐标系中的坐标之间的关系，这样的关系式称为变换公式. 坐标变换法是解析几何的一个基本方法，下一节将应用它讨论二次曲面方程的化简.

设 Ⅰ $=\{O;\boldsymbol{i},\boldsymbol{j},\boldsymbol{k}\}$ 及 Ⅱ $=\{O';\boldsymbol{i}',\boldsymbol{j}',\boldsymbol{k}'\}$ 是空间的两个右手直角坐标系. 点 O' 在 Ⅰ 下的坐标是 (x_0,y_0,z_0)，$\boldsymbol{i}'$，$\boldsymbol{j}'$，$\boldsymbol{k}'$ 在 Ⅰ 下的坐标分别为 (c_{11},c_{21},c_{31})，$(c_{12},c_{22},$

c_{32})和(c_{13},c_{23},c_{33}),那么形式上有

$$(\boldsymbol{i}'\ \boldsymbol{j}'\ \boldsymbol{k}')=(\boldsymbol{i}\ \boldsymbol{j}\ \boldsymbol{k})\begin{pmatrix} c_{11} & c_{12} & c_{13} \\ c_{21} & c_{22} & c_{23} \\ c_{31} & c_{32} & c_{33} \end{pmatrix},$$

其中矩阵 $T=(c_{ij})$ 称为从 Ⅰ 到 Ⅱ 的**过渡矩阵**.

设空间中任一点 P 在 Ⅰ 和 Ⅱ 下的坐标分别为(x,y,z),(x',y',z'),如图 4.1 所示,则

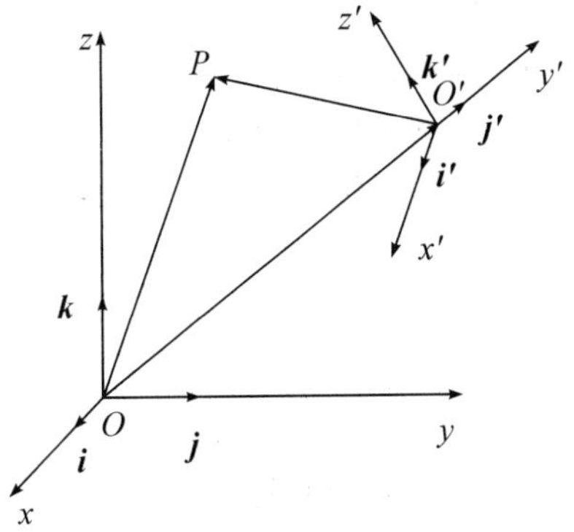

图 4.1

$$\begin{aligned}\overrightarrow{OP}=\overrightarrow{OO'}+\overrightarrow{O'P}&=(x_0\boldsymbol{i}+y_0\boldsymbol{j}+z_0\boldsymbol{k})+(x'\boldsymbol{i}'+y'\boldsymbol{j}'+z'\boldsymbol{k}')\\ &=(x_0\boldsymbol{i}+y_0\boldsymbol{j}+z_0\boldsymbol{k})+x'(c_{11}\boldsymbol{i}+c_{21}\boldsymbol{j}+c_{31}\boldsymbol{k})\\ &\quad+y'(c_{12}\boldsymbol{i}+c_{22}\boldsymbol{j}+c_{32}\boldsymbol{k})+z'(c_{13}\boldsymbol{i}+c_{23}\boldsymbol{j}+c_{33}\boldsymbol{k})\\ &=(x_0+c_{11}x'+c_{12}y'+c_{13}z')\boldsymbol{i}+(y_0+c_{21}x'\\ &\quad+c_{22}y'+c_{23}z')\boldsymbol{j}+(z_0+c_{31}x'+c_{32}y'+c_{33}z')\boldsymbol{k},\end{aligned}$$

从而有

$$\begin{cases}x=c_{11}x'+c_{12}y'+c_{13}z'+x_0,\\ y=c_{21}x'+c_{22}y'+c_{23}z'+y_0,\\ z=c_{31}x'+c_{32}y'+c_{33}z'+z_0.\end{cases}\tag{4.1.1}$$

简记 $\boldsymbol{x}=(x,y,z)^{\mathrm{T}}$,$\boldsymbol{x}'=(x',y',z')^{\mathrm{T}}$,$\boldsymbol{x}_0=(x_0,y_0,z_0)^{\mathrm{T}}$,则(4.1.1)式可写成矩阵形式

$$\boldsymbol{x}=T\boldsymbol{x}'+\boldsymbol{x}_0,\tag{4.1.1$'$}$$

公式(4.1.1)或(4.1.1)$'$称为点的**直角坐标变换公式**.

注意到 $\boldsymbol{i},\boldsymbol{j},\boldsymbol{k}$ 及 $\boldsymbol{i}',\boldsymbol{j}',\boldsymbol{k}'$ 是两组两两互相垂直的单位向量,公式(4.1.1)的系数间有如下的关系:

$$\begin{aligned}&c_{11}^2+c_{21}^2+c_{31}^2=1, &&c_{12}^2+c_{22}^2+c_{32}^2=1,\\ &c_{13}^2+c_{23}^2+c_{33}^2=1, &&c_{11}c_{12}+c_{21}c_{22}+c_{31}c_{32}=0,\\ &c_{12}c_{13}+c_{22}c_{23}+c_{32}c_{33}=0, &&c_{11}c_{13}+c_{21}c_{23}+c_{31}c_{33}=0.\end{aligned}$$

上述六个关系式称为正交条件,说明矩阵 T 是正交矩阵,因而从 Ⅱ 到 Ⅰ 的过渡矩阵 $T^{-1}=T^{\mathrm{T}}$. 此外,$\{O;\boldsymbol{i},\boldsymbol{j},\boldsymbol{k}\}$和$\{O';\boldsymbol{i}',\boldsymbol{j}',\boldsymbol{k}'\}$都是右手系,因此混合积$(\boldsymbol{i}\ \boldsymbol{j}\ \boldsymbol{k})=(\boldsymbol{i}'\ \boldsymbol{j}'\ \boldsymbol{k}')=1$,并且

$$\det T=\begin{vmatrix} c_{11} & c_{12} & c_{13} \\ c_{21} & c_{22} & c_{23} \\ c_{31} & c_{32} & c_{33} \end{vmatrix}=1.$$

下面讨论两种特殊的坐标变换.

(1) 移轴. 设坐标系Ⅰ与Ⅱ的原点 O 和 O' 不同,但坐标向量 $\boldsymbol{i}'=\boldsymbol{i},\boldsymbol{j}'=\boldsymbol{j},\boldsymbol{k}'=\boldsymbol{k}$. 此时新坐标系Ⅱ可看作由旧坐标系Ⅰ通过平行移动使 O 与 O' 重合而得到. 这种坐标变换称为**平移变换**,简称为**移轴**,这时的过渡矩阵是单位矩阵,公式(4.1.1)现变为

$$\begin{cases} x=x'+x_0, \\ y=y'+y_0, \\ z=z'+z_0, \end{cases} \tag{4.1.2}$$

称为空间坐标系的**移轴公式**.

(2) 转轴. 设坐标系Ⅰ和Ⅱ具有相同的坐标原点 O,但坐标向量不同. 这时新坐标系Ⅱ是由旧坐标系Ⅰ绕原点 O 旋转,使得 $\boldsymbol{i},\boldsymbol{j},\boldsymbol{k}$ 分别与 $\boldsymbol{i}',\boldsymbol{j}',\boldsymbol{k}'$ 重合而得到的. 我们把这种坐标变换叫做**旋转变换**,简称为**转轴**. 公式(4.1.1)和(4.1.1)′现变为

$$\begin{cases} x=c_{11}x'+c_{12}y'+c_{13}z', \\ y=c_{21}x'+c_{22}y'+c_{23}z', \\ z=c_{31}x'+c_{32}y'+c_{33}z' \end{cases} \tag{4.1.3}$$

和

$$\boldsymbol{x}=T\boldsymbol{x}'. \tag{4.1.3$'$}$$

设 $\boldsymbol{i}'$ 在直角坐标系 $Oxyz$ 中的方向角为 $\alpha_1,\beta_1,\gamma_1$, $\boldsymbol{j}'$ 的方向角为 $\alpha_2,\beta_2,\gamma_2$, $\boldsymbol{k}'$ 的方向角为 $\alpha_3,\beta_3,\gamma_3$,如表 4.1 所示.

表 4.1

交角 新轴 \ 旧轴	x 轴 ($\boldsymbol{i}$)	y 轴 ($\boldsymbol{j}$)	z 轴 ($\boldsymbol{k}$)
x'轴($\boldsymbol{i}'$)	α_1	β_1	γ_1
y'轴($\boldsymbol{j}'$)	α_2	β_2	γ_2
z'轴($\boldsymbol{k}'$)	α_3	β_3	γ_3

因为单位向量的坐标就是它的方向余弦,所以有

$$\boldsymbol{i}'=\boldsymbol{i}\cos\alpha_1+\boldsymbol{j}\cos\beta_1+\boldsymbol{k}\cos\gamma_1,$$
$$\boldsymbol{j}'=\boldsymbol{i}\cos\alpha_2+\boldsymbol{j}\cos\beta_2+\boldsymbol{k}\cos\gamma_2,$$
$$\boldsymbol{k}'=\boldsymbol{i}\cos\alpha_3+\boldsymbol{j}\cos\beta_3+\boldsymbol{k}\cos\gamma_3,$$

这时公式(4.1.3)可以写成

$$\begin{cases} x=x'\cos\alpha_1+y'\cos\alpha_2+z'\cos\alpha_3, \\ y=x'\cos\beta_1+y'\cos\beta_2+z'\cos\beta_3, \\ z=x'\cos\gamma_1+y'\cos\gamma_2+z'\cos\gamma_3, \end{cases} \tag{4.1.4}$$

这是空间直角坐标变换的转轴公式. 公式(4.1.4)的系数应满足的正交条件及保证新系是右手系的条件请读者自己写出.

在空间坐标旋转变换中,有一种特殊情形值得提出,这就是绕轴旋转. 它保持一个坐标轴不动,另两个坐标轴在其所在平面内绕原点旋转. 例如保持 z 轴不动,x 轴与 y 轴在 xOy 平面内绕原点旋转 θ(图 4.2). 在这种情形下,读者不难导出转轴公式是

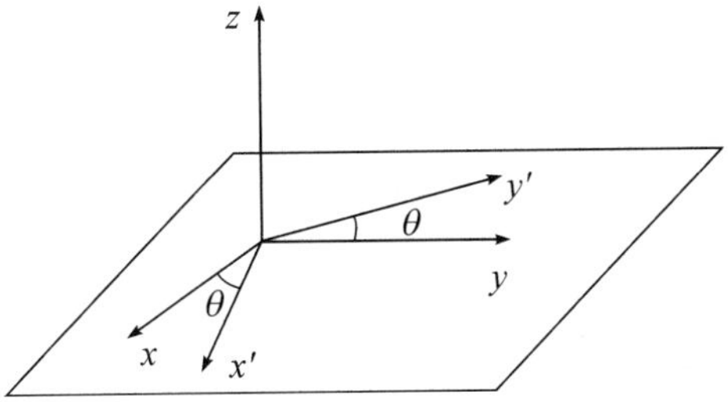

图 4.2

$$\begin{cases} x=x'\cos\theta-y'\sin\theta, \\ y=x'\sin\theta+y'\cos\theta, \\ z=z'. \end{cases} \tag{4.1.5}$$

比较公式(4.1.1)和(4.1.2)、(4.1.3)可知,一般的坐标变换可以通过先移轴再转轴或者先转轴后移轴得到.

例 4.1.1 利用移轴化简曲面方程

$$x^2+z^2-5xy-2x+5y+2z+2=0,$$

并判别该方程表示的曲面.

解 将原方程变形为

$$(x-1)^2-5(x-1)y+(z+1)^2=0.$$

令

$$\begin{cases} x=x'+1, \\ y=y', \\ z=z'-1, \end{cases}$$

则在新坐标系中,曲面方程为

$$x'^2-5x'y'+z'^2=0,$$

这是关于 x',y',z' 的二次齐次方程. 据命题 3.2.2,它表示顶点为(1,0,−1)的二次锥面.

例 4.1.2 利用绕轴旋转以判别方程 $z=xy$ 所表示的曲面.

解 将公式(4.1.5)代入方程 $z=xy$,得

$$\begin{aligned} z' &= \cos\theta\sin\theta(x'^2-y'^2)+(\cos^2\theta-\sin^2\theta)x'y' \\ &= \frac{1}{2}\sin 2\theta(x'^2-y'^2)+\cos 2\theta x'y'. \end{aligned}$$

为消去交叉项 $x'y'$，取 $\theta=\frac{\pi}{4}$，作绕轴旋转

$$\begin{cases} x=\frac{1}{\sqrt{2}}(x'-y'), \\ y=\frac{1}{\sqrt{2}}(x'+y'), \\ z=z', \end{cases}$$

这时原方程变为 $z'=\frac{x'^2}{2}-\frac{y'^2}{2}$，它表示双曲抛物面.

例 4.1.3 应用坐标变换将平面方程

$$ax+by+cz+d=0, \qquad a^2+b^2+c^2\neq 0$$

化成 $z=0$ 的形式.

解 (1) 假设 $c\neq 0$，再分两种情形讨论：

① 当 $a=b=0$ 时，原式为 $cz+d=0$. 用平移 $x=x', y=y', z=z'-\frac{d}{c}$ 便可化成 $z'=0$.

② 若 a,b 中有一个不为零，不妨设 $b\neq 0$. 原方程可以写成

$$ax+b\left(y+\frac{d}{b}\right)+cz=0,$$

利用平移 $x=x', y=y'-\frac{d}{b}, z=z'$，上式变为

$$ax'+by'+cz'=0.$$

取直线

$$\begin{cases} ax'+by'=0, \\ z'=0. \end{cases}$$

作为新 x'' 轴，即取旋转角 θ 适合 $\tan\theta=-\frac{a}{b}$，经过绕 z' 轴旋转 θ 角的变换，则 $ax'+by'+cz'=0$ 变成 $b'y''+cz''=0$，其中 $b'\neq 0$. 再取角 φ 适合 $\tan\varphi=-\frac{b'}{c}$，作绕 x'' 轴旋转 φ 角的变换，则 $b'y''+cz''=0$ 便化成 $z'''=0$.

(2) 假设 $b\neq 0$ 或 $a\neq 0$. 类似于(1)，经过适当的坐标变换可分别化为 $y=0$ 或 $x=0$ 的形式，然后再作坐标变换(请读者补述)，这两种形式均可化为 $z=0$ 的形式.

习 题 4.1

1. 在平移变换下,一点的旧坐标为(3,2,1),而新坐标为(1,4,-2),试求平移变换公式.

2. 已知一点 $M(3,1,-2)$. 若点 M 为平移后的新坐标系的原点,试求:

(1) 旧坐标系原点在新坐标系中的坐标;

(2) 点 $A(4,2,0)$在新坐标系中的坐标;

(3) 点 A 关于坐标原点的对称点在新坐标系中的坐标.

3. 已知点 $A(-1,2,3)$平移后在新坐标系的 $x'O'y'$平面上,点 $B(3,1,2)$在 $y'O'z'$平面上,点 $C(4,0,1)$在 $z'O'x'$平面上,试求满足上述条件的移轴公式.

4. 将坐标原点平移到点 $M_0(1,2,3)$处,试变换下列方程:

(1) $3x-5y+6z-1=0$;

(2) $\dfrac{x-1}{3}=\dfrac{y-2}{4}=\dfrac{z-3}{2}$;

(3) $x^2+y^2+z^2+xy+yz+xz-7x-8y-9z+19=0$.

5. 已知转轴后的新坐标系的三个坐标向量为 $\boldsymbol{i}'=\left(-\frac{1}{3},\frac{2}{3},\frac{2}{3}\right)$, $\boldsymbol{j}'=\left(\frac{2}{3},-\frac{1}{3},\frac{2}{3}\right)$, $\boldsymbol{k}'=\left(\frac{2}{3},\frac{2}{3},-\frac{1}{3}\right)$,试求转轴公式和点 $M(-1,1,0)$在新坐标系中的坐标.

6. 由坐标系$\{O;\boldsymbol{i},\boldsymbol{j},\boldsymbol{k}\}$经转轴变为新坐标系$\{O;\boldsymbol{i}',\boldsymbol{j}',\boldsymbol{k}'\}$, $\boldsymbol{i}',\boldsymbol{j}',\boldsymbol{k}'$在原系$\{O;\boldsymbol{i},\boldsymbol{j},\boldsymbol{k}\}$中的分量分别为

$$\boldsymbol{i}'=\left(\frac{1}{2},\frac{1}{2},\frac{1}{\sqrt{2}}\right),\quad \boldsymbol{j}'=\left(-\frac{1}{\sqrt{2}},\frac{1}{\sqrt{2}},0\right),\quad \boldsymbol{k}'=\left(-\frac{1}{2},-\frac{1}{2},\frac{1}{\sqrt{2}}\right).$$

已知向量$\boldsymbol{v}$在$\{O;\boldsymbol{i},\boldsymbol{j},\boldsymbol{k}\}$中的分量为(1,-1,1),求它在$\{O;\boldsymbol{i}',\boldsymbol{j}',\boldsymbol{k}'\}$中的分量.

7. 已知相互垂直的三条直线

$$l_1: x=y=z,\quad l_2: x=\frac{y}{-2}=z,\quad l_3: x=-z, y=0,$$

试求以这三条直线为新坐标轴的坐标变换公式.

8. 利用平移化简方程

$$x^2+y^2-4z^2-4x-y-4z-3=0,$$

并指出它表示何种曲面.

9. 利用绕轴旋转消去曲面方程

$$z=x^2+xy+y^2$$

中的交叉项,并指出它表示的曲面.

10. 试将方程 $2x+y+2z+5=0$ 用适当的坐标变换变为 $x'=0$.

4.2 利用转轴化简二次曲面方程

例 4.1.1 和例 4.1.2 说明二次曲面方程经过移轴或转轴可以化为较简单形式,例 4.1.2 还提示我们通过转轴变换可以消去交叉项. 本节讨论一般的二次曲面

方程的化简,设方程为

$$F(x,y,z)=a_{11}x^2+a_{22}y^2+a_{33}z^2+2a_{12}xy+2a_{13}xz+2a_{23}yz$$
$$+2a_{14}x+2a_{24}y+2a_{34}z+a_{44}=0. \tag{4.2.1}$$

为方便起见,引进一些记号如下. 将 $F(x,y,z)$的二次项部分

$$a_{11}x^2+a_{22}y^2+a_{33}z^2+2a_{12}xy+2a_{13}xz+2a_{23}yz$$

简记为 $\Phi(x,y,z)$. 利用矩阵乘法将 $\Phi(x,y,z)$, $F(x,y,z)$分别写成下列形式:

$$\Phi(x,y,z)=(x\ y\ z)\begin{pmatrix} a_{11} & a_{12} & a_{13} \\ a_{12} & a_{22} & a_{23} \\ a_{13} & a_{23} & a_{33} \end{pmatrix}\begin{pmatrix} x \\ y \\ z \end{pmatrix},$$

$$F(x,y,z)=(x\ y\ z\ 1)\begin{pmatrix} a_{11} & a_{12} & a_{13} & a_{14} \\ a_{12} & a_{22} & a_{23} & a_{24} \\ a_{13} & a_{23} & a_{33} & a_{34} \\ a_{14} & a_{24} & a_{34} & a_{44} \end{pmatrix}\begin{pmatrix} x \\ y \\ z \\ 1 \end{pmatrix}.$$

记

$$A=\begin{pmatrix} a_{11} & a_{12} & a_{13} & a_{14} \\ a_{12} & a_{22} & a_{23} & a_{24} \\ a_{13} & a_{23} & a_{33} & a_{34} \\ a_{14} & a_{24} & a_{34} & a_{44} \end{pmatrix}, \quad A^*=\begin{pmatrix} a_{11} & a_{12} & a_{13} \\ a_{12} & a_{22} & a_{23} \\ a_{13} & a_{23} & a_{33} \end{pmatrix},$$

分别称为二次曲面 $F(x,y,z)=0$ 和 $\Phi(x,y,z)$的矩阵. 它们都是实对称的,即 $A^{\mathrm{T}}=A$, $A^{*\mathrm{T}}=A^*$.

令 $\boldsymbol{a}^{\mathrm{T}}=(a_{14},a_{24},a_{34})$,则 A 可以分块写成

$$A=\begin{pmatrix} A^* & \boldsymbol{a} \\ \boldsymbol{a}^{\mathrm{T}} & a_{44} \end{pmatrix}.$$

再令 $\boldsymbol{x}^{\mathrm{T}}=(x,y,z)$,则 $F(x,y,z)$可以表示为

$$F(x,y,z)=(\boldsymbol{x}^{\mathrm{T}}\ 1)\begin{pmatrix} A^* & \boldsymbol{a} \\ \boldsymbol{a}^{\mathrm{T}} & a_{44} \end{pmatrix}\begin{pmatrix} \boldsymbol{x} \\ 1 \end{pmatrix},$$

并且

$$\Phi(x,y,z)=\boldsymbol{x}^{\mathrm{T}}A^*\boldsymbol{x}.$$

记

$$\Phi_1(x,y,z)=\frac{1}{2}\Phi_x(x,y,z)=a_{11}x+a_{12}y+a_{13}z,\text{①}$$

---

① 为便于记忆,借用偏导数记号 $\Phi_x(x,y,z)$, $\Phi_y(x,y,z)$ 和 $\Phi_z(x,y,z)$. 例如 $\Phi_x(x,y,z)$表示将 $\Phi(x,y,z)$视为 x 的函数对 x 求导.

$$\Phi_2(x,y,z)=\frac{1}{2}\Phi_y(x,y,z)=a_{12}x+a_{22}y+a_{23}z,$$

$$\Phi_3(x,y,z)=\frac{1}{2}\Phi_z(x,y,z)=a_{13}x+a_{23}y+a_{33}z,$$

则有

$$\Phi(x,y,z)=x\Phi_1(x,y,z)+y\Phi_2(x,y,z)+z\Phi_3(x,y,z).$$

又记

$$\begin{aligned}F_1(x,y,z)&=a_{11}x+a_{12}y+a_{13}z+a_{14},\\F_2(x,y,z)&=a_{12}x+a_{22}y+a_{23}z+a_{24},\\F_3(x,y,z)&=a_{13}x+a_{23}y+a_{33}z+a_{34},\\F_4(x,y,z)&=a_{14}x+a_{24}y+a_{34}z+a_{44},\end{aligned}$$

那么有

$$F(x,y,z)=xF_1(x,y,z)+yF_2(x,y,z)+zF_3(x,y,z)+F_4(x,y,z).$$

化简给定的曲面方程(4.2.1),意指选取一个适当的坐标系,因而需寻找一个坐标变换,使得方程(4.2.1)在新坐标系下取最简单的形式,为此要求简化方程不含交叉项.本节将证明通过适当的转轴变换可做到,但移轴变换不能消去方程中的交叉项(见习题 1).

4.2.1 在转轴变换下二次曲面方程的系数变化情况

对二次方程(4.2.1)实施转轴变换,令 $\boldsymbol{x}=T\boldsymbol{x}'$ 将 $F(x,y,z)=0$ 变为 $F'(x',y',z')=0$,这里

$$T=\begin{pmatrix}\cos\alpha_1 & \cos\alpha_2 & \cos\alpha_3\\ \cos\beta_1 & \cos\beta_2 & \cos\beta_3\\ \cos\gamma_1 & \cos\gamma_2 & \cos\gamma_3\end{pmatrix}$$

是从旧坐标系$\{O;\boldsymbol{i},\boldsymbol{j},\boldsymbol{k}\}$到新坐标系$\{O;\boldsymbol{i}',\boldsymbol{j}',\boldsymbol{k}'\}$的过渡矩阵.将

$$\begin{pmatrix}\boldsymbol{x}\\1\end{pmatrix}=\begin{pmatrix}T\boldsymbol{x}'\\1\end{pmatrix}=\begin{pmatrix}T & 0\\0 & 1\end{pmatrix}\begin{pmatrix}\boldsymbol{x}'\\1\end{pmatrix}$$

代入 $F(x,y,z)$的表达式,得

$$\begin{aligned}&(\boldsymbol{x}^{\mathrm{T}}\ 1)\begin{pmatrix}A^* & \boldsymbol{a}\\ \boldsymbol{a}^{\mathrm{T}} & a_{44}\end{pmatrix}\begin{pmatrix}\boldsymbol{x}\\1\end{pmatrix}\\
=\ &(\boldsymbol{x}'^{\mathrm{T}}\ 1)\begin{pmatrix}T^{\mathrm{T}} & 0\\0 & 1\end{pmatrix}\begin{pmatrix}A^* & \boldsymbol{a}\\ \boldsymbol{a}^{\mathrm{T}} & a_{44}\end{pmatrix}\begin{pmatrix}T & 0\\0 & 1\end{pmatrix}\begin{pmatrix}\boldsymbol{x}'\\1\end{pmatrix}\\
=\ &(\boldsymbol{x}'^{\mathrm{T}}\ 1)\begin{pmatrix}T^{\mathrm{T}}A^*T & T^{\mathrm{T}}\boldsymbol{a}\\ \boldsymbol{a}^{\mathrm{T}}T & a_{44}\end{pmatrix}\begin{pmatrix}\boldsymbol{x}'\\1\end{pmatrix}.\end{aligned}$$

$F'(x',y',z')$的二次项部分 $\Phi'(x',y',z')=\boldsymbol{x}'^{\mathrm{T}}A'^{*}\boldsymbol{x}'$,其中 $A'^{*}=T^{\mathrm{T}}A^{*}T$ 仍为实对称矩阵.事实上,

$$(A'^{*})^{\mathrm{T}}=(T^{\mathrm{T}}A^{*}T)^{\mathrm{T}}=T^{\mathrm{T}}(A^{*})^{\mathrm{T}}(T^{T})^{\mathrm{T}}=T^{\mathrm{T}}A^{*}T=A'^{*}.$$

并且新方程 $F'(x',y',z')=0$ 的二次项系数仅与原方程 $F(x,y,z)=0$ 的二次项系数及旋转角有关,一次项系数$(a'_{14},a'_{24},a'_{34})=\boldsymbol{a}^{\mathrm{T}}T$ 也只与原方程的一次项系数及旋转角有关,常数项 a_{44}则保持不变.

4.2.2　二次曲面的主方向,特征方程与特征根

高等代数中有一个结果是实对称矩阵 A^{*} 可用正交矩阵对角化,即存在正交矩阵 T,使得 $T^{\mathrm{T}}A^{*}T$ 为对角矩阵,因而有

$$T^{\mathrm{T}}A^{*}T=\begin{bmatrix}\lambda_1&0&0\\0&\lambda_2&0\\0&0&\lambda_3\end{bmatrix}.$$

其中 $\lambda_1,\lambda_2,\lambda_3$ 为实数,它们是方程

$$\det(A^{*}-\lambda E)=0 \tag{4.2.2}$$

的根,这里 E 是三阶单位矩阵.这样一来,$F'(x',y',z')=0$ 可以写成

$$\lambda_1x'^2+\lambda_2y'^2+\lambda_3z'^2+2a'_{14}x'+2a'_{24}y'+2a'_{34}z'+a_{44}=0.$$

对此结果,下面还将进一步描述.

定义 4.2.1　(1)方程(4.2.2)叫做二次曲面(4.2.1)的**特征方程**,它的根称为二次曲面的特征根.

(2)若非零向量 $\boldsymbol{p}^{\mathrm{T}}=(l,m,n)$ 使得 $A^{*}\boldsymbol{p}=\lambda\boldsymbol{p}$,其中 λ 是二次曲面的一个特征根,则 $l:m:n$ 叫做对应于二次曲面的特征根 λ 的一个**主方向**.

方程(4.2.2)可以写为

$$\det(A^{*}-\lambda E)=-\lambda^3+I_1\lambda^2-I_2\lambda+I_3=0, \tag{4.2.3}$$

其中

$$I_1=a_{11}+a_{22}+a_{33},I_2=\begin{vmatrix}a_{11}&a_{12}\\a_{12}&a_{22}\end{vmatrix}+\begin{vmatrix}a_{11}&a_{13}\\a_{13}&a_{33}\end{vmatrix}+\begin{vmatrix}a_{22}&a_{23}\\a_{23}&a_{33}\end{vmatrix},$$

$$I_3=\det A^{*}=\begin{vmatrix}a_{11}&a_{12}&a_{13}\\a_{12}&a_{22}&a_{23}\\a_{13}&a_{23}&a_{33}\end{vmatrix}.$$

设 $\lambda_1,\lambda_2,\lambda_3$ 是方程(4.2.3)的根,则由根与方程的系数关系,有

$$\begin{aligned}I_1&=\lambda_1+\lambda_2+\lambda_3,\\I_2&=\lambda_1\lambda_2+\lambda_2\lambda_3+\lambda_3\lambda_1,\\I_3&=\lambda_1\lambda_2\lambda_3.\end{aligned} \tag{4.2.4}$$

为求二次曲面(4.2.1)的主方向 $l:m:n$,考虑下列关于 l,m,n 的线性方程组

$$(A^{*}-\lambda E)\begin{pmatrix} l \\ m \\ n \end{pmatrix}=0 \tag{4.2.5}$$

或

$$A^{*}\begin{pmatrix} l \\ m \\ n \end{pmatrix}=\lambda\begin{pmatrix} l \\ m \\ n \end{pmatrix} \tag{4.2.6}$$

即方程组

$$\begin{cases} a_{11}l+a_{12}m+a_{13}n=\lambda l, \\ a_{12}l+a_{22}m+a_{23}n=\lambda m, \\ a_{13}l+a_{23}m+a_{33}n=\lambda n, \end{cases} \tag{4.2.7}$$

它是关于 l,m,n 的齐次线性方程.该方程组有非零解的充要条件是 λ 为方程(4.2.2)的根,即 λ 是二次曲面(4.2.1)的特征根,于是通过解特征方程(4.2.3)求出特征根,将此特征根代入方程组(4.2.5)或(4.2.7)便可求出主方向.

关于二次曲面的特征根与主方向,有下列一些性质.

命题 4.2.1 (i)二次曲面的三个特征根都是实数.

(ii)二次曲面的三个特征根不全为零.

(iii)二次曲面的两个不同特征根对应的主方向一定相互垂直.

定理 4.2.1 对于任意的二次曲面,至少存在三个两两互相垂直的主方向.

对本段引入的特征根及主方向,拓展材料 3 将进一步阐述以帮助大家理解这两个概念,并且对命题 4.2.1,定理 4.2.1 给出了严格证明.

4.2.3 利用转轴消去二次曲面方程中的交叉项

上面已经指出,给定二次曲面方程(4.2.1),通过解特征方程求出特征根,再将特征根代入方程组(4.2.5)或(4.2.7)求出主方向.由于二次曲面的每个特征根至少对应一个主方向,因此二次曲面至少有三个主方向,我们可以从中选取三个两两互相垂直的主方向并且将它们单位化,设为 $\boldsymbol{i}',\boldsymbol{j}',\boldsymbol{k}'$.假定它们分别对应于特征根 $\lambda_1,\lambda_2,\lambda_3$,并且使混合积$(\boldsymbol{i}'\ \boldsymbol{j}'\ \boldsymbol{k}')=1$,将它们作为新坐标系 $Ox'y'z'$ 的三个坐标向量.下面证明在新系中的二次曲面方程不再含交叉项.

作矩阵 $T=(\boldsymbol{i}'\ \boldsymbol{j}'\ \boldsymbol{k}')$,即以单位主方向的坐标排成 T 的列.显然 T 是正交矩阵.由于 $A^{*}\boldsymbol{i}'=\lambda_1\boldsymbol{i}'$,$A^{*}\boldsymbol{j}'=\lambda_2\boldsymbol{j}'$,$A^{*}\boldsymbol{k}'=\lambda_3\boldsymbol{k}'$,因此

$$A^{*}T=A^{*}(\boldsymbol{i}'\ \boldsymbol{j}'\ \boldsymbol{k}')=(A^{*}\boldsymbol{i}'\ A^{*}\boldsymbol{j}'\ A^{*}\boldsymbol{k}')=(\lambda_1\boldsymbol{i}'\ \lambda_2\boldsymbol{j}'\ \lambda_3\boldsymbol{k}'),$$

$$T^{\mathrm{T}}A^{*}T=\begin{pmatrix} \boldsymbol{i}'^{\mathrm{T}} \\ \boldsymbol{j}'^{\mathrm{T}} \\ \boldsymbol{k}'^{\mathrm{T}} \end{pmatrix}(\lambda_1\boldsymbol{i}'\ \lambda_2\boldsymbol{j}'\ \lambda_3\boldsymbol{k}')$$

$$=\begin{pmatrix}\lambda_1 & 0 & 0\\ 0 & \lambda_2 & 0\\ 0 & 0 & \lambda_3\end{pmatrix},$$

于是作转轴变换 $\boldsymbol{x}=T\boldsymbol{x}'$，方程(4.2.1)化简为

$$\lambda_1 x'^2+\lambda_2 y'^2+\lambda_3 z'^2+2a'_{14}x'+2a'_{24}y'+2a'_{34}z'+a_{44}=0.$$

这样我们得到下面的定理.

定理 4.2.2　在直角坐标系 $Oxyz$ 中，给定二次曲面的方程

$$a_{11}x^2+a_{22}y^2+a_{33}z^2+2a_{12}xy+2a_{13}xz+2a_{23}yz$$
$$+2a_{14}x+2a_{24}y+2a_{34}z+a_{44}=0.$$

如果选取曲面的三个两两互相垂直的单位主方向作为新坐标系 $Ox'y'z'$ 的坐标向量，那么二次曲面在新系中的方程具有如下形式：

$$\lambda_1 x'^2+\lambda_2 y'^2+\lambda_3 z'^2+2a'_{14}x'+2a'_{24}y'+2a'_{34}z'+a_{44}=0, \tag{4.2.8}$$

其中 $\lambda_1,\lambda_2,\lambda_3$ 为二次曲面的特征根.

例 4.2.1　用旋转变换化简二次曲面方程

$$4x^2-y^2-z^2+2yz-2y+4z+1=0.$$

解　二次曲面的矩阵

$$A=\begin{pmatrix}4 & 0 & 0 & 0\\ 0 & -1 & 1 & -1\\ 0 & 1 & -1 & 2\\ 0 & -1 & 2 & 1\end{pmatrix},$$

$$I_1=2,\quad I_2=-8,\quad I_3=0,$$

所以二次曲面的特征方程为

$$-\lambda^3+2\lambda^2+8\lambda=0,$$

特征根为 $\lambda_1=4,\lambda_2=-2,\lambda_3=0$.

(1) 将 $\lambda_1=4$ 代入方程组(4.2.7)，得

$$\begin{pmatrix}0 & 0 & 0\\ 0 & -5 & 1\\ 0 & 1 & -5\end{pmatrix}\begin{pmatrix}l\\ m\\ n\end{pmatrix}=\mathbf{0},$$

解得主方向 $l_1:m_1:n_1=1:0:0$.

(2) 将 $\lambda_2=-2$ 代入方程组(4.2.7)，得

$$\begin{pmatrix}6 & 0 & 0\\ 0 & 1 & 1\\ 0 & 1 & 1\end{pmatrix}\begin{pmatrix}l\\ m\\ n\end{pmatrix}=\mathbf{0},$$

解得主方向 $l_2:m_2:n_2=0:(-1):1$.

(3) 将 $\lambda_3=0$ 代入方程组(4.2.7)，得

$$\begin{pmatrix}4 & 0 & 0\\ 0 & -1 & 1\\ 0 & 1 & -1\end{pmatrix}\begin{pmatrix}l\\ m\\ n\end{pmatrix}=\mathbf{0},$$

解得主方向 $l_3:m_3:n_3=0:1:1$. 因为

$$\begin{vmatrix}1 & 0 & 0\\ 0 & -1 & 1\\ 0 & 1 & 1\end{vmatrix}=-2<0,$$

所以向量(1,0,0),(0,−1,1),(0,1,1)构成左手系,那么(1,0,0),(0,−1,1),(0,−1,−1)构成右手系,将它们单位化,令

$$\boldsymbol{i}'=(1,0,0),\quad \boldsymbol{j}'=\left(0,-\frac{1}{\sqrt{2}},\frac{1}{\sqrt{2}}\right),\quad \boldsymbol{k}'=\left(0,-\frac{1}{\sqrt{2}},-\frac{1}{\sqrt{2}}\right),$$

这是二次曲面的三个两两互相垂直的单位主方向,将它们作为新坐标系 $Ox'y'z'$ 的三个坐标向量,于是经旋转变换

$$\begin{pmatrix}x\\ y\\ z\end{pmatrix}=\begin{pmatrix}1 & 0 & 0\\ 0 & -\frac{1}{\sqrt{2}} & -\frac{1}{\sqrt{2}}\\ 0 & \frac{1}{\sqrt{2}} & -\frac{1}{\sqrt{2}}\end{pmatrix}\begin{pmatrix}x'\\ y'\\ z'\end{pmatrix},$$

原方程化简为

$$4x'^2-2y'^2+3\sqrt{2}y'-\sqrt{2}z'+1=0.$$

例 4.2.2 用旋转变换化简二次曲面方程

$$x^2-2y^2+z^2+4xy-8xz-4yz-14x-4y+14z+26=0.$$

解 因为 $I_1=0,I_2=-27,I_3=54$,所以曲面的特征方程为

$$-\lambda^3+27\lambda+54=0,$$

特征根为 $\lambda_1=\lambda_2=-3,\lambda_3=6$.

将二重特征根−3 代入(4.2.7)式,得

$$\begin{cases}4l+2m-4n=0,\\ 2l+m-2n=0,\\ -4l-2m+4n=0.\end{cases}$$

这个方程组只有一个独立的方程,例如

$$2l+m-2n=0,$$

因而平行于平面 $2x+y-2z=0$ 的方向均为二次曲面的主方向,从中任取两个互相垂直的方向,例如 $l_1:m_1:n_1=1:0:1,l_2:m_2:n_2=1:(-4):(-1)$作为主方向.

对应于 $\lambda_3=6$ 的主方向 $l_3:m_3:n_3$ 因与已求得的两个主方向垂直,因此可以不解方程组而按下法求得:作外积 $(1,0,1)\times(1,-4,-1)=2(2,1,-2)$,令 $l_3:$

$m_3:n_3=2:1:(-2)$. 因为

$$\begin{vmatrix} 1 & 0 & 1 \\ 1 & -4 & -1 \\ 2 & 1 & -2 \end{vmatrix}=18>0,$$

所以向量$(1,0,1),(1,-4,-1),(2,1,-2)$是两两垂直且构成右手系,将它们单位化得

$$\boldsymbol{i}'=\left(\frac{1}{\sqrt{2}},0,\frac{1}{\sqrt{2}}\right),\quad \boldsymbol{j}'=\left(\frac{1}{3\sqrt{2}},-\frac{4}{3\sqrt{2}},-\frac{1}{3\sqrt{2}}\right),\quad \boldsymbol{k}'=\left(\frac{2}{3},\frac{1}{3},-\frac{2}{3}\right),$$

取$\boldsymbol{i}',\boldsymbol{j}',\boldsymbol{k}'$为新坐标系$Ox'y'z'$的三个坐标向量,于是经旋转变换

$$\begin{pmatrix} x \\ y \\ z \end{pmatrix}=\begin{pmatrix} \frac{1}{\sqrt{2}} & \frac{1}{3\sqrt{2}} & \frac{2}{3} \\ 0 & -\frac{4}{3\sqrt{2}} & \frac{1}{3} \\ \frac{1}{\sqrt{2}} & -\frac{1}{3\sqrt{2}} & -\frac{2}{3} \end{pmatrix}\begin{pmatrix} x' \\ y' \\ z' \end{pmatrix},$$

原方程化简为

$$-3x'^2-3y'^2+6z'^2-2\sqrt{2}y'-20z'+26=0.$$

习　题　4.2

1. 试求二次曲面

$$F(x,y,z)=a_{11}x^2+a_{22}y^2+a_{33}z^2+2a_{12}xy+2a_{13}xz+2a_{23}yz$$
$$+2a_{14}x+2a_{24}y+2a_{34}z+a_{44}=0$$

在移轴变换$x=x'+x_0,y=y'+y_0,z=z'+z_0$下的新方程.

2. 求下列二次曲面特征方程的特征根:

(1) $x^2+3y^2+3z^2-2yz-2x-2y+6z+3=0$;

(2) $2x^2+5y^2+2z^2-2xy+4xz-2yz+14x-16y+24z=0$;

(3) $x^2+y^2+z^2+4xy-4xz-4yz-3=0$;

(4) $4x^2+y^2+z^2+4xy+4xz+2yz-24x+32=0$.

3. 试求下列曲面的主方向:

(1) $2x^2+2y^2-5z^2+2xy-2x-4y-4z+2=0$;

(2) $x^2+y^2+5z^2-6xy-2xz+2yz-6x+9=0$;

(3) $7x^2-8y^2-8z^2+8xy-8xz-2yz-16x+14y-5=0$.

4. 用旋转变换化简下列方程,并写出坐标变换公式.

(1) $2x^2+5y^2+5z^2+4xy-4xz-8yz-1=0$;

(2) $x^2+3y^2+3z^2-2yz-2x-2=0$;

(3) $5x^2+8y^2+5z^2+4xy-8xz+4yz-27=0$;

(4) $x^2+4y^2+9z^2-4xy+6xz-12yz+4x-8y+12z+4=0$.

5. 设空间任一点$M(x,y,z)$经旋转变换后的坐标为(x',y',z'),证明:

$$x^2+y^2+z^2=x'^2+y'^2+z'^2.$$

6. 已知曲面方程为

$$(2x+y+z)^2-(x-y-z)^2=y-z,$$

试判断它是什么曲面.

4.3　二次曲面的分类

本节进一步化简二次方程(4.2.8)，得到二次曲面的简化方程及标准方程，并将二次曲面进行分类，这样一来我们可以清晰地了解二次曲面的全貌.

定理 4.3.1　对于不含交叉项的二次曲面方程

$$\lambda_1 x^2+\lambda_2 y^2+\lambda_3 z^2+2a_{14}x+2a_{24}y+2a_{34}z+a_{44}=0, \tag{4.3.1}$$

通过坐标变换可化为下列五个简化方程之一：

(1) $\lambda_1 x^2+\lambda_2 y^2+\lambda_3 z^2+d=0$,　　$\lambda_1\lambda_2\lambda_3\neq 0$;

(2) $\lambda_1 x^2+\lambda_2 y^2+2qz=0$,　　$\lambda_1\lambda_2 q\neq 0$;

(3) $\lambda_1 x^2+\lambda_2 y^2+d=0$,　　$\lambda_1\lambda_2\neq 0$;

(4) $\lambda_1 x^2+2py=0$,　　$\lambda_1 p\neq 0$;

(5) $\lambda_1 x^2+d=0$,　　$\lambda_1\neq 0$.

其中各方程中出现的诸 λ_i 为二次曲面的非零特征根. 并且二次曲面总共有 17 种曲面.

证明　二次曲面的三个特征根不全为零，因此我们按它们全不为零，有一个为零和有两个为零这样三种情形分别讨论.

(1) $\lambda_1\lambda_2\lambda_3\neq 0$. 通过配完全平方，将方程(4.3.1)改写为

$$\lambda_1\left(x+\frac{a_{14}}{\lambda_1}\right)^2+\lambda_2\left(y+\frac{a_{24}}{\lambda_2}\right)^2+\lambda_3\left(z+\frac{a_{34}}{\lambda_3}\right)^2+a_{44}-\left(\frac{a_{14}^2}{\lambda_1}+\frac{a_{24}^2}{\lambda_2}+\frac{a_{34}^2}{\lambda_3}\right)=0.$$

作平移变换

$$\begin{cases} x'=x+\dfrac{a_{14}}{\lambda_1}, \\ y'=y+\dfrac{a_{24}}{\lambda_2}, \\ z'=z+\dfrac{a_{34}}{\lambda_3}, \end{cases}$$

并令 $d'=a_{44}-\left(\dfrac{a_{14}^2}{\lambda_1}+\dfrac{a_{24}^2}{\lambda_2}+\dfrac{a_{34}^2}{\lambda_3}\right)$，方程变为

$$\lambda_1 x'^2+\lambda_2 y'^2+\lambda_3 z'^2+d'=0, \tag{4.3.2}$$

即定理中的简化方程(1). 现依据方程系数的各种不同情况讨论如下.

① $d'\neq 0$.

i) $\lambda_1,\lambda_2,\lambda_3$ 同号但与 d' 异号. 令

$$-\frac{\lambda_1}{d'}=\frac{1}{a^2},\quad -\frac{\lambda_2}{d'}=\frac{1}{b^2},\quad -\frac{\lambda_3}{d'}=\frac{1}{c^2},$$

方程(4.3.2)变成

$$\frac{x'^2}{a^2}+\frac{y'^2}{b^2}+\frac{z'^2}{c^2}=1,$$

它是椭球面的标准方程.

ii) $\lambda_1,\lambda_2,\lambda_3$ 与 d' 同号. 令

$$\frac{\lambda_1}{d'}=\frac{1}{a^2},\quad \frac{\lambda_2}{d'}=\frac{1}{b^2},\quad \frac{\lambda_3}{d'}=\frac{1}{c^2},$$

方程(4.3.2)变为

$$\frac{x'^2}{a^2}+\frac{y'^2}{b^2}+\frac{z'^2}{c^2}=-1,$$

它表示虚椭球面.

iii) d' 与 $\lambda_1,\lambda_2,\lambda_3$ 中的一个同号,例如 d' 与 λ_3 同号. 令

$$-\frac{\lambda_1}{d'}=\frac{1}{a^2},\quad -\frac{\lambda_2}{d'}=\frac{1}{b^2},\quad \frac{\lambda_3}{d'}=\frac{1}{c^2},$$

则得

$$\frac{x'^2}{a^2}+\frac{y'^2}{b^2}-\frac{z'^2}{c^2}=1,$$

这是单叶双曲面的标准方程.

iv) d' 与 $\lambda_1,\lambda_2,\lambda_3$ 中的两个同号,例如 d' 与 λ_1,λ_2 同号. 令

$$\frac{\lambda_1}{d'}=\frac{1}{a^2},\quad \frac{\lambda_2}{d'}=\frac{1}{b^2},\quad -\frac{\lambda_3}{d'}=\frac{1}{c^2},$$

则得

$$\frac{x'^2}{a^2}+\frac{y'^2}{b^2}-\frac{z'^2}{c^2}=-1,$$

它是双叶双曲面的标准方程.

② $d'=0$.

i) $\lambda_1,\lambda_2,\lambda_3$ 同号. 令 $|\lambda_1|=\frac{1}{a^2},|\lambda_2|=\frac{1}{b^2},|\lambda_3|=\frac{1}{c^2}$,则方程(4.3.2)变为

$$\frac{x'^2}{a^2}+\frac{y'^2}{b^2}+\frac{z'^2}{c^2}=0,$$

它退化为一个点.

ii) λ_1,λ_2 与 λ_3 不全同号,例如 λ_1 和 λ_2 同号. 令 $|\lambda_1|=\frac{1}{a^2},|\lambda_2|=\frac{1}{b^2},|\lambda_3|=\frac{1}{c^2}$,

则得

$$\frac{x'^2}{a^2}+\frac{y'^2}{b^2}-\frac{z'^2}{c^2}=0,$$

这是二次锥面的标准方程.

(2) $\lambda_1,\lambda_2,\lambda_3$ 中只有一个为零,不妨设 $\lambda_3=0$,作平移变换

$$\begin{cases} x'=x+\dfrac{a_{14}}{\lambda_1}, \\ y'=y+\dfrac{a_{24}}{\lambda_2}, \\ z'=z, \end{cases}$$

并令 $d'=a_{44}-\left(\dfrac{a_{14}^2}{\lambda_1}+\dfrac{a_{24}^2}{\lambda_2}\right)$,方程(4.3.1)变为

$$\lambda_1x'^2+\lambda_2y'^2+2a_{34}z'+d'=0. \tag{4.3.3}$$

① $a_{34}\neq0$,再作移轴

$$\begin{cases} x''=x', \\ y''=y', \\ z''=z'+\dfrac{d'}{2a_{34}}, \end{cases}$$

方程(4.3.3)化简为

$$\lambda_1x''^2+\lambda_2y''^2+2a_{34}z''=0, \tag{4.3.4}$$

这是定理中的简化方程(2).

i) 当 λ_1 与 λ_2 同号时,方程(4.3.4)表示椭圆抛物面,并且方程可化为下列标准形式

$$\frac{x''^2}{a^2}+\frac{y''^2}{b^2}=\pm2z''.$$

ii) 当 λ_1 与 λ_2 异号时,方程(4.3.4)表示双曲抛物面,并且方程可化为下列标准形式

$$\frac{x''^2}{a^2}-\frac{y''^2}{b^2}=\pm2z''.$$

② $a_{34}=0$,方程(4.3.3)为

$$\lambda_1x'^2+\lambda_2y'^2+d'=0, \tag{4.3.5}$$

它是不含坐标 z' 的柱面方程,即定理中的简化方程(3).

i) λ_1 与 λ_2 同号,但与 d' 异号,这时方程可化成下列标准形式

$$\frac{x'^2}{a^2}+\frac{y'^2}{b^2}=1,$$

它表示椭圆柱面.

ii) λ_1,λ_2 与 d' 同号,方程(4.3.5)表示虚椭圆柱面,它可化成下列标准方程

$$\frac{x'^2}{a^2}+\frac{y'^2}{b^2}=-1.$$

iii) λ_1 与 λ_2 同号，但 $d'=0$. 方程(4.3.5)可化为

$$\frac{x'^2}{a^2}+\frac{y'^2}{b^2}=0,$$

它表示一对相交于一条实直线的虚平面.

iv) λ_1 与 λ_2 异号，且 $d'\neq 0$. 方程(4.3.5)表示双曲柱面，其标准方程为

$$\frac{x'^2}{a^2}-\frac{y'^2}{b^2}=1.$$

v) λ_1 与 λ_2 异号，但 $d'=0$. 方程(4.3.5)表示一对相交平面，其标准方程为

$$\frac{x'^2}{a^2}-\frac{y'^2}{b^2}=0.$$

(3) $\lambda_1,\lambda_2,\lambda_3$ 中有两个为零，不妨设 $\lambda_1\neq 0$. 作移轴

$$\begin{cases} x'=x+\dfrac{a_{14}}{\lambda_1}, \\ y'=y, \\ z'=z, \end{cases}$$

并令 $d'=a_{44}-\dfrac{a_{14}^2}{\lambda_1}$，方程(4.3.1)化简为

$$\lambda_1 x'^2+2a_{24}y'+2a_{34}z'+d'=0. \tag{4.3.6}$$

① a_{24},a_{34} 中至少有一个不为零，作绕 x' 轴的坐标变换

$$\begin{cases} x''=x', \\ y''=\dfrac{2a_{24}y'+2a_{34}z'+d'}{2\sqrt{a_{24}^2+a_{34}^2}}, \\ z''=\dfrac{-a_{34}y'+a_{24}z'}{\sqrt{a_{24}^2+a_{34}^2}}, \end{cases}$$

则方程化简为

$$\lambda_1 x''^2+2\sqrt{a_{24}^2+a_{34}^2}\,y''=0, \tag{4.3.7}$$

它是定理中的简化方程(4)，表示抛物柱面.

② $a_{24}=a_{34}=0$，方程(4.3.6)现变为

$$\lambda_1 x'^2+d'=0, \tag{4.3.8}$$

即定理中的简化方程(5).

i) λ_1 与 d' 异号，令 $a^2=-\dfrac{d'}{\lambda_1}$，方程(4.3.8)可写成

$$x'^2=a^2,$$

它表示一对平行平面.

ii) λ_1 与 d' 同号，令 $a^2=\dfrac{d'}{\lambda_1}$，方程(4.3.8)可表示为

$$x'^2=-a^2,$$

它是一对虚的平行平面.

iii) $d'=0$，$x'^2=0$ 表一对重合平面.

从定理 4.2.2 和定理 4.3.1 立即得到下面的结论：通过适当的直角坐标变换，二次曲面方程总可以化简为 5 个简化方程中的一个，并且可以写成 17 种标准方程的一种形式，因此二次曲面总共有 17 种曲面.

下面继续讨论上一节的两个例子. 例 4.2.1 用旋转变换将方程

$$4x^2-y^2-z^2+2yz-2y+4z+1=0$$

化简成

$$4x'^2-2y'^2+3\sqrt{2}y'-\sqrt{2}z'+1=0.$$

再配完全平方，整理后得

$$4x'^2-2\left(y'-\frac{3\sqrt{2}}{4}\right)^2-\sqrt{2}\left(z'-\frac{13\sqrt{2}}{8}\right)=0.$$

作平移变换

$$\begin{cases} x'=x'', \\ y'=y''+\dfrac{3\sqrt{2}}{4}, \\ z'=z''+\dfrac{13\sqrt{2}}{8}, \end{cases}$$

则原方程化简为

$$4x''^2-2y''^2=\sqrt{2}z''$$

或

$$\frac{x''^2}{\frac{\sqrt{2}}{8}}-\frac{y''^2}{\frac{\sqrt{2}}{4}}=2z''.$$

由此可知，原方程表示双曲抛物面. 而由原方程化简为标准方程所实施的直角坐标变换是

$$\begin{cases} x=x'', \\ y=-\dfrac{1}{\sqrt{2}}y''-\dfrac{1}{\sqrt{2}}z''-\dfrac{19}{8}, \\ z=\dfrac{1}{\sqrt{2}}y''-\dfrac{1}{\sqrt{2}}z''-\dfrac{7}{8}. \end{cases}$$

例 4.2.2 通过转轴将方程

$$x^2-2y^2+z^2+4xy-8xz-4yz-14x-4y+14z+26=0$$

化简成

$$-3x'^2-3y'^2+6z'^2-2\sqrt{2}y'-20z'+26=0.$$

将方程进行配方整理,再作适当平移,则原方程化简为

$$-3x''^2-3y''^2+6z''^2+10=0$$

或

$$\frac{x''^2}{\frac{10}{3}}+\frac{y''^2}{\frac{10}{3}}-\frac{z''^2}{\frac{5}{3}}=1,$$

因此原方程表示单叶双曲面.

例 4.3.1　将二次曲面方程

$$4x^2+y^2+4z^2-4xy+8xz-4yz-12x-12y+6z=0$$

化简为标准方程,并指出曲面形状.

解　二次曲面的特征方程为

$$\begin{vmatrix} 4-\lambda & -2 & 4 \\ -2 & 1-\lambda & -2 \\ 4 & -2 & 4-\lambda \end{vmatrix}=0,$$

展开得

$$-\lambda^3+9\lambda^2=0,$$

特征根为 $\lambda_1=9,\lambda_2=\lambda_3=0$.

将 $\lambda_1=9$ 代入方程组(4.2.7),解得主方向 $l_1:m_1:n_1=2:(-1):2$.

将二重特征根 $\lambda_2=\lambda_3=0$ 代入(4.2.7)得一个独立方程 $2l-m+2n=0$,因而平行于平面 $2x-y+2z=0$ 的方向均为曲面的主方向,从中任取两个互相垂直的主方向,例如 $l_2:m_2:n_2=1:0:(-1)$, $l_3:m_3:n_3=1:4:1$. 向量(2,−1,2),(1,0,−1),(1,4,1)两两垂直且组成右手系. 令

$$\boldsymbol{i}'=\left(\frac{2}{3},-\frac{1}{3},\frac{2}{3}\right),\quad \boldsymbol{j}'=\left(\frac{1}{\sqrt{2}},0,-\frac{1}{\sqrt{2}}\right),\quad \boldsymbol{k}'=\left(\frac{1}{3\sqrt{2}},\frac{4}{3\sqrt{2}},\frac{1}{3\sqrt{2}}\right),$$

取它们为新坐标系 $Ox'y'z'$ 的坐标向量. 于是利用转轴

$$\begin{pmatrix} x \\ y \\ z \end{pmatrix}=\begin{pmatrix} \frac{2}{3} & \frac{1}{\sqrt{2}} & \frac{1}{3\sqrt{2}} \\ -\frac{1}{3} & 0 & \frac{4}{3\sqrt{2}} \\ \frac{2}{3} & -\frac{1}{\sqrt{2}} & \frac{1}{3\sqrt{2}} \end{pmatrix}\begin{pmatrix} x' \\ y' \\ z' \end{pmatrix},$$

原方程化简为

$$9x'^2-9\sqrt{2}y'-9\sqrt{2}z'=0$$

或

$$x'^2-\sqrt{2}y'-\sqrt{2}z'=0.$$

再绕 x' 轴作旋转变换，令

$$\begin{cases} x'=x'', \\ y'=\dfrac{\sqrt{2}}{2}(y''-z''), \\ z'=\dfrac{\sqrt{2}}{2}(y''+z''), \end{cases}$$

将上式代入 $x'^2-\sqrt{2}y'-\sqrt{2}z'=0$ 中，得

$$x''^2-2y''=0,$$

这就是要求的标准方程，它表示抛物柱面.

习 题 4.3

化简下列二次曲面方程为标准形式，并指出曲面形状.

1. $x^2+y^2+5z^2-6xy+2xz-2yz-4x+8y-12z+14=0$.
2. $2x^2+2y^2+3z^2+4xy+2xz+2yz-4x+6y-2z+3=0$.
3. $2x^2+5y^2+2z^2-2xy-4xz+2yz+2x-10y-2z-1=0$.
4. $4x^2-y^2-z^2+2yz-2y+4z+1=0$.
5. $x^2+y^2+9z^2-2xy+6xz-6yz-2x+2y-6z=0$.
6. $y^2-xy+xz-yz+2x-2y=0$.

4.4 二次曲面的不变量

前两节采用坐标变换方法，将二次曲面方程化简成标准方程，由此可判别二次曲面是何种曲面并确定它的几何形状. 这意味着由方程表示的二次曲面经直角坐标变换后，曲面的方程这一表现形式虽然发生了变化，但决定曲面几何特征的内在性质并未改变，而后者可用不变量来刻画. 这种不变量用二次曲面方程的系数来表达，并且不因直角坐标变换而发生变化，所以又叫**正交不变量**. 寻找二次曲面以及其他几何对象（例如平面二次曲线）的正交不变量（简称为不变量）是解析几何研究中的一个重要方面，为深入认识形数结合这一问题提供了新的内容.

4.4.1 不变量与半不变量

设二次曲面方程为(4.2.1)式. 前面已引入了

$$I_1=a_{11}+a_{22}+a_{33},$$

$$I_2=\begin{vmatrix} a_{11} & a_{12} \\ a_{12} & a_{22} \end{vmatrix}+\begin{vmatrix} a_{11} & a_{13} \\ a_{13} & a_{33} \end{vmatrix}+\begin{vmatrix} a_{22} & a_{23} \\ a_{23} & a_{33} \end{vmatrix},$$

$$I_3=\det A^*=\begin{vmatrix} a_{11} & a_{12} & a_{13} \\ a_{12} & a_{22} & a_{23} \\ a_{13} & a_{23} & a_{33} \end{vmatrix},$$

再引入

$$I_4=\det A=\begin{vmatrix} a_{11} & a_{12} & a_{13} & a_{14} \\ a_{12} & a_{22} & a_{23} & a_{24} \\ a_{13} & a_{23} & a_{33} & a_{34} \\ a_{14} & a_{24} & a_{34} & a_{44} \end{vmatrix}.$$

定理 4.4.1　I_1,I_2,I_3 和 I_4 是二次曲面的不变量.

证明　将曲面方程用矩阵形式表示为

$$(\boldsymbol{x}^{\mathrm{T}}\quad 1)\begin{pmatrix} A^* & \boldsymbol{a} \\ \boldsymbol{a}^{\mathrm{T}} & a_{44} \end{pmatrix}\begin{pmatrix} \boldsymbol{x} \\ 1 \end{pmatrix}=0, \tag{4.4.1}$$

其中 $\boldsymbol{a}^{\mathrm{T}}=(a_{14},a_{24},a_{34}),\boldsymbol{x}^{\mathrm{T}}=(x,y,z)$.

作任意直角坐标变换

$$\boldsymbol{x}=T\boldsymbol{x}'+\boldsymbol{x}_0, \tag{4.4.2}$$

其中 T 为正交矩阵，$\boldsymbol{x}_0^{\mathrm{T}}=(x_0,y_0,z_0)$. 将(4.4.2)式代入(4.4.1)式，得

$$\begin{aligned}
0 &= (\boldsymbol{x}'^{\mathrm{T}}T^{\mathrm{T}}+\boldsymbol{x}_0^{\mathrm{T}}\quad 1)\begin{pmatrix} A^* & \boldsymbol{a} \\ \boldsymbol{a}^{\mathrm{T}} & a_{44} \end{pmatrix}\begin{pmatrix} T\boldsymbol{x}'+\boldsymbol{x}_0 \\ 1 \end{pmatrix} \\
&= (\boldsymbol{x}'^{\mathrm{T}}\quad 1)\begin{pmatrix} T^{\mathrm{T}} & 0 \\ \boldsymbol{x}_0^{\mathrm{T}} & 1 \end{pmatrix}\begin{pmatrix} A^* & \boldsymbol{a} \\ \boldsymbol{a}^{\mathrm{T}} & a_{44} \end{pmatrix}\begin{pmatrix} T & \boldsymbol{x}_0 \\ 0 & 1 \end{pmatrix}\begin{pmatrix} \boldsymbol{x}' \\ 1 \end{pmatrix} \\
&= (\boldsymbol{x}'^{\mathrm{T}}\quad 1)\begin{pmatrix} T^{\mathrm{T}}A^*T & T^{\mathrm{T}}A^*\boldsymbol{x}_0+T^{\mathrm{T}}\boldsymbol{a} \\ \boldsymbol{x}_0^{\mathrm{T}}A^*T+\boldsymbol{a}^{\mathrm{T}}T & \boldsymbol{x}_0^{\mathrm{T}}A^*\boldsymbol{x}_0+\boldsymbol{a}^{\mathrm{T}}\boldsymbol{x}_0+\boldsymbol{x}_0^{\mathrm{T}}\boldsymbol{a}+a_{44} \end{pmatrix}\begin{pmatrix} \boldsymbol{x}' \\ 1 \end{pmatrix} \\
&= (\boldsymbol{x}'^{\mathrm{T}}\quad 1)\begin{pmatrix} T^{\mathrm{T}}A^*T & T^{\mathrm{T}}A^*\boldsymbol{x}_0+T^{\mathrm{T}}\boldsymbol{a} \\ \boldsymbol{x}_0^{\mathrm{T}}A^*T+\boldsymbol{a}^{\mathrm{T}}T & F(x_0,y_0,z_0) \end{pmatrix}\begin{pmatrix} \boldsymbol{x}' \\ 1 \end{pmatrix},
\end{aligned}$$

它是二次曲面在新坐标系 $O'x'y'z'$ 下的方程. 该方程所对应的矩阵

$$A'=\begin{pmatrix} T^{\mathrm{T}}A^*T & T^{\mathrm{T}}A^*\boldsymbol{x}_0+T^{\mathrm{T}}\boldsymbol{a} \\ \boldsymbol{x}_0^{\mathrm{T}}A^*T+\boldsymbol{a}^{\mathrm{T}}T & F(x_0,y_0,z_0) \end{pmatrix},$$

并且

$$A'^*=T^{\mathrm{T}}A^*T.$$

因为 T 是正交矩阵，所以对任意实数 λ，有

$$
\begin{aligned}
\det(A'^{*}-\lambda E) &= \det(T^{\mathrm{T}}A^{*}T-\lambda E)=\det(T^{\mathrm{T}}(A^{*}-\lambda E)T)\\
&= \det T^{\mathrm{T}}\cdot\det(A^{*}-\lambda E)\cdot\det T=\det(T^{\mathrm{T}}T)\cdot\det(A^{*}-\lambda E),
\end{aligned}
$$

于是有

$$\det(A'^{*}-\lambda E)=\det(A^{*}-\lambda E).$$

将上式两边展开，得

$$-\lambda^3+I_1'\lambda^2-I_2'\lambda+I_3'=-\lambda^3+I_1\lambda^2-I_2\lambda+I_3.$$

由 λ 的任意性，得

$$I_1'=I_1,\quad I_2'=I_2,\quad I_3'=I_3,$$

又

$$
\begin{aligned}
I_4'=\det A' &= \left|\begin{pmatrix} T^{\mathrm{T}} & 0\\ \boldsymbol{x}_0^{\mathrm{T}} & 1\end{pmatrix}\begin{pmatrix} A^{*} & \boldsymbol{a}\\ \boldsymbol{a}^{\mathrm{T}} & a_{44}\end{pmatrix}\begin{pmatrix} T & \boldsymbol{x}_0\\ 0 & 1\end{pmatrix}\right|\\
&= \begin{vmatrix} T^{\mathrm{T}} & 0\\ \boldsymbol{x}_0^{\mathrm{T}} & 1\end{vmatrix}\begin{vmatrix} A^{*} & \boldsymbol{a}\\ \boldsymbol{a}^{\mathrm{T}} & a_{44}\end{vmatrix}\begin{vmatrix} T & \boldsymbol{x}_0\\ 0 & 1\end{vmatrix}\\
&= \det T^{\mathrm{T}}\cdot\det A\cdot\det T=\det A=I_4,
\end{aligned}
$$

所以 $I_i(i=1,2,3,4)$是二次曲面的不变量.

推论 4.4.1　二次曲面的特征方程和特征根在任意直角坐标变换下都是不变的.

下面再引入两个量，令

$$
K_1=\begin{vmatrix} a_{11} & a_{14}\\ a_{14} & a_{44}\end{vmatrix}+\begin{vmatrix} a_{22} & a_{24}\\ a_{24} & a_{44}\end{vmatrix}+\begin{vmatrix} a_{33} & a_{34}\\ a_{34} & a_{44}\end{vmatrix},
$$

$$
K_2=\begin{vmatrix} a_{11} & a_{12} & a_{14}\\ a_{12} & a_{22} & a_{24}\\ a_{14} & a_{24} & a_{44}\end{vmatrix}+\begin{vmatrix} a_{11} & a_{13} & a_{14}\\ a_{13} & a_{33} & a_{34}\\ a_{14} & a_{34} & a_{44}\end{vmatrix}+\begin{vmatrix} a_{22} & a_{23} & a_{24}\\ a_{23} & a_{33} & a_{34}\\ a_{24} & a_{34} & a_{44}\end{vmatrix}.
$$

定理 4.4.2　K_1 与 K_2 在转轴变换下不变，称为**半不变量**.

证明　设二次曲面方程

$$F(x,y,z)=(\boldsymbol{x}^{\mathrm{T}}\ \ 1)A\begin{pmatrix}\boldsymbol{x}\\ 1\end{pmatrix}=0$$

经转轴变换 $\boldsymbol{x}=T\boldsymbol{x}'$变为

$$F'(x',y',z')=(\boldsymbol{x}'^{\mathrm{T}}\ 1)A'\begin{pmatrix}\boldsymbol{x}'\\ 1\end{pmatrix}=0,$$

需证 $K_1'=K_1,K_2'=K_2$. 我们构作新的二次曲面方程

$$G(x,y,z)=F(x,y,z)-\lambda(x^2+y^2+z^2)=0,$$

其中 λ 为任意实数. 注意在转轴变换下，

$$x^2+y^2+z^2=x'^2+y'^2+z'^2,$$

因此 $G(x,y,z)=0$ 经转轴变为

$$G'(x',y',z')=F'(x',y',z')-\lambda(x'^2+y'^2+z'^2)=0.$$

据定理 4.4.1,I_4 是不变量,故

$$I_4(G')=I_4(G),$$

即

$$\begin{vmatrix} a'_{11}-\lambda & a'_{12} & a'_{13} & a'_{14} \\ a'_{12} & a'_{22}-\lambda & a'_{23} & a'_{24} \\ a'_{13} & a'_{23} & a'_{33}-\lambda & a'_{34} \\ a'_{14} & a'_{24} & a'_{34} & a'_{44} \end{vmatrix} = \begin{vmatrix} a_{11}-\lambda & a_{12} & a_{13} & a_{14} \\ a_{12} & a_{22}-\lambda & a_{23} & a_{24} \\ a_{13} & a_{23} & a_{33}-\lambda & a_{34} \\ a_{14} & a_{24} & a_{34} & a_{44} \end{vmatrix}.$$

将上式两边展开,经计算得

$$-a'_{44}\lambda^3+K'_1\lambda^2-K'_2\lambda+|A'|=-a_{44}\lambda^3+K_1\lambda^2-K_2\lambda+|A|,$$

这是关于 λ 的恒等式. 已知 $a'_{44}=a_{44}$,$|A'|=|A|$. 比较 λ 的一次项和二次项系数,便得到

$$K'_1=K_1,\quad K'_2=K_2.$$

作为练习,请读者证明下述定理.

定理 4.4.3　给定二次曲面方程 $F(x,y,z)=0$,如(4.2.1)式所示.

(1) 当 $I_3=I_4=0$ 时,K_2 是不变量;

(2) 当 $I_2=I_3=I_4=K_2=0$ 时,K_1 是不变量.

4.4.2　应用不变量化简二次曲面方程

我们已经知道,对于任意的二次曲面,总可以选取适当的坐标系,将它的方程表示为五个简化方程中的一个. 据推论 4.4.1,简化方程中出现的二次曲面特征根是不变量,那么其他的常数能否用不变量来表示呢? 下面的定理便回答这一问题.

定理 4.4.4　用不变量表示二次曲面的简化方程如下:

(1) 当 $I_3\neq 0$ 时,方程为 $\lambda_1x^2+\lambda_2y^2+\lambda_3z^2+\dfrac{I_4}{I_3}=0$;

(2) 当 $I_3=0,I_4\neq 0$ 时,方程为 $\lambda_1x^2+\lambda_2y^2\pm 2\sqrt{-\dfrac{I_4}{I_2}}z=0$;

(3) 当 $I_3=I_4=0,I_2\neq 0$ 时,方程为 $\lambda_1x^2+\lambda_2y^2+\dfrac{K_2}{I_2}=0$;

(4) 当 $I_2=I_3=I_4=0,K_2\neq 0$ 时,方程为

$$\lambda_1x^2\pm 2\sqrt{-\frac{K_2}{I_1}}y=0\left(\text{或 } I_1x^2\pm 2\sqrt{-\frac{K_2}{I_1}}y=0\right);$$

(5) 当 $I_2=I_3=I_4=K_2=0$ 时,方程为 $\lambda_1x^2+\dfrac{K_1}{I_1}=0$(或 $I_1x^2+\dfrac{K_1}{I_1}=0$).

其中各方程出现的 $\lambda_1,\lambda_2,\lambda_3$ 表示二次曲面的非零特征根.

证明 (1) 对应于二次曲面的简化方程

$$\lambda_1 x^2+\lambda_2 y^2+\lambda_3 z^2+d=0,\qquad \lambda_1\lambda_2\lambda_3\neq 0,$$

此时有

$$I_3=\begin{vmatrix}\lambda_1 & 0 & 0\\ 0 & \lambda_2 & 0\\ 0 & 0 & \lambda_3\end{vmatrix}=\lambda_1\lambda_2\lambda_3\neq 0,\qquad I_4=\begin{vmatrix}\lambda_1 & 0 & 0 & 0\\ 0 & \lambda_2 & 0 & 0\\ 0 & 0 & \lambda_3 & 0\\ 0 & 0 & 0 & d\end{vmatrix}=\lambda_1\lambda_2\lambda_3 d=I_3 d,$$

所以 $d=\dfrac{I_4}{I_3}$.

(2) 对应于简化方程

$$\lambda_1 x^2+\lambda_2 y^2+2qz=0,\qquad \lambda_1\lambda_2 q\neq 0,$$

此时

$$I_2=\begin{vmatrix}\lambda_1 & 0\\ 0 & \lambda_2\end{vmatrix}+\begin{vmatrix}\lambda_1 & 0\\ 0 & 0\end{vmatrix}+\begin{vmatrix}\lambda_2 & 0\\ 0 & 0\end{vmatrix}=\lambda_1\lambda_2\neq 0.$$

$$I_3=\begin{vmatrix}\lambda_1 & 0 & 0\\ 0 & \lambda_2 & 0\\ 0 & 0 & 0\end{vmatrix}=0,\qquad I_4=\begin{vmatrix}\lambda_2 & 0 & 0 & 0\\ 0 & \lambda_2 & 0 & 0\\ 0 & 0 & 0 & q\\ 0 & 0 & q & 0\end{vmatrix}=-\lambda_1\lambda_2 q^2=-I_2 q^2,$$

所以 $q=\pm\sqrt{-\dfrac{I_4}{I_2}}$.

(3)至(5)的证明留给读者.

例 4.4.1 利用不变量化简方程

$$x^2+7y^2+z^2+10xy+10yz+2xz+8x+4y+8z-6=0,$$

并指出它是什么曲面.

解 二次曲面的矩阵

$$A=\begin{pmatrix}1 & 5 & 1 & 4\\ 5 & 7 & 5 & 2\\ 1 & 5 & 1 & 4\\ 4 & 2 & 4 & -6\end{pmatrix},$$

计算不变量

$$I_1=9,\quad I_2=-36,\quad I_3=I_4=0,$$

$$K_2=\begin{vmatrix}1 & 5 & 4\\ 5 & 7 & 2\\ 4 & 2 & -6\end{vmatrix}+\begin{vmatrix}1 & 1 & 4\\ 1 & 1 & 4\\ 4 & 4 & -6\end{vmatrix}+\begin{vmatrix}7 & 5 & 2\\ 5 & 1 & 4\\ 2 & 4 & -6\end{vmatrix}=144.$$

特征方程为

$$-\lambda^3+9\lambda^2+36\lambda=0,$$

特征根为 $\lambda_1=12,\lambda_2=-3,\lambda_3=0$. 又

$$\frac{K_2}{I_2}=\frac{144}{-36}=-4,$$

所以曲面的简化方程为

$$12x'^2-3y'^2-4=0,$$

该曲面是双曲柱面.

习　题　4.4

1. 利用不变量求下列二次曲面的简化方程,并指出它表示什么曲面.

(1) $5x^2+7y^2+6z^2-4xz+4yz-10x+14y+8z-6=0$;

(2) $x^2+y^2+z^2+4xy-4xz-4yz-3=0$;

(3) $x^2-2y^2+z^2+4xy-8xz-4yz-14x-4y+14z+16=0$;

(4) $2x^2+5y^2+2z^2-2xy-4xz+2yz+2x-10y-2z-1=0$;

(5) $4x^2+2y^2+3z^2+4xz-4yz+6x+4y+8z+2=0$;

(6) $4x^2+y^2+z^2+4xy+4xz+2yz-24x+32=0$;

(7) $5x^2+5y^2+8z^2-8xy-4xz-4yz=0$.

2. 问 d 为何值时,方程 $2y^2+4xz+2x-4y+6z+d=0$ 表示一个锥面?

3. 已知二次曲面的不变量 $I_3=0,I_4\neq0$,证明 $I_2I_4<0$.

4. 已知二次曲面的不变量 $I_2=I_3=I_4=0$,证明:若 $K_2\neq0$,则 $I_1K_2<0$.

5. 求曲面 $a(x^2+2yz)+b(y^2+2xz)+c(z^2+2xy)=1,abc\neq0$ 是旋转曲面的条件.

6. 证明二次方程 $F(x,y,z)=0$ 表示圆柱面的条件是 $I_3=I_4=0,I_1^2=4I_2,I_1\cdot K_2<0$.

7. 就 k 的值讨论二次曲面 $kx^2+4y^2+9z^2+4xy+6xz+12yz+16x+16y-32z+8=0$ 的形状.

4.5　二次曲面的中心与渐近方向

二次曲面具有某种对称性,那么如何直接从二次曲面的方程来判断曲面有无对称中心和对称平面呢? 如果有的话,如何将它们求出来? 又如前面讨论过的二次曲面主方向,能否进一步给出几何解释呢? 本节及下一节将就这些问题展开讨论,为此先就讨论的出发点作一粗略分析.

假设平面 π 是二次曲面 S 的对称平面. 若点 $M_1\in S$,那么它关于 π 的对称点 $M_2\in S$,因而直线 M_1M_2 与曲面 S 相交. 如果点 C 是二次曲面 S 的对称中心,那么 S 上的点 P_1 关于 C 的对称点 P_2 也在 S 上,因此直线 P_1P_2 必与 S 相交. 这样看来,我们就从讨论直线与二次曲面相交问题入手.

4.5.1 二次曲面与直线的相关位置

设二次曲面 S 的方程为

$$F(x,y,z)=a_{11}x^2+a_{22}y^2+a_{33}z^2+2a_{12}xy+2a_{13}xz+2a_{23}yz+2a_{14}x+2a_{24}y+2a_{34}z+a_{44}=0, \tag{4.5.1}$$

过点 $P_0(x_0,y_0,z_0)$，方向向量为 $v=(X,Y,Z)$ 的直线 l 的参数方程为

$$\begin{cases}x=x_0+Xt,\\ y=y_0+Yt,\\ z=z_0+Zt,\end{cases} \tag{4.5.2}$$

现讨论它们的交点. 将(4.5.2)式代入(4.5.1)式，经整理得

$$\Phi(X,Y,Z)t^2+2[XF_1(x_0,y_0,z_0)+YF_2(x_0,y_0,z_0)+ZF_3(x_0,y_0,z_0)]t+F(x_0,y_0,z_0)=0. \tag{4.5.3}$$

(1) $\Phi(X,Y,Z)\neq 0$，这时方程(4.5.3)是一个关于 t 的二次方程，它的判别式

$$\Delta=[XF_1(x_0,y_0,z_0)+YF_2(x_0,y_0,z_0)+ZF_3(x_0,y_0,z_0)]^2-\Phi(X,Y,Z)\cdot F(x_0,y_0,z_0).$$

① 当 $\Delta>0$ 时，方程(4.5.3)有两个不等实根，因而 l 与 S 有两个相异实交点；

② 当 $\Delta=0$ 时，方程(4.5.3)有二相等实根，因而 l 与 S 有两个相重实交点；

③ 当 $\Delta<0$ 时，方程(4.5.3)有一对共轭虚根，因而 l 与 S 有一对共轭虚交点(它们的对应坐标为共轭复数).

(2) $\Phi(X,Y,Z)=0$.

① 若 $XF_1(x_0,y_0,z_0)+YF_2(x_0,y_0,z_0)+ZF_3(x_0,y_0,z_0)\neq 0$，则方程(4.5.3)有唯一解，因此 l 与 S 有唯一实交点；

② 若 $XF_1(x_0,y_0,z_0)+YF_2(x_0,y_0,z_0)+ZF_3(x_0,y_0,z_0)=0$，$F(x_0,y_0,z_0)\neq 0$，则方程(4.5.3)为矛盾方程，因此 l 与 S 无交点；

③ 若 $XF_1(x_0,y_0,z_0)+YF_2(x_0,y_0,z_0)+ZF_3(x_0,y_0,z_0)=0$，$F(x_0,y_0,z_0)=0$，则(4.5.3)式成为 t 的恒等式，直线 l 上的每一点均在曲面 S 上，即 l 整个落在 S 上，因此 l 叫做曲面 S 的一条母线.

4.5.2 渐近方向

定义 4.5.1 满足 $\Phi(X,Y,Z)=0$ 的方向 $X:Y:Z$ 叫做二次曲面 S 的**渐近方向**，否则叫做 S 的**非渐近方向**.

从上面的讨论得知，具有非渐近方向的直线与二次曲面 S 总有二交点，而具有渐近方向的直线或与 S 无交点，或有唯一交点，或整条直线在曲面 S 上.

取定点 $P_0(x_0,y_0,z_0)$，则过点 P_0 并且以二次曲面的渐近方向 $X:Y:Z$ 为方向的直线组成的曲面，它的方程是

$$\Phi(x-x_0, y-y_0, z-z_0)=0,$$

即

$$\begin{aligned}&a_{11}(x-x_0)^2+a_{22}(y-y_0)^2+a_{33}(z-z_0)^2+2a_{12}(x-x_0)(y-y_0)\\&+2a_{13}(x-x_0)(z-z_0)+2a_{23}(y-y_0)(z-z_0)=0.\end{aligned}$$

这是一个关于 $x-x_0, y-y_0, z-z_0$ 的二次齐次方程，因而是以 $P_0(x_0, y_0, z_0)$ 为顶点的二次锥面，锥面上每一条母线的方向都是二次曲面的渐近方向，这个锥面叫做二次曲面 S 的**渐近方向锥面**. 显然，过锥面顶点的非母线的方向都是二次曲面的非渐近方向.

4.5.3　二次曲面的中心

定义 4.5.2　点 C 叫做二次曲面 S 的**中心**，如果 S 上任意点 M_1 关于点 C 的对称点 M_2 仍在曲面 S 上.

定理 4.5.1　设二次曲面 S 的方程为(4.5.1)式，则点 $C(x_0, y_0, z_0)$ 是曲面 S 的中心当且仅当

$$\begin{cases}F_1(x_0, y_0, z_0)=a_{11}x_0+a_{12}y_0+a_{13}z_0+a_{14}=0,\\F_2(x_0, y_0, z_0)=a_{12}x_0+a_{22}y_0+a_{23}z_0+a_{24}=0,\\F_3(x_0, y_0, z_0)=a_{13}x_0+a_{23}y_0+a_{33}z_0+a_{34}=0.\end{cases}$$

证明　设点 $C(x_0, y_0, z_0)$ 是二次曲面 S 的中心，则过点 C，以任意非渐近方向 $X:Y:Z$ 为方向的直线(4.5.2)与曲面 S 交于两点 M_1 和 M_2. 设 M_i 对应的参数为 $t_i, i=1,2$. 因为 C 为 S 的中心，所以 C 为线段 M_1M_2 的中点，于是 $t_1+t_2=0$. 由方程(4.5.3)及韦达定理便得到

$$XF_1(x_0, y_0, z_0)+YF_2(x_0, y_0, z_0)+ZF_3(x_0, y_0, z_0)=0. \tag{4.5.4}$$

因为上式对曲面 S 的任意非渐近方向 $X:Y:Z$ 皆成立，故有

$$F_1(x_0, y_0, z_0)=0,\quad F_2(x_0, y_0, z_0)=0,\quad F_3(x_0, y_0, z_0)=0.$$

反之，适合上面三式的点 (x_0, y_0, z_0) 必为曲面 S 的一个中心，证明细节留给读者.

特别，坐标原点是二次曲面中心的充要条件是曲面方程不含 x, y 及 z 的一次项.

由定理 4.5.1，二次曲面 S 的中心坐标是下列方程组

$$\begin{cases}F_1(x, y, z)=a_{11}x+a_{12}y+a_{13}z+a_{14}=0,\\F_2(x, y, z)=a_{12}x+a_{22}y+a_{23}z+a_{24}=0,\\F_3(x, y, z)=a_{13}x+a_{23}y+a_{33}z+a_{34}=0\end{cases} \tag{4.5.5}$$

的解，该方程组叫做二次曲面 S 的**中心方程组**. 它的系数矩阵与增广矩阵分别为 $A^*=(a_{ij})_{1\leqslant i,j\leqslant 3}$ 和 $B=(A^*\ \ -\boldsymbol{a})$，这里 $\boldsymbol{a}^{\mathrm{T}}=(a_{14}, a_{24}, a_{34})$. 记它们的秩分别为 $r(A^*)$ 与 $r(B)$，那么

① 当 $r(A^*)=r(B)=3$，即 $I_3\neq 0$ 时，方程组(4.5.5)有唯一解，因而曲面 S 有唯一中心，称为**中心二次曲面**.

② 当 $r(A^*)=r(B)=2$ 时，方程组(4.5.5)的解组成一条直线，这条直线上的点都是曲面 S 的中心. 该直线称为 S 的**中心直线**，S 叫做**线心二次曲面**.

③ 当 $r(A^*)=r(B)=1$ 时，方程组(4.5.5)的解构成一个平面，此平面上的每一个点都是 S 的中心，因此这一平面叫做 S 的**中心平面**，S 叫做**面心二次曲面**.

④ 当 $r(A^*)\neq r(B)$ 时，方程组(4.5.5)无解，曲面 S 没有中心，称它为**无心二次曲面**.

二次曲面中的线心曲面、面心曲面及无心曲面统称为**非中心二次曲面**.

推论 4.5.1　二次曲面为中心曲面的充要条件是 $I_3\neq 0$；二次曲面为非中心曲面的充要条件是 $I_3=0$.

思考题　(1)说明椭球面 $\frac{x^2}{a^2}+\frac{y^2}{b^2}+\frac{z^2}{c^2}=1$，单叶及双叶双曲面 $\frac{x^2}{a^2}+\frac{y^2}{b^2}-\frac{z^2}{c^2}=\pm 1$ 都是中心二次曲面，而且中心均为点 $O(0,0,0)$；

(2)说明椭圆与双曲抛物面 $\frac{x^2}{a^2}\pm\frac{y^2}{b^2}=2z$ 是无心曲面.

例 4.5.1　对于椭圆与双曲柱面

$$\frac{x^2}{a^2}\pm\frac{y^2}{b^2}=c^2,\qquad c\neq 0,$$

显然 $I_3=0$. 中心方程组

$$\begin{cases} F_1(x,y,z)=\dfrac{x}{a^2}=0, \\ F_2(x,y,z)=\pm\dfrac{y}{b^2}=0, \\ F_3(x,y,z)=0 \end{cases}$$

的解为 $x=0,y=0$，因此中心构成直线，即 z 轴，故这两种柱面都是线心曲面.

在 17 种二次曲面中，除上面已讨论过的 7 种外，请读者将余下的 10 种依中心曲面、线心曲面、面心曲面及无心曲面加以区分.

定义 4.5.3　通过中心二次曲面的中心并具有渐近方向的直线称为**渐近线**. 以二次曲面的中心为顶点的渐近方向锥面叫做二次曲面的**渐近锥面**.

例 4.5.2　求二次曲面族 $x^2+y^2+z^2+\lambda z(x+\mu y-a)-R^2=0$ 的中心的轨迹方程，并说明其形状，其中 R,a 为常数，λ,μ 是参数.

解法提示　写出曲面的中心方程组，然后消去参数 λ,μ，得到曲面族的中心的轨迹方程为

$$\left(x-\frac{a}{2}\right)^2+y^2-z^2=\left(\frac{a}{2}\right)^2.$$

细节可参见二维码.

例 4.5.3　设

$$F(x,y,z)=a_{11}x^2+a_{22}y^2+a_{33}z^2+2a_{12}xy+2a_{13}xz+2a_{23}yz \\ +2a_{14}x+2a_{24}y+2a_{34}z+a_{44}=0 \tag{4.5.6}$$

为中心二次曲面,则以中心 $C(x_0,y_0,z_0)$ 为新原点作移轴变换,方程(4.5.6)可以化为

$$\Phi(x',y',z')+\frac{I_4}{I_3}=0,$$

这里 $\Phi(x,y,z)$ 为 $F(x,y,z)$ 的二次项部分.

证明　以 $C(x_0,y_0,z_0)$ 为新原点作平移

$$\begin{cases} x=x'+x_0, \\ y=y'+y_0, \\ z=z'+z_0, \end{cases}$$

将 $F(x,y,z)=0$ 变为 $F'(x',y',z')=0$. 在移轴变换下,二次项系数不变,一次项系数 a_{14},a_{24},a_{34} 分别变为 $F_1(x_0,y_0,z_0),F_2(x_0,y_0,z_0),F_3(x_0,y_0,z_0)$,常数项 a_{44} 变为 $F(x_0,y_0,z_0)$. 由于 (x_0,y_0,z_0) 为曲面的中心,所以

$$\begin{cases} F_1(x_0,y_0,z_0)=a_{11}x_0+a_{12}y_0+a_{13}z_0+a_{14}=0, \\ F_2(x_0,y_0,z_0)=a_{12}x_0+a_{22}y_0+a_{23}z_0+a_{24}=0, \\ F_3(x_0,y_0,z_0)=a_{13}x_0+a_{23}y_0+a_{33}z_0+a_{34}=0. \end{cases} \tag{4.5.7}$$

又

$$\begin{aligned} F(x_0,y_0,z_0)&=x_0F_1(x_0,y_0,z_0)+y_0F_2(x_0,y_0,z_0)+z_0F_3(x_0,y_0,z_0) \\ &\quad +F_4(x_0,y_0,z_0) \\ &=a_{14}x_0+a_{24}y_0+a_{34}z_0+a_{44}, \end{aligned}$$

所以

$$F'(x',y',z')=\Phi(x',y',z')+a_{14}x_0+a_{24}y_0+a_{34}z_0+a_{44}=0. \tag{4.5.8}$$

由(4.5.7)式与(4.5.8)式消去 x_0,y_0,z_0,得到

$$\begin{vmatrix} a_{11} & a_{12} & a_{13} & a_{14} \\ a_{12} & a_{22} & a_{23} & a_{24} \\ a_{13} & a_{23} & a_{33} & a_{34} \\ a_{14} & a_{24} & a_{34} & \Phi(x',y',z')+a_{44} \end{vmatrix}=0,$$

即

$$\begin{vmatrix} a_{11} & a_{12} & a_{13} & 0 \\ a_{12} & a_{22} & a_{23} & 0 \\ a_{13} & a_{23} & a_{33} & 0 \\ a_{14} & a_{24} & a_{34} & \Phi(x',y',z') \end{vmatrix}+\begin{vmatrix} a_{11} & a_{12} & a_{13} & a_{14} \\ a_{12} & a_{22} & a_{23} & a_{24} \\ a_{13} & a_{23} & a_{33} & a_{34} \\ a_{14} & a_{24} & a_{34} & a_{44} \end{vmatrix}=0,$$

$$I_3 \cdot \Phi(x', y', z') + I_4 = 0.$$

因为 $F(x,y,z)=0$ 表中心二次曲面，$I_3 \neq 0$，因此方程(4.5.6)通过移轴化简成

$$\Phi(x', y', z') + \frac{I_4}{I_3} = 0.$$

由此立即得到：$F(x,y,z)=0$ 表二次锥面(实或虚)的充要条件是 $I_3 \neq 0, I_4 = 0$.

注 对于中心二次曲面，可以中心为新原点，先作平移消去一次项，再作转轴消去交叉项. 按此法实施坐标变换来化简方程可减少计算量.

习 题 4.5

1. 求下列二次曲面的中心：

(1) $x^2+y^2+z^2+2xy+6xz-2yz+2x-6y-2z=0$；

(2) $5x^2+9y^2+9z^2-12xy-6xz+12x-36z+7=0$；

(3) $4x^2+y^2+9z^2-4xy+12xz-6yz+8x-4y+12z-5=0$；

(4) $x^2+25y^2+9z^2-10xy+6xz-30yz-2x-2y-5=0$.

2. 求下列二次曲面的渐近锥面：

(1) $x^2+2y^2+xy-3xz-7x-4y+3=0$；

(2) $x^2+xy-3xz-7x=0$.

3. 求二次曲面族 $ax^2+by^2+cz^2-1+\lambda z(x+\mu y-d)=0$ 的中心的轨迹方程，其中 a,b,c,d 是常数，且 $abcd \neq 0$，又 λ, μ 为参数.

4.6 二次曲面的径面

二次曲面上的两个点如果不位于同一条母线上，我们把连接这两个点的直线段叫做二次曲面的一条**弦**. 显然，弦所在的直线的方向是二次曲面的非渐近方向. 现在来考察一族平行弦的中点轨迹.

命题 4.6.1 二次曲面的一族平行弦的中点所成的轨迹在一个平面上.

证明 设 $X:Y:Z$ 是二次曲面 S 的任意一个非渐近方向. 任取沿方向 $X:Y:Z$ 的一条弦 M_1M_2，则依(4.5.4)式，M_1M_2 的中点坐标满足下列方程

$$XF_1(x,y,z)+YF_2(x,y,z)+ZF_3(x,y,z)=0. \tag{4.6.1}$$

将上式展开整理，得

$$(a_{11}X+a_{12}Y+a_{13}Z)x+(a_{12}X+a_{22}Y+a_{23}Z)y+(a_{13}X+a_{23}Y+a_{33}Z)z$$
$$+(a_{14}X+a_{24}Y+a_{34}Z)=0,$$

即

$$\Phi_1(X,Y,Z)x+\Phi_2(X,Y,Z)y+\Phi_3(X,Y,Z)z+\Phi_4(X,Y,Z)=0. \tag{4.6.2}$$

由于

$$0 \neq \Phi(X,Y,Z) = X\Phi_1(X,Y,Z)+Y\Phi_2(X,Y,Z)+Z\Phi_3(X,Y,Z),$$

所以 $\Phi_1(X,Y,Z)$，$\Phi_2(X,Y,Z)$，$\Phi_3(X,Y,Z)$ 不全为零. (4.6.2)式及(4.6.1)式为三元一次方程，表示一个平面.

定义 4.6.1　二次曲面沿非渐近方向 $X:Y:Z$ 的所有平行弦中点所在的平面叫做二次曲面共轭于方向 $X:Y:Z$ 的**径面**.

从径面方程(4.6.1)容易看出，如果二次曲面有中心，那么它一定在任何一个径面上. 因此我们有

推论 4.6.1　中心二次曲面的任何径面必通过它的中心；线心二次曲面的任何径面通过它的中心直线；面心二次曲面的径面与它的中心平面重合.

如果方向 $X:Y:Z$ 为二次曲面的渐近方向，那么平行于它的弦不存在. 假若 $\Phi_i(X,Y,Z)(i=1,2,3)$ 不全为零，那么方程(4.6.2)仍表示一个平面. 为方便起见，我们把这个平面叫做共轭于渐近方向 $X:Y:Z$ 的径面.

定义 4.6.2　假如二次曲面的渐近方向 $X:Y:Z$ 满足

$$\begin{cases}\Phi_1(X,Y,Z)=0,\\ \Phi_2(X,Y,Z)=0,\\ \Phi_3(X,Y,Z)=0,\end{cases} \tag{4.6.3}$$

那么 $X:Y:Z$ 叫做二次曲面的**奇异方向**，简称为**奇向**.

这时，方程(4.6.2)不表示任何平面，因此无共轭于奇向的径面可言.

由(4.6.3)式以及齐次线性方程组有非零解的条件易得下列命题.

命题 4.6.2　二次曲面有奇向的充要条件是 $I_3=0$.

由此可知，只有中心二次曲面才没有奇向.

命题 4.6.3　二次曲面 S 的奇向平行于 S 的任意径面.

证明　设 $X_0:Y_0:Z_0$ 是 S 的奇向，则 $\Phi_i(X_0,Y_0,Z_0)=0, i=1,2,3$. 任取 S 的一个径面

$$\pi: \Phi_1(X,Y,Z)x+\Phi_2(X,Y,Z)y+\Phi_3(X,Y,Z)z+\Phi_4(X,Y,Z)=0.$$

因为

$$\begin{aligned}&X_0\Phi_1(X,Y,Z)+Y_0\Phi_2(X,Y,Z)+Z_0\Phi_3(X,Y,Z)\\ =&X_0(a_{11}X+a_{12}Y+a_{13}Z)+Y_0(a_{12}X+a_{22}Y+a_{23}Z)\\ &+Z_0(a_{13}X+a_{23}Y+a_{33}Z)\\ =&X(a_{11}X_0+a_{12}Y_0+a_{13}Z_0)+Y(a_{12}X_0+a_{22}Y_0+a_{23}Z_0)\\ &+Z(a_{13}X_0+a_{23}Y_0+a_{33}Z_0)\\ =&X\Phi_1(X_0,Y_0,Z_0)+Y\Phi_2(X_0,Y_0,Z_0)+Z\Phi_3(X_0,Y_0,Z_0)=0,\end{aligned}$$

所以二次曲面的奇向 X_0,Y_0,Z_0 平行于 S 的任意径面.

例 4.6.1　求单叶双曲面

$$\frac{x^2}{a^2}+\frac{y^2}{b^2}-\frac{z^2}{c^2}=1$$

的径面.

解 已知单叶双曲面是中心曲面,所以没有奇向.任取方向 $X:Y:Z$,有

$$\Phi_1(X,Y,Z)=\frac{X}{a^2},\quad \Phi_2(X,Y,Z)=\frac{Y}{b^2},$$

$$\Phi_3(X,Y,Z)=-\frac{Z}{c^2},\quad \Phi_4(X,Y,Z)=0.$$

据(4.6.2)式,单叶双曲面共轭于方向 $X:Y:Z$ 的径面方程为

$$\frac{X}{a^2}x+\frac{Y}{b^2}y-\frac{Z}{c^2}z=0,$$

显然它通过曲面的中心(0,0,0).

对于中心二次曲面来说,通过曲面中心的任何平面都是径面(留作习题).

例 4.6.2 求椭圆抛物面$\frac{x^2}{a^2}+\frac{y^2}{b^2}=2z$ 的径面.

解 椭圆抛物面是无心曲面,所以它有奇向.因为

$$\Phi_1(X,Y,Z)=\frac{X}{a^2},\quad \Phi_2(X,Y,Z)=\frac{Y}{b^2},\quad \Phi_3(X,Y,Z)=0,$$

因此奇向为 $0:0:1$.任取非奇方向 $X:Y:Z$.由于 $\Phi_4(X,Y,Z)=-Z$,所以共轭于方向 $X:Y:Z$ 的径面方程为

$$\frac{X}{a^2}x+\frac{Y}{b^2}y-Z=0,$$

显然它平行于奇向 $0:0:1$.

有关共轭方向、共轭直径的知识见二维码.

现在我们来讨论一类重要的径面.

定义 4.6.3 如果二次曲面的径面垂直于它所共轭的方向,那么这个径面就叫做二次曲面的**主径面**.

显然主径面是二次曲面的对称平面.下面介绍如何求二次曲面的主径面.

假设平面 π 是二次曲面 S 的主径面,它所共轭的方向为 $X:Y:Z$.依(4.6.2)式,π 的方程为

$$\Phi_1(X,Y,Z)x+\Phi_2(X,Y,Z)y+\Phi_3(X,Y,Z)z+\Phi_4(X,Y,Z)=0.$$

因为 $X:Y:Z$ 与平面 π 垂直,因而与 π 的法向$(\Phi_1(X,Y,Z),\Phi_2(X,Y,Z),\Phi_3(X,Y,Z))$共线,于是有

$$\frac{\Phi_1(X,Y,Z)}{X}=\frac{\Phi_2(X,Y,Z)}{Y}=\frac{\Phi_3(X,Y,Z)}{Z},$$

令比值为 λ,则

$$\begin{cases}\Phi_1(X,Y,Z)=\lambda X,\\ \Phi_2(X,Y,Z)=\lambda Y,\\ \Phi_3(X,Y,Z)=\lambda Z,\end{cases}$$

写成矩阵形式,有

$$A^*\begin{pmatrix}X\\Y\\Z\end{pmatrix}=\lambda\begin{pmatrix}X\\Y\\Z\end{pmatrix},$$

这就是原来的(4.2.7)和(4.2.6)两个式子.

注意 $\Phi_i(X,Y,Z)(i=1,2,3)$不全为零,因此 $\lambda\neq0$. 由此可知,$X:Y:Z$ 是对应于二次曲面非零特征根 λ 的一个主方向,并且 $X:Y:Z$ 还是曲面 S 的一个非渐近方向,这是因为

$$\begin{aligned}\Phi(X,Y,Z)&=X\Phi_1(X,Y,Z)+Y\Phi_2(X,Y,Z)+Z\Phi_3(X,Y,Z)\\&=\lambda(X^2+Y^2+Z^2)\neq0.\end{aligned}$$

由于二次曲面的三个特征根不全为零,因此我们有

命题 4.6.4　二次曲面至少有一个主径面.

为求二次曲面的主径面,首先解特征方程求特征根,然后将非零特征根代入方程组(4.2.6)或(4.2.7)求出主方向. 我们把这样的主方向叫做**非奇主方向**,最后将非奇主方向 $X:Y:Z$ 代入(4.6.1)式或(4.6.2)式便得到与其共轭的主径面方程.

读者不难看出,二次曲面的奇向是对应于特征根为零的主方向. 于是我们可以给出二次曲面主方向这一概念的一个等价说法:

二次曲面的主方向或为二次曲面的主径面的法向,或为二次曲面的奇向.

例 4.6.3　求下列二次曲面的主方向和主径面,写出曲面的简化方程并求出方程化简所用的直角坐标变换:

(1) $x^2+y^2+5z^2-6xy-2xz+2yz-6x+6y-6z+10=0$;

(2) $3x^2+y^2+3z^2-2xy-2xz-2yz+4x+14y+4z-23=0$.

解　(1) 二次曲面的矩阵

$$A=\begin{pmatrix}1&-3&-1&-3\\-3&1&1&3\\-1&1&5&-3\\-3&3&-3&10\end{pmatrix},$$

$$I_1=7,\quad I_2=0,\quad I_3=-36,\quad I_4=-36.$$

特征方程为 $-\lambda^3+7\lambda^2-36=0$,特征根 $\lambda=6,3,-2$.

通过计算,我们得到:

$\lambda_1=6$ 对应的主方向 $l_1:m_1:n_1=-1:1:2$,将它代入(4.6.1)式或(4.6.2)式并化简,得到共轭于这一主方向的主径面方程为 $-x+y+2z=0$;

$\lambda_2=3$ 对应的主方向 $l_2:m_2:n_2=1:(-1):1$,与它共轭的主径面方程为 $x-y+z-3=0$;

$\lambda_3=-2$ 对应的主方向 $l_3:m_3:n_3=1:1:0$,与它共轭的主径面方程为 $x+y=0$.

因为 $I_3\neq 0$,曲面是中心二次曲面.利用不变量立即可写出它的简化方程为

$$6x'^2+3y'^2-2z'^2+1=0,$$

标准方程则为

$$\frac{x'^2}{\frac{1}{6}}+\frac{y'^2}{\frac{1}{3}}-\frac{z'^2}{\frac{1}{2}}=-1,$$

这是一个双叶双曲面.

为找出方程化简所使用的直角坐标变换,可以先移轴(参看例 4.5.3)再转轴(参照例 4.2.1),留给读者完成.下面我们介绍另一种方法:找三个对称平面(即中心二次曲面的主径面)作为新坐标系中的三个坐标平面.

将 $\lambda_1=6$ 对应的主方向作为 x' 轴方向,且对应的主径面为 $y'O'z'$ 面,即 $x'=0$,它在原坐标系中的方程为 $-x+y+2z=0$. $\lambda_2=3$ 与 $\lambda_3=-2$ 对应的主方向分别为 y' 轴和 z' 轴的方向,且对应的主径面分别为 $y'=0,z'=0$,它们在原坐标系中的方程分别是

$$x-y+z-3=0,\qquad x+y=0.$$

然后将这些主径面的法向量单位化,就得到右手直角坐标变换

$$\begin{cases}x'=\dfrac{-x+y+2z}{\sqrt{6}},\\ y'=\dfrac{x-y+z-3}{\sqrt{3}},\\ z'=\dfrac{x+y}{\sqrt{2}},\end{cases}$$

(省略的某些细节请读者补述)解出 x,y,z 得

$$\begin{cases}x=-\dfrac{1}{\sqrt{6}}x'+\dfrac{1}{\sqrt{3}}y'+\dfrac{1}{\sqrt{2}}z'+1,\\ y=\dfrac{1}{\sqrt{6}}x'-\dfrac{1}{\sqrt{3}}y'+\dfrac{1}{\sqrt{2}}z'-1,\\ z=\dfrac{2}{\sqrt{6}}x'+\dfrac{1}{\sqrt{3}}y'+1,\end{cases}$$

这就是方程化简所用的直角坐标变换.

(2) 二次曲面的矩阵

$$A=\begin{pmatrix}3&-1&-1&2\\-1&1&-1&7\\-1&-1&3&2\\2&7&2&-23\end{pmatrix},$$

$$I_1=7,\quad I_2=12,\quad I_3=0,\quad I_4=-2^3\times 9^2.$$

特征方程为$-\lambda^3+7\lambda^2-12\lambda=0$,特征根为 4,3,0.

通过计算得到:

$\lambda_1=4$ 对应的主方向 $l_1:m_1:n_1=1:0:(-1)$,与它共轭的主径面为 $x-z=0$;

$\lambda_2=3$ 对应的主方向 $l_2:m_2:n_2=1:(-1):1$,与它共轭的主径面为 $x-y+z-1=0$;

$\lambda_3=0$ 对应的主方向 $l_3:m_3:n_3=1:2:1$,它是奇向,与之共轭的径面不存在.

因为 $I_3=0,I_4\neq 0$,曲面是无心曲面. 利用不变量写出它的简化方程为

$$4x'^2+3y'^2\pm 6\sqrt{6}z'=0,$$

其中"$\pm$"号依赖于新坐标轴方向的选取. 下面求坐标变换并进一步确定简化方程中的"$\pm$"号.

从得到的三个主方向知,向量$(1,0,-1),(1,-1,1),(1,2,1)$构成左手系,那么$(1,0,-1),(-1,1,-1),(1,2,1)$构成右手系,取它们的单位向量

$$\boldsymbol{i}'=\left(\frac{1}{\sqrt{2}},0,-\frac{1}{\sqrt{2}}\right),\quad \boldsymbol{j}'=\left(-\frac{1}{\sqrt{3}},\frac{1}{\sqrt{3}},-\frac{1}{\sqrt{3}}\right),\quad \boldsymbol{k}'=\left(\frac{1}{\sqrt{6}},\frac{2}{\sqrt{6}},\frac{1}{\sqrt{6}}\right)$$

分别为 x' 轴,y' 轴,z' 轴的方向,因而对应的主径面

$$x-z=0,\quad -x+y-z+1=0$$

分别为 $y'O'z'$ 面与 $z'O'x'$ 面. z' 轴的方程为

$$\begin{cases}x-z=0,\\ -x+y-z+1=0.\end{cases}$$

求出 z' 轴与曲面的交点$(1,1,1)$,以此点为新坐标系的原点,从而所作的右手直角坐标变换为

$$\begin{pmatrix}x\\ y\\ z\end{pmatrix}=\begin{pmatrix}\frac{1}{\sqrt{2}} & -\frac{1}{\sqrt{3}} & \frac{1}{\sqrt{6}}\\ 0 & \frac{1}{\sqrt{3}} & \frac{2}{\sqrt{6}}\\ -\frac{1}{\sqrt{2}} & -\frac{1}{\sqrt{3}} & \frac{1}{\sqrt{6}}\end{pmatrix}\begin{pmatrix}x'\\ y'\\ z'\end{pmatrix}+\begin{pmatrix}1\\ 1\\ 1\end{pmatrix}.$$

将它代入曲面方程,便得到简化方程

$$4x'^2+3y'^2+6\sqrt{6}z'=0,$$

这表示椭圆抛物面.

注　对于非中心二次曲面的化简,坐标变换可先转轴再移轴. 就移轴而言,对于线心和面心曲面则可任取一中心作为新的坐标原点;对无心曲面我们选取曲面的顶点(即对称轴与曲面的交点)作为新的坐标原点.

习 题 4.6

1. 求下列二次曲面的奇向：

(1) $5x^2+2x^2+2z^2-2xy+2xz-4yz-4y-4z+4=0$；

(2) $9x^2-4y^2-91z^2+18xy-40yz-36=0$；

(3) $x^2+y^2+4z^2+2xy-4xz-4yz-4x-4y+8z=0$.

2. 已知曲面 $x^2+2y^2-z^2-2xy-2xz-2yz-4x-7=0$，求与方向 $1:(-1):0$ 共轭的径面方程.

3. 已知曲面 $6x^2+9y^2+z^2+6xy-4xz-2y-3=0$，求平行于平面 $x+3y-z+5=0$ 的径面和与它共轭的方向.

4. 求下列二次曲面的主方向与主径面，写出曲面的简化方程以及所使用的直角坐标变换.

(1) $x^2+y^2+5z^2-6xy-2xz+2yz-6x+6y-6z+10=0$；

(2) $2xy+2xz+2yz+9=0$；

(3) $2y^2-2xy-2yz+2xz+2x+y-3z-5=0$.

5. 证明：过中心二次曲面的中心的任何平面都是径面.

6. 求下列三个二次曲面的公共径面：

$$x^2+y^2+z^2-2x+4y-11=0,$$
$$3y^2+4xy-2xz+6z+5=0,$$
$$6x^2-3y^2+2z^2+4xy-8xz-4x+4y-5=0.$$

7. 二次曲面通过点 $(0,0,0)$，$(1,-1,1)$，$(0,0,1)$，并且主径面是下列三个平面：$x+y+z=0$，$2x-y-z=0$，$y-z+1=0$，求这个曲面的方程.

4.7 二次曲面的切线和切平面

本节对 4.5 节内二次曲面与直线的相关位置中的两种情形继续讨论.

假定二次曲面 S 的方程为

$$F(x,y,z)=a_{11}x^2+a_{22}y^2+a_{33}z^2+2a_{12}xy+2a_{13}xz+2a_{23}yz$$
$$+2a_{14}x+2a_{24}y+2a_{34}z+a_{44}=0,$$

过点 $P_0(x_0,y_0,z_0)\in S$，以 $X:Y:Z$ 为方向的直线 l 的方程为

$$\begin{cases}x=x_0+Xt,\\ y=y_0+Yt,\\ z=z_0+Zt.\end{cases}\tag{4.7.1}$$

定义 4.7.1 设点 $P_0(x_0,y_0,z_0)$ 在二次曲面 S 上，因而 $F(x_0,y_0,z_0)=0$，如果 $F_i(x_0,y_0,z_0)(i=1,2,3)$ 不全为零，那么点 $P_0(x_0,y_0,z_0)$ 叫做二次曲面 S 的**正常点**，否则叫**奇异点**(简称**奇点**).

如果直线 l 与曲面 S 有两个相重的实交点，且交点为 S 的正常点，我们把 l 叫做 S 的一条**切线**，重合交点 P_0 称为**切点**. 此时 $X:Y:Z$ 为曲面 S 的非渐近方向.

倘若 $X:Y:Z$ 为 S 的渐近方向，且 l 整个在曲面 S 上，即 l 为 S 的一条母线，这时也把直线 l 叫做曲面 S 的一条切线，l 上的每一正常点都可看作切点. 而 l 与 S 有两个重合实交点当且仅当

$$\Phi(X,Y,Z)\neq 0,\quad XF_1(x_0,y_0,z_0)+YF_2(x_0,y_0,z_0)+ZF_3(x_0,y_0,z_0)=0,$$

l 在 S 上当且仅当

$$\Phi(X,Y,Z)=0,\quad XF_1(x_0,y_0,z_0)+YF_2(x_0,y_0,z_0)+ZF_3(x_0,y_0,z_0)=0,$$

因此过正常点 $P_0\in S$ 的直线 l 是曲面 S 的切线当且仅当

$$XF_1(x_0,y_0,z_0)+YF_2(x_0,y_0,z_0)+ZF_3(x_0,y_0,z_0)=0. \tag{4.7.2}$$

由直线 l 的方程(4.7.1)立即得到

$$X:Y:Z=(x-x_0):(y-y_0):(z-z_0),$$

代入(4.7.2)式，得

$$(x-x_0)F_1(x_0,y_0,z_0)+(y-y_0)F_2(x_0,y_0,z_0)+(z-z_0)F_3(x_0,y_0,z_0)=0. \tag{4.7.3}$$

因为 $P_0(x_0,y_0,z_0)$ 是曲面 S 的正常点，那么 $F_i(x_0,y_0,z_0)(i=1,2,3)$ 不全为零，(4.7.3)式是一个三元一次方程，这表示通过曲面 S 上的点 $P_0(x_0,y_0,z_0)$ 的所有切线构成一个平面.

定义 4.7.2 通过二次曲面 S 上的正常点 P_0 的所有切线组成的平面叫做曲面 S 在点 P_0 处的**切平面**，点 P_0 叫**切点**. 并把过点 P_0 且与该点处的切平面垂直的直线叫做二次曲面在点 P_0 处的**法线**.

命题 4.7.1 如果点 $P_0(x_0,y_0,z_0)$ 是二次曲面 S 的正常点，则 S 在点 P_0 处的切平面方程为(4.7.3).

利用等式

$$F(x,y,z)=xF_1(x,y,z)+yF_2(x,y,z)+zF_3(x,y,z)+F_4(x,y,z)$$

还可以把(4.7.3)式改写成

$$xF_1(x_0,y_0,z_0)+yF_2(x_0,y_0,z_0)+zF_3(x_0,y_0,z_0)+F_4(x_0,y_0,z_0)=0.$$

推论 4.7.1 二次曲面 S 在正常点 $P_0(x_0,y_0,z_0)$ 处的切平面方程为

$$a_{11}x_0x+a_{22}y_0y+a_{33}z_0z+a_{12}(x_0y+y_0x)+a_{13}(x_0z+z_0x)+a_{23}(y_0z+z_0y)+$$
$$a_{14}(x_0+x)+a_{24}(y_0+y)+a_{34}(z_0+z)+a_{44}=0 \tag{4.7.4}$$

或

$$(x,y,z,1)A\begin{pmatrix}x_0\\y_0\\z_0\\1\end{pmatrix}=0.$$

例 4.7.1 椭球面或双曲面 $ax^2+by^2+cz^2=1(abc\neq 0)$ 上的点 $P_0(x_0,y_0,z_0)$ 处的切平面和法线方程分别为

$$ax_0x+by_0y+cz_0z=1$$

与

$$\frac{x-x_0}{ax_0}=\frac{y-y_0}{by_0}=\frac{z-z_0}{cz_0}.$$

例 4.7.2 求平面 π: $lx+my+nz=p$ 与椭球面或双曲面 $ax^2+by^2+cz^2=1$ ($abc\neq 0$)相切的充要条件.

解 设平面 π 与已知曲面相切,切点为 $P_0(x_0,y_0,z_0)$. 由例 4.7.1 知,曲面在点 P_0 的切平面为

$$ax_0x+by_0y+cz_0z=1,$$

它与平面 π 重合的充要条件是

$$\frac{l}{ax_0}=\frac{m}{by_0}=\frac{n}{cz_0}=\frac{p}{1},$$

即

$$x_0=\frac{l}{ap},\quad y_0=\frac{m}{bp},\quad z_0=\frac{n}{cp}.$$

而点 P_0 在已知曲面上,故

$$a\left(\frac{l}{ap}\right)^2+b\left(\frac{m}{bp}\right)^2+c\left(\frac{n}{cp}\right)^2=1,$$

即

$$\frac{l^2}{a}+\frac{m^2}{b}+\frac{n^2}{c}=p^2,$$

这就是所要求的条件.

下面讨论点 P_0 不在曲面 S 上的情形,这时过点 P_0 的切线不可能在 S 上,因此过点 $P_0(x_0,y_0,z_0)$的直线 l 为曲面 S 的切线的充要条件是

$$\begin{cases}\Phi(X,Y,Z)\neq 0,\\ [XF_1(x_0,y_0,z_0)+YF_2(x_0,y_0,z_0)+ZF_3(x_0,y_0,z_0)]^2\\ \quad -\Phi(X,Y,Z)\cdot F(x_0,y_0,z_0)=0.\end{cases}$$

因对 l 上的任意点(x,y,z),均有

$$(x-x_0):(y-y_0):(z-z_0)=X:Y:Z,$$

代入上式中得

$$[(x-x_0)F_1(x_0,y_0,z_0)+(y-y_0)F_2(x_0,y_0,z_0)+(z-z_0)F_3(x_0,y_0,z_0)]^2-\Phi(x-x_0,y-y_0,z-z_0)F(x_0,y_0,z_0)=0, \tag{4.7.5}$$

这是关于 $x-x_0,y-y_0,z-z_0$ 的二次齐次方程,表示以 P_0 为顶点的二次锥面(可能是虚锥面),称为二次曲面 S 的**切锥面**.

例 4.7.3 已知球面 $x^2+y^2+z^2=4$,求以$(0,0,3)$为顶点的切锥面方程.

解 设过点$(0,0,3)$的直线为

$$\begin{cases} x=Xt, \\ y=Yt, \\ z=3+Zt. \end{cases} \tag{4.7.6}$$

代入球面方程,得

$$(X^2+Y^2+Z^2)t^2+6Zt+5=0. \tag{4.7.7}$$

直线(4.7.6)与球面相切的条件是方程(4.7.7)有重根,于是

$$(3Z)^2-5(X^2+Y^2+Z^2)=0,$$

即

$$5X^2+5Y^2-4Z^2=0. \tag{4.7.8}$$

从(4.7.6)式及(4.7.8)式中消去 X,Y,Z,得

$$5x^2+5y^2-4(z-3)^2=0,$$

这就是所求的切锥面方程.

注　本题可直接利用切锥面方程(4.7.5)来作.

习　题　4.7

1. 求二次曲面 $x^2-y^2+z^2+xy+2xz+4yz-x+y+z+12=0$ 在点$(1,-2,1)$处的切平面和法线方程.

2. 求证平面 $8x-6y-z-5=0$ 与抛物面

$$\frac{x^2}{2}-\frac{y^2}{3}=z$$

相切,并求切点坐标.

3. 求椭球面

$$\frac{x^2}{2}+y^2+\frac{z^2}{4}=1$$

的切平面,使它平行于平面 $2x+2y+z+5=0$.

4. 求曲面 $4x^2+6y^2+4z^2+4xz-8y-4z+3=0$ 的切平面,使它平行于平面 $x+2y+5=0$.

5. 求通过直线

$$\frac{x}{2}=\frac{y-1}{-1}=\frac{z+1}{3}$$

并且与曲面 $4x^2+6y^2+4z^2+4xz-8y-4z+3=0$ 相切的平面.

6. 求通过原点并且与曲面 $x^2-2yz-2y+4z-3=0$ 相切,又与直线

$$\frac{x-1}{2}=\frac{y}{1}=\frac{z+1}{-1}$$

相交的直线方程.

7. 从原点向曲面 $z=axy(a>0)$的切平面作垂线,求垂足的轨迹方程.

8. 从原点向椭球面

$$\frac{x^2}{a^2}+\frac{y^2}{b^2}+\frac{z^2}{c^2}=1$$

的切平面引垂线,求垂足的轨迹方程.

9. 给定球面 $x^2+y^2+z^2-14x-2z+34=0$,求以点(2,1,1)为顶点的切锥面方程.

10. 试证中心二次曲面(除锥面外)的切平面平行于切点与中心连线方向的共轭径面.

11. 求二次曲面 $x^2-3y^2+z^2-2=0$ 上具有方向 1∶2∶2 的切线的轨迹.

4.8 平面二次曲线

3.5 节研究由标准方程给出的二次曲面的形状时,采用所谓平行截割法,就是用一组平行平面来截割一个二次曲面,从这些截口(即曲面和平面的交线)的形状来识别曲面的形状. 应用这一方法于一般二次曲面,首先想知道用平面去截曲面得到什么样的截线.

设二次曲面 S 的方程为

$$\begin{aligned}&a_{11}x^2+a_{22}y^2+a_{33}z^2+2a_{12}xy+2a_{13}xz+2a_{23}yz\\&+2b_1x+2b_2y+2b_3z+c=0,\end{aligned} \tag{4.8.1}$$

首先用平面 $z=0$ 去截曲面 S. 如果交集非空,那么交线方程为

$$\begin{cases}a_{11}x^2+a_{22}y^2+2a_{12}xy+2b_1x+2b_2y+c=0,\\ z=0.\end{cases}$$

一般来说它表示 xOy 平面上的一条二次曲线. 除非 $a_{11}=a_{12}=a_{22}=0$,交线才可能变为直线.

其次,考虑用任一平面 $\alpha x+\beta y+\gamma z+d=0(\alpha^2+\beta^2+\gamma^2\neq0)$ 去截二次曲面 S. 由例 4.1.3 知,任意平面方程都可以经过直角坐标变换化成 $z'=0$. 而方程(4.8.1)式经过这一坐标变换后形式不变,即仍为 x',y',z' 的三元二次方程,故它与 $z'=0$ 的交线一般是二次曲线. 因此我们得到下面的结论:任意平面截二次曲面,截线一般为二次曲线.

下面我们在 xOy 平面上讨论二次曲线 Γ,设它的方程为

$$\begin{aligned}f(x,y)&=a_{11}x^2+2a_{12}xy+a_{22}y^2+2b_1x+2b_2y+c\\&=(x,y,1)\begin{pmatrix}a_{11}&a_{12}&b_1\\a_{12}&a_{22}&b_2\\b_1&b_2&c\end{pmatrix}\begin{pmatrix}x\\y\\1\end{pmatrix}=0.\end{aligned} \tag{4.8.2}$$

记

$$\varphi(x,y)=(x,y)\begin{pmatrix}a_{11}&a_{12}\\a_{12}&a_{22}\end{pmatrix}\begin{pmatrix}x\\y\end{pmatrix},$$

又记

$$A=\begin{pmatrix}a_{11}&a_{12}&b_1\\a_{12}&a_{22}&b_2\\b_1&b_2&c\end{pmatrix},\quad A^*=\begin{pmatrix}a_{11}&a_{12}\\a_{12}&a_{22}\end{pmatrix},$$

它们分别称为二次曲线 $f(x,y)=0$ 和 $\varphi(x,y)$的矩阵.

利用矩阵乘法,定义 x,y 的函数 $f_1(x,y),f_2(x,y),f_3(x,y)$如下:

$$\begin{pmatrix} f_1(x,y) \\ f_2(x,y) \\ f_3(x,y) \end{pmatrix} = \begin{pmatrix} a_{11} & a_{12} & b_1 \\ a_{12} & a_{22} & b_2 \\ b_1 & b_2 & c \end{pmatrix} \begin{pmatrix} x \\ y \\ 1 \end{pmatrix} = \begin{pmatrix} a_{11}x+a_{12}y+b_1 \\ a_{12}x+a_{22}y+b_2 \\ b_1x+b_2y+c \end{pmatrix},$$

这样又有表达式

$$f(x,y)=xf_1(x,y)+yf_2(x,y)+f_3(x,y).$$

实施平面直角坐标变换化简一般二次曲线方程(4.8.2),最要紧的是消去方程(4.8.2)中的交叉项,即 xy 项,这自然想到旋转变换. 由于曲线(4.8.2)是曲面(4.8.1)被平面 $z=0$ 所截的截线,因此 xOy 平面上绕原点的旋转变换对应于空间绕 z 轴的旋转变换. 设在平面 $z=0$ 上绕原点 O 旋转 θ 角,将坐标系 xOy 变为新坐标系 $x'Oy'$,则转轴公式为

$$\begin{cases} x=x'\cos\theta-y'\sin\theta, \\ y=x'\sin\theta+y'\cos\theta, \end{cases} \tag{4.8.3}$$

而一般的平面直角坐标变换公式是

$$\begin{cases} x=x'\cos\theta-y'\sin\theta+x_0, \\ y=x'\sin\theta+y'\cos\theta+y_0. \end{cases}$$

4.8.1　二次曲线方程的化简与分类

记

$$T=\begin{pmatrix} \cos\theta & -\sin\theta \\ \sin\theta & \cos\theta \end{pmatrix},$$

$$\boldsymbol{\delta}^{\mathrm{T}}=(b_1,b_2),\quad \boldsymbol{x}^{\mathrm{T}}=(x,y),\quad \boldsymbol{x}'^{\mathrm{T}}=(x',y'),$$

则公式(4.8.3)可写成 $\boldsymbol{x}=T\boldsymbol{x}'$,将它代入方程(4.8.2)得新方程

$$(\boldsymbol{x}'^{\mathrm{T}}\quad 1)\begin{pmatrix} T^{\mathrm{T}} & 0 \\ 0 & 1 \end{pmatrix}\begin{pmatrix} A^* & \boldsymbol{\delta} \\ \boldsymbol{\delta}^{\mathrm{T}} & c \end{pmatrix}\begin{pmatrix} T & 0 \\ 0 & 1 \end{pmatrix}\begin{pmatrix} \boldsymbol{x}' \\ 1 \end{pmatrix}=0,$$

即

$$(\boldsymbol{x}'^{\mathrm{T}}\quad 1)\begin{pmatrix} T^{\mathrm{T}}A^*T & T^{\mathrm{T}}\boldsymbol{\delta} \\ \boldsymbol{\delta}^{\mathrm{T}}T & c \end{pmatrix}\begin{pmatrix} \boldsymbol{x}' \\ 1 \end{pmatrix}=0.$$

$T^{\mathrm{T}}A^*T$ 是实对称矩阵,它是新方程的二次项部分 $\varphi'(x',y')$的矩阵. 由它可求得新方程的交叉项系数的一半为

$$\begin{aligned} &(a_{22}-a_{11})\sin\theta\cos\theta+a_{12}(\cos^2\theta-\sin^2\theta) \\ =&\frac{1}{2}(a_{22}-a_{11})\sin2\theta+a_{12}\cos2\theta, \end{aligned}$$

因此当 $a_{12}\neq 0$ 时，新方程的交叉项系数为零的充要条件是

$$\cot 2\theta=\frac{a_{11}-a_{22}}{2a_{12}},\tag{4.8.4}$$

选取 θ 满足上式，则新方程成为

$$a'_{11}x'^2+a'_{22}y'^2+2b'_1x'+2b'_2y'+c=0.$$

例 4.8.1 作转轴消去二次方程

$$5x^2+4xy+2y^2-24x-12y+18=0$$

的交叉项.

解 选取转角 θ 使它满足

$$\cot 2\theta=\frac{a_{11}-a_{22}}{2a_{12}}=\frac{5-2}{4}=\frac{3}{4},$$

即

$$\frac{1-\tan^2\theta}{2\tan\theta}=\frac{3}{4}.$$

解方程

$$2\tan^2\theta+3\tan\theta-2=0,$$

得 $\tan\theta=\frac{1}{2}$ 或 -2. 取 $\tan\theta=\frac{1}{2}$ ①，且取 θ 为锐角，则

$$\sin\theta=\frac{1}{\sqrt{5}},\qquad \cos\theta=\frac{2}{\sqrt{5}}.$$

转轴公式为

$$\begin{cases} x=\dfrac{1}{\sqrt{5}}(2x'-y'),\\ y=\dfrac{1}{\sqrt{5}}(x'+2y'),\end{cases}$$

代入原方程，化简整理得新方程为

$$6x'^2+y'^2-12\sqrt{5}x'+18=0.$$

对于转轴后的新方程，因不含交叉项可通过配方再作移轴，进一步化简为最简形式.

定理 4.8.1 平面上的二次曲线方程(4.8.2)经过平面直角坐标变换可以化简为下面的三个简化方程之一：

(1) $a'_{11}x'^2+a'_{22}y'^2+c'=0,\qquad a'_{11}a'_{22}\neq 0;$

(2) $a'_{22}y'^2+2b'_1x'=0,\qquad a'_{22}b'_1\neq 0;$

(3) $a'_{22}y'^2+c'=0,\qquad a'_{22}\neq 0.$

---

① 如果取 $\tan\theta=-2$，同样可消去 xy 项.

(为简单起见,以下将撇号"′"去掉)并且二次曲线总共有九种,它们的标准方程如下:

① $\frac{x^2}{a^2}+\frac{y^2}{b^2}-1=0$,椭圆;

② $\frac{x^2}{a^2}+\frac{y^2}{b^2}+1=0$,虚椭圆;

③ $\frac{x^2}{a^2}+\frac{y^2}{b^2}=0$,交于一点的二条虚直线;

④ $\frac{x^2}{a^2}-\frac{y^2}{b^2}-1=0$,双曲线;

⑤ $\frac{x^2}{a^2}-\frac{y^2}{b^2}=0$,一对相交直线;

⑥ $y^2-2px=0$,抛物线;

⑦ $y^2-a^2=0$,一对平行直线;

⑧ $y^2+a^2=0$,一对虚平行直线;

⑨ $y^2=0$,一对重合直线.

证明留作习题.

4.8.2　二次曲线的中心、主方向与主直径

我们知道,椭圆、双曲线有对称中心并且有两条对称轴,而抛物线没有对称中心且只有一条对称轴.那么如何从一般二次曲线方程判别曲线有没有对称中心和对称轴?如果有,又如何求出它们呢?类似于二次曲面的讨论,我们从研究直线与二次曲线相交问题入手,这里所说的直线限制在 xOy 平面上.过点(x_0,y_0)且具有方向 $X:Y$ 的直线 l 的参数方程为

$$\begin{cases}x=x_0+Xt,\\ y=y_0+Yt,\end{cases}\tag{4.8.5}$$

将它代入方程(4.8.2),经整理得

$$\varphi(X,Y)t^2+2(Xf_1(x_0,y_0)+Yf_2(x_0,y_0))t+f(x_0,y_0)=0.\tag{4.8.6}$$

当方向 $X:Y$ 满足条件

$$\varphi(X,Y)=a_{11}X^2+2a_{12}XY+a_{22}Y^2=0$$

时,直线 l 与二次曲线 Γ 或者只有一个实交点,或者没有交点,或者直线 l 全部在曲线 Γ 上,成为二次曲线的一个组成部分.

定义 4.8.1　满足条件 $\varphi(X,Y)=0$ 的方向 $X:Y$ 叫做二次曲线 Γ 的**渐近方向**,否则叫做**非渐近方向**.

不难看出,二次曲线的渐近方向最多有两个.令

$$I_2=\begin{vmatrix} a_{11} & a_{12} \\ a_{12} & a_{22} \end{vmatrix}.$$

(1) $I_2>0$,二次曲线 Γ 的渐近方向是一对共轭的虚方向,Γ 称为**椭圆型曲线**;(2) $I_2<0$,Γ 有两个实渐近方向,Γ 称为**双曲型曲线**;(3) $I_2=0$,Γ 有一个实渐近方向 $-a_{12}:a_{11}=a_{22}:(-a_{12})$,$\Gamma$ 叫做**抛物型曲线**. 因此二次曲线按其渐近方向可分为三种类型. 显然,二次曲线的非渐近方向有无穷多个.

如果直线 l 的方向 $X:Y$ 是二次曲线 Γ 的非渐近方向,即有 $\varphi(X,Y)\neq 0$,那么直线 l 与曲线 Γ 总交于两个点(两不同实的,两重合实的或一对共轭虚的). 我们把由这两点决定的直线段叫做二次曲线的一条**弦**.

定义 4.8.2 点 C 称为二次曲线 Γ 的一个**中心**,如果 Γ 上任意一点关于 C 的对称点也在 Γ 上.

定理 4.8.2 点 $C(x_0,y_0)$ 是二次曲线 Γ 的中心,当且仅当

$$\begin{cases} f_1(x_0,y_0)=a_{11}x_0+a_{12}y_0+b_1=0, \\ f_2(x_0,y_0)=a_{12}x_0+a_{22}y_0+b_2=0. \end{cases}$$

证明留作习题.

中心方程组

$$\begin{cases} f_1(x,y)=a_{11}x+a_{12}y+b_1=0, \\ f_2(x,y)=a_{12}x+a_{22}y+b_2=0 \end{cases} \tag{4.8.7}$$

的系数矩阵与增广矩阵分别为

$$A^*=\begin{pmatrix} a_{11} & a_{12} \\ a_{12} & a_{22} \end{pmatrix}, \qquad B=\begin{pmatrix} a_{11} & a_{12} & -b_1 \\ a_{12} & a_{22} & -b_2 \end{pmatrix},$$

它们的秩分别记为 $r(A^*)$ 和 $r(B)$,那么

(1) 当 $r(A^*)=r(B)=2$ 时,即 $I_2\neq 0$ 时,方程组(4.8.7)有唯一解,因而 Γ 有唯一中心,称为**中心二次曲线**. 例如椭圆 $\frac{x^2}{a^2}+\frac{y^2}{b^2}=1$ 和双曲线 $\frac{x^2}{a^2}-\frac{y^2}{b^2}=1$.

(2) 当 $r(A^*)=r(B)=1$ 时,方程组(4.8.7)的解组成一条直线,叫做中心直线,此时 Γ 叫做**线心二次曲线**. 例如 Γ 为二平行直线.

(3) 当 $r(A^*)\neq r(B)$ 时,方程组(4.8.7)无解,即 Γ 无中心,称 Γ 为**无心二次曲线**. 例如抛物线 $y^2=2x$.

无心曲线与线心曲线统称为**非中心二次曲线**.

命题 4.8.1 二次曲线为中心曲线的充要条件是 $I_2\neq 0$;二次曲线为非中心曲线当且仅当 $I_2=0$.

定义 4.8.3 通过中心二次曲线的中心并具有渐近方向的直线称为**渐近线**.

例如 $y=\pm\frac{b}{a}x$ 是双曲线 $\frac{x^2}{a^2}-\frac{y^2}{b^2}=1$ 的两条渐近线.

命题 4.8.2　二次曲线沿非渐近方向 $X:Y$ 的一族平行弦的中点轨迹在一条直线上,该直线方程是

$$Xf_1(x,y)+Yf_2(x,y)=0 \tag{4.8.8}$$

或

$$\varphi_1(X,Y)x+\varphi_2(X,Y)y+\varphi_3(X,Y)=0, \tag{4.8.9}$$

其中 $\varphi_1(X,Y)=a_{11}X+a_{12}Y,\varphi_2(X,Y)=a_{12}X+a_{22}Y,\varphi_3(X,Y)=b_1X+b_2Y$.

证明留作习题.

定义 4.8.4　二次曲线沿非渐近方向 $X:Y$ 的所有平行弦中点所在的直线叫做二次曲线共轭于方向 $X:Y$ 的**直径**.

从直径方程(4.8.8)易见,如果二次曲线有中心,那么它在任何一条直径上.因此有

推论 4.8.1　中心二次曲线的任何直径一定通过曲线的中心;线心二次曲线的直径与中心直线重合;无心二次曲线的直径平行于曲线的唯一渐近方向 $-a_{12}:a_{11}=a_{22}:(-a_{12})$.

例 4.8.2　求抛物线 $y^2=2px(p\neq0)$的直径.

解　令 $f(x,y)=y^2-2px=0$,它是无心曲线,有唯一的渐近方向 $1:0$. 又

$$f_1(x,y)=-p,\quad f_2(x,y)=y,$$

故共轭于非渐近方向 $X:Y$(其中 $Y\neq0$)的直径方程为

$$-pX+Yy=0,$$

即

$$y=\frac{X}{Y}p.$$

可见抛物线 $y^2=2px$ 的直径平行于渐近方向 $1:0$.

我们把二次曲线共轭于非渐近方向 $X:Y$ 的直径方向

$$X':Y'=-(a_{12}X+a_{22}Y):(a_{11}X+a_{12}Y) \tag{4.8.10}$$

叫做 $X:Y$ 的**共轭方向**. 问 $X':Y'$是非渐近方向吗? 由(4.8.10)式,有

$$X'=-(a_{12}X+a_{22}Y)t,\quad Y'=(a_{11}X+a_{12}Y)t,\quad t\neq0.$$

计算

$$\begin{aligned}\varphi(X',Y')&=a_{11}(a_{12}X+a_{22}Y)^2t^2-2a_{12}(a_{12}X+a_{22}Y)(a_{11}X+a_{12}Y)t^2\\&\quad+a_{22}(a_{11}X+a_{12}Y)^2t^2\\&=(a_{11}a_{22}-a_{12}^2)(a_{11}X^2+2a_{12}XY+a_{22}Y^2)t^2\\&=I_2\varphi(X,Y)t^2.\end{aligned}$$

因 $X:Y$ 为非渐近方向,$\varphi(X,Y)\neq0$,又 $t\neq0$,因此当 $I_2\neq0$ 即二次曲线为中心曲线时,$\varphi(X',Y')\neq0$;当 $I_2=0$ 即二次曲线为非中心曲线时,$\varphi(X',Y')=0$. 这说明中心二次曲线的非渐近方向 $X:Y$ 的共轭方向 $X':Y''$也是非渐近方向,而在非中

心二次曲线的情形则为渐近方向.

由(4.8.10)式得二次曲线的非渐近方向 $X:Y$ 与它的共轭方向 $X':Y'$ 满足下列关系

$$a_{11}XX'+a_{12}(XY'+X'Y)+a_{22}YY'=0,$$

可见方向 $X:Y$ 和 $X':Y'$ 是对称的. 对于中心二次曲线来说,由这样一对非渐近的共轭方向 $X:Y$ 与 $X':Y'$ 决定的直径

$$Xf_1(x,y)+Yf_2(x,y)=0 \quad 与 \quad X'f_1(x,y)+Y'f_2(x,y)=0$$

叫做一对**共轭直径**. 进而有下列结论:中心二次曲线的平行于一条直径的弦的中点轨迹是它的共轭直径,这是共轭直径的几何意义.

定义 4.8.5 如果二次曲线的直径垂直于它所共轭的方向,那么这条直径叫做二次曲线的**主直径**. 主直径的方向以及垂直于主直径的方向都叫做二次曲线的**主方向**.

由该定义,二次曲线的每一条主直径都平分所有垂直于它的弦,所以是二次曲线的对称轴. 选取主直径作为新坐标轴或者说选取二次曲线的主方向作为新坐标轴的方向,进行坐标变换可化简二次曲线方程.

现在来求二次曲线

$$\Gamma:\quad f(x,y)=a_{11}x^2+2a_{12}xy+a_{22}y^2+2b_1x+2b_2y+c=0$$

的主方向与主直径,分两种情形讨论.

(1) 设 Γ 为中心二次曲线,则与曲线的非渐近方向 $X:Y$ 共轭的直径方程为(4.8.8)式或(4.8.9)式,该直径的方向为 $-\varphi_2(X,Y):\varphi_1(X,Y)$. 如果这条直径是主直径,那么

$$-\varphi_2(X,Y)X+\varphi_1(X,Y)Y=0$$

或

$$\frac{\varphi_1(X,Y)}{X}=\frac{\varphi_2(X,Y)}{Y},$$

因此 $X:Y$ 成为中心二次曲线 Γ 的主方向的条件是

$$\begin{cases}a_{11}X+a_{12}Y=\lambda X,\\ a_{12}X+a_{22}Y=\lambda Y\end{cases} \tag{4.8.11}$$

成立,其中 $\lambda\neq 0$. 写成矩阵形式,有

$$A^*\begin{pmatrix}X\\Y\end{pmatrix}=\lambda\begin{pmatrix}X\\Y\end{pmatrix}$$

或

$$(A^*-\lambda E)\begin{pmatrix}X\\Y\end{pmatrix}=\mathbf{0}. \tag{4.8.12}$$

这是一个关于 X,Y 的齐次线性方程组,该方程组有非零解的充要条件是 λ 为下列

方程

$$\det(A^*-\lambda E)=\lambda^2-I_1\lambda+I_2=0 \tag{4.8.13}$$

的根,其中

$$I_1=a_{11}+a_{22},\qquad I_2=\det A^*.$$

因此对于中心二次曲线,只要由方程(4.8.13)解出 λ,再代入(4.8.11)式或(4.8.12)式就能求出主方向.

(2) 设 Γ 为非中心二次曲线,则它的任何直径的方向总是它的唯一渐近方向

$$X_1:Y_1=-a_{12}:a_{11}=a_{22}:(-a_{12}),$$

而垂直于它的方向为

$$X_2:Y_2=a_{11}:a_{12}=a_{12}:a_{22},$$

所以非中心曲线的主方向为 $X_1:Y_1$ 和 $X_2:Y_2$.

如果允许(4.8.13)式中的 $I_2=0$,则方程的两根为 $\lambda_1=0,\lambda_2=I_1=a_{11}+a_{22}$. 将它们代入(4.8.11)式求得的主方向分别为渐近主方向 $X_1:Y_1$ 和非渐近主方向 $X_2:Y_2$.

定义 4.8.6　方程(4.8.13)叫做二次曲线 Γ 的**特征方程**. 特征方程的根叫做二次曲线的**特征根**.

这样一来,通过解特征方程求出特征根 λ,把它代入(4.8.11)式或(4.8.12)式便求得相应的主方向. 如果主方向是非渐近方向,那么按照(4.8.8)式或(4.8.9)式就能得到共轭于非渐近主方向的主直径.

命题 4.8.3　(1) 二次曲线的两个特征根都是实数,而且至少有一个不为零.

(2) 二次曲线的两个不同的特征根对应的主方向相互垂直.

(3) 非零特征根对应非渐近主方向,零特征根对应的是渐近主方向.

进而有

命题 4.8.4　中心二次曲线至少有两条主直径,非中心二次曲线只有一条主直径.

证明留作习题.

4.8.3　二次曲线的不变量

定理 4.8.3　(1) 二次曲线 Γ 在平面直角坐标变换下,有三个不变量 I_1,I_2,I_3 和一个半不变量 K_1:

$$I_1=a_{11}+a_{22},\qquad I_2=\begin{vmatrix}a_{11}&a_{12}\\a_{12}&a_{22}\end{vmatrix},$$

$$I_3=\begin{vmatrix}a_{11}&a_{12}&b_1\\a_{12}&a_{22}&b_2\\b_1&b_2&c\end{vmatrix},\qquad K_1=\begin{vmatrix}a_{11}&b_1\\b_1&c\end{vmatrix}+\begin{vmatrix}a_{22}&b_2\\b_2&c\end{vmatrix}.$$

(2) 当 $I_2=I_3=0$ 时，K_1 也是不变量.

证明 我们仅证(1). 将直角坐标变换公式改写为

$$\begin{pmatrix} x \\ y \\ 1 \end{pmatrix}=\begin{pmatrix} \cos\theta & -\sin\theta & x_0 \\ \sin\theta & \cos\theta & y_0 \\ 0 & 0 & 1 \end{pmatrix}\begin{pmatrix} x' \\ y' \\ 1 \end{pmatrix},$$

$f(x,y)=(x,y,1)A\begin{pmatrix} x \\ y \\ 1 \end{pmatrix}$ 经坐标变换成为 $f'(x',y')=(x',y',1)A'\begin{pmatrix} x' \\ y' \\ 1 \end{pmatrix}$，其中

$$A'=\begin{pmatrix} a'_{11} & a'_{12} & b'_1 \\ a'_{12} & a'_{22} & b'_2 \\ b'_1 & b'_2 & c' \end{pmatrix}=\begin{pmatrix} \cos\theta & \sin\theta & 0 \\ -\sin\theta & \cos\theta & 0 \\ x_0 & y_0 & 1 \end{pmatrix}\begin{pmatrix} a_{11} & a_{12} & b_1 \\ a_{12} & a_{22} & b_2 \\ b_1 & b_2 & c \end{pmatrix}\begin{pmatrix} \cos\theta & -\sin\theta & x_0 \\ \sin\theta & \cos\theta & y_0 \\ 0 & 0 & 1 \end{pmatrix},$$

这三个矩阵的乘积是新方程 $f'(x',y')=0$ 的矩阵 A'. 由行列式的性质可得 $I'_3=|A'|=|A|=I_3$，因此 I_3 是不变量.

而 $\varphi'(x',y')$ 的矩阵

$$\begin{pmatrix} a'_{11} & a'_{12} \\ a'_{12} & a'_{22} \end{pmatrix}=\begin{pmatrix} \cos\theta & \sin\theta \\ -\sin\theta & \cos\theta \end{pmatrix}\begin{pmatrix} a_{11} & a_{12} \\ a_{12} & a_{22} \end{pmatrix}\begin{pmatrix} \cos\theta & -\sin\theta \\ \sin\theta & \cos\theta \end{pmatrix},$$

因此也有 $I'_2=I_2$. 此外，

$$a'_{11}=a_{11}\cos^2\theta+2a_{12}\sin\theta\cos\theta+a_{22}\sin^2\theta,$$
$$a'_{22}=a_{11}\sin^2\theta-2a_{12}\sin\theta\cos\theta+a_{22}\cos^2\theta.$$

故 $I'_1=a'_{11}+a'_{22}=a_{11}+a_{22}=I_1$. 于是 I_1,I_2,I_3 是二次曲线的正交不变量.

下证 K_1 是半不变量. 在转轴

$$\begin{pmatrix} x \\ y \end{pmatrix}=\begin{pmatrix} \cos\theta & -\sin\theta \\ \sin\theta & \cos\theta \end{pmatrix}\begin{pmatrix} x' \\ y' \end{pmatrix}$$

下，常数项保持不变，即 $c'=c$. 新方程的一次项系数与原方程的一次项系数有如下关系：

$$\begin{pmatrix} b'_1 \\ b'_2 \end{pmatrix}=\begin{pmatrix} \cos\theta & \sin\theta \\ -\sin\theta & \cos\theta \end{pmatrix}\begin{pmatrix} b_1 \\ b_2 \end{pmatrix},$$

因此

$$\begin{aligned} b_1'^2+b_2'^2 &=(b'_1,b'_2)\begin{pmatrix} b'_1 \\ b'_2 \end{pmatrix} \\ &=(b_1,b_2)\begin{pmatrix} \cos\theta & -\sin\theta \\ \sin\theta & \cos\theta \end{pmatrix}\begin{pmatrix} \cos\theta & \sin\theta \\ -\sin\theta & \cos\theta \end{pmatrix}\begin{pmatrix} b_1 \\ b_2 \end{pmatrix}=b_1^2+b_2^2, \end{aligned}$$

$$K'_1=c'I'_1-(b_1'^2+b_2'^2)=cI_1-(b_1^2+b_2^2)=K_1.$$

定理 4.8.4　二次曲线 Γ 用不变量表示它的简化方程如下：

(1) 当 $I_2 \neq 0$ 时，方程为

$$\lambda_1 x^2 + \lambda_2 y^2 + \frac{I_3}{I_2} = 0,$$

其中 λ_1, λ_2 为二次曲线的非零特征根；

(2) 当 $I_2 = 0, I_3 \neq 0$ 时，方程为 $I_1 y^2 \pm 2\sqrt{-\frac{I_3}{I_1}}x = 0$；

(3) 当 $I_2 = I_3 = 0$ 时，方程为 $I_1 y^2 + \frac{K_1}{I_1} = 0$.

4.8.4　二次曲线的切线

设二次曲线 Γ 的方程为(4.8.2).

定义 4.8.7　设点 $P_0(x_0, y_0)$ 在二次曲线 Γ 上，因而 $f(x_0, y_0) = 0$. 若 $f_1(x_0, y_0)$，$f_2(x_0, y_0)$ 不全为零，则点 P_0 叫做二次曲线 Γ 的正常点，否则称为奇点.

定义 4.8.8　如果直线 l 与二次曲线 Γ 有两个相重的实交点且该交点是 Γ 的正常点；或者 l 整个在 Γ 上，那么直线 l 叫做二次曲线 Γ 的一条**切线**，对于前者，交点叫做**切点**；而对于后者，l 上的每一正常点都可看作切点.

设 Γ 的方程为(4.8.2)，点 $P_0(x_0, y_0)$ 为 Γ 的正常点.. 读者不难推出：过点 P_0，方向为 $X : Y$ 的直线 l 为曲线 Γ 的切线当且仅当

$$Xf_1(x_0, y_0) + Yf_2(x_0, y_0) = 0. \tag{4.8.14}$$

由直线 l 的方程(4.8.5)得到

$$X : Y = (x - x_0) : (y - y_0),$$

代入(4.8.14)式，得

$$(x - x_0) f_1(x_0, y_0) + (y - y_0) f_2(x_0, y_0) = 0,$$

这就是过点 $P_0 \in \Gamma$ 的切线方程.

利用 $f(x_0, y_0) = x_0 f_1(x_0, y_0) + y_0 f_2(x_0, y_0) + f_3(x_0, y_0)$ 可得切线方程的另一表达式

$$x f_1(x_0, y_0) + y f_2(x_0, y_0) + f_3(x_0, y_0) = 0,$$

即

$$(x, y, 1)\begin{pmatrix} a_{11} & a_{12} & b_1 \\ a_{12} & a_{22} & b_2 \\ b_1 & b_2 & c \end{pmatrix}\begin{pmatrix} x_0 \\ y_0 \\ 1 \end{pmatrix} = 0,$$

于是有

命题 4.8.5　设二次曲线 Γ 的方程为(4.8.2)，点 $P_0(x_0, y_0) \in \Gamma$ 是 Γ 的正常

点,则过点 P_0 的切线方程是

$$(x-x_0)f_1(x_0,y_0)+(y-y_0)f_2(x_0,y_0)=0, \tag{4.8.15}$$

或写为

$$(x,y,1)A\begin{pmatrix}x_0\\y_0\\1\end{pmatrix}=0. \tag{4.8.16}$$

本节一开始就陈述了下列事实:用任意平面去截二次曲面,截线一般为二次曲线,进而我们有下面的结果.

命题 4.8.6 一般二次曲面被一组平行平面所截,得到的诸截线是属于同一类型的二次曲线(或同为椭圆型或同为双曲型或同为抛物型).

证明 设二次曲面 S 的方程为

$$a_{11}x^2+a_{22}y^2+a_{33}z^2+2a_{12}xy+2a_{13}xz+2a_{23}yz$$
$$+2a_{14}x+2a_{24}y+2a_{34}z+a_{44}=0,$$

不失一般性,只需考虑用一组平行平面 $z=k$ 去截曲面 S,这里 k 为参数. 那么截线 S_k 的方程为

$$S_k:\begin{cases}a_{11}x^2+a_{22}y^2+2a_{12}xy+2(a_{14}+a_{13}k)x+2(a_{24}+a_{23}k)y\\ \quad +(a_{33}k^2+2a_{34}k+a_{44})=0,\\ z=k,\end{cases}$$

这是位于平面 $z=k$ 上的二次曲线. 计算

$$I_2(S_k)=\begin{vmatrix}a_{11} & a_{12}\\ a_{12} & a_{22}\end{vmatrix}=a_{11}a_{22}-a_{12}^2,$$

它不随 k 而变化,故所得的诸截线为属于同一类型的二次曲线.

例 4.8.3 就参数 k 的取值讨论方程 $kx^2-2xy+ky^2-2x+2y+5=0$ 表示什么二次曲线.

解 计算不变量

$$I_1=2k,\qquad I_2=k^2-1=(k+1)(k-1),$$
$$I_3=5k^2-2k-3=5\left(k+\frac{3}{5}\right)(k-1),$$
$$K_1=10k-2=2(5k-1).$$

当 $k=-1,1$ 时,$I_2=0$. 当 $k=-\frac{3}{5},1$ 时,$I_3=0$. k 的这三个特殊值将 k 轴分为四个区间,然后从左向右逐个讨论.

(1) 当 $k<-1$ 时,$I_2>0,I_3>0,I_1<0$,表示椭圆. 事实上,对应的简化方程为 $\lambda_1x^2+\lambda_2y^2+\frac{I_3}{I_2}=0$,而 $I_1<0$ 与 $I_2>0$ 说明 λ_1 与 λ_2 均小于零;

(2) 当 $k=-1$ 时，$I_2=0$，$I_3\neq 0$，表示抛物线；

(3) 当 $-1<k<-\frac{3}{5}$ 及 $-\frac{3}{5}<k<1$ 时，$I_2<0$，$I_3\neq 0$，表示双曲线；

(4) 当 $k=-\frac{3}{5}$ 时，$I_2<0$，$I_3=0$，表示一对相交直线；

(5) 当 $k=1$ 时，$I_2=I_3=0$，$K_1=8>0$，表示一对虚平行直线；

(6) 当 $k>1$ 时，$I_2>0$，$I_3>0$，$I_1>0$，表示虚椭圆(图 4.3).

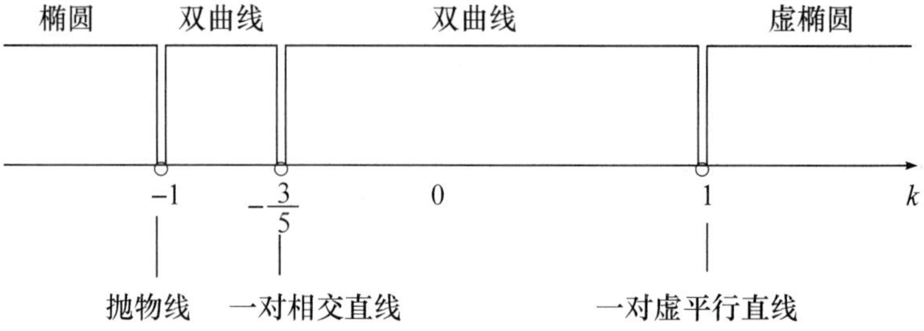

图 4.3

例 4.8.4　化简二次曲线方程 $x^2-3xy+y^2+10x-10y+21=0$，并作出它的图形.

我们介绍两种解法.

解法一

$$I_2=\begin{vmatrix} 1 & -\frac{3}{2} \\ -\frac{3}{2} & 1 \end{vmatrix}\neq 0,$$

曲线是中心二次曲线，先求出它的对称中心. 解方程组

$$\begin{cases} x-\frac{3}{2}y+5=0, \\ -\frac{3}{2}x+y-5=0, \end{cases}$$

得中心的坐标 $x=-2$，$y=2$. 取 $(-2,2)$ 为新原点，作移轴

$$\begin{cases} x=x'-2, \\ y=y'+2, \end{cases}$$

原方程变为

$$x'^2-3x'y'+y'^2+1=0.$$

再转轴消去 $x'y'$ 项，令

$$\cot 2\theta=\frac{1-1}{-3}=0,$$

取 $\theta=\frac{\pi}{4}$，故转轴公式为

$$\begin{cases} x'=\frac{1}{\sqrt{2}}(x''-y''), \\ y'=\frac{1}{\sqrt{2}}(x''+y''). \end{cases}$$

经转轴后曲线的方程化为最简形式

$$-\frac{1}{2}x''^2+\frac{5}{2}y''^2+1=0$$

或写成标准形式

$$\frac{x''^2}{2}-\frac{y''^2}{\frac{2}{5}}=1,$$

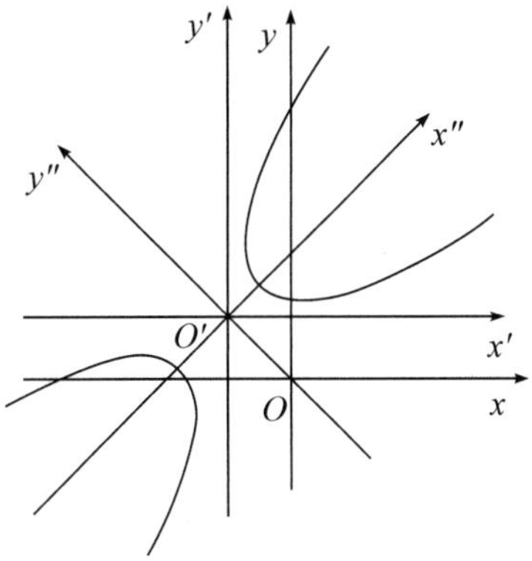

图 4.4

这是一条双曲线(图 4.4).

注 利用坐标变换化简二次曲线方程，如果曲线有中心，作移轴使新原点与二次曲线的中心重合，可以减少计算量. 这是因为在新坐标系下二次曲线的新方程中一次项消失，二次项系数保持不变，只要计算常数项.

利用转轴消去方程中的交叉项，它的几何意义就是把坐标轴旋转到与二次曲线的主方向平行的位置. 这是因为对于由二次曲线的特征根确定的主方向 $X:Y$，如果令 $\tan\theta=\frac{Y}{X}$，那么据(4.8.11)式可得到

$$\tan\theta=\frac{Y}{X}=\frac{a_{12}}{\lambda-a_{22}}=\frac{\lambda-a_{11}}{a_{12}},$$

于是有

$$\cot2\theta=\frac{1-\tan^2\theta}{2\tan\theta}=\frac{1-\left(\frac{a_{12}}{\lambda-a_{22}}\right)\cdot\left(\frac{\lambda-a_{11}}{a_{12}}\right)}{2\cdot\frac{a_{12}}{\lambda-a_{22}}}=\frac{a_{11}-a_{22}}{2a_{12}}.$$

因此利用移轴与转轴化简二次曲线方程，实际上是把坐标轴变换到二次曲线的主直径(即对称轴)重合的位置.

解法二 首先利用不变量确定曲线的类型与形状. 二次曲线的矩阵

$$A=\begin{pmatrix} 1 & -\frac{3}{2} & 5 \\ -\frac{3}{2} & 1 & -5 \\ 5 & -5 & 21 \end{pmatrix},$$

计算不变量，有 $I_1=2, I_2=-\frac{5}{4}<0, I_3=\det A=-\frac{5}{4}\neq0$，所以曲线是双曲线.

解特征方程 $\lambda^2-2\lambda-\frac{5}{4}=0$，得特征根 $\lambda_1=-\frac{1}{2}$，$\lambda_2=\frac{5}{2}$. 又 $\frac{I_3}{I_2}=1$，于是方程可化简为

$$-\frac{1}{2}x'^2+\frac{5}{2}y'^2+1=0,$$

它的标准方程是

$$\frac{x'^2}{2}-\frac{y'^2}{\frac{2}{5}}=1,$$

实半轴长 $a=\sqrt{2}$，虚半轴长 $b=\frac{1}{5}\sqrt{10}$.

现在来确定这条双曲线的位置.

对应 $\lambda_1=-\frac{1}{2}$ 的主方向 $X_1:Y_1=-\frac{3}{2}:\left(-\frac{1}{2}-1\right)=1:1$，与 $X_1:Y_1$ 共轭的主直径方程为

$$1\cdot\left(x-\frac{3}{2}y+5\right)+1\cdot\left(-\frac{3}{2}x+y-5\right)=0,$$

即

$$x+y=0.$$

对应 $\lambda_2=\frac{5}{2}$ 的主方向 $X_2:Y_2=-\frac{3}{2}:\left(\frac{5}{2}-1\right)=-1:1$，与之共轭的主直径方程为

$$-1\cdot\left(x-\frac{3}{2}y+5\right)+\left(-\frac{3}{2}x+y-5\right)=0,$$

即

$$x-y+4=0.$$

这两条主直径便是双曲线的对称轴. 取 $x-y+4=0$ 和 $x+y=0$ 为新坐标系的 x' 轴与 y' 轴，于是有坐标变换公式

$$\begin{cases}x'=\dfrac{x+y}{\sqrt{2}},\\ y'=-\dfrac{x-y+4}{\sqrt{2}}.\end{cases}$$

解出 x,y 得

$$\begin{cases}x=\dfrac{1}{\sqrt{2}}(x'-y')-2,\\ y=\dfrac{1}{\sqrt{2}}(x'+y')+2.\end{cases}$$

可见 x' 轴与 x 轴的交角为 $\theta=\frac{\pi}{4}$，这说明 x' 轴的正向已定，从而曲线可以在新坐标系里按标准方程作图，如图 4.4 所示.

习　题　4.8

1. 利用旋转变换消去下列方程的交叉项：

(1) $x^2-2xy+y^2+2x-2y-3=0$；　(2) $9x^2-24xy+16y^2+20x+15y-50=0$.

2. 证明定理 4.8.1.

3. 证明定理 4.8.2.

4. 证明命题 4.8.2.

5. 求曲线 $x^2+2y^2-4x-2y-6=0$ 通过点(8,0)的直径方程，并求其共轭直径.

6. 求双曲线 $\frac{x^2}{6}-\frac{y^2}{4}=1$ 的一对共轭直径方程，已知两共轭直径间的夹角是 $45°$.

7. 求下列二次曲线的中心，主方向与主直径：

(1) $5x^2+8xy+5y^2-18x-18y+9=0$；　(2) $9x^2-24xy+16y^2-18x-101y+19=0$；

(3) $x^2+y^2+4x-2y+1=0$.

8. 证明命题 4.8.4.

9. 利用不变量求下列二次曲线的标准方程：

(1) $6xy+8y^2-12x-26y+11=0$；　(2) $x^2-2xy+y^2-10x-6y+25=0$；

(3) $5x^2-6xy+5y^2-6\sqrt{2}x+2\sqrt{2}y-4=0$；(4) $x^2-2xy+y^2+2x-2y-3=0$.

10. 求以下二次曲线在给定点或经过点的切线方程：

(1) 曲线 $3x^2+4xy+5y^2-7x-8y-3=0$ 在点(2,1)处；

(2) 曲线 $x^2-xy+y^2-1=0$ 经过点(0,2)；

(3) 曲线 $x^2+xy+y^2+x+4y+3=0$ 经过点(−2,−1).

11. 试求经过原点的二次曲线方程，该曲线切直线 $4x+3y+2=0$ 于点(1,−2)，并且切直线 $x-y-1=0$ 于点(0,−1).

12. 化简下列二次曲线方程并画出它的图形：

(1) $x^2-xy+y^2+2x-4y=0$；　(2) $x^2+4xy+4y^2+12x-y+1=0$.

拓展材料 3　关于二次曲面的特征根及主方向的进一步讨论

沿用 4.2 节中的记号. 记 $l_i=\cos\alpha_i$，$m_i=\cos\beta_i$，$n_i=\cos\gamma_i$，$i=1,2,3$. 在坐标系 $Oxyz$ 中，$\boldsymbol{i}'$，$\boldsymbol{j}'$，$\boldsymbol{k}'$ 的坐标分别为 (l_1,m_1,n_1)，(l_2,m_2,n_2) 和 (l_3,m_3,n_3). 令

$$\begin{aligned}\nabla\Phi(x,y,z)&=2(\Phi_1(x,y,z),\Phi_2(x,y,z),\Phi_3(x,y,z))\\&=(\Phi_x(x,y,z),\Phi_y(x,y,z),\Phi_z(x,y,z)),\end{aligned}$$

$\nabla\Phi(x,y,z)$ 称为函数 $\Phi(x,y,z)$ 的梯度向量. 现在将 $A'^{*}=(a'_{ij})_{1\leqslant i,j\leqslant 3}$ 具体表示如下：

$$A'^{*}=T^{\mathrm{T}}A^{*}T=\begin{pmatrix} l_1 & m_1 & n_1 \\ l_2 & m_2 & n_2 \\ l_3 & m_3 & n_3 \end{pmatrix}\begin{pmatrix} a_{11} & a_{12} & a_{13} \\ a_{12} & a_{22} & a_{23} \\ a_{13} & a_{23} & a_{33} \end{pmatrix}\begin{pmatrix} l_1 & l_2 & l_3 \\ m_1 & m_2 & m_3 \\ n_1 & n_2 & n_3 \end{pmatrix}$$

$$=\frac{1}{2}\begin{pmatrix} \boldsymbol{i}'\cdot\nabla\Phi(l_1,m_1,n_1) & \boldsymbol{i}'\cdot\nabla\Phi(l_2,m_2,n_2) & \boldsymbol{i}'\cdot\nabla\Phi(l_3,m_3,n_3) \\ \boldsymbol{j}'\cdot\nabla\Phi(l_1,m_1,n_1) & \boldsymbol{j}'\cdot\nabla\Phi(l_2,m_2,n_2) & \boldsymbol{j}'\cdot\nabla\Phi(l_3,m_3,n_3) \\ \boldsymbol{k}'\cdot\nabla\Phi(l_1,m_1,n_1) & \boldsymbol{k}'\cdot\nabla\Phi(l_2,m_2,n_2) & \boldsymbol{k}'\cdot\nabla\Phi(l_3,m_3,n_3) \end{pmatrix}.$$

如果正交矩阵 T 使得 $A'^{*}=T^{\mathrm{T}}A^{*}T$ 为对角矩阵，那么 $a'_{12}=a'_{21}=0,a'_{13}=a'_{31}=0,a'_{23}=a'_{32}=0.$

由 $a'_{21}=\frac{1}{2}\boldsymbol{j}'\cdot\nabla\Phi(l_1,m_1,n_1)=0$ 和 $a'_{31}=\frac{1}{2}\boldsymbol{k}'\cdot\nabla\Phi(l_1,m_1,n_1)=0$ 知，向量 $\nabla\Phi(l_1,m_1,n_1)$ 既垂直于 $\boldsymbol{j}'$ 又垂直于 $\boldsymbol{k}'$，因而 $\nabla\Phi(l_1,m_1,n_1)$ 与 $\boldsymbol{j}'\times\boldsymbol{k}'=\boldsymbol{i}'$ 共线，于是有

$$\frac{\Phi_1(l_1,m_1,n_1)}{l_1}=\frac{\Phi_2(l_1,m_1,n_1)}{m_1}=\frac{\Phi_3(l_1,m_1,n_1)}{n_1},$$

即

$$\frac{a_{11}l_1+a_{12}m_1+a_{13}n_1}{l_1}=\frac{a_{12}l_1+a_{22}m_1+a_{23}n_1}{m_1}=\frac{a_{13}l_1+a_{23}m_1+a_{33}n_1}{n_1}.$$

设它们的比值为 λ_1，则有

$$\begin{cases} a_{11}l_1+a_{12}m_1+a_{13}n_1=\lambda_1 l_1, \\ a_{12}l_1+a_{22}m_1+a_{23}n_1=\lambda_1 m_1, \\ a_{13}l_1+a_{23}m_1+a_{33}n_1=\lambda_1 n_1. \end{cases} \qquad (*)$$

类似地，由 $a'_{12}=0,a'_{32}=0$ 以及 $a'_{13}=0,a'_{23}=0$ 分别得到

$$\frac{a_{11}l_2+a_{12}m_2+a_{13}n_2}{l_2}=\frac{a_{12}l_2+a_{22}m_2+a_{23}n_2}{m_2}=\frac{a_{13}l_2+a_{23}m_2+a_{33}n_2}{n_2}=\lambda_2$$

和

$$\frac{a_{11}l_3+a_{12}m_3+a_{13}n_3}{l_3}=\frac{a_{12}l_3+a_{22}m_3+a_{23}n_3}{m_3}=\frac{a_{13}l_3+a_{23}m_3+a_{33}n_3}{n_3}=\lambda_3,$$

并且 (l_2,m_2,n_2) 和 (l_3,m_3,n_3) 满足类似于 $(*)$ 式的关系式. 因此由原坐标系 $\{O;\boldsymbol{i},\boldsymbol{j},\boldsymbol{k}\}$ 通过转轴得到新坐标系 $\{O;\boldsymbol{i}',\boldsymbol{j}',\boldsymbol{k}'\}$，如果二次曲面方程(4.2.1)在新系中不含交叉项，则新系的每一个坐标向量的坐标必满足下列条件

$$\begin{cases} a_{11}l_k+a_{12}m_k+a_{13}n_k=\lambda_k l_k, \\ a_{12}l_k+a_{22}m_k+a_{23}n_k=\lambda_k m_k, \qquad k=1,2,3. \\ a_{13}l_k+a_{23}m_k+a_{33}n_k=\lambda_k n_k, \end{cases}$$

这样一来，我们可以更一般地考虑关于 l,m,n 的齐次线性方程组

$$\begin{cases} \Phi_1(l,m,n)=\lambda l, \\ \Phi_2(l,m,n)=\lambda m, \\ \Phi_3(l,m,n)=\lambda n, \end{cases}$$

写成矩阵形式，有

$$A^*\begin{pmatrix}l\\m\\n\end{pmatrix}=\lambda\begin{pmatrix}l\\m\\n\end{pmatrix}$$

或

$$(A^*-\lambda E)\begin{pmatrix}l\\m\\n\end{pmatrix}=\mathbf{0}.$$

该方程组有非零解的充要条件是 λ 为下列方程

$$\det(A^*-\lambda E)=0$$

的根.

命题 4.2.1 的二次曲面的三个特征根都是实数.

证明　(i)设复数 λ_0 是二次曲面的一个特征根，又非零向量 $\boldsymbol{p}_0$ 合于 $A^*\boldsymbol{p}_0=\lambda_0\boldsymbol{p}_0$. 用 $\overline{\lambda}_0$ 表示 λ_0 的共轭复数，$\overline{\boldsymbol{p}}_0$ 表 $\boldsymbol{p}_0$ 的共轭复向量，则

$$A^*\overline{\boldsymbol{p}}_0=\overline{A}^*\overline{\boldsymbol{p}}_0=\overline{(A^*\boldsymbol{p}_0)}=\overline{\lambda_0\boldsymbol{p}_0}=\overline{\lambda}_0\overline{\boldsymbol{p}}_0.$$

因为

$$\lambda_0(\overline{\boldsymbol{p}}_0^{\mathrm T}\boldsymbol{p}_0)=\overline{\boldsymbol{p}}_0^{\mathrm T}(\lambda_0\boldsymbol{p}_0)=\overline{\boldsymbol{p}}_0^{\mathrm T}A^*\boldsymbol{p}_0,\quad \overline{\lambda}_0(\overline{\boldsymbol{p}}_0^{\mathrm T}\boldsymbol{p}_0)=(\overline{\lambda_0\boldsymbol{p}_0})^{\mathrm T}\boldsymbol{p}_0=(A^*\overline{\boldsymbol{p}}_0)^{\mathrm T}\boldsymbol{p}_0=\overline{\boldsymbol{p}}_0^{\mathrm T}A^*\boldsymbol{p}_0,$$

所以

$$(\lambda_0-\overline{\lambda}_0)(\overline{\boldsymbol{p}}_0^{\mathrm T}\boldsymbol{p}_0)=0.$$

而 $\boldsymbol{p}_0\neq\mathbf{0}$，故 $\overline{\boldsymbol{p}}_0^{\mathrm T}\boldsymbol{p}_0\neq 0$，因此 $\lambda_0=\overline{\lambda}_0$，即二次曲面的特征根为实数.

(ii)反设三个特征根全为零，那么据(4.2.4)式有

$$I_1=a_{11}+a_{22}+a_{33}=0,\quad I_2=a_{11}a_{22}+a_{11}a_{33}+a_{22}a_{33}-(a_{12}^2+a_{13}^2+a_{23}^2)=0,$$

于是

$$I_1^2-2I_2=a_{11}^2+a_{22}^2+a_{33}^2+2a_{12}^2+2a_{13}^2+2a_{23}^2=0,$$

因而 $a_{11}=a_{22}=a_{33}=a_{12}=a_{13}=a_{23}=0$，方程(4.2.1)不含二次项而非二次方程. 这一矛盾便说明二次曲面的三个特征根至少有一个不为零.

(iii)设 λ_1,λ_2 是二次曲面的两个相异特征根，$l_1:m_1:n_1$ 和 $l_2:m_2:n_2$ 分别为对应于 λ_1 和 λ_2 的主方向. 令 $\boldsymbol{p}_i^{\mathrm T}=(l_i,m_i,n_i)$，$i=1,2$，则

$$A^*\boldsymbol{p}_i=\lambda_i\boldsymbol{p}_i,\qquad i=1,2.$$

因为 A^* 是对称矩阵，所以

$$\begin{aligned}\lambda_1\boldsymbol{p}_1^{\mathrm T}\boldsymbol{p}_2&=(\lambda_1\boldsymbol{p}_1^{\mathrm T})\boldsymbol{p}_2=(\lambda_1\boldsymbol{p}_1)^{\mathrm T}\boldsymbol{p}_2=(A^*\boldsymbol{p}_1)^{\mathrm T}\boldsymbol{p}_2\\&=(\boldsymbol{p}_1^{\mathrm T}A^*)\boldsymbol{p}_2=\boldsymbol{p}_1^{\mathrm T}(A^*\boldsymbol{p}_2)=\boldsymbol{p}_1^{\mathrm T}(\lambda_2\boldsymbol{p}_2)=\lambda_2\boldsymbol{p}_1^{\mathrm T}\boldsymbol{p}_2,\end{aligned}$$

$$(\lambda_1-\lambda_2)\boldsymbol{p}_1^{\mathrm T}\boldsymbol{p}_2=0.$$

而 $\lambda_1\neq\lambda_2$，故 $\boldsymbol{p}_1^{\mathrm T}\boldsymbol{p}_2=0$. 这说明向量 $\boldsymbol{p}_1$ 与 $\boldsymbol{p}_2$ 彼此正交，即主方向 $l_1:m_1:n_1$ 和 $l_2:$

$m_2:n_2$ 相互垂直.

定理 4.2.1 的证明　设二次曲面的方程为(4.2.1)式,它的特征根为 $\lambda_1,\lambda_2,\lambda_3$. 对于这些根,可能出现下列三种情形:三个都相等,只有一对相等,三个都不相同. 下面就这三种情形分别讨论.

(1) 假定 $\lambda_1=\lambda_2=\lambda_3$. 据命题 4.2.1(ii),这三个相等特征根不为零. 令

$$B^*=A^*-\lambda_1E=\begin{pmatrix} a_{11}-\lambda_1 & a_{12} & a_{13} \\ a_{12} & a_{22}-\lambda_1 & a_{23} \\ a_{13} & a_{23} & a_{33}-\lambda_1 \end{pmatrix},$$

并记 $b_{ii}=a_{ii}-\lambda_1, i=1,2,3; b_{ij}=a_{ij}, i,j=1,2,3$ 且 $i\neq j$,那么

$$I_1(B^*)=b_{11}+b_{22}+b_{33}=0,$$

$$\begin{aligned} I_2(B^*)&=\begin{vmatrix} b_{11} & b_{12} \\ b_{12} & b_{22} \end{vmatrix}+\begin{vmatrix} b_{11} & b_{13} \\ b_{13} & b_{33} \end{vmatrix}+\begin{vmatrix} b_{22} & b_{23} \\ b_{23} & b_{33} \end{vmatrix} \\ &=b_{11}b_{22}+b_{11}b_{33}+b_{22}b_{33}-(b_{12}^2+b_{13}^2+b_{23}^2) \\ &=(a_{11}-\lambda_1)(a_{22}-\lambda_1)+(a_{11}-\lambda_1)(a_{33}-\lambda_1) \\ &\quad+(a_{22}-\lambda_1)(a_{33}-\lambda_1)-(a_{12}^2+a_{13}^2+a_{23}^2) \\ &=a_{11}a_{22}+a_{11}a_{33}+a_{22}a_{33}-2(a_{11}+a_{22}+a_{33})\lambda_1 \\ &\quad+3\lambda_1^2-(a_{12}^2+a_{13}^2+a_{23}^2) \\ &=I_2-2I_1\lambda_1+3\lambda_1^2. \end{aligned}$$

又由(4.2.4)式知,$I_1=3\lambda_1, I_2=3\lambda_1^2$,所以

$$I_2(B^*)=0,\quad b_{11}b_{22}+b_{11}b_{33}+b_{22}b_{33}=b_{12}^2+b_{13}^2+b_{23}^2=a_{12}^2+a_{13}^2+a_{23}^2,$$

而

$$\begin{aligned} 0&=(b_{11}+b_{22}+b_{33})^2=b_{11}^2+b_{22}^2+b_{33}^2+2(b_{11}b_{22}+b_{11}b_{33}+b_{22}b_{33}) \\ &=(a_{11}-\lambda_1)^2+(a_{22}-\lambda_1)^2+(a_{33}-\lambda_1)^2+2(a_{12}^2+a_{13}^2+a_{23}^2), \end{aligned}$$

因此 B^* 是零矩阵,$a_{11}=a_{22}=a_{33}=\lambda_1, a_{12}=a_{13}=a_{23}=0$. 在这种情形下,任意空间方向都可作为二次曲面的主方向,当然可以从中任意选取三个两两互相垂直的主方向. 有趣的是曲面方程(4.2.1)现变为

$$\lambda_1x^2+\lambda_1y^2+\lambda_1z^2+2a_{14}x+2a_{24}y+2a_{34}z+a_{44}=0,$$

由例 3.1.1 知,它表示球面.

(2) 假定 $\lambda_1=\lambda_2\neq\lambda_3$.

设 B^* 如(1)中所述,将 B^* 的元素 b_{ij} 的余子式记为 B_{ij}. 下面证明 B^* 的秩 $r(B^*)=1$,为此首先考察 B^* 的所有 2 阶余子式的平方和 S.

$$\begin{aligned} S&=B_{11}^2+B_{22}^2+B_{33}^2+2(B_{12}^2+B_{13}^2+B_{23}^2) \\ &=(B_{11}+B_{22}+B_{33})^2-2[(B_{11}B_{22}-B_{12}^2) \\ &\quad+(B_{11}B_{33}-B_{13}^2)+(B_{22}B_{33}-B_{23}^2)]. \end{aligned}$$

参照(1)中证明可知

$$B_{11}+B_{22}+B_{33}=I_2(B^*)=0.$$

又

$$\begin{aligned}B_{11}B_{22}-B_{12}^2&=(b_{22}b_{33}-b_{23}^2)(b_{11}b_{33}-b_{13}^2)-(b_{12}b_{33}-b_{13}b_{23})^2\\&=b_{33}\left\{b_{11}\begin{vmatrix}b_{22}&b_{23}\\b_{23}&b_{33}\end{vmatrix}-b_{12}\begin{vmatrix}b_{12}&b_{23}\\b_{13}&b_{33}\end{vmatrix}+b_{13}\begin{vmatrix}b_{12}&b_{22}\\b_{13}&b_{23}\end{vmatrix}\right\}\\&=b_{33}\cdot\det B^*,\end{aligned}$$

同理可得

$$B_{11}B_{33}-B_{13}^2=b_{22}\cdot\det B^*,\qquad B_{22}B_{33}-B_{23}^2=b_{11}\cdot\det B^*.$$

而 $\det B^*=0$,故 $S=0$,因此 $B_{ij}=0,i,j=1,2,3$.

其次,$b_{11}+b_{22}+b_{33}=a_{11}+a_{22}+a_{33}-3\lambda_1=2\lambda_1+\lambda_3-3\lambda_1=\lambda_3-\lambda_1\neq 0$,于是 $r(B^*)=1$. 这说明齐次方程组

$$B^*\begin{pmatrix}l\\m\\n\end{pmatrix}=\mathbf{0}$$

只含一个独立方程,不妨设为

$$(a_{11}-\lambda_1)l+a_{12}m+a_{13}n=0.$$

在这种情况下,任何平行于平面

$$(a_{11}-\lambda_1)x+a_{12}y+a_{13}z=0$$

的方向都是主方向,因而从中可以任意选取两个互相垂直的方向作为二次曲面的主方向. 二次曲面的第三个主方向可由特征根 λ_3 来确定,并且还可以选取为$(a_{11}-\lambda_1):a_{12}:a_{13}$(留给读者思考).

(3) 假定 $\lambda_1,\lambda_2,\lambda_3$ 为三个不等的特征根.

因每一个特征根 λ_i 可确定二次曲面的一个主方向 $l_i:m_i:n_i,i=1,2,3$,据命题 4.2.1(iii),这三个主方向两两互相垂直.

综上所述,定理得证.

拓展材料 4　平面二次曲线的一般理论

第 5 章　正交变换和仿射变换

前 4 章研究图形性质时，采用了坐标法、向量法及坐标变换法，这些方法是解析几何中最基本也是最重要的方法. 本章再介绍一种方法，即采用“几何变换”来研究图形几何性质的变化规律. 这种几何变换不同于坐标变换，坐标变换中变化的是坐标系，几何对象（点以及由点组成的几何图形）并未改变；而几何变换则是几何对象的变化，例如把一个图形作平移或绕一点旋转使图形的位置发生变化，又如在第 3 章中提到的把一个图形作伸缩变换则是图形形状的变化. 它使得我们能够在运动和变化中研究几何图形的性质. 本章着重介绍两种常见的几何变换：正交变换和仿射变换，探讨图形在这两种点变换下的不变性质，侧重于平面上这两种变换的讨论，因为空间情形可类似地得到. 本章给出了二次曲线及二次曲面的度量分类与仿射分类，还提供了解决某些几何问题的一种有效方法，见例 5.4.1.

5.1 变　　换

5.1.1 可逆变换

任何一个几何图形都可看作是由点组成的，因此考察图形的运动变化首先从研究点的变换着手.

定义 5.1.1 设 S 是集合. 如果对于 S 中任意点 P，在 S 中有唯一的一点 P' 与它对应，那么这种对应关系 $\varphi: S\to S, P\longmapsto P'$ 叫做 S 中的一个**点变换**. 点 P' 称为点 P 在变换 φ 下的**像**，记作 $P'=\varphi(P)$，而点 P 叫做 P' 在 φ 下的**原像**.

若 $\varphi(P)=P$，则 P 叫做变换 φ 的**不动点**.

S 中的两个点变换 φ 和 ψ 称为相等（记作 $\varphi=\psi$），是指对于任意 $P\in S$，都有 $\varphi(P)=\psi(P)$.

对于点变换 $\varphi: S\to S$，我们用 $\varphi(S)$ 表示 S 中的点在 φ 下的像的全体，即

$$\varphi(S)=\{\varphi(P)\mid P\in S\}.$$

虽然 $\varphi(S)\subset S$.

假设 φ,ψ 都是 S 中的点变换，由

$$S\xrightarrow{\varphi}S\xrightarrow{\psi}S, P\longmapsto\varphi(P)\longmapsto\psi(\varphi(P))$$

定义的 $\psi\circ\varphi: S\to S$ 也是 S 中的一个点变换，称为变换 φ 与 ψ 的**复合**（或**乘积**，此时记成 $\psi\varphi$）.

定义 5.1.2　设变换 $\varphi:S\to S$ 满足下列条件:

(i) S 中不同点在 φ 下的像不同,

(ii) $\varphi(S)=S$,

则 φ 称为 S 上的**一一变换**.

此时对于每一个 $P'\in S$, $\varphi^{-1}(P')=\{P\in S\mid\varphi(P)=P'\}$ 是 S 中的单点集,从而 $\varphi^{-1}:S\to S$ 为 S 上的一个点变换,并且

$$\varphi^{-1}\circ\varphi=id,\quad \varphi\circ\varphi^{-1}=id,$$

其中 $id:S\to S, P\longmapsto id(P)=P$ 是 S 上的**恒等变换**,于是 φ 叫做**可逆变换**,它的逆变换就是 φ^{-1}. 换句话说,一一变换是可逆变换.

5.1.2　平面上的点变换

以下我们讨论平面上的可逆变换,将取定的平面记为 π.

例 5.1.1　选取平面 π 上的向量 $\boldsymbol{v}$,规定 π 的变换 $\varphi_{\boldsymbol{v}}:\pi\to\pi$ 如下:对于 π 上的任意点 P,它的像 $P'=\varphi_{\boldsymbol{v}}(P)$ 使得 $\overrightarrow{PP'}=\boldsymbol{v}$. 这表示变换 $\varphi_{\boldsymbol{v}}$ 使平面上每个点都沿方向 $\boldsymbol{v}$ 移动距离 $|\boldsymbol{v}|$,因而 $\varphi_{\boldsymbol{v}}$ 称为由 $\boldsymbol{v}$ 决定的**平移**,向量 $\boldsymbol{v}$ 叫做 $\varphi_{\boldsymbol{v}}$ 的平移量. 易见 $\varphi_{\boldsymbol{v}}$ 是 π 的一个可逆变换,其逆变换 $\varphi_{\boldsymbol{v}}^{-1}=\varphi_{-\boldsymbol{v}}$. 当 $\boldsymbol{v}\neq\boldsymbol{0}$ 时, $\varphi_{\boldsymbol{v}}$ 没有不动点;当 $\boldsymbol{v}=\boldsymbol{0}$ 时, φ_0 是 π 上的恒等变换.

下面导出它的坐标表示. 在 π 上取直角坐标系,设 $\boldsymbol{v}=(a,b)$. 因点 $P(x,y)$ 与 $P'(x',y')$ 满足关系 $\overrightarrow{PP'}=\boldsymbol{v}$,故

$$\begin{cases}x'=x+a,\\ y'=y+b.\end{cases}\tag{5.1.1}$$

公式(5.1.1)叫做平面上点的**平移公式**.

形式上,点的平移公式与点的坐标变换中的移轴公式类似,但含义却不同. 点的平移公式中, (x,y) 与 (x',y') 是两个不同点在同一坐标系中的坐标,而移轴公式中的 (x,y) 和 (x',y') 则是同一个点在两个不同的坐标系中的坐标.

例 5.1.2　取定 π 上一点 O 及实数 θ,规定变换 $\tau_\theta:\pi\to\pi$ 为:任取点 $P\in\pi$,它的像 $P'=\tau_\theta(P)$ 由向量 $\overrightarrow{OP}$ 绕点 O 旋转 θ 角所得向量 $\overrightarrow{OP'}$ 确定. 如果 $\theta>0$,旋转按逆时针方向,否则按顺时针方向. τ_θ 将平面上每个点绕点 O 旋转 θ 角,称为 π 上的**旋转变换**, O 是**旋转中心**, θ 是**旋转角**. 它是可逆变换,其逆变换 $\tau_\theta^{-1}=\tau_{-\theta}$,即以 O 为中心的旋转变换,转角为 $-\theta$. 显然 O 是 τ_θ 的不动点. 请读者思考 τ_θ 是否还有其他不动点.

在平面 π 上取直角坐标系使点 O 为坐标原点. 设点 P 和 $P'=\tau_\theta(P)$ 的直角坐标分别为 (x,y) 和 (x',y'),又点 P 的极坐标为 (r,α),则由旋转的定义知. 点 P' 的极坐标为 $(r,\alpha+\theta)$. 而

$$x = r\cos\alpha,\quad y = r\sin\alpha,\quad x' = r\cos(\alpha+\theta),\quad y' = r\sin(\alpha+\theta),$$

于是 τ_θ 在直角坐标系下的表达式为

$$\begin{cases} x' = x\cos\theta - y\sin\theta, \\ y' = x\sin\theta + y\cos\theta. \end{cases} \tag{5.1.2}$$

公式(5.1.2)称为平面上转角为 θ 的**旋转公式**,它在形式上与坐标变换中的转轴公式(4.8.3)类似,但含义却不一样.

例 5.1.3　设 l 是平面 π 上的一条直线,平面 π 上任意点 P 关于直线 l 的对称点记为 P'. 这种从点 P 到点 P' 的点变换 σ_l 称为平面 π 上以 l 为轴的**反射**. 显然 σ_l 是可逆变换,逆变换 $\sigma_l^{-1}=\sigma_l$. 反射轴 l 上的每一点皆为 σ_l 的不动点,且无其他不动点.

若取 l 为 x 轴建立平面直角坐标系,并设点 P 和 P' 的坐标分别为 (x,y) 和 (x',y'),则 σ_l 可表示为

$$\begin{cases} x' = x, \\ y' = -y. \end{cases} \tag{5.1.3}$$

例 5.1.4　在平面 π 上取定直角坐标系后,用

$$\begin{cases} x' = x, \\ y' = ky \quad (k>0). \end{cases} \tag{5.1.4}$$

表示的变换 $\xi:\pi\to\pi$ 叫做平面 π 上沿 y 轴方向的**伸缩变换**,k 叫做**伸缩系数**. x 轴上每一点都是 ξ 的不动点. ξ 也是可逆变换,其逆变换 ξ^{-1} 是沿 y 轴方向的伸缩变换,但伸缩系数为 $1/k$.

定义 5.1.3　设集合 G 的元素是平面 π 上的可逆变换,即假定 $G=\{\varphi:\pi\to\pi$ 为可逆变换$\}$,并且 G 满足下列条件:

(1) 若 $\varphi\in G,\psi\in G$,则 $\psi\circ\varphi\in G$,

(2) 若 $\varphi\in G$,则 $\varphi^{-1}\in G$,

那么 G 叫做平面 π 上的一个**变换群**.

例如,π 上的平移所构成的集合是一个变换群,因为 π 上由向量 $\boldsymbol{v},\boldsymbol{w}$ 决定的两个平移的复合是由 $\boldsymbol{v}+\boldsymbol{w}$ 决定的平移,即 $\varphi_{\boldsymbol{w}}\circ\varphi_{\boldsymbol{v}}=\varphi_{\boldsymbol{w}+\boldsymbol{v}}$,并且 $\varphi_{\boldsymbol{v}}^{-1}=\varphi_{-\boldsymbol{v}}$. 又如 π 上以 O 为旋转中心的所有旋转也组成一个变换群. 事实上,两个绕点 O、转角分别为 θ_1,θ_2 的旋转的复合是绕 O 点转 $\theta_1+\theta_2$ 角的旋转. 但全体旋转并不构成 π 上的变换群,因旋转中心不同的两个旋转的复合可能不是旋转.

在平移、旋转或反射变换下,图形的形状未发生变化,改变的只是图形的位置. 而在伸缩变换下,图形的形状可变化,例如圆 $x^2+y^2=R^2$ 经伸缩变换(5.1.4)变成了椭圆 $\dfrac{x'^2}{a^2}+\dfrac{y'^2}{b^2}=1$,其中 $a=R,b=kR$. 而平移、旋转、反射之所以把平面上的图形变换成它的“全等”图形是基于下列最基本的性质:它们都保持平面上任意两点的

距离,即任意两点 P,Q 的像之间的距离等于点 P,Q 之间的距离. 5.2 节将对具有这种几何特性的平面点变换进行讨论.

习 题 5.1

1. 在平面上绕原点、转角为 θ 的旋转变换下,问直线 $x=p$ 变成什么直线?

2. 设 φ_1,φ_2 是平面上的点变换,其变换公式分别是

$$\begin{cases}x' = 2x+y+5,\\ y' = 3x-y+7,\end{cases}\qquad \begin{cases}x' = 2x-3y+4,\\ y' = -x+2y-5,\end{cases}$$

求 $\varphi_1\varphi_2$ 和 $\varphi_2\varphi_1$ 的公式.

3. 求平面的下列点变换的逆变换:

(1) $\begin{cases}x'=2x+3y-7,\\ y'=3x+5y-9;\end{cases}$ (2) $\begin{cases}x'=\dfrac{1}{2}x-\dfrac{\sqrt{3}}{2}y-2,\\ y'=\dfrac{\sqrt{3}}{2}x+\dfrac{1}{2}y-1.\end{cases}$

4. 设 φ,ψ,χ 都是集合 S 中的点变换,试证变换乘积满足结合律,即

$$\varphi(\psi\chi)=(\varphi\psi)\chi.$$

5. 设 $\varphi_{\boldsymbol{v}}$ 是平面上由 $\boldsymbol{v}=(a,b)$ 决定的平移,τ_θ 是平面上绕原点、转角为 θ 的旋转,它们在直角坐标系下的公式如(5.1.1)式和(5.1.2)式所示,试证

$$\tau_\theta\varphi_{\boldsymbol{v}}\neq\varphi_{\boldsymbol{v}}\tau_\theta.$$

6. 设 σ_l 是平面上以 l 为轴的反射变换,并且在直角坐标系下,l 的方程为

$$x\cos\alpha+y\sin\alpha-p=0,$$

求反射 σ_l 的表达式.

7. 设 σ_{l_1} 与 σ_{l_2} 分别是平面上以直线 l_1 与 l_2 为轴的反射.

(1) 若 l_1 与 l_2 平行,则 $\sigma_{l_2}\cdot\sigma_{l_1}$ 是一个平移;

(2) 若 l_1 与 l_2 相交于点 O,且夹角为 θ,则 $\sigma_{l_2}\sigma_{l_1}$ 是绕 O 点的旋转,转角为 2θ.

5.2 平面上的正交变换

5.2.1 平面上点的正交变换

定义 5.2.1 若平面 π 上的点变换 $\varphi:\pi\to\pi$ 保持 π 上任意两点之间的距离不变,则 φ 叫做 π 上的**正交(点)变换**或**保距变换**.

平移、旋转与反射都是正交变换. 除此之外,是否还有别的点变换是正交变换呢? 定理 5.2.3 将给出回答. 下面先介绍正交变换的一些简单性质,首先引入共线三点的简单比概念.

若 A,B,C 是共线三点,则存在唯一实数 λ 使得 $\overrightarrow{AC}=\lambda\overrightarrow{CB}$. 数 λ 叫做 A,B,C 三点的**简单比**,记为 $\lambda=(A,B,C)$,并且点 C 叫做线段 AB 的分点. 等价地,在直线 AB 上选取一单位向量 $\boldsymbol{e}$,若 $\overrightarrow{AC}=\alpha\boldsymbol{e}$,$\alpha$ 称为有向线段 $\overrightarrow{AC}$ 的代数长. 现在用 AC,CB

分别表示有向线段$\overrightarrow{AC}$，$\overrightarrow{CB}$的代数长，那么 $\lambda=\frac{AC}{CB}$，即$(A,B,C)=\frac{AC}{CB}$. 易见该比值与向量 $\boldsymbol{e}$ 的方向选取无关.

命题 5.2.1　平面的正交变换具有下列性质：

(1) 把共线的三点变成共线的三点，并且保持共线三点的简单比不变；

(2) 把直线变成直线，并保持直线的平行性.

证明　设 $\varphi:\pi\to\pi$ 为正交变换，首先证明变换 φ 是单的. 在 π 上任取不同的二点 P 与 Q，则线段 PQ 的长 $|PQ|\neq 0$. 假定 φ 把 P,Q 分别变为 P',Q'. 由于 φ 保持距离不变. 应有

$$|P'Q'|=|PQ|\neq 0,$$

因此 P',Q' 也是不同的二点. 这说明 π 中不同点在 φ 下的像不同，变换 φ 是单的.

(1) 设 A,B,C 是共线三点，记所在直线为 l. 若 A,B,C 按此顺序共线，则

$$|AB|+|BC|=|AC|.$$

假定 φ 将 A,B,C 分别变为 A',B',C'，那么 A',B',C' 是不同的三点，并且

$$|A'B'|+|B'C'|=|A'C'|,$$

因而 A',B',C' 三点共线. 由此可见，正交变换不仅将共线三点变成共线三点，而且保持它们在直线上的顺序不变. 因此当$\overrightarrow{AC}$与$\overrightarrow{CB}$同向或反向时，$\overrightarrow{A'C'}$与$\overrightarrow{C'B'}$也同向或反向，于是有

$$(A,B,C)=\frac{AC}{CB}=\frac{A'C'}{C'B'}=(A',B',C').$$

(2) 任取一条直线 l，在 l 上取两点 A,B. 设 φ 把 A,B 分别变为 A',B'，记 A',B' 所确定的直线为 l'. 由(1)知，$\varphi(l)\subset l'$，下证 $\varphi(l)=l'$，即证：对于 l' 上的任意点 C'，C' 必有原像在 l 上. 不妨设 C' 在线段 $A'B'$ 上(其他情形可类似讨论)，于是$|A'C'|<|A'B'|=|AB|$. 在线段 AB 上可找到一点 C 使得$|AC|=|A'C'|$. 设 C 在 φ 下的像为 C_0'，则$|A'C_0'|=|AC|=|A'C'|$，并且 C_0' 在线段 $A'B'$ 上，故 $C_0'=C'$. 这说明 C 是 C' 在 φ 下的一个原像，从而有 $\varphi(l)=l'$，φ 把直线 l 变为直线 l'.

其次证明正交变换保持直线的平行性. 设直线 l_1 与 l_2 平行，且变换 φ 将直线 l_i 变成直线 l_i'，$i=1,2$. 假若 l_1' 与 l_2' 相交于点 P'. 那么由上述证明知，存在点 $P_i\in l_i$ 使得 $\varphi(P_i)=P'$，$i=1,2$. 显然 $P_1\neq P_2$，这与 φ 是单变换矛盾，因此 l_1' 与 l_2' 平行.

命题 5.2.2　平面的正交变换是可逆变换，并且它的逆变换也是正交变换.

证明提要　设 $\varphi:\pi\to\pi$ 为正交变换，要证 φ 是可逆变换，只需证它是一一变换. 而由命题 5.2.1 证明知，φ 是单变换，余下证 $\varphi(\pi)=\pi$ 即可，即证对任意 $P'\in\pi$，$\varphi^{-1}(P')$不是空集. 断言 φ^{-1} 是正交变换，只需利用正交变换的定义便可证明. 其细节可参见二维码.

注意到正交变换的乘积是正交变换，因此平面上全体正交变换构成一个变换群，称为**正交变换群**.

5.2.2 正交点变换诱导的向量变换

设 $\boldsymbol{a}$ 是平面 π 上的一个向量，则可找到点 $A,B\in\pi$ 使得 $\overrightarrow{AB}=\boldsymbol{a}$. 设正交变换 φ 将 A,B 分别变为 A',B'，令 $\boldsymbol{a}'=\overrightarrow{A'B'}$，下面说明向量 $\boldsymbol{a}'$ 只依赖于 $\boldsymbol{a}$ 而与有向线段 $\overrightarrow{AB}$ 的起点 A 的选取无关. 假若 $C,D\in\pi$ 也使得 $\overrightarrow{CD}=\boldsymbol{a}$，且 C,D 在 φ 下的像为 C',D'，不妨设 C,D 与 A,B 不在同一条直线上. 因 $\overrightarrow{AB}=\overrightarrow{CD}$，故四边形 $ABDC$ 是平行四边形，据命题 5.2.1(2)，四边形 $A'B'D'C'$ 也是平行四边形，因而 $\overrightarrow{A'B'}=\overrightarrow{C'D'}$. 这样一来正交变换 φ 诱导出平面上向量的一个变换，如上所述，它把 $\boldsymbol{a}$ 变为 $\boldsymbol{a}'$. 将这个变换仍记为 φ，称为**正交向量变换**.

命题 5.2.3 正交变换所诱导的正交向量变换保持向量的线性关系不变，并保持向量的内积不变.

证明 设 $\varphi:\pi\to\pi$ 为正交变换，$\boldsymbol{a},\boldsymbol{b}$ 是任意二向量，λ 为实数，记 $\varphi(\boldsymbol{a})=\boldsymbol{a}'$，$\varphi(\boldsymbol{b})=\boldsymbol{b}'$，需证

(1) $\varphi(\boldsymbol{a}+\boldsymbol{b})=\varphi(\boldsymbol{a})+\varphi(\boldsymbol{b})$，$\varphi(\lambda\boldsymbol{a})=\lambda\varphi(\boldsymbol{a})$，或写为 $(\boldsymbol{a}+\boldsymbol{b})'=\boldsymbol{a}'+\boldsymbol{b}'$，$(\lambda\boldsymbol{a})'=\lambda\boldsymbol{a}'$；

(2) $\boldsymbol{a}\cdot\boldsymbol{b}=\varphi(\boldsymbol{a})\cdot\varphi(\boldsymbol{b})$ 或 $\boldsymbol{a}\cdot\boldsymbol{b}=\boldsymbol{a}'\cdot\boldsymbol{b}'$.

先证(1) 在 π 上取点 A,B,C 使得 $\overrightarrow{AB}=\boldsymbol{a}$，$\overrightarrow{BC}=\boldsymbol{b}$，则 $\overrightarrow{AC}=\boldsymbol{a}+\boldsymbol{b}$. 并设 A,B,C 在 φ 下的像分别是 A',B',C'，那么

$$\varphi(\boldsymbol{a})=\overrightarrow{A'B'},\quad \varphi(\boldsymbol{b})=\overrightarrow{B'C'},\quad \varphi(\boldsymbol{a}+\boldsymbol{b})=\overrightarrow{A'C'}.$$

而 $\overrightarrow{A'C'}=\overrightarrow{A'B'}+\overrightarrow{B'C'}$，故

$$\varphi(\boldsymbol{a}+\boldsymbol{b})=\varphi(\boldsymbol{a})+\varphi(\boldsymbol{b}).$$

又由于 φ 保持共线三点的简单比，因此由 $\boldsymbol{d}=\lambda\boldsymbol{a}$ 立即推得 $\boldsymbol{d}'=\lambda\boldsymbol{a}'$，即 $\varphi(\lambda\boldsymbol{a})=\lambda\varphi(\boldsymbol{a})$.

再证(2) 因为正交变换保持向量的长度不变，又保持向量的夹角不变(请读者补述理由)，所以保持向量的内积不变.

5.2.3 正交变换的坐标表示和基本定理

取平面直角坐标系 $\{O;\boldsymbol{i},\boldsymbol{j}\}$. 设正交变换 φ 把点 O 变为点 O'，把向量 $\boldsymbol{i},\boldsymbol{j}$ 分别变为 $\boldsymbol{i}',\boldsymbol{j}'$. 由命题 5.2.3 可推得 $\{O';\boldsymbol{i}',\boldsymbol{j}'\}$ 也是直角坐标系. 又设点 P 在 φ 下的像为 P'，并且 P 在 $\{O;\boldsymbol{i},\boldsymbol{j}\}$ 中的坐标为 (x,y). 因为

$$\overrightarrow{O'P'}=\varphi(\overrightarrow{OP})=\varphi(x\boldsymbol{i}+y\boldsymbol{j})=x\boldsymbol{i}'+y\boldsymbol{j}',\tag{5.2.1}$$

所以点 P' 在 $\{O';\boldsymbol{i}',\boldsymbol{j}'\}$ 中的坐标与点 P 在 $\{O;\boldsymbol{i},\boldsymbol{j}\}$ 中的坐标相同.

定理 5.2.1（正交变换第一基本定理） 正交变换把平面直角坐标系变成平面直角坐标系，并使任意点 P 在原系中的坐标与它的像点 P' 在新系中的坐标相同. 反之，具有这种性质的平面点变换是正交变换.

定理中的第一论断已证，第二论断的证明留给读者.

现在讨论正交变换的坐标表示. 沿用上面的记号，设点 P 与其像点 P' 在 $\{O;\boldsymbol{i},\boldsymbol{j}\}$ 中的坐标分别为 (x,y) 和 (x',y')，我们求 x',y' 与 x,y 之间的关系. 假设在 $\{O;\boldsymbol{i},\boldsymbol{j}\}$ 下，

$$\overrightarrow{OO'}=a\boldsymbol{i}+b\boldsymbol{j},\quad \boldsymbol{i}'=d_{11}\boldsymbol{i}+d_{21}\boldsymbol{j},\quad \boldsymbol{j}'=d_{12}\boldsymbol{i}+d_{22}\boldsymbol{j}. \tag{5.2.2}$$

定理 5.2.2 $\varphi:\pi\to\pi$ 是正交变换当且仅当 φ 在平面直角坐标系下可表示为

$$\begin{cases}x'=d_{11}x+d_{12}y+a,\\ y'=d_{21}x+d_{22}y+b,\end{cases} \tag{5.2.3}$$

其中 $D=\begin{pmatrix}d_{11} & d_{12}\\ d_{21} & d_{22}\end{pmatrix}$ 是正交矩阵.

证明 必要性 设正交变换 φ 把点 P 变为点 P'，把直角坐标系 $\{O;\boldsymbol{i},\boldsymbol{j}\}$ 变为 $\{O';\boldsymbol{i}',\boldsymbol{j}'\}$，那么由(5.2.1)式及(5.2.2)式知

$$\begin{aligned}\overrightarrow{OP'}&=\overrightarrow{OO'}+\overrightarrow{O'P'}=(a\boldsymbol{i}+b\boldsymbol{j})+(x\boldsymbol{i}'+y\boldsymbol{j}')\\&=(a\boldsymbol{i}+b\boldsymbol{j})+x(d_{11}\boldsymbol{i}+d_{21}\boldsymbol{j})+y(d_{12}\boldsymbol{i}+d_{22}\boldsymbol{j})\\&=(d_{11}x+d_{12}y+a)\boldsymbol{i}+(d_{21}x+d_{22}y+b)\boldsymbol{j},\end{aligned}$$

又 $\overrightarrow{OP'}=x'\boldsymbol{i}+y'\boldsymbol{j}$，故

$$\begin{cases}x'=d_{11}x+d_{12}y+a,\\ y'=d_{21}x+d_{22}y+b.\end{cases}$$

而正交变换 φ 将 $\{O;\boldsymbol{i},\boldsymbol{j}\}$ 变为 $\{O';\boldsymbol{i}',\boldsymbol{j}'\}$，过渡矩阵 D 必为正交矩阵(细节留给读者).

充分性 设变换 φ 的坐标表示为(5.2.3)式. 对于平面上任意二点 $P(x_1,y_1)$，$Q(x_2,y_2)$，设它们在 φ 下的像分别为 $P'(x_1',y_1')$，$Q'(x_2',y_2')$，那么由

$$\begin{pmatrix}x_2'-x_1'\\ y_2'-y_1'\end{pmatrix}=D\begin{pmatrix}x_2-x_1\\ y_2-y_1\end{pmatrix}\ \text{和}\ |P'Q'|^2=(x_2'-x_1'\quad y_2'-y_1')\begin{pmatrix}x_2'-x_1'\\ y_2'-y_1'\end{pmatrix}$$

得

$$|P'Q'|^2=(x_2-x_1,y_2-y_1)D^{\mathrm{T}}D\begin{pmatrix}x_2-x_1\\ y_2-y_1\end{pmatrix}=|PQ|^2,$$

于是 φ 是正交变换.

定理 5.2.3(正交变换第二基本定理) 正交变换或为平移或为旋转或为反射，或是它们之间的乘积.

如果将平移、旋转以及它们的乘积称为平面上的(**刚体**)**运动**，那么本定理可改叙为：正交变换或者是运动，或者是反射，或者是反射与运动的乘积.

证明 设正交变换 φ 的坐标表示如定理 5.2.2 中所述，

$$\begin{pmatrix}x'\\ y'\end{pmatrix}=D\begin{pmatrix}x\\ y\end{pmatrix}+\begin{pmatrix}a\\ b\end{pmatrix}, \tag{5.2.4}$$

其中 $D=\begin{pmatrix} d_{11} & d_{12} \\ d_{21} & d_{22} \end{pmatrix}$ 为正交矩阵，因而

$$d_{11}^2+d_{21}^2=1, \quad d_{12}^2+d_{22}^2=1, \quad d_{11}d_{12}+d_{21}d_{22}=0.$$

由上面第一式可设 $d_{11}=\cos\theta, d_{21}=\sin\theta$. 再由上面第三式得

$$\frac{d_{22}}{d_{11}}=\frac{d_{12}}{-d_{21}}=\lambda$$

及

$$d_{22}=\lambda\cos\theta, \quad d_{12}=-\lambda\sin\theta,$$

代入 $d_{12}^2+d_{22}^2=1$ 可解得 $\lambda=\pm1$，因此

$$D=\begin{pmatrix} \cos\theta & -\sin\theta \\ \sin\theta & \cos\theta \end{pmatrix} \quad 或 \quad D=\begin{pmatrix} \cos\theta & \sin\theta \\ \sin\theta & -\cos\theta \end{pmatrix},$$

从而(5.2.4)式可写为

$$\begin{pmatrix} x' \\ y' \end{pmatrix}=\begin{pmatrix} \cos\theta & -\sin\theta \\ \sin\theta & \cos\theta \end{pmatrix}\begin{pmatrix} x \\ y \end{pmatrix}+\begin{pmatrix} a \\ b \end{pmatrix} \tag{5.2.5}$$

或

$$\begin{pmatrix} x' \\ y' \end{pmatrix}=\begin{pmatrix} \cos\theta & \sin\theta \\ \sin\theta & -\cos\theta \end{pmatrix}\begin{pmatrix} x \\ y \end{pmatrix}+\begin{pmatrix} a \\ b \end{pmatrix}. \tag{5.2.6}$$

(5.2.5)表示平面上的运动，(5.2.6)则表示平面上反射

$$\begin{pmatrix} x'' \\ y'' \end{pmatrix}=\begin{pmatrix} 1 & 0 \\ 0 & -1 \end{pmatrix}\begin{pmatrix} x \\ y \end{pmatrix}$$

与运动

$$\begin{pmatrix} x' \\ y' \end{pmatrix}=\begin{pmatrix} \cos\theta & -\sin\theta \\ \sin\theta & \cos\theta \end{pmatrix}\begin{pmatrix} x'' \\ y'' \end{pmatrix}+\begin{pmatrix} a \\ b \end{pmatrix}$$

的乘积.

习　题　5.2

1. 设平面 π 上的线段 AB 与 CD 等长，证明存在 π 上的正交变换 φ，使得 $\varphi(A)=C, \varphi(B)=D$.

2. 设平面 π 上的正交变换 φ 有两个不动点，则此两点连线上的每一点都是不动点，并且 φ 或为恒等变换或是以该直线为轴的反射.

3. 设平面的点变换 σ 的公式是

$$\begin{cases} x'=x\cos\theta-y\sin\theta+a, \\ y'=x\sin\theta+y\cos\theta+b, \end{cases}$$

证明：当 θ 不是 $360°$ 的整数倍时，σ 是绕一定点的旋转.

4. 求满足下列条件的正交变换：

(1) 绕原点旋转 $\theta=270°$，再按向量(2，−1)平移. 并求出点(0，1)经此变换后的像点的坐标；

(2) 绕原点旋转把点(3，1)变为点(−1，3). 并求出曲线 $y^2-x+8y+18=0$ 经此旋转的对

应曲线.

5. 设 τ_1, τ_2 分别是平面上以点 O_1, O_2 为中心，转角为 θ_1, θ_2 的旋转.

(1) 如果 $\theta_1+\theta_2=0$(或 360°的整数倍)，证明 $\tau_2\tau_1$ 是平面上的平移；

(2) 如果 $\theta_1+\theta_2$ 不是 360°的整数倍，证明 $\tau_2\tau_1$ 是平面上的旋转，并求旋转角.

6. 设正交变换 φ 在直角坐标系 Ⅰ 中的公式为

$$\begin{pmatrix} x' \\ y' \end{pmatrix}=\begin{pmatrix} \frac{\sqrt{2}}{2} & -\frac{\sqrt{2}}{2} \\ \frac{\sqrt{2}}{2} & \frac{\sqrt{2}}{2} \end{pmatrix}\begin{pmatrix} x \\ y \end{pmatrix}+\begin{pmatrix} -3 \\ 2 \end{pmatrix}.$$

若作直角坐标变换

$$\begin{pmatrix} x \\ y \end{pmatrix}=\begin{pmatrix} \frac{1}{2} & -\frac{\sqrt{3}}{2} \\ \frac{\sqrt{3}}{2} & \frac{1}{2} \end{pmatrix}\begin{pmatrix} \tilde{x} \\ \tilde{y} \end{pmatrix}+\begin{pmatrix} -2 \\ -1 \end{pmatrix},$$

求 φ 在新坐标系中的公式.

7. 平面上的点变换 φ 把直角坐标系 Ⅰ 变到直角坐标系 Ⅱ，并且使任意点 P 在 Ⅰ 中的坐标与它的像 P' 在 Ⅱ 中的坐标相同，则 φ 是正交变换.

8. 设$\triangle ABC$ 和$\triangle A'B'C'$是平面上两个全等的三角形，证明存在唯一的正交变换将点 A 变为点 A'，点 B 变为点 B'，点 C 变为点 C'.

9. 证明：平面上的每一个正交变换都可以表示为不多于三个反射的乘积.

5.3　平面上的仿射变换

本节讨论的仿射变换是比正交变换广泛的一种平面点变换. 5.2 节我们用几何特征定义正交变换，本节则采用坐标表达的变换公式来定义仿射变换，然后对它展开讨论.

定义 5.3.1　设 $\sigma: \pi\to\pi$ 是平面的一个点变换. 如果它在一个仿射坐标系 $\{O; \boldsymbol{e}_1, \boldsymbol{e}_2\}$ 中的公式为

$$\begin{pmatrix} x' \\ y' \end{pmatrix}=\begin{pmatrix} c_{11} & c_{12} \\ c_{21} & c_{22} \end{pmatrix}\begin{pmatrix} x \\ y \end{pmatrix}+\begin{pmatrix} a \\ b \end{pmatrix},\ \det(c_{ij})\neq 0, \qquad (5.3.1)$$

其中 (x, y) 和 (x', y') 分别是平面上任意点 P 与其像点 P' 的坐标，那么 σ 叫做平面的**仿射(点)变换**.

$\det(c_{ij})\neq 0$ 表示系数矩阵 $C=\begin{pmatrix} c_{11} & c_{12} \\ c_{21} & c_{22} \end{pmatrix}$ 满秩，(5.3.1)式称为满秩线性变换. 而点的仿射坐标变换公式(指的是同一个点在两个不同的仿射坐标系中的坐标关系)也是满秩线性变换(见定理 5.3.1 的证明)，因此不难导出仿射变换的上述定义与仿射坐标系的选择无关.

5.3.1 几种重要的仿射变换

由定理 5.2.2 可得:正交变换是仿射变换.下面考察另外几种仿射变换.从(5.3.1)式可见,仿射变换由系数矩阵 C 和向量$\boldsymbol{v}=(a,b)^{\mathrm{T}}$ 所决定,并且向量$\boldsymbol{v}$确定一个平移,因此下面仅讨论由 C 决定的齐次线性变换

$$\tau:\begin{pmatrix}x\\y\end{pmatrix}\longmapsto\begin{pmatrix}x'\\y'\end{pmatrix}=C\begin{pmatrix}x\\y\end{pmatrix}. \tag{5.3.2}$$

例 5.3.1 当

$$C=\begin{pmatrix}1&0\\0&k\end{pmatrix},\quad k>0 \text{ 且 } k\neq 1$$

时,变换(5.3.2)称为沿 y 轴方向的**伸缩变换**,它是平行于 y 轴方向的伸长($k>1$)或压缩($k<1$). x 轴上的每一点是该变换的不动点,平行于 y 轴的直线都是不动直线.所谓**不动直线**是指该直线和它的像直线重合.不动直线上的点不一定是不动点.而当

$$C=\begin{pmatrix}h&0\\0&k\end{pmatrix}, h,k \text{ 均为不等于 1 的正数}$$

时,变换(5.3.2)表示分别沿 x 轴、y 轴方向的两个伸缩变换的乘积,称为平面上的伸缩变换(图 5.1).此时原点 O 是不动点,x 轴和 y 轴均为不动直线.特别,当 $h=k$ 时,变换

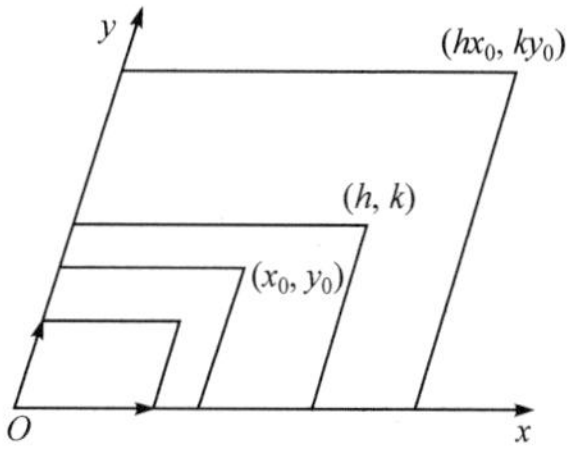

图 5.1

$$\tau:\begin{cases}x'=kx,\\y'=ky\end{cases}$$

具有下列性质:平面上任意点 A 与其像点 A' 满足关系$\overrightarrow{OA'}=k\overrightarrow{OA}$,因而它把平面 π 上任意一个图形变成它的相似图形,特别把三角形变成与它相似的三角形,相似比为 k,因此变换 τ 叫做以 O 为位似中心,位似系数为 k 的**位似变换**(图 5.2).

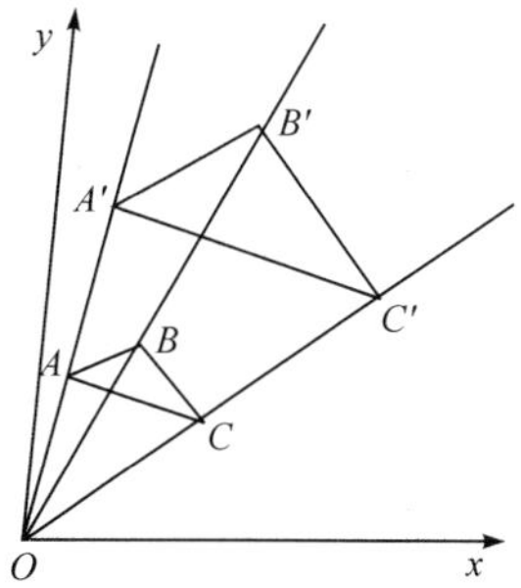

图 5.2

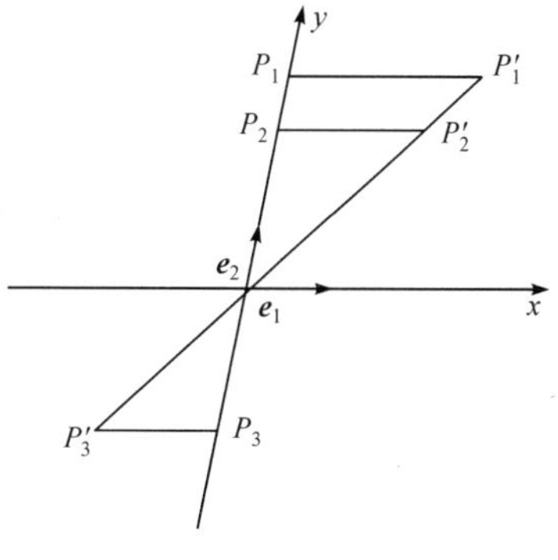

图 5.3

例 5.3.2　当

$$C=\begin{pmatrix}1 & r\\ s & 1\end{pmatrix}, r,s \text{ 中至少有一个不为 } 0$$

时,变换(5.3.2)称为**错切变换**.

若 $r\neq0,s=0$,则它是沿 x 轴方向的错切,x 轴上的每一点均为不动点,每一条与 x 轴平行的直线 $y=y_0$ 都是不动直线,并且

$$P(x,y_0)\longmapsto P'(x+ry_0,y_0)=P'(x',y_0),$$

因此 $x'-x=ry_0$,这说明直线 $y=y_0$ 上每一点沿 x 轴方向平移了 $ry_0\boldsymbol{e}_1$(图 5.3).显然移动的距离与点的纵坐标(的绝对值)成正比.

当 $r=0,s\neq0$ 时,则为沿 y 轴方向的错切.

5.3.2　仿射变换的性质

由于满秩矩阵的逆矩阵是满秩的,所以仿射变换的逆变换也是仿射变换.又因为满秩矩阵的乘积是满秩的,因而两个仿射变换的乘积也是仿射变换,于是平面上全体仿射变换的集合组成一个变换群,称为**仿射变换群**.下面介绍仿射变换的另外一些性质.

命题 5.3.1　(1)仿射变换把直线变成直线,并保持点线的结合关系不变(即若点在一直线上,则像点在像直线上)以及保持直线的平行性.

(2) 仿射变换保持共线三点的简单比不变.

证明　设 σ 是仿射变换,它在仿射坐标系中的公式为(5.3.1).令

$$\boldsymbol{x}=(x,y)^{\mathrm{T}},\boldsymbol{x}'=(x',y')^{\mathrm{T}},\boldsymbol{v}=(a,b)^{\mathrm{T}},$$

则(5.3.1)式可写为

$$\boldsymbol{x}'=C\boldsymbol{x}+\boldsymbol{v}. \tag{5.3.3}$$

(1) 在平面 π 上任取一条直线 $l:b_1x+b_2y+c=0$,令 $\boldsymbol{b}=(b_1,b_2)^{\mathrm{T}}$,则 l 的方程可写为

$$\boldsymbol{b}^{\mathrm{T}}\boldsymbol{x}+c=0.$$

将(5.3.3)式代入上式得

$$\boldsymbol{b}^{\mathrm{T}}C^{-1}\boldsymbol{x}'-\boldsymbol{b}^{\mathrm{T}}C^{-1}\boldsymbol{v}+c=0, \tag{5.3.4}$$

这是 x',y' 的一次方程(其系数不全为零,请读者验证),因此它表示一条直线 l'.若点 P 在直线 l 上,则点 P 的像必在直线 l' 上.另一方面,把公式(5.3.3)代入 l' 的方程(5.3.4)就得到 l 的方程,这说明 l' 上每一点在 σ 下的原像都在直线 l 上,因此 σ 把直线 l 变成直线 l'.

仿射变换保持直线的平行性,即把平行直线变为平行直线,证明与命题 5.2.1(2)类似,留给读者.

(2) 仿射变换把直线变为直线,因此把共线三点变为共线三点.设在给定的仿

射坐标系下，$A(x_1,y_1)$，$B(x_2,y_2)$，$C(x_3,y_3)$为共线三点，在仿射变换(5.3.1)下它们的像点分别为$A'(x_1',y_1')$，$B'(x_2',y_2')$，$C'(x_3',y_3')$. 需证$(A,B,C)=(A',B',C')$. 简记$(A,B,C)=\lambda$，那么有

$$(x_3-x_1,y_3-y_1)=\lambda(x_2-x_3,y_2-y_3),$$

$$\lambda=\frac{x_3-x_1}{x_2-x_3}=\frac{y_3-y_1}{y_2-y_3}.$$

同理有

$$(A',B',C')=\frac{x_3'-x_1'}{x_2'-x_3'}=\frac{y_3'-y_1'}{y_2'-y_3'}.$$

再由(5.3.1)式，容易推得$(A',B',C')=(A,B,C)$.

命题 5.3.2 仿射变换将二次曲线变为二次曲线.

证明提要 因为二次曲线的方程是关于坐标 x,y 的二次方程，而仿射变换是用坐标的一次式给出的，并且它是可逆变换，因此仿射变换将关于 x,y 的二次方程变为关于x',y'的二次方程，即把二次曲线变为二次曲线.

进而可以证明仿射变换把椭圆、双曲线、抛物线分别变为椭圆、双曲线和抛物线.

如同正交点变换诱导出平面的向量变换那样，仿射点变换 σ 也可诱导出平面的一个向量变换，将它仍记为 σ，定义如下：设 $\boldsymbol{a}$ 是平面 π 上的一向量，在 π 上取点 A,B 使$\overrightarrow{AB}=\boldsymbol{a}$. 设 σ 将 A,B 分别变为A',B'，令 $\boldsymbol{a}'=\sigma(\boldsymbol{a})=\overrightarrow{A'B'}$. 下面导出它的坐标表示.

取定一个仿射坐标系，σ 的坐标表示如(5.3.1)式所示. 设 $\boldsymbol{a}=(X,Y)$，$\boldsymbol{a}'=(X',Y')$，A,B,A',B'的坐标分别为(x_1,y_1)，(x_2,y_2)，(x_1',y_1')，(x_2',y_2')，则

$$X=x_2-x_1,\quad Y=y_2-y_1,\quad X'=x_2'-x_1',\quad Y'=y_2'-y_1',$$

且

$$\begin{pmatrix}x_i'\\y_i'\end{pmatrix}=C\begin{pmatrix}x_i\\y_i\end{pmatrix}+\begin{pmatrix}a\\b\end{pmatrix},i=1,2.$$

于是

$$\begin{pmatrix}x_2'-x_1'\\y_2'-y_1'\end{pmatrix}=C\begin{pmatrix}x_2-x_1\\y_2-y_1\end{pmatrix},$$

从而由仿射点变换 σ 诱导的向量变换的公式为

$$\begin{pmatrix}X'\\Y'\end{pmatrix}=C\begin{pmatrix}X\\Y\end{pmatrix},\tag{5.3.5}$$

将这样的向量变换叫做**仿射向量变换**.

命题 5.3.3 仿射变换所诱导的仿射向量变换保持向量的线性关系不变.

证明　将向量 $\boldsymbol{a}$ 的坐标写成列向量形式 $\boldsymbol{a}=\begin{pmatrix}X\\Y\end{pmatrix}$，则(5.3.5)式可写成

$$\sigma(\boldsymbol{a})=C\boldsymbol{a},$$

于是对 $\lambda\boldsymbol{a}+\mu\boldsymbol{b}$($\lambda,\mu$ 为实数)，有

$$\begin{aligned}\sigma(\lambda\boldsymbol{a}+\mu\boldsymbol{b})&=C(\lambda\boldsymbol{a}+\mu\boldsymbol{b})=C(\lambda\boldsymbol{a})+C(\mu\boldsymbol{b})\\&=\lambda C\boldsymbol{a}+\mu C\boldsymbol{b}=\lambda\sigma(\boldsymbol{a})+\mu\sigma(\boldsymbol{b}).\end{aligned}$$

例 5.3.3　已知仿射变换 σ 在一仿射坐标系中的公式为

$$\begin{cases}x'=4x-3y-5,\\y'=3x-2y+2,\end{cases}\tag{5.3.6}$$

又直线 l 的方程为 $3x+y-1=0$，求 l 的像方程.

解法一　仿射变换(5.3.6)的逆变换为

$$\begin{cases}x=-2x'+3y'-16,\\y=-3x'+4y'-23,\end{cases}$$

将它代入 l 的方程得 $9x'-13y'+72=0$，所以 l 的像直线方程为 $9x-13y+72=0$.

解法二　设 l 的像直线 l' 的方程为 $Ax'+By'+C=0$. 将(5.3.6)式代入得

$$A(4x-3y-5)+B(3x-2y+2)+C=0,$$

它也是直线 l 的方程，于是有

$$\frac{4A+3B}{3}=\frac{-3A-2B}{1}=\frac{-5A+2B+C}{-1},$$

解得 $A:B:C=9:(-13):72$，于是 l' 的方程为 $9x-13y+72=0$.

解法三　直线 l 过点 $P_0(0,1)$，方向向量 $\boldsymbol{v}=(1,-3)$. 由点变换公式(5.3.6)得 P_0 的像点 P_0' 的坐标为 $(-8,0)$. 又利用公式(5.3.5)求得

$$\boldsymbol{v}'=\begin{pmatrix}4&-3\\3&-2\end{pmatrix}\begin{pmatrix}1\\-3\end{pmatrix}=\begin{pmatrix}13\\9\end{pmatrix},$$

因此 l 的像直线 l' 过点 $(-8,0)$，方向向量为 $(13,9)$，其方程为

$$\frac{x+8}{13}=\frac{y}{9}.$$

我们知道，正交变换保持点之间的距离不变，保持向量之间的夹角不变，从而保持图形的面积不变，然而一般的仿射变换却不具有上述性质. 下面讨论在仿射变换下图形面积的变化规律.

思考题　在仿射变换下，平面上不同图形面积的变化率均相同，即存在由仿射变换决定的常数 d，使得任一图形 S 的像 S' 的面积是图形 S 的面积的 d 倍. 我们把 d 称为该仿射变换的**变积系数**.

证明　因为平面图形的面积可作为若干个三角形面积之和的极限，因此本命题只需就三角形来证明就行了.

设仿射变换 σ 在仿射坐标系 $\{O;\boldsymbol{e}_1,\boldsymbol{e}_2\}$ 中的变换公式如(5.3.1)式所示,则

$$\boldsymbol{e}_1'=\sigma(\boldsymbol{e}_1)=c_{11}\boldsymbol{e}_1+c_{21}\boldsymbol{e}_2,\quad \boldsymbol{e}_2'=\sigma(\boldsymbol{e}_2)=c_{12}\boldsymbol{e}_1+c_{22}\boldsymbol{e}_2.$$

设 $\triangle ABC$ 经 σ 变为 $\triangle A'B'C'$. 若

$$\overrightarrow{AB}=X_1\boldsymbol{e}_1+Y_1\boldsymbol{e}_2,\quad \overrightarrow{AC}=X_2\boldsymbol{e}_1+Y_2\boldsymbol{e}_2,$$

则 $\overrightarrow{A'B'}=X_1\boldsymbol{e}_1'+Y_1\boldsymbol{e}_2'$, $\overrightarrow{A'C'}=X_2\boldsymbol{e}_1'+Y_2\boldsymbol{e}_2'$. 将 $\triangle ABC$, $\triangle A'B'C'$ 的面积分别记为 $S_{\triangle ABC}$, $S_{\triangle A'B'C'}$, 我们有

$$S_{\triangle ABC}=\frac{1}{2}|\overrightarrow{AB}\times\overrightarrow{AC}|=\frac{1}{2}|X_1Y_2-X_2Y_1||\boldsymbol{e}_1\times\boldsymbol{e}_2|,$$

$$S_{\triangle A'B'C'}=\frac{1}{2}|\overrightarrow{A'B'}\times\overrightarrow{A'C'}|=\frac{1}{2}|X_1Y_2-X_2Y_1||\boldsymbol{e}_1'\times\boldsymbol{e}_2'|.$$

而

$$\boldsymbol{e}_1'\times\boldsymbol{e}_2'=(c_{11}\boldsymbol{e}_1+c_{21}\boldsymbol{e}_2)\times(c_{12}\boldsymbol{e}_1+c_{22}\boldsymbol{e}_2)=(c_{11}c_{22}-c_{12}c_{21})\boldsymbol{e}_1\times\boldsymbol{e}_2,$$

故

$$\frac{S_{\triangle A'B'C'}}{S_{\triangle ABC}}=|c_{11}c_{22}-c_{12}c_{21}|=|\det C|,$$

$|\det C|$ 就是由仿射变换 σ 所决定的变积系数 d.

注 利用代数知识可以证明:仿射变换 σ 的公式中的系数矩阵 C 的行列式与仿射坐标系的选取无关.

推论 平面上两个图形的面积之比在仿射变换下保持不变.

思考题 证明椭圆 $\frac{x^2}{a^2}+\frac{y^2}{b^2}=1(a,b>0)$ 的面积是 πab.

读者可参见二维码.

5.3.3 仿射变换的几个重要结果

定理 5.3.1(仿射变换基本定理) (1)仿射变换将仿射坐标系变成仿射坐标系,并且使得任意点 P 在原系中的坐标等于它的像 P' 在新系中的坐标.

(2) 对于平面上任意两个仿射坐标系 Ⅰ 和 Ⅰ$'$,存在平面的一个点变换 σ,它将点 P 对应于点 P',使得点 P 在坐标系 Ⅰ 中的坐标等于点 P' 在系 Ⅰ$'$ 中的坐标,那么 σ 是仿射变换.

证明 (1)设 $\{O;\boldsymbol{e}_1,\boldsymbol{e}_2\}$ 为仿射坐标系,仿射变换 σ 把点 O 变为点 O',把向量 $\boldsymbol{e}_i$ 变为向量 $\boldsymbol{e}_i'$, $i=1,2$. 设 $\boldsymbol{e}_i=\overrightarrow{OA_i}$, A_i 在 σ 下的像为 A_i',则

$$\boldsymbol{e}_i'=\sigma(\boldsymbol{e}_i)=\sigma(\overrightarrow{OA_i})=\overrightarrow{O'A_i'},\quad i=1,2.$$

因为 O,A_1,A_2 三点不共线,所以 O',A_1',A_2' 三点也不共线,从而 $\{O';\boldsymbol{e}_1',\boldsymbol{e}_2'\}$ 也是仿射坐标系(图 5.4).

设点 P 在 $\{O;\boldsymbol{e}_1,\boldsymbol{e}_2\}$ 下的坐标为 (x,y)，即 $\overrightarrow{OP}=x\boldsymbol{e}_1+y\boldsymbol{e}_2$. 据命题 5.3.3，$\overrightarrow{O'P'}=x\boldsymbol{e}_1'+y\boldsymbol{e}_2'$，因而点 P' 在 $\{O';\boldsymbol{e}_1',\boldsymbol{e}_2'\}$ 下的坐标为 (x,y).

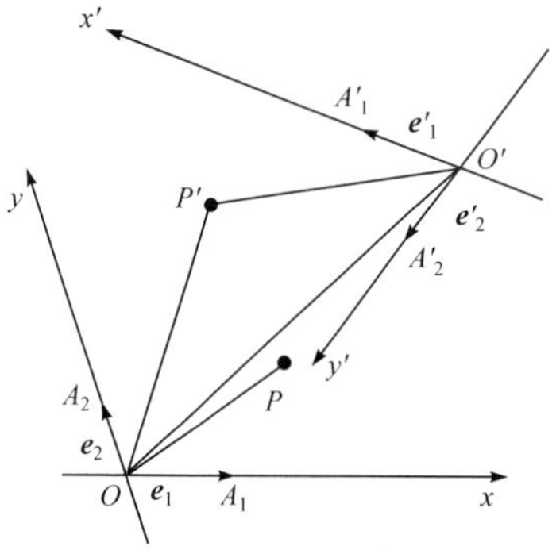

图 5.4

(2) 已知平面上任意二仿射坐标系 Ⅰ $=\{O;\boldsymbol{e}_1,\boldsymbol{e}_2\}$ 和 Ⅰ$'=\{O';\boldsymbol{e}_1',\boldsymbol{e}_2'\}$. 依要求规定的点变换 $\sigma:\pi\to\pi, P\longmapsto P'$ 满足下列条件：

$$\overrightarrow{OP}=x\boldsymbol{e}_1+y\boldsymbol{e}_2\quad \overrightarrow{O'P'}=x\boldsymbol{e}_1'+y\boldsymbol{e}_2'.$$

假定在 $\{O;\boldsymbol{e}_1,\boldsymbol{e}_2\}$ 下，点 O' 的坐标为 (a,b)，点 P' 的坐标为 (x',y')，$\boldsymbol{e}_1'=c_{11}\boldsymbol{e}_1+c_{21}\boldsymbol{e}_2$，$\boldsymbol{e}_2'=c_{12}\boldsymbol{e}_1+c_{22}\boldsymbol{e}_2$. 由

$$\overrightarrow{OP'}=\overrightarrow{OO'}+\overrightarrow{O'P'}=\overrightarrow{OO'}+x\boldsymbol{e}_1'+y\boldsymbol{e}_2'$$

得到

$$\begin{cases}x'=c_{11}x+c_{12}y+a,\\ y'=c_{21}x+c_{22}y+b.\end{cases}$$

又因 $\boldsymbol{e}_1',\boldsymbol{e}_2'$ 不共线，故 $\begin{vmatrix}c_{11} & c_{12}\\ c_{21} & c_{22}\end{vmatrix}\neq 0$，从而 σ 是仿射变换.

注　本定理指出，对于平面上任意两个仿射坐标系 Ⅰ 和 Ⅰ$'$，存在唯一的仿射变换把 Ⅰ 变为 Ⅰ$'$. 定理中(2)说明存在性，(1)说明唯一性. 该定理等价于：由平面上不共线的三对对应点可唯一确定一个仿射变换.

例 5.3.4　求仿射变换使 x 轴，y 轴的像分别是直线 $x-y-1=0$ 和 $x+y+1=0$，点 $(1,1)$ 的像为点 $(0,0)$.

解法一　设所求的仿射变换公式为

$$\sigma:\begin{cases}x'=c_{11}x+c_{12}y+a,\\ y'=c_{21}x+c_{22}y+b,\end{cases}$$

利用题设条件确定上式中的六个系数.

σ 把点 $(1,1)$ 变为 $(0,0)$，故

$$\begin{cases}c_{11}+c_{12}+a=0, & (5.3.7)\\ c_{21}+c_{22}+b=0. & (5.3.8)\end{cases}$$

σ 将 x 轴变为 $x-y-1=0$，即直线 $x-y-1=0$ 的原像为 $y=0$，从而直线

$$(c_{11}x+c_{12}y+a)-(c_{21}x+c_{22}y+b)-1=0 \tag{5.3.9}$$

就是直线 $y=0$，于是存在数 k 使得

$$(c_{11}-c_{21})x+(c_{12}-c_{22})y+(a-b-1)\equiv ky,$$

故

$$c_{11}=c_{21},\quad c_{12}-c_{22}=k,\ a=b+1. \tag{5.3.10}$$

类似地，σ 把 y 轴变为直线 $x+y+1=0$，可推出存在数 h 使得

$$(c_{11}+c_{21})x+(c_{12}+c_{22})y+(a+b+1)\equiv hx,$$

于是有

$$c_{11}+c_{21}=h,\quad c_{12}=-c_{22},\quad a=-b-1. \tag{5.3.11}$$

由(5.3.7),(5.3.8),(5.3.10),(5.3.11)解得 $c_{11}=c_{21}=\dfrac{1}{2}$,$c_{12}=-\dfrac{1}{2}$,$c_{22}=\dfrac{1}{2}$,$a=0$,$b=-1$,$k=-1$,$h=1$. 所求的仿射变换为

$$\begin{cases} x'=\dfrac{x}{2}-\dfrac{y}{2}, \\ y'=\dfrac{x}{2}+\dfrac{y}{2}-1. \end{cases}$$

为减少计算量,对上述解法进一步提炼,得下列较为简捷的解法.

解法二 将点(x,y)经过变换σ得到的像点的坐标x',y'看成x,y的函数.

已知直线 $x-y-1=0$ 的原像为 $y=0$,由(5.3.9)式知 $x'-y'-1=0$ 就是直线 $y=0$,于是存在数 k 使得

$$x'-y'-1=ky.$$

而σ把点(1,1)变为(0,0),用 $x=1$,$y=1$,$x'=0$,$y'=0$ 代入上式求出 $k=-1$.

同理,直线 $x+y+1=0$ 的原像为 $x=0$,故 $x'+y'+1=0$ 就是直线 $x=0$,于是存在数 h 使得

$$x'+y'+1=hx.$$

用 $x=y=1$,$x'=y'=0$ 代入上式得 $h=1$. 所求的仿射变换的逆变换是

$$\begin{cases} x=x'+y'+1, \\ y=-x'+y'+1, \end{cases}$$

所求的仿射变换为

$$\begin{cases} x'=\dfrac{x}{2}-\dfrac{y}{2}, \\ y'=\dfrac{x}{2}+\dfrac{y}{2}-1. \end{cases}$$

定理 5.3.2 任何一个平面仿射变换可分解为正交变换与沿两个互相垂直方向伸缩的乘积.

证明 任取一个直角坐标系. 由(5.3.1)式给出的仿射变换σ把圆心在点O的单位圆C变成中心在点O'的椭圆C'(图 5.5). 设A_0A'与B_0B'是C'的两条互相垂直的对称轴,记向量

$$\boldsymbol{f}_1=\overrightarrow{O'A'},\boldsymbol{f}_2=\overrightarrow{O'B'},$$

并将它们单位化,得

$$\boldsymbol{e}_1'=\frac{\boldsymbol{f}_1}{|\boldsymbol{f}_1|},\quad \boldsymbol{e}_2'=\frac{\boldsymbol{f}_2}{|\boldsymbol{f}_2|},$$

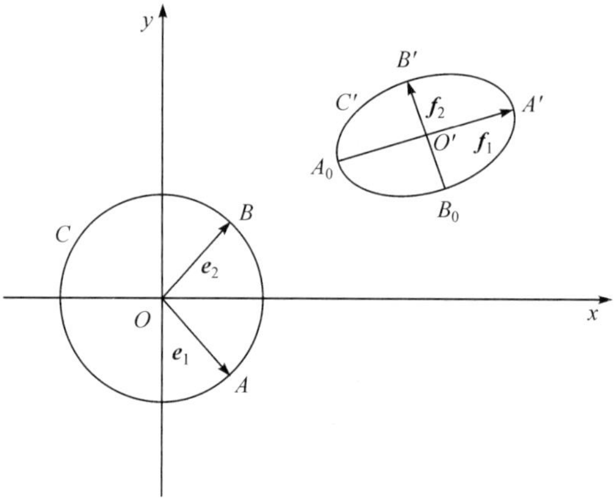

图 5.5

于是有仿射坐标系$\{O';\boldsymbol{f}_1,\boldsymbol{f}_2\}$和直角坐标系$\{O';\boldsymbol{e}_1',\boldsymbol{e}_2'\}$. 又设在$\sigma$下$\boldsymbol{f}_1,\boldsymbol{f}_2$的原像为$\boldsymbol{e}_1,\boldsymbol{e}_2$,即$\sigma(\boldsymbol{e}_i)=\boldsymbol{f}_i,i=1,2$,因而$\sigma$将$\{O;\boldsymbol{e}_1,\boldsymbol{e}_2\}$变为$\{O';\boldsymbol{f}_1,\boldsymbol{f}_2\}$. 由于椭圆的两条对称轴是互相共轭的,即每一条对称轴的平行弦中点的轨迹沿着另一条对称轴的方向,而仿射变换σ保持共轭性不变,因此$\boldsymbol{e}_1,\boldsymbol{e}_2$也是单位圆$C$上互相垂直的半径向量,故$\{O;\boldsymbol{e}_1,\boldsymbol{e}_2\}$为直角坐标系. 应用定理 5.2.1,存在正交变换φ把直角坐标系$\{O;\boldsymbol{e}_1,\boldsymbol{e}_2\}$变成直角坐标系$\{O';\boldsymbol{e}_1',\boldsymbol{e}_2'\}$. 而由

$$x'=|\boldsymbol{f}_1|x,y'=|\boldsymbol{f}_2|y$$

定义的平面伸缩变换ψ把坐标系$\{O';\boldsymbol{e}_1',\boldsymbol{e}_2'\}$变为$\{O';\boldsymbol{f}_1',\boldsymbol{f}_2'\}$. 于是$\psi\varphi$把$\{O;\boldsymbol{e}_1,\boldsymbol{e}_2\}$变为$\{O';\boldsymbol{f}_1,\boldsymbol{f}_2\}$. 据定理 5.3.1,$\sigma=\psi\varphi$,因而仿射变换$\sigma$可分解为正交变换$\varphi$与沿两个互相垂直方向伸缩$\psi$的乘积.

习　题　5.3

1. 设 $ABCDEF$ 为正六边形. 已知

(1) 点 A,B,C;　(2)点 A,B,D

在仿射变换下的像,分别求作正六边形 $ABCDEF$ 在仿射变换下的像.

2. 设仿射变换σ在一个仿射坐标系中的变换公式为

$$\begin{cases}x'=x+2,\\ y'=3x-y-1.\end{cases}$$

(1) 求曲线 $x^2-2y+3=0$ 的像的方程;

(2) 求曲线 $x^2+y^2=4$ 的原像的方程.

3. 设在一个仿射坐标系中,给出了下列点的坐标:

$A(-1,0),B(0,-1),C(-3,1),D(2,1),E(-1,3),F(-2,4)$.

(1) 求把点(0,0)变为 A,点(1,0)变为 B,点(0,1)变为 C 的仿射变换的公式;

(2) 求把点 A,B,C 分别变为点 D,E,F 的仿射变换的公式.

4. 证明两条平行线段之比在仿射变换下保持不变.

5. 若仿射变换 $\sigma:\pi\to\pi$ 把某一个圆周 S^1 变为等半径的圆周,则 σ 是正交变换.

6. 设平面的一个仿射变换 σ 使直线 l 上的每一点都不动,又 $\sigma(A)=A'$,$\sigma(B)=B'$. 证明:

(1) 直线 AB 与 $A'B'$ 或同时平行于 l,或相交于 l 上一点;

(2) 直线 AA' 与 BB' 彼此平行.

7. 写出下列仿射变换的变积系数:伸缩、位似、错切.

8. 写出下列仿射变换的变换公式:

(1) 它把直线 $x+y-1=0$ 变为 $2x+y-2=0$,把直线 $x+2y=0$ 变为 $x+y+1=0$,把点(1,1)变为(2,3);

(2) 它有两条不动直线 $3x+2y-1=0$ 和 $x+2y+1=0$,并且把原点变为点(1,1).

9. 求仿射变换

$$\begin{cases} x' = 2x+2y-1, \\ y' = -\dfrac{3}{2}x-2y+\dfrac{3}{2} \end{cases}$$

的不动点和不动直线.

10. 已知仿射变换 σ 在仿射坐标系 Ⅰ 中的变换公式为

$$\begin{cases} x' = -2x+3y-1, \\ y' = 4x-y+3, \end{cases}$$

仿射坐标系 Ⅰ′ 的原点在 Ⅰ 中的坐标为(4,5),两个坐标向量在 Ⅰ 中的坐标分别是(2,3)和(1,2),求 σ 在 Ⅰ′ 中的变换公式.

5.4 二次曲线的度量分类与仿射分类

本节简单介绍德国数学家克莱因(F. Klein)运用变换群对几何学进行分类的思想,结合平面上的二次曲线,说明它在度量几何与仿射几何中各是怎样分类的.

5.4.1 变换群与几何学的分类

中学的几何属于欧氏几何的范围. 欧氏几何研究的长度、角度、面积、体积等主要内容都是与图形的特定位置无关的性质,即当图形从一个位置挪动到另一个位置时不会发生改变的性质,这里所谓挪动指的是平移、旋转、反射以及它们的乘积,也就是说欧氏几何研究的图形性质是在正交变换群下不变的性质与量. 克莱因总结并推广了上述思想,于 1872 年在德国埃尔朗根(Erlangen)大学的教授就职演讲中,作了题为《关于近世几何学研究的比较》报告. 在他的报告中,首先提出了几何学与变换群关系的思想,他用变换群的观点对当时已经出现的所有几何学进行分类,指出每一种几何研究的都是图形在某个特定变换群之下的不变性质. 克莱因的报告后人称之为埃尔朗根纲领. 它虽然不完全适用于以后几何学的发展情况,但是在几何学的发展历史上起到了巨大的推动作用.

定义 5.4.1　平面上的几何图形在正交变换下的不变性质(或几何量)称为图形的**度量性质**(或**正交不变量**),研究这些性质的几何学叫做**度量几何学**(即**欧几里德几何学**);几何图形在仿射变换下的不变性质(或几何量)称为图形的**仿射性质**(或**仿射不变量**),研究仿射性质的几何学叫做**仿射几何学**.

正交变换是仿射变换,因而正交群是仿射群的子群,所以仿射性质(仿射不变量)也是度量性质(正交不变量).仿射几何的基本性质包括同素性(即仿射变换将点变为点,直线变成直线)、结合性(仿射变换保持点与直线的结合关系)、平行性,它们也是度量性质.共线三点的简单比是基本仿射不变量也是正交不变量.但是在仿射变换下,可以改变两点之间的距离以及两直线之间的角度(例如伸缩变换),因此关于两点间的距离(以及线段的长度),二直线的夹角、垂直,轴对称以及图形的面积等这些度量性质或正交不变量都不是仿射性质与仿射不变量.

经过平面上的一个正交变换或仿射变换,平面上的一个图形变成另一个图形,下面进一步考虑它们之间的关系.

定义 5.4.2　设 C_1, C_2 是平面上两个图形.

(1) 如果存在一个正交变换 $\varphi:\pi\to\pi$ 使得 $\varphi(C_1)=C_2$,那么 C_1 与 C_2 称为**正交等价**的(或**度量等价**的);

(2) 如果存在一个仿射变换 $\sigma:\pi\to\pi$ 使得 $\sigma(C_1)=C_2$,那么 C_1 与 C_2 叫做**仿射等价**的.

平面图形看成由点组成的集合,所谓一变换把图形 C_1 变到 C_2,指的是这个变换引起的集合 C_1 到 C_2 的一一对应.由于正交变换包含刚体运动与反射,因此二图形度量等价指的是几何图形全等.如欧氏几何中不全等的三角形是不同的图形,但若采用仿射几何的观点,任何两个三角形都是仿射等价的,因为平面上不共线的三对对应点唯一决定一个仿射变换,这意味着平面上任意给定两个三角形,总可以通过一仿射变换把其中一个变成另外一个.又如任何两条线段都是仿射等价的,但只当它们等长时才度量等价.

不论正交等价还是仿射等价都是平面图形间的一个关系,下面以正交等价为例来看这种关系具有的性质.

1) 自反性:每一个图形与它自身正交等价.这是因为恒等变换是正交变换,而恒等变换把一个图形变成自身.

2) 对称性:若图形 C_1 与 C_2 正交等价,则 C_2 也与 C_1 正交等价.因为若正交变换 φ 使得 $\varphi(C_1)=C_2$,则 $\varphi^{-1}(C_2)=C_1$,而 φ^{-1} 也是正交变换.

3) 传递性:若 C_1 与 C_2 正交等价,C_2 与 C_3 正交等价,则 C_1 与 C_3 正交等价.因为若正交变换 φ,ψ 使得 $\varphi(C_1)=C_2$,$\psi(C_2)=C_3$,则乘积 $\psi\varphi$ 把 C_1 变成 C_3,即 $\psi\varphi(C_1)=\psi(\varphi(C_1))=\psi(C_2)=C_3$,并且 $\psi\varphi$ 也是正交变换.

仿射等价这种关系也具有以上三个性质(留给读者验证).我们把具有自反性、

对称性和传递性的关系称为**等价关系**，于是正交等价关系、仿射等价关系都是等价关系.

利用这两个等价关系，我们可对平面上的几何图形的集合进行分类. 把互相仿射等价的图形归入同一类，于是平面上的几何图形分解为许多类，这些类称为**仿射等价类**. 属于同一仿射类的图形彼此都仿射等价，而不同仿射类的图形都不仿射等价. 同样利用正交等价关系则把平面上的几何图形分解成许多**度量等价类**. 比较这两种分类，前者粗，后者细，每个度量等价类都包含在一个仿射等价类中，而每个仿射等价类都由许多度量等价类组成. 例如全体三角形构成一个仿射等价类，它包含了无穷个度量等价类，其中每个度量等价类都由互相全等的三角形组成.

5.4.2 平面二次曲线的度量分类和仿射分类

在 4.8 节中我们用平面直角坐标变换将二次曲线的方程进行化简，找出最简单的所谓“标准方程”. 而平面直角坐标变换和平面正交点变换在形式上均为满秩线性变换，并且由一次项系数组成的矩阵为正交矩阵，因此从点变换的观点来考察二次曲线方程的化简，将化简过程所实施的直角坐标变换理解为正交点变换，在曲线的度量等价类中找出“最简单的代表”，这样一来我们可以将 4.8 节中关于二次曲线分类定理改述为关于二次曲线度量分类的定理.

定理 5.4.1 在直角坐标系中，任意二次曲线

$$a_{11}x^2+2a_{12}xy+a_{22}y^2+2b_1x+2b_2y+c=0$$

度量(正交)等价于下列曲线之一：

$$\frac{x^2}{a^2}+\frac{y^2}{b^2}=1,\quad \frac{x^2}{a^2}+\frac{y^2}{b^2}=-1,\quad \frac{x^2}{a^2}+\frac{y^2}{b^2}=0,$$

$$\frac{x^2}{a^2}-\frac{y^2}{b^2}=1,\quad \frac{x^2}{a^2}-\frac{y^2}{b^2}=0,\quad y^2=2px,$$

$$y^2-a^2=0,\quad y^2+a^2=0,\quad y^2=0,$$

其中 a,b,p 均为正数.

这九种曲线彼此不度量等价，而且用同一种方程表示的曲线当系数不同时，它们也彼此不度量等价，因此二次曲线有无穷多个度量等价类.

将上述定理中的九种方程用仿射变换进一步化简，具体来说对前五种方程作变换

$$\begin{cases} x'=\dfrac{1}{a}x, \\ y'=\dfrac{1}{b}y, \end{cases}$$

对 $y^2=2px$ 作变换

$$\begin{cases} x' = 2px, \\ y' = y, \end{cases}$$

对$y^2 \pm a^2 = 0$作变换

$$\begin{cases} x' = x, \\ y' = \dfrac{1}{a}y, \end{cases}$$

于是我们有下列结论.

定理 5.4.2　在仿射坐标系中,任意二次曲线

$$a_{11}x^2 + 2a_{12}xy + a_{22}y^2 + 2b_1x + 2b_2y + c = 0$$

仿射等价于下列曲线之一:

$$\begin{aligned} &x^2 + y^2 = 1, \quad x^2 + y^2 = -1, \quad x^2 + y^2 = 0, \\ &x^2 - y^2 = 1, \quad x^2 - y^2 = 0, \quad y^2 = x, \\ &y^2 - 1 = 0, \quad y^2 + 1 = 0, \quad y^2 = 0, \end{aligned}$$

并且这 9 条曲线彼此不仿射等价,因此二次曲线可分成 9 个仿射等价类,以上述曲线为其代表.

二次曲线的仿射分类的一个应用,见例 5.4.1.

例 5.4.1　证明:椭圆的任意一对共轭直径把椭圆内部分成四块面积相等的部分.

证明　任给一椭圆 C,任取它的一对共轭直径 l_1 和 l_2. 由定理 5.4.2 知,椭圆 C 与单位圆 C_1:$x^2+y^2=1$ 在同一个仿射类中,故存在仿射变换 σ 把 C 变成 C_1. 由于直径的共轭性是仿射不变的,因此 σ 把 l_1, l_2 变成 C_1 的一对共轭直径 l_1' 和 l_2'. 设 C 的内部被 l_1 和 l_2 分成的四块是 $C^{(1)}, C^{(2)}, C^{(3)}, C^{(4)}$;$C_1$ 的内部被 l_1' 和 l_2' 分成的相应四块是 $C_1^{(1)}, C_1^{(2)}, C_1^{(3)}, C_1^{(4)}$. 显然 σ 把 $C^{(i)}$ 变成 $C_1^{(i)}$,$i=1,2,3,4$. 因为圆 C_1 的共轭直径互相垂直,所以诸 $C_1^{(i)}$($i=1,2,3,4$)的面积均相等,而 $C_1^{(i)}$ 和 $C^{(i)}$ 的面积之比等于 σ 的变积系数,$i=1,2,3,4$,故 $C^{(1)}, C^{(2)}, C^{(3)}, C^{(4)}$ 的面积也相等.

习　题　5.4

1. 证明:(1) 两对相交直线正交等价的充要条件是它们的交角相等;

(2) 任意两对相交直线必仿射等价.

2. 证明:(1) 平面上所有平行四边形恰好组成一个仿射类;

(2)平面上的梯形有无穷多个仿射类,从而平面上的四边形有无穷多个仿射类.

3. 在仿射变换下不变的几何概念叫做仿射概念. 试证二次曲线的渐近方向、非渐近方向,直径、共轭直径和切线都是仿射概念.

4. 证明:以椭圆

$$\frac{x^2}{a^2} + \frac{y^2}{b^2} = 1$$

的任意一对共轭直径和椭圆的交点为顶点的平行四边形的面积都等于 $2ab$.

5. 证明:椭圆的过共轭直径与椭圆的交点的切线构成的平行四边形的面积是一个常数.

6. 在$\triangle ABC$三边 BC,CA,AB 上顺次取三点 L,M,N 使

$$\frac{BL}{LC}=\frac{CM}{MA}=\frac{AN}{NB},$$

试证$\triangle ABC$与$\triangle LMN$有相同的重心.

7. 设$\triangle ABC$外切于一椭圆,切点 D,E,F 分别在边 AB,BC,CA 上.试证 AE,CD,BF 相交于一点.

8. 证明:(1)双曲线的切线和它的渐近线确定的三角形的面积是一个常数;

(2)双曲线两条渐近线之间的切线线段被切点等分.

5.5 空间的正交变换和仿射变换简介

和平面的情形一样,可以在空间讨论刚体运动、正交变换与仿射变换、由于定义方式、论证方法类似,本节只列举定义和主要结论.

5.5.1 空间的刚体运动

在空间右手直角坐标系$\{O;\boldsymbol{i},\boldsymbol{j},\boldsymbol{k}\}$中,由公式

$$\begin{cases}x'=x+a,\\y'=y+b,\\z'=z+c\end{cases}$$

给出的点变换 $\varphi:P(x,y,z)\longmapsto P'(x',y',z')$叫做**平移变换**.

记$\boldsymbol{v}=(a,b,c)$,则点 $P(x,y,z)$与 $P'(x',y',z')$满足关系$\overrightarrow{PP'}=\boldsymbol{v}$,因而 φ 是由向量$\boldsymbol{v}$决定的平移.

设另有一右手直角坐标系$\{O;\boldsymbol{i}',\boldsymbol{j}',\boldsymbol{k}'\}$,且 $\boldsymbol{i}',\boldsymbol{j}',\boldsymbol{k}'$在坐标系$\{O;\boldsymbol{i},\boldsymbol{j},\boldsymbol{k}\}$中的坐标分别为$(d_{11},d_{21},d_{31})$,$(d_{12},d_{22},d_{32})$和$(d_{13},d_{23},d_{33})$,即

$$\begin{cases}\boldsymbol{i}'=d_{11}\boldsymbol{i}+d_{21}\boldsymbol{j}+d_{31}\boldsymbol{k},\\\boldsymbol{j}'=d_{12}\boldsymbol{i}+d_{22}\boldsymbol{j}+d_{32}\boldsymbol{k},\\\boldsymbol{k}'=d_{13}\boldsymbol{i}+d_{23}\boldsymbol{j}+d_{33}\boldsymbol{k},\end{cases}$$

则

$$D=\begin{pmatrix}d_{11}&d_{12}&d_{13}\\d_{21}&d_{22}&d_{23}\\d_{31}&d_{32}&d_{33}\end{pmatrix}\tag{5.5.1}$$

是正交矩阵,且 $\det D=1$(参看 4.1 节).现在用公式

$$\begin{cases}x'=d_{11}x+d_{12}y+d_{13}z,\\y'=d_{21}x+d_{22}y+d_{23}z,\\z'=d_{31}x+d_{32}y+d_{33}z,\end{cases}$$

给出的点变换 $\tau: P(x,y,z) \longmapsto P'(x',y',z')$ 称为空间的绕原点 O 的**旋转变换**，这里点 P' 的坐标是对坐标系 $\{O;\boldsymbol{i},\boldsymbol{j},\boldsymbol{k}\}$ 取的.

与平面的情形一样，我们把空间中的平移. 旋转以及它们的乘积叫做空间的**(刚体)运动**. 易见空间运动在一直角坐标系中的公式是

$$\begin{pmatrix} x' \\ y' \\ z' \end{pmatrix} = D\begin{pmatrix} x \\ y \\ z \end{pmatrix} + \begin{pmatrix} a \\ b \\ c \end{pmatrix},$$

其中 D 如(5.5.1)式所述，它是正交矩阵且 $\det D=1$.

5.5.2　空间的正交变换

定义 5.5.1　若空间的一个点变换保持点之间的距离不变，则该变换叫做空间的**正交(点)变换**或**保距变换**.

容易验证空间的平移变换、绕定点的旋转变换因而空间的刚体运动均为正交变换.

例 5.5.1　在空间取一平面 π，将空间中每一点 P 对应到它关于平面 π 的对称点 P' 的变换称为关于平面 π 的**镜面反射**，简称为**反射**. 如果我们选取这平面为 xOy 平面，那么反射变换公式为

$$\begin{cases} x' = x, \\ y' = y, \\ z' = -z, \end{cases}$$

易见镜面反射是正交变换.

空间的正交变换具有如下的性质：

(1) 正交变换把共线三点变成共线三点，并且保持共线三点的简单比不变；它把不共线的三点变成不共线的三点.

(2) 正交变换把直线变成直线，并且保持直线的平行性；它把线段变成线段，并且保持线段的分比不变.

(3) 正交变换将平面变成平面，把平行平面变成平行平面，把相交平面变成相交平面.

(4) 正交变换的乘积是正交变换；正交变换是可逆变换，并且它的逆变换也是正交变换. 于是空间的全体正交变换构成空间的一个变换群，称为空间的**正交变换群**，简称为**正交群**.

由空间的正交点变换可以诱导出空间的向量变换，称为空间的**正交向量变换**，其定义类似于平面情形，并且

(5) 正交点变换所诱导的正交向量变换保持向量的线性关系不变，保持向量的长度不变，保持向量的夹角不变因而保持向量的内积不变.

定理 5.5.1 正交变换 φ 把任意一个直角坐标系 Ⅰ 变成一个直角坐标系(记作 Ⅱ),并且使得任意点 P 的 Ⅰ 坐标等于它的像 P' 的 Ⅱ 坐标.

反之,如果空间的一个点变换 ψ 使得任意点 Q 在直角坐标系 Ⅰ 中的坐标等于 Q 的像 Q' 在直角坐标系 Ⅱ 中的坐标,则 ψ 是正交变换.

定理 5.5.2 空间点变换 φ 是正交变换当且仅当 φ 在一个空间直角坐标系中的公式为

$$\begin{pmatrix} x' \\ y' \\ z' \end{pmatrix} = \begin{pmatrix} d_{11} & d_{12} & d_{13} \\ d_{21} & d_{22} & d_{23} \\ d_{31} & d_{32} & d_{33} \end{pmatrix} \begin{pmatrix} x \\ y \\ z \end{pmatrix} + \begin{pmatrix} a \\ b \\ c \end{pmatrix}, \tag{5.5.2}$$

其中系数矩阵 $D=(d_{ij})$ 是正交矩阵.

定理 5.5.3 空间的正交变换或是空间的运动,或是镜面反射,或是空间的运动与镜面反射的乘积.

5.5.3 空间的仿射变换

定义 5.5.2 如果空间的一个点变换 σ 在一个仿射坐标系中的公式为

$$\begin{pmatrix} x' \\ y' \\ z' \end{pmatrix} = \begin{pmatrix} c_{11} & c_{12} & c_{13} \\ c_{21} & c_{22} & c_{23} \\ c_{31} & c_{32} & c_{33} \end{pmatrix} \begin{pmatrix} x \\ y \\ z \end{pmatrix} + \begin{pmatrix} a \\ b \\ c \end{pmatrix}, \tag{5.5.3}$$

其中系数矩阵 $C=(c_{ij})$ 是满秩的(即 $\det C\neq 0$),则称 σ 是空间的**仿射(点)变换**.

此定义与仿射坐标系的选取无关.

例 5.5.2 由公式

$$\begin{cases} x' = x, \\ y' = y, \quad (k \text{ 为不等于 1 的正数}) \\ z' = kz \end{cases}$$

所确定的仿射变换叫做空间沿 z 轴方向的**伸缩变换**. 而用公式

$$\begin{cases} x' = lx, \\ y' = hy, \quad (l,h,k \text{ 为不全等于 1 的正数}) \\ z' = kz \end{cases}$$

确定的变换是分别沿 x 轴、y 轴、z 轴方向的三个伸缩变换的乘积,也是一个仿射变换.

空间的仿射变换的性质有:

(1) 两个仿射变换的乘积是仿射变换;仿射变换是可逆的,且它的逆变换仍为仿射变换. 因此空间的全体仿射变换的集合组成一个变换群,称为空间的**仿射变换群**,简称为**仿射群**.

空间的仿射变换具有与正交变换相同的性质(1),(2),(3),即

(2) 仿射变换把共线三点变成共线三点，并且保持共线三点的简单比不变；它把不共线的三点变成不共线的三点.

(3) 仿射变换把直线变成直线，把平行直线变成平行直线；把线段变成线段，并且保持线段的分比不变.

(4) 仿射变换把平面变成平面，把平行平面变成平行平面，把相交平面变成相交平面.

但空间的正交群是仿射群的子群，因此正交变换所具有的性质不一定为仿射变换所具有，下面列举的仿射变换性质(5)，(6)便可看出其差异.

由空间的仿射点变换可诱导出空间向量的一个变换，称为空间的仿射向量变换，但

(5) 空间的仿射向量变换只保持向量的线性关系不变.

(6) 设仿射变换 σ 由公式(5.5.3)给出，则 σ 按同一比值 $|\det C|$ 改变任意空间区域的体积.

我们把由仿射变换 σ 所决定的常数 $|\det C|$ 叫做**变积系数**.

定理 5.5.4　仿射变换把仿射坐标系Ⅰ变成仿射坐标系Ⅱ，并且使任意点 P 的Ⅰ坐标等于它的像 P' 的Ⅱ坐标. 反之，具有这种性质的空间点变换是仿射变换.

定理 5.5.5　空间的任何一个仿射变换可分解为一个正交变换与一个沿三个互相垂直方向的伸缩变换的乘积.

5.5.4　二次曲面的度量分类与仿射分类

类似于平面情形，对空间图形可引入正交等价(或度量等价)和仿射等价的概念，并且将空间图形按正交等价关系或仿射等价关系进行分类. 而仿射变换将二次曲面变为二次曲面，下面就二次曲面介绍度量分类和仿射分类.

在第 4 章中，我们用直角坐标变换将二次曲面的一般方程化简为 17 种标准方程，因此二次曲面共有 17 种. 由于直角坐标变换公式与空间正交点变换公式在形式上是一样的，因此从点变换的观点来考察二次曲面方程的化简，将化简过程所实施的直角坐标变换看成是正交点变换，可以将二次曲面的分类定理改述为二次曲面的度量分类定理.

定理 5.5.6　在直角坐标系中，任意二次曲面

$$a_{11}x^2+a_{22}y^2+a_{33}z^2+2a_{12}xy+2a_{13}xz+2a_{23}yz+2a_{14}x+2a_{24}y+2a_{34}z+a_{44}=0$$

度量(正交)等价于下列曲面之一：

$$\frac{x^2}{a^2}+\frac{y^2}{b^2}+\frac{z^2}{c^2}=1,\quad \frac{x^2}{a^2}+\frac{y^2}{b^2}+\frac{z^2}{c^2}=-1,\quad \frac{x^2}{a^2}+\frac{y^2}{b^2}-\frac{z^2}{c^2}=1,$$

$$\frac{x^2}{a^2}+\frac{y^2}{b^2}-\frac{z^2}{c^2}=-1,\quad \frac{x^2}{a^2}+\frac{y^2}{b^2}+\frac{z^2}{c^2}=0,\quad \frac{x^2}{a^2}+\frac{y^2}{b^2}-\frac{z^2}{c^2}=0,$$

$$\frac{x^2}{a^2}+\frac{y^2}{b^2}=2z,\quad \frac{x^2}{a^2}-\frac{y^2}{b^2}=2z,\quad \frac{x^2}{a^2}+\frac{y^2}{b^2}=1,\quad \frac{x^2}{a^2}+\frac{y^2}{b^2}=-1,$$

$$\frac{x^2}{a^2}+\frac{y^2}{b^2}=0,\quad \frac{x^2}{a^2}-\frac{y^2}{b^2}=1,\quad \frac{x^2}{a^2}-\frac{y^2}{b^2}=0,\quad x^2-2py=0,$$

$$x^2=a^2,\quad x^2=-a^2,\quad x^2=0,$$

其中 a,b,c,p 均为正数.

这 17 种二次曲面彼此不度量等价,而且用同一种方程表示的曲面当系数不同时,它们也不度量等价. 因此二次曲面有无穷多个度量等价类.

将上述定理中的诸方程再通过适当的仿射变换进行化简,就可得到二次曲面的仿射分类.

定理 5.5.7 二次曲面仿射等价于下列曲面之一:

$$x^2+y^2+z^2=1,\quad x^2+y^2+z^2=-1,\quad x^2+y^2-z^2=1,\quad x^2+y^2-z^2=-1,$$

$$x^2+y^2+z^2=0,\quad x^2+y^2-z^2=0,\quad x^2+y^2=z,\quad x^2-y^2=z,$$

$$x^2+y^2=1,\quad x^2+y^2=-1,\quad x^2+y^2=0,\quad x^2-y^2=1,\quad x^2-y^2=0,$$

$$x^2-y=0,\quad x^2=1,\quad x^2=-1,\quad x^2=0,$$

并且这 17 张曲面彼此不仿射等价. 因此二次曲面可分成 17 个仿射等价类,以上述曲面为其代表.

习 题 5.5

1. 在直角坐标系中,求出把点(0,0,0),(0,1,0),(0,0,1)分别变成点(0,0,0),(0,0,1),(1,0,0)的正交变换公式.

2. 证明:(1) 分别对于两个平行平面的反射变换的乘积是一个平移;

(2) 分别对于两个相交平面的反射变换的乘积是一个绕定直线的旋转.

3. 若一个仿射变换有三个不共线的不动点,试证:由这三点确定的平面上的每一点都是不动点.

4. 设空间仿射变换 σ 把平面 π 变为平面 π'. 又点 A,B 不在 π 上,A,B 在 σ 下的像分别为 A',B'. 试证:

(1) 如果向量 $\overrightarrow{AB}/\!/\pi$,则 $\overrightarrow{A'B'}/\!/\pi'$;

(2) 如果 A 和 B 在 π 的同侧,则 A' 和 B' 在 π' 的同侧.

5. 证明:空间中任给两组不共面的四点 A_1,A_2,A_3,A_4 和 B_1,B_2,B_3,B_4,必存在唯一的仿射变换把 A_i 变为 B_i,$i=1,2,3,4$.

6. 求满足下列条件的空间仿射变换:

(1) 平面 $x+y+z=1$ 上每个点都是不动点,又点(1,−1,2)变为点(2,1,0);

(2) 直线 $\frac{x-1}{2}=\frac{y}{1}=\frac{z+1}{-1}$ 上每个点都是不动点,而点(0,0,0)和(1,0,0)互变.

7. 求椭球面 $\frac{x^2}{a^2}+\frac{y^2}{b^2}+\frac{z^2}{c^2}=1$ 围成的区域的体积.

部分习题答案与提示

习　题　1.1

1. 相等向量为(2),(3),(5);互为反向量为(1),(4).

2. $\overrightarrow{AG}=\boldsymbol{a}+\boldsymbol{b}+\boldsymbol{c}$,$\overrightarrow{BH}=-\boldsymbol{a}+\boldsymbol{b}+\boldsymbol{c}$,$\overrightarrow{CE}=-\boldsymbol{a}-\boldsymbol{b}+\boldsymbol{c}$,$\overrightarrow{DF}=\boldsymbol{a}-\boldsymbol{b}+\boldsymbol{c}$.

3. (1) $\boldsymbol{a},\boldsymbol{b}$ 中有一个为零向量或 $\boldsymbol{a},\boldsymbol{b}$ 同向;(2) $\boldsymbol{b}=0$ 或 $\boldsymbol{a},\boldsymbol{b}$ 反向且 $|\boldsymbol{a}|\geqslant|\boldsymbol{b}|$;
(3) $\boldsymbol{a}=0$ 或 $\boldsymbol{a},\boldsymbol{b}$ 同向且 $|\boldsymbol{b}|\geqslant|\boldsymbol{a}|$;(4) $\boldsymbol{a},\boldsymbol{b}$ 中有一个为零向量或 $\boldsymbol{a},\boldsymbol{b}$ 反向;(5) $\boldsymbol{a},\boldsymbol{b}$ 互相垂直.

4. $\overrightarrow{BC}=\dfrac{4}{3}\boldsymbol{l}-\dfrac{2}{3}\boldsymbol{k}$,$\overrightarrow{CD}=\dfrac{2}{3}\boldsymbol{l}-\dfrac{4}{3}\boldsymbol{k}$.

10. 设 CD 的中点为 E,连结 ME,NE,则$\overrightarrow{MN}=\overrightarrow{ME}+\overrightarrow{EN}$. 而$\overrightarrow{ME}=\dfrac{1}{2}\overrightarrow{AD}$,$\overrightarrow{NE}=\dfrac{1}{2}\overrightarrow{BC}$,故 $2\overrightarrow{MN}=\overrightarrow{AD}+\overrightarrow{BC}$,又$\overrightarrow{AD}+\overrightarrow{CB}=\overrightarrow{AB}+\overrightarrow{CD}$,所以$\overrightarrow{AB}+\overrightarrow{CB}+\overrightarrow{AD}+\overrightarrow{CD}=4\overrightarrow{MN}$.

11. $\overrightarrow{CM}=\dfrac{2}{3}\boldsymbol{a}+\dfrac{1}{3}\boldsymbol{b}$,$\overrightarrow{CN}=\dfrac{1}{3}\boldsymbol{a}+\dfrac{2}{3}\boldsymbol{b}$.

12. $\overrightarrow{AL}=\dfrac{|\boldsymbol{b}|\boldsymbol{c}+|\boldsymbol{c}|\boldsymbol{b}}{|\boldsymbol{b}|+|\boldsymbol{c}|}$. 提示:利用已知的一个结论,即三角形的一条角平分线分对边之比等于这个角的两边之比.

15. "$\Rightarrow$"若 A,B,C 共线,则$\overrightarrow{AB}$与$\overrightarrow{AC}$共线,于是存在不全为零的实数 k,l 使得 $k\overrightarrow{AB}+l\overrightarrow{AC}=\boldsymbol{0}$. 任取点 O,由上式得 $-(k+l)\overrightarrow{OA}+k\overrightarrow{OB}+l\overrightarrow{OC}=\boldsymbol{0}$. 取$\lambda=-(k+l)$,$\mu=k$,$\nu=l$,则有$\lambda\overrightarrow{OA}+\mu\overrightarrow{OB}+\nu\overrightarrow{OC}=\boldsymbol{0}$ 且$\lambda+\mu+\nu=0$. "$\Leftarrow$"若对某一点 O,有不全为零的实数 λ,μ,ν 使得$\lambda\overrightarrow{OA}+\mu\overrightarrow{OB}+\nu\overrightarrow{OC}=\boldsymbol{0}$ 且$\lambda+\mu+\nu=0$,则 $\lambda=-(\mu+\nu)$,于是有 $\mu(\overrightarrow{OB}-\overrightarrow{OA})+\nu(\overrightarrow{OC}-\overrightarrow{OA})=\boldsymbol{0}$;也就是 $\mu\overrightarrow{AB}+\nu\overrightarrow{AC}=\boldsymbol{0}$. 易知 μ,ν 不全为零,从而$\overrightarrow{AB}$与$\overrightarrow{AC}$共线,A,B,C 共线.

16. 提示:因为 A,B,C 不共线,所以$\overrightarrow{AB}$与$\overrightarrow{AC}$不共线,于是点 M 在 A,B,C 确定的平面上$\Leftrightarrow$ $\overrightarrow{AM}=\mu\overrightarrow{AB}+\nu\overrightarrow{AC}$,其中 μ,ν 为实数.

17. 因为$\overrightarrow{OA_1}+\overrightarrow{OA_3}=\lambda\overrightarrow{OA_2}$,$\overrightarrow{OA_2}+\overrightarrow{OA_4}=\lambda\overrightarrow{OA_3}$,$\cdots$,$\overrightarrow{OA_{n-1}}+\overrightarrow{OA_1}=\lambda\overrightarrow{OA_n}$,$\overrightarrow{OA_n}+\overrightarrow{OA_2}=\lambda\overrightarrow{OA_1}$,所以 $2(\overrightarrow{OA_1}+\overrightarrow{OA_2}+\cdots+\overrightarrow{OA_n})=\lambda(\overrightarrow{OA_1}+\overrightarrow{OA_2}+\cdots+\overrightarrow{OA_n})$,从而$(\lambda-2)(\overrightarrow{OA_1}+\overrightarrow{OA_2}+\cdots+\overrightarrow{OA_n})=\boldsymbol{0}$. 显然 $\lambda\neq2$,因此$\overrightarrow{OA_1}+\overrightarrow{OA_2}+\cdots+\overrightarrow{OA_n}=\boldsymbol{0}$.

习　题　1.2

1. (1) B 的坐标为(3,3,3);(2) 对称点的坐标为(1,3,−3).

3. $M\left(\dfrac{1}{2},\dfrac{1}{2}\right)$,$P\left(\dfrac{1}{5},\dfrac{4}{5}\right)$,$Q\left(\dfrac{5}{6},\dfrac{5}{6}\right)$,$\overrightarrow{PQ}$的坐标为$\left(\dfrac{19}{30},\dfrac{1}{30}\right)$.

4. $A(0,0)$,$B(1,0)$,$F(0,1)$,$C(2,1)$,$D(2,2)$,$E(1,2)$;$\overrightarrow{DB}$的坐标为(−1,−2),$\overrightarrow{DF}$的坐标为(−2,−1).

5. (1) $(-11,17,6)$;(2) $(33,20,20)$.

6. 分点坐标为$(1,0,3)$和$(4,-2,2)$.

7. (1) 不共面,$\boldsymbol{c}$不能表示为$\boldsymbol{a}$,$\boldsymbol{b}$的线性组合;(2) 共面,$\boldsymbol{c}=\dfrac{1}{2}\boldsymbol{a}+\dfrac{2}{3}\boldsymbol{b}$;

(3) 共面,$\boldsymbol{c}$不能表示成$\boldsymbol{a}$,$\boldsymbol{b}$的线性组合.

8. $\boldsymbol{d}=2\boldsymbol{a}+3\boldsymbol{b}+5\boldsymbol{c}$.

习　题　1.3

1. (1) 13;(2) -7;(3) -61;(4) 73.

4. 当$\boldsymbol{a}$,$\boldsymbol{b}$不共线时,等式的几何意义是:平行四边形两条对角线的长度的平方和等于它的四条边的长度的平方和.

6. (1) $-\dfrac{3}{2}$;(2) -13;(3) $\sqrt{14}$, $\arccos\dfrac{\sqrt{14}}{14}$, $\arccos\dfrac{2\sqrt{14}}{14}$, $\arccos\dfrac{3\sqrt{14}}{14}$;(4) $\dfrac{\pi}{3}$;(5) 40.

7. (1) 因$\overrightarrow{BC}=\overrightarrow{BA}+\overrightarrow{AC}$,故有$\overrightarrow{BC}^2=\overrightarrow{BA}^2+\overrightarrow{AC}^2+2\overrightarrow{BA}\cdot\overrightarrow{AC}$. 记$|\overrightarrow{AB}|=c$,$|\overrightarrow{CB}|=a$,$|\overrightarrow{AC}|=b$,于是$a^2=b^2+c^2-2bc\cos A$;

(2) 在平行四边形$ABCD$中,$\overrightarrow{AC}\cdot\overrightarrow{BD}=(\overrightarrow{AB}+\overrightarrow{BC})\cdot(\overrightarrow{BC}+\overrightarrow{CD})=(\overrightarrow{AB}+\overrightarrow{BC})\cdot(\overrightarrow{BC}-\overrightarrow{AB})=\overrightarrow{BC}^2-\overrightarrow{AB}^2$,由此可导出结论;

(3) 设D,E,F分别为BC,CA,AB的中点. 设BC,AC的垂直平分线交于点M,需证$\overrightarrow{MF}\perp\overrightarrow{AB}$. 因为$0=\overrightarrow{MD}\cdot\overrightarrow{BC}=\dfrac{1}{2}(\overrightarrow{MB}+\overrightarrow{MC})(\overrightarrow{MC}-\overrightarrow{MB})=\dfrac{1}{2}(\overrightarrow{MC}^2-\overrightarrow{MB}^2)$,所以$|\overrightarrow{MC}|=|\overrightarrow{MB}|$. 同理,由$\overrightarrow{ME}\cdot\overrightarrow{CA}=0$得$|\overrightarrow{MC}|=|\overrightarrow{MA}|$. 于是$\overrightarrow{MF}\cdot\overrightarrow{AB}=\dfrac{1}{2}(\overrightarrow{MA}+\overrightarrow{MB})\cdot(\overrightarrow{MB}-\overrightarrow{MA})=0$,$\overrightarrow{MF}\perp\overrightarrow{AB}$.

8. (1) $\sqrt{6}$,$\sqrt{6}$,$\arccos\dfrac{1}{6}$,$\pi-\arccos\dfrac{1}{6}$;(2) $\sqrt{10}$,$\sqrt{14}$,$\dfrac{\pi}{2}$.

9. $\cos\alpha=\dfrac{2}{3}$,$\cos\beta=\dfrac{1}{3}$,$\cos\gamma=-\dfrac{2}{3}$,$\alpha=\arccos\dfrac{2}{3}$,$\beta=\arccos\dfrac{1}{3}$,$\gamma=\arccos\left(-\dfrac{2}{3}\right)$.

10. 因为$\boldsymbol{a}$,$\boldsymbol{b}$,$\boldsymbol{c}$不共面,所以存在实数k_i,$i=1,2,3$,使得$\boldsymbol{r}=k_1\boldsymbol{a}+k_2\boldsymbol{b}+k_3\boldsymbol{c}$,于是$\boldsymbol{r}\cdot\boldsymbol{r}=\boldsymbol{r}\cdot(k_1\boldsymbol{a}+k_2\boldsymbol{b}+k_3\boldsymbol{c})=0$,从而$\boldsymbol{r}=\boldsymbol{0}$.

11. 在四面体$ABCD$中,设$AB\perp CD$,$AC\perp BD$,要证$AD\perp BC$. 计算内积$\overrightarrow{AD}\cdot\overrightarrow{BC}=(\overrightarrow{AB}+\overrightarrow{BD})\cdot(\overrightarrow{BD}+\overrightarrow{DC})=(\overrightarrow{AB}+\overrightarrow{BD}+\overrightarrow{DC})\cdot\overrightarrow{BD}+\overrightarrow{AB}\cdot\overrightarrow{DC}=\overrightarrow{AC}\cdot\overrightarrow{BD}=0$便可知. 对于结论第二部分. 因为$\overrightarrow{AC}+\overrightarrow{CB}=\overrightarrow{AD}+\overrightarrow{DB}$,故$\overrightarrow{AC}+\overrightarrow{BD}=\overrightarrow{AD}+\overrightarrow{BC}$,从而$(\overrightarrow{AC}+\overrightarrow{BD})^2=(\overrightarrow{AD}+\overrightarrow{BC})^2$,$|\overrightarrow{AC}|^2+|\overrightarrow{BD}|^2=|\overrightarrow{AD}|^2+|\overrightarrow{BC}|^2$. 同理,由$\overrightarrow{AB}+\overrightarrow{CD}=\overrightarrow{CB}+\overrightarrow{AD}$又可推出$|\overrightarrow{AB}|^2+|\overrightarrow{CD}|^2=|\overrightarrow{BC}|^2+|\overrightarrow{AD}|^2$.

习　题　1.4

1. (1) 16;(2) 144;(3) 40.

2. (1) 分别用$\boldsymbol{a}$,$\boldsymbol{b}$去叉乘等式$\boldsymbol{a}+\boldsymbol{b}+\boldsymbol{c}=\boldsymbol{0}$的两边. 几何意义:$\boldsymbol{a}+\boldsymbol{b}+\boldsymbol{c}=\boldsymbol{0}$说明$\boldsymbol{a}$,$\boldsymbol{b}$,$\boldsymbol{c}$可构

成一个三角形，因而以其中任意两个为邻边构成等面积的平行四边形；

(2) 计算$(\boldsymbol{a}-\boldsymbol{d})\times(\boldsymbol{b}-\boldsymbol{c})$；

(3) 由定义知$\boldsymbol{r}_1,\boldsymbol{r}_2,\boldsymbol{r}_3$两两垂直且组成右手系，又$|\boldsymbol{r}_1|=|\boldsymbol{r}_2\times\boldsymbol{r}_3|=|\boldsymbol{r}_2||\boldsymbol{r}_3|=|\boldsymbol{r}_3\times\boldsymbol{r}_1||\boldsymbol{r}_3|=|\boldsymbol{r}_1||\boldsymbol{r}_3|^2$，而$|\boldsymbol{r}_1|\neq0$，所以$|\boldsymbol{r}_3|=1$. 同理可证$|\boldsymbol{r}_1|=|\boldsymbol{r}_2|=1$.

3. (1) $\left(\frac{7}{5\sqrt{3}},\frac{1}{\sqrt{3}},\frac{1}{5\sqrt{3}}\right)$或$\left(-\frac{7}{5\sqrt{3}},-\frac{1}{\sqrt{3}},-\frac{1}{5\sqrt{3}}\right)$； (2) $\left(\frac{35}{6},\frac{25}{6},\frac{5}{6}\right)$.

4. $\frac{\sqrt{11}}{2}$.

5. 当$\boldsymbol{a}/\!/\boldsymbol{b}$时$k$可任意取值；当$\boldsymbol{a}$与$\boldsymbol{b}$不共线时，$k=\pm1$.

6. 提示：$\boldsymbol{b}_1\times\boldsymbol{b}_2=(\lambda_1\mu_2-\lambda_2\mu_1)(\boldsymbol{a}_1\times\boldsymbol{a}_2)$.

7. 记$\overrightarrow{AB}=\boldsymbol{c},\overrightarrow{AC}=\boldsymbol{b},\overrightarrow{BC}=\boldsymbol{a}$，于是$\boldsymbol{c}+\boldsymbol{a}=\boldsymbol{b}$，因此有$\boldsymbol{b}\times\boldsymbol{c}=\boldsymbol{a}\times\boldsymbol{c}=\boldsymbol{a}\times\boldsymbol{b}$，$|\boldsymbol{b}||\boldsymbol{c}|\sin\angle(\boldsymbol{b},\boldsymbol{c})=|\boldsymbol{a}||\boldsymbol{c}|\sin\angle(\boldsymbol{a},\boldsymbol{c})=|\boldsymbol{a}||\boldsymbol{b}|\sin\angle(\boldsymbol{a},\boldsymbol{b})$. 又$\angle(\boldsymbol{b},\boldsymbol{c})=\angle A$，$\angle(\boldsymbol{a},\boldsymbol{c})=\pi-\angle B$，$\angle(\boldsymbol{a},\boldsymbol{b})=\angle C$，$|\boldsymbol{a}|=a$，$|\boldsymbol{b}|=b$，$|\boldsymbol{c}|=c$，所以$bc\sin A=ac\sin B=ab\sin C$，$\frac{a}{\sin A}=\frac{b}{\sin B}=\frac{c}{\sin C}$.

8. 取仿射坐标架$\{A;\overrightarrow{AB},\overrightarrow{AC}\}$，计算$\overrightarrow{AB}\times\overrightarrow{AM},\overrightarrow{AM}\times\overrightarrow{AC},\overrightarrow{BC}\times\overrightarrow{BM}$.

9. $\boldsymbol{a}\times(\boldsymbol{b}\times\boldsymbol{c})=(10,13,19)$，$(\boldsymbol{a}\times\boldsymbol{b})\times\boldsymbol{c}=(-7,14,-7)$.

11. (1) 因为$\boldsymbol{a}\cdot\boldsymbol{b}=0$，所以$(\boldsymbol{a}\times\boldsymbol{b})\times\boldsymbol{a}=(\boldsymbol{a}\cdot\boldsymbol{a})\boldsymbol{b}-(\boldsymbol{b}\cdot\boldsymbol{a})\boldsymbol{a}=|\boldsymbol{a}|^2\boldsymbol{b}$，$[(\boldsymbol{a}\times\boldsymbol{b})\times\boldsymbol{a}]\times\boldsymbol{b}=(|\boldsymbol{a}|^2\boldsymbol{b})\times\boldsymbol{b}=\boldsymbol{0}$；

(2) $\boldsymbol{a}\times(\boldsymbol{a}\times\boldsymbol{b})=-(\boldsymbol{a}\times\boldsymbol{b})\times\boldsymbol{a}=-|\boldsymbol{a}|^2\boldsymbol{b}$， $\boldsymbol{a}\times[\boldsymbol{a}\times(\boldsymbol{a}\times(\boldsymbol{a}\times\boldsymbol{b}))]=\boldsymbol{a}\times(\boldsymbol{a}\times(-|\boldsymbol{a}|^2\boldsymbol{b}))=\boldsymbol{a}\times(-|\boldsymbol{a}|^2(\boldsymbol{a}\times\boldsymbol{b}))=-|\boldsymbol{a}|^2(\boldsymbol{a}\times(\boldsymbol{a}\times\boldsymbol{b}))=|\boldsymbol{a}|^4\boldsymbol{b}$.

习 题 1.5

2. 等式两边用$\boldsymbol{c}$点乘.

3. (1) 共面；(2) 不共面，$V=2$.

4. $(\boldsymbol{a}\times\boldsymbol{b},\boldsymbol{b}\times\boldsymbol{c},\boldsymbol{c}\times\boldsymbol{a})=[(\boldsymbol{a}\times\boldsymbol{b})\times(\boldsymbol{b}\times\boldsymbol{c})]\cdot(\boldsymbol{c}\times\boldsymbol{a})=[(\boldsymbol{a}\cdot(\boldsymbol{b}\times\boldsymbol{c}))\boldsymbol{b}-(\boldsymbol{b}\cdot(\boldsymbol{b}\times\boldsymbol{c}))\boldsymbol{a}]\cdot(\boldsymbol{c}\times\boldsymbol{a})=(\boldsymbol{b},\boldsymbol{c},\boldsymbol{a})\boldsymbol{b}\cdot(\boldsymbol{c}\times\boldsymbol{a})=(\boldsymbol{b},\boldsymbol{c},\boldsymbol{a})^2=(\boldsymbol{a},\boldsymbol{b},\boldsymbol{c})^2$.

5. 在等式$\boldsymbol{d}=x\boldsymbol{a}+y\boldsymbol{b}+z\boldsymbol{c}$两边分别与向量$\boldsymbol{b}\times\boldsymbol{c}$作点积，得$(\boldsymbol{d},\boldsymbol{b},\boldsymbol{c})=(x\boldsymbol{a}+y\boldsymbol{b}+z\boldsymbol{c},\boldsymbol{b},\boldsymbol{c})=x(\boldsymbol{a},\boldsymbol{b},\boldsymbol{c})+y(\boldsymbol{b},\boldsymbol{b},\boldsymbol{c})+z(\boldsymbol{c},\boldsymbol{b},\boldsymbol{c})=x(\boldsymbol{a},\boldsymbol{b},\boldsymbol{c})$. 因$(\boldsymbol{a},\boldsymbol{b},\boldsymbol{c})\neq0$，于是有$x=\frac{(\boldsymbol{d},\boldsymbol{b},\boldsymbol{c})}{(\boldsymbol{a},\boldsymbol{b},\boldsymbol{c})}$. 同理可得$y=\frac{(\boldsymbol{a},\boldsymbol{d},\boldsymbol{c})}{(\boldsymbol{a},\boldsymbol{b},\boldsymbol{c})}$，$z=\frac{(\boldsymbol{a},\boldsymbol{b},\boldsymbol{d})}{(\boldsymbol{a},\boldsymbol{b},\boldsymbol{c})}$.

6. (1) 设$\boldsymbol{a}\times\boldsymbol{b}=\boldsymbol{e}$，于是$(\boldsymbol{a}\times\boldsymbol{b})\times(\boldsymbol{c}\times\boldsymbol{d})=\boldsymbol{e}\times(\boldsymbol{c}\times\boldsymbol{d})=(\boldsymbol{e}\cdot\boldsymbol{d})\boldsymbol{c}-(\boldsymbol{e}\cdot\boldsymbol{c})\boldsymbol{d}=(\boldsymbol{a},\boldsymbol{b},\boldsymbol{d})\boldsymbol{c}-(\boldsymbol{a},\boldsymbol{b},\boldsymbol{c})\boldsymbol{d}$；

(2) $(\boldsymbol{a}\times\boldsymbol{b})\times(\boldsymbol{c}\times\boldsymbol{d})=-(\boldsymbol{c}\times\boldsymbol{d})\times(\boldsymbol{a}\times\boldsymbol{b})=-[(\boldsymbol{c},\boldsymbol{d},\boldsymbol{b})\boldsymbol{a}-(\boldsymbol{c},\boldsymbol{d},\boldsymbol{a})\boldsymbol{b}]=(\boldsymbol{a},\boldsymbol{c},\boldsymbol{d})\boldsymbol{b}-(\boldsymbol{b},\boldsymbol{c},\boldsymbol{d})\boldsymbol{a}$.

7. 利用第6题的结果.

8. 利用第6题的结果.

拓展材料 1

1. 设 BE 与 CF 相交于点 O,要证 AD 经过点 O,为此只要证$\overrightarrow{AO}=k\overrightarrow{AD}$对某个实数 k. 因为 EF 平行于 BC,可假设$\overrightarrow{AE}=s\overrightarrow{AC}$,$\overrightarrow{AF}=s\overrightarrow{AB}$,其中 $0<s<1$. 现将$\overrightarrow{AO}$表示成$\overrightarrow{AB}$与$\overrightarrow{AC}$的线性组合:设$\overrightarrow{BO}=\lambda\overrightarrow{BE}$,$\overrightarrow{CO}=\mu\overrightarrow{CF}$. 用两种方法把$\overrightarrow{AO}$表示成$\overrightarrow{AB}$与$\overrightarrow{AC}$的线性组合,其系数含 λ 和 μ. 具体来说,$\overrightarrow{AO}=\overrightarrow{AB}+\overrightarrow{BO}=(1-\lambda)\overrightarrow{AB}+\lambda s\overrightarrow{AC}$,$\overrightarrow{AO}=\overrightarrow{AC}+\overrightarrow{CO}=(1-\mu)\overrightarrow{AC}+\mu s\overrightarrow{AB}$. 于是可解得 $\lambda=\mu=\frac{1}{1+s}$,$\overrightarrow{AO}=\frac{s}{1+s}(\overrightarrow{AB}+\overrightarrow{AC})=\frac{2s}{1+s}\overrightarrow{AD}$. 因此 AD 经过点 O,AD,BE,CF 相交于点 O.

2. 由条件,$\overrightarrow{AE}=\lambda\overrightarrow{AB}$,$\overrightarrow{FC}=\lambda\overrightarrow{BC}$,$\overrightarrow{CG}=\lambda\overrightarrow{CD}$,$\overrightarrow{HA}=\lambda\overrightarrow{DA}$,$\overrightarrow{EF}=\overrightarrow{EB}+\overrightarrow{BF}=(\overrightarrow{AB}-\overrightarrow{AE})+(\overrightarrow{BC}-\overrightarrow{FC})=(1-\lambda)\overrightarrow{AC}$. 同理可得$\overrightarrow{HG}=(1-\lambda)\overrightarrow{AC}$,因此有$\overrightarrow{EF}=\overrightarrow{HG}$,说明 $EFGH$ 是一个平行四边形.

3. 设$\overrightarrow{GE}=\lambda\overrightarrow{BE}$,$\overrightarrow{GF}=\mu\overrightarrow{CF}$. 用两种方式把同一个向量$\overrightarrow{AG}$表示成$\overrightarrow{AB}$与$\overrightarrow{AC}$的线性组合,其系数含 λ,μ. 然后利用命题 1.1.1 可得到 λ,μ 的两个方程,解之即得结论.

本题也可用坐标法. 取仿射标架$\{A;\overrightarrow{AB},\overrightarrow{AC}\}$,则 A,B,C,E,F 的坐标分别为$(0,0)$,$(1,0)$,$(0,1)$,$(0,\frac{2}{3})$,$(\frac{1}{3},0)$. 令 G 的坐标为(x,y). 设$\overrightarrow{BG}=k\overrightarrow{GE}$,$\overrightarrow{CG}=l\overrightarrow{GF}$. 利用定比分点公式得

$$x=\frac{1}{1+k}=\frac{\frac{1}{3}l}{1+l},\quad y=\frac{\frac{2}{3}k}{1+k}=\frac{1}{1+l},$$

解得 $k=6$,$l=\frac{3}{4}$,于是$\overrightarrow{BG}=6\overrightarrow{GE}$,$\overrightarrow{CG}=\frac{3}{4}\overrightarrow{GF}$,从而 $GE=\frac{1}{7}BE$,$GF=\frac{4}{7}CF$.

5. 取仿射标架$\{A;\overrightarrow{AB},\overrightarrow{AC}\}$. A,B,C,P,Q,R 的坐标分别是 $A(0,0)$,$B(1,0)$,$C(0,1)$,$P(\frac{\lambda}{1+\lambda},0)$,$Q(\frac{1}{1+\mu},\frac{\mu}{1+\mu})$,$R(0,\frac{1}{1+\nu})$,于是$\overrightarrow{PQ}=(\frac{1-\lambda\mu}{(1+\lambda)(1+\mu)},\frac{\mu}{1+\mu})$,$\overrightarrow{PR}=(-\frac{\lambda}{1+\lambda},\frac{1}{1+\nu})$. P,Q,R 共线$\Leftrightarrow\overrightarrow{PQ}/\!/\overrightarrow{PR}$,即它们的对应分量成比例. 由此可得到结论.

6. 先证 AD 与 BE 必相交,为此只要证$\overrightarrow{AD}$与$\overrightarrow{BE}$不共线,这只要把$\overrightarrow{AD}$,$\overrightarrow{BE}$都表示成$\overrightarrow{AB}$与$\overrightarrow{AC}$的线性组合即可看出. 设 AD 与 BE 交于点 M,要证 CF 经过点 M,为此只要证$\overrightarrow{CM}=k\overrightarrow{CF}$对于某个实数 k,方法类似于第 1 题的提示所述.

习　题　2.1

1. (1) $x=3-u-2v,y=1-2u,z=-1+2u+v$;$4x-3y+2z-7=0$;

(2) $x=2-2u+v,y=1+3u+3v,z=5-6u-12v$;$6x+10y+3z-37=0$;

(3) $x=3u,y=u,z=-2u+v$;$x-3y=0$;

(4) $x=2+2u,y=5+3u,z=-4+v$;$3x-2y+4=0$.

2. (1) $x=5-4u-v,y=1+5u,z=3-u+2v$;$10x+9y+5z-74=0$;

(2) $x=3+2u+\frac{3}{2}v$;$y=\frac{7}{2}-3u-3v,z=\frac{5}{2}+u+2v$;$6x+5y+3z-43=0$.

3. $\frac{x}{-4}+\frac{y}{-2}+\frac{z}{4}=1$;$x=-4u,y=-2+2u+2v,z=4v$.

4. (1) $\dfrac{x+3}{1}=\dfrac{y}{-1}=\dfrac{z-1}{0}$;

(2) $\dfrac{x-x_0}{\begin{vmatrix} B_1 & C_1 \\ B_2 & C_2 \end{vmatrix}}=\dfrac{y-y_0}{\begin{vmatrix} C_1 & A_1 \\ C_2 & A_2 \end{vmatrix}}=\dfrac{z-z_0}{\begin{vmatrix} A_1 & B_1 \\ A_2 & B_2 \end{vmatrix}}$.

5. 提示:将点 M 的坐标 $x=\dfrac{x_1+kx_2}{1+k}$, $y=\dfrac{y_1+ky_2}{1+k}$, $z=\dfrac{z_1+kz_2}{1+k}$ 代入平面的方程.

6. (1) $13x-y-7z-37=0$;(2) $2x+9y-6z-121=0$;(3) $2y+z=0$.

7. (1) $\dfrac{1}{\sqrt{30}}x-\dfrac{2}{\sqrt{30}}y+\dfrac{5}{\sqrt{30}}z-\dfrac{3}{\sqrt{30}}=0$;(2) $-\dfrac{x}{\sqrt{2}}+\dfrac{y}{\sqrt{2}}-\dfrac{1}{\sqrt{2}}=0$;

(3) $-x-2=0$;(4) $\dfrac{4}{9}x-\dfrac{4}{9}y+\dfrac{7}{9}z=0$.

8. (1) $p=5$, $\cos\alpha=\dfrac{2}{7}$, $\cos\beta=\dfrac{3}{7}$, $\cos\gamma=\dfrac{6}{7}$;

(2) $p=7$, $\cos\alpha=-\dfrac{1}{3}$, $\cos\beta=\dfrac{2}{3}$, $\cos\gamma=-\dfrac{2}{3}$.

9. (1) $\dfrac{x-1}{1}=\dfrac{y+5}{\sqrt{2}}=\dfrac{z-3}{-1}$;

(2) $\dfrac{x-2}{6}=\dfrac{y+3}{-3}=\dfrac{z+5}{-5}$;

(3) $\dfrac{x-1}{1}=\dfrac{y}{1}=\dfrac{z+2}{2}$.

10. $2x-y+3z+4=0$.

11. 设平面方程为 $\dfrac{x}{-m}+\dfrac{y}{3m}+\dfrac{z}{2m}=1$,将它化为法式方程后可求得 $m=\pm 7$,所求平面方程为 $6x-2y-3z\pm 42=0$.

12. 提示:平面 π 的方程为 $x_0(x-x_0)+y_0(y-y_0)+z_0(z-z_0)=0$,它与三条坐标轴的交点分别是

$$A\left(\frac{d^2}{x_0},0,0\right), B\left(0,\frac{d^2}{y_0},0\right), C\left(0,0,\frac{d^2}{z_0}\right).$$

于是

$$S_{\triangle ABC}=\frac{1}{2}\,|\overrightarrow{AB}\times\overrightarrow{AC}\,|=\frac{1}{2}\cdot\frac{d^5}{|x_0y_0z_0|}.$$

13. 提示:设 $A(x,0,0)$, $B(0,y,0)$, $C(0,0,z)$. 利用

$$\overrightarrow{AP}\cdot\overrightarrow{BP}=\overrightarrow{BP}\cdot\overrightarrow{CP}=\overrightarrow{CP}\cdot\overrightarrow{AP}=0$$

可求得 $A\left(\dfrac{a^2+b^2+c^2}{2a},0,0\right)$, $B\left(0,\dfrac{a^2+b^2+c^2}{2b},0\right)$, $C\left(0,0,\dfrac{a^2+b^2+c^2}{2c}\right)$. OP 的中点 $\left(\dfrac{a}{2},\dfrac{b}{2},\dfrac{c}{2}\right)$ 在平面 ABC 上,该平面方程为 $2ax+2by+2cz=a^2+b^2+c^2$.

习　题　2.2

1. (1) 平行;(2) 相交;(3) 重合.

2. (1) $l=-4,m=3$;(2) $l=\frac{7}{9},m=\frac{13}{9},n=\frac{37}{9}$.

3. (1) $\frac{x-1}{4}=\frac{y-1}{-1}=\frac{z-1}{-3}$;(2) $\frac{x-2}{0}=\frac{y}{1}=\frac{z-2}{1}$;

(3) $\frac{x}{3}=\frac{y+\frac{5}{3}}{-1}=\frac{z+\frac{2}{3}}{5}$.

4. (1) 平行;(2) 直线在平面上;(3) 相交.

5. (1) $x+5y+z-1=0$;(2) $11x+2y+z-15=0$.

6. $\alpha=2,\beta=-4$.

7. (1) 相交;(2) 平行;(3) 异面.

8. l 与 z 轴相交$\Leftrightarrow l$ 与 z 轴有唯一公共点$\Leftrightarrow$下述方程组

$$\begin{cases}A_1x+B_1y+C_1z+D_1=0,\\ A_2x+B_2y+C_2z+D_2=0,\\ x=0,\\ y=0\end{cases}$$

有唯一解$\Leftrightarrow C_1,C_2$ 不全为零,且 $C_1D_2=C_2D_1$.

此外,l 作为二平面的交线,要求 $A_1:B_1:C_1\neq A_2:B_2:C_2$,所以

l 与 z 轴相交$\Leftrightarrow A_1:B_1:C_1\neq A_2:B_2:C_2,C_1:C_2=D_1:D_2$,且 C_1,C_2 不全为零.

9. (1) $\frac{x-1}{0}=\frac{y}{1}=\frac{z+2}{2}$;(2) $\frac{x-4}{15}=\frac{y}{3}=\frac{z+1}{-8}$;

(3) 所求直线 l 在经过直线 l_i 且与向量$(8,7,1)$平行的平面 π_i 上,$i=1,2$,因此 l 是 π_1 与 π_2 的交线,其方程为

$$\begin{cases}2x-3y+5z+41=0,\\ x-y-z-17=0.\end{cases}$$

10. 在$\triangle ABC$ 所在平面上取一仿射标架$\{A;\overrightarrow{AB},\overrightarrow{AC}\}$. 写出直线 AQ,BR,CP 的方程. AQ,BR,CP 共点$\Leftrightarrow$它们的方程组成的方程组有唯一解.

11. 对三角形 ABC,取仿射标架$\{A;\overrightarrow{AB},\overrightarrow{AC}\}$. 求出$\triangle ABC$ 的顶点与对边分点的连线的方程,解方程组.

12. 分两种情形:(1)若 $\pi_1/\!/\pi_2$ 或 π_1 与 π_2 重合,则所求直线不唯一,其方向向量(X,Y,Z)满足 $A_1X+B_1Y+C_1Z=0$;(2)若 π_1 与 π_2 相交,则所求直线唯一,其方向向量为

$$\left(\begin{vmatrix}B_1 & C_1\\ B_2 & C_2\end{vmatrix},\begin{vmatrix}C_1 & A_1\\ C_2 & A_2\end{vmatrix},\begin{vmatrix}A_1 & B_1\\ A_2 & B_2\end{vmatrix}\right).$$

13. (1) 所求直线具有下列形式

$$\begin{cases}x=pz,\\ y=0\end{cases}$$

或

$$\frac{x}{p}=\frac{y}{0}=\frac{z}{1}.$$

利用与已知直线垂直的条件求出 $p=-\frac{1}{3}$，因此所求直线方程为

$$\begin{cases} x=-\frac{1}{3}z, \\ y=0; \end{cases}$$

(2) 设所求直线 l 的方向向量为(X,Y,Z). 利用 l 与 l_1 相交且垂直的条件列出两个方程，可求出 $X=2Z, 3Y=-5Z$. l 的方程为

$$\frac{x-2}{6}=\frac{y+1}{-5}=\frac{z-3}{3};$$

(3) 与(2)小题的方法相同，所求直线方程是

$$\frac{x-2}{4}=\frac{y+3}{-13}=\frac{z+1}{-5};$$

(4) 求 l 与 π 的交点$(0,-1,0)$及 l 的方向向量$(2,1,-1)$.

设所求直线 l_0 的方向向量为(X,Y,Z). 利用 l_0 在平面 π 上以及 l_0 与 l 垂直的条件列出两个方程，求得 $X:Y:Z=-2:3:(-1)$，所求直线的方程为

$$\frac{x}{-2}=\frac{y+1}{3}=\frac{z}{-1}.$$

14. 分别过 M_1, M_2 作平面 π_1, π_2 与 l 垂直，则 N_1 是 π_1 与 l 的交点，N_2 是 π_2 与 l 的交点. $N_1\left(\frac{17}{7},-\frac{2}{7},\frac{15}{7}\right)$，$N_2\left(\frac{23}{7},\frac{1}{7},\frac{24}{7}\right)$，$|N_1N_2|=\frac{6}{\sqrt{14}}$.

求$|N_1N_2|$的另一方法：l 的一个方向向量为$\boldsymbol{v}(2,1,3)$.

$$|N_1N_2|=|\mathrm{Prj}_{\boldsymbol{v}}\overrightarrow{M_1M_2}|=\frac{|\overrightarrow{M_1M_2}\cdot\boldsymbol{v}|}{|\boldsymbol{v}|}.$$

习　题　2.3

1. (1) $9x+3y+5z=0$；(2) $21x+14z-3=0$.
2. $2x+2y-2z-1=0$.
3. $x+5y-7z+3=0$.
4. (1) $x-2y+3z-14=0$；(2) $x-2y+3z-6=0$.
5. $x+3y+2z\pm6=0$.
6. $3x+4y-z+1=0$ 和 $x-2y-5z+3=0$.
7. 所求平面 π 属于以 l 为轴的平面束

$$\lambda(2x+3y-4z+5)+\mu(2x-z+7)=0.$$

再找出 l 以及 l_1 的方向向量. 利用 $l\perp l_1$ 的条件求得 $\lambda:\mu=7:5$，得 π 的方程为 $24x+21y-33z+70=0$.

8. 因为 l 与 l_i 相交，所以 l 在经过 l_i 的某个平面 π_i 上，$i=1,2$. 于是 l 是 π_1 和 π_2 的交线. 利用平面束的方程可以写出 π_1, π_2 的方程.

9. $A_1:A_2=C_1:C_2=D_1:D_2\neq B_1:B_2$，且 B_1, B_2 不全为零. 提示：Oxz 坐标面属于平面束

$$\lambda(A_1x+B_1y+C_1z+D_1)+\mu(A_2x+B_2y+C_2z+D_2)=0.$$

习 题 2.4

1. $d=15$.

2. (1) $\delta=-\frac{1}{3}, d=\frac{1}{3}$;(2) $\delta=d=0$.

3. 点 O,B,E 在平面的一侧,点 A、D 在另一侧,点 C、F 在平面上.

4. (1) $(0,0,-2)$,$(0,0,-6\frac{4}{13})$;(2) $(2,0,0)$,$(\frac{11}{43},0,0)$.

5. (1) 相邻二面角内;(2) 对顶二面角内.

6. (1) $1, 19x-4y+8z+\frac{63}{2}=0$;

(2) $\frac{|D_1-D_2|}{\sqrt{A^2+B^2+C^2}}, Ax+By+Cz+\frac{1}{2}(D_1+D_2)=0$.

7. $13x-51y+10z=0$.

8. 设定比为 $k(>0)$. 取一个直角坐标系使平面 π_2 的方程为 $z=0$,π_1 的方程设为 $A_1x+B_1y+C_1z+D_1=0$. 那么到 π_1 的距离与到 π_2 的距离之比为 k 的点的轨迹方程为

$$A_1x+B_1y+(C_1\pm k\sqrt{A_1^2+B_1^2+C_1^2})z+D_1=0.$$

当 $\pi_1 /\!/ \pi_2$ 且 $k=1$ 时,点的轨迹为一个平面;其余情形为两个平面.

9. 设 L,M,N 三点的坐标分别为 (x_i,y_i,z_i),$i=1,2,3$,则 $\triangle LMN$ 的重心坐标

$$x=\frac{x_1+x_2+x_3}{3}, y=\frac{y_1+y_2+y_3}{3}, z=\frac{z_1+z_2+z_3}{3}.$$

因为 $Ax_i+By_i+Cz_i+D_i=0(i=1,2,3)$,故重心的轨迹方程为

$$Ax+By+Cz+\frac{1}{3}(D_1+D_2+D_3)=0.$$

10. (1) $d=1$,公垂线方程为

$$\begin{cases}x+y+4z+3=0,\\x-2y-2z+3=0;\end{cases}$$

(2) $d=\frac{2\sqrt{2}}{5}$,公垂线方程为

$$\begin{cases}7x-5y-z-14=0,\\27x-5y+14z+10=0.\end{cases}$$

11. (1) $\frac{\pi}{4}$或$\frac{3\pi}{4}$;(2) $\arccos\frac{8}{21}$或 $\pi-\arccos\frac{8}{21}$.

12. (1) 交点为$(-1,-3,-4)$,交角为 $\arcsin\frac{\sqrt{6}}{21}$;

(2) 交点为$(1,0,-1)$,交角为$\frac{\pi}{6}$.

13. (1) $\frac{\pi}{4}$或$\frac{3\pi}{4}$;(2) $\arccos\frac{72}{77}$或 $\pi-\arccos\frac{72}{77}$.

15. 射影为(7,1,0),对称点为(13,0,3).

16. 射影为(1,1,3),对称点为(0,2,7).

17. (1) $x-z+4=0$ 或 $x+20y+7z-12=0$. 提示:利用平面束;

(2) 将已知直线用一般方程表示为

$$\begin{cases} x+1=0, \\ 3y+2z+2=0. \end{cases}$$

所求平面属于平面束

$$\lambda(x+1)+\mu(3y+2z+2)=0.$$

利用条件得

$$\frac{|5\lambda+9\mu|}{\sqrt{\lambda^2+13\mu^2}}=3.$$

令 $k=\frac{\lambda}{\mu}$,得$(5k+9)^2=9(k^2+13)$,解得 $k_1=\frac{3}{8}$,$k_2=-6$,即 $\lambda:\mu=3:8$ 或 $\lambda:\mu=-6:1$. 所求平面方程为 $3x+24y+16z+19=0$ 或 $6x-3y-2z+4=0$;

(3) 先求出直线 l_1 和 l_2 的公垂线 l 的方程

$$\begin{cases} x-z+4=0, \\ 5x+y-4z-1=0. \end{cases}$$

再写出过 l 的平面束方程 $\lambda(x-z+4)+\mu(5x+y-4z-1)=0$. 利用所求平面与 $\boldsymbol{v}$ 平行的条件求出 $\lambda:\mu=-9:2$,从而所求的平面方程为 $x+2y+z-38=0$.

18. 设过 l_1 的平面方程为

$$\lambda x+\mu\left(\frac{y}{b}+\frac{z}{c}-1\right)=0.$$

由直线与平面平行的条件可求得 $\lambda:\mu=-1:a$,因而所求平面方程为

$$\frac{x}{a}-\frac{y}{b}-\frac{z}{c}+1=0.$$

l_1 过点 $M_1(0,0,c)$,方向向量为 $\boldsymbol{v}_1=(0,b,-c)$,$l_2$ 过点 $M_2(0,0,-c)$,方向向量为 $\boldsymbol{v}_2=(a,0,c)$,于是

$$2d=\frac{|(\overrightarrow{M_1M_2}\,\boldsymbol{v}_1\,\boldsymbol{v}_2)|}{|\boldsymbol{v}_1\times\boldsymbol{v}_2|}=\frac{2abc}{\sqrt{b^2c^2+a^2c^2+a^2b^2}},$$

$$\frac{1}{d^2}=\frac{1}{a^2}+\frac{1}{b^2}+\frac{1}{c^2}.$$

19. 取 l_1 为 z 轴,l_1 与 l_2 的公垂线为 x 轴,x 轴的正半轴与 l_2 相交于点 $P(d,0,0)$. 公垂线段 OP 的垂直平分面经过点$\left(\frac{d}{2},0,0\right)$且与公垂线垂直,因此$(1,0,0)$为其法向量,并且公垂线段的垂直平分面的方程为 $x-\frac{d}{2}=0$. 设 l_2 的方向向量 $\boldsymbol{v}_2=(X,Y,Z)$,它满足 $1\cdot X+0\cdot Y+0\cdot Z=0$,故 $X=0$,于是 l_2 的方程为

$$\frac{x-d}{0}=\frac{y}{Y}=\frac{z}{Z} \quad 且\, Y\neq 0.$$

l_2 上任一点 M_2 的坐标为(d,Yt,Zt). 又 l_1 上任一点 M_1 的坐标为$(0,0,z)$,因此 M_1M_2 的中点坐标为$(\frac{d}{2},\frac{Yt}{2},\frac{Zt+z}{2})$. 由于 t,z 可取任意实数,所以中点轨迹方程为 $x=\frac{d}{2}$.

习 题 3.1

1. (1) $x^2+y^2+z^2-x-y-z=0$ 或$(x-\frac{1}{2})^2+(y-\frac{1}{2})^2+(z-\frac{1}{2})^2=\frac{3}{4}$;

(2) $(x-2)^2+(y-3)^2+(z+1)^2=9$ 和 $x^2+(y+1)^2+(z+5)^2=9$;

(3) $(x-3)^2+(y-3)^2+(z-3)^2=9$ 和 $(x-5)^2+(y-5)^2+(z-5)^2=25$;

(4) $x^2+y^2+(z-4)^2=21$.

2. 提示:点$(1,0,0)$,$(1,-2,0)$,$(0,2,1)$确定的平面方程为 $x+z-1=0$. 再取与上述三点不共面的点 $O(0,0,0)$,经过这四点的球面方程为 $x^2+y^2+z^2-x+2y-9z=0$. 于是所求圆的方程为$\begin{cases}x^2+y^2+z^2-x+2y-9z=0,\\x+z-1=0.\end{cases}$

3. 提示:设球心坐标为(a,b,c),则有方程组

$$\begin{cases}1\cdot(a-1)+2\cdot b+1\cdot(c-1)=0,\\2\cdot a+1\cdot(b-1)+2\cdot(c-1)=0,\\(a-1)^2+b^2+(c-1)^2=a^2+(b-1)^2+(c-1)^2,\end{cases}$$

解得球心坐标为$\left(\frac{1}{3},\frac{1}{3},1\right)$,半径为$\frac{\sqrt{5}}{3}$,球面方程为$\left(x-\frac{1}{3}\right)^2+\left(y-\frac{1}{3}\right)^2+(z-1)^2=\frac{5}{9}$.

4. 将已知球面方程化为$(x-2)^2+(y-6)^2+z^2=4$,则球心为 $C_0(2,6,0)$,半径 $r=2$. 记所求球面半径为 R. 由于二球心 C 与 C_0 的距离 $d=|\overrightarrow{CC_0}|=3>2$,所以点 C 位于已知球面的外部. 据题意要求二球面相内切,故 $d=R-r$,$R=d+r=5$,从而所求球面的方程为$(x-4)^2+(y-5)^2+(z+2)^2=25$.

5. (1) $(3y-2z+4)^2+(z-3x+1)^2+(2x-y-2)^2=126$ 或 $13x^2+10y^2+5z^2-4xy-6xz-12yz-14x+28y-14z-105=0$;

(2) 点$(1,-2,1)$到轴 l 的距离是 $\sqrt{13}$,圆柱面方程为$(2y-2z-4)^2+(2x+z+1)^2+(2x+y-1)^2=117$ 或 $8x^2+5y^2+5z^2+4xy+4xz-8yz-18y+18z-99=0$.

6. 所求圆柱面的半径为 5,以两球面的球心连线$\frac{x}{2}=\frac{y}{1}=\frac{z}{0}$为轴,故圆柱面方程是$|(x,y,z)\times(2,1,0)|=5\sqrt{2^2+1^2+0^2}$,即 $x^2+4y^2+5z^2-4xy-125=0$.

8. (1) $27[(x-1)^2+(y-2)^2+(z-3)^2]=4[2(x-1)+2(y-2)-(z-3)]^2$;

(2) $(x-1)^2+(y-2)^2+(z-3)^2=\frac{2}{9}(2x+2y-z-3)^2$.

9. 提示:圆锥面顶点为二直线的交点 $O(0,0,0)$,半顶角为二直线的夹角 α(锐角),$\cos\alpha=\frac{1}{\sqrt{3}}$,圆锥面方程为 $xy+yz+xz=0$.

10. 作空间直角坐标系,以 π 为 xOy 平面,并使得点 P_0 的坐标为$(0,0,4)$.

(1) $x^2+y^2-8z+16=0$;

(2) $x^2+y^2-8z^2-8z+16=0$.

11. 取两定点坐标为$(0,0,\pm c)(c>0)$.

(1) 设定比为 $k>0$,则 $x^2+y^2+(z-c)^2=k^2[x^2+y^2+(z+c)^2]$. 当 $k=1$ 时,轨迹为平面 $z=0$;当 $k\neq 1$ 时,轨迹为以$\left(0,0,\dfrac{1+k^2}{1-k^2}c\right)$为球心,以$\dfrac{2ck}{|1-k^2|}$为半径的球面.

(2) 设距离和为 $2b>0$,显然 $b>c$. 令 $a=\sqrt{b^2-c^2}$,方程为$\dfrac{x^2}{a^2}+\dfrac{y^2}{a^2}+\dfrac{z^2}{b^2}=1$.

(3) 设距离差为 $2b>0$,则 $0<b<c$. 令 $a=\sqrt{c^2-b^2}$,方程为$\dfrac{x^2}{a^2}+\dfrac{y^2}{a^2}-\dfrac{z^2}{b^2}=-1$.

习　题　3.2

1. (1) $y^2=2z$;(2) $2x^2+2y^2+2xy-1=0$;(3) $xy+xz-yz-z^2=4$;(4) $(x+z-2)^2+y^2=4$;(5) $(x+2z)^2-10(x+2z)+25y^2=0$.

2. $\left(x-\dfrac{z}{n}\right)^2+\left(y-\dfrac{mz}{n}\right)^2=a^2$.

3. (1) $4x^2-y^2-z^2=0$;(2) $ky^2-2pzx=0$;(3) $x^2+z^2-z(y+2)=0$.

4. $[4(x-2)-2(y-5)]^2+[3(x-2)-2(z-4)]^2=4(x-2)^2$.

6. $(y^2+z^2)(x^2+z^2)\cos^2\alpha=x^2y^2$,以原点为顶点的四次锥面.

7. **解法一**　为求柱面方程,先求出它的准线方程. 由题设,母线的方向为 $\cos\alpha:\cos\alpha:\cos\alpha$ 或 $1:1:1$(其中 α 为母线方向与三坐标轴的交角). 过球心$(0,0,0)$,作垂直于母线方向的平面,其方程为 $x+y+z=0$,则此平面与已知球面的交线

$$\begin{cases}x^2+y^2+z^2=1,\\ x+y+z=0\end{cases}$$

是所求柱面的准线方程. 设 $P_1(x_1,y_1,z_1)$是准线上的任意点,过 P_1 的母线为 $x=x_1+t, y=y_1+t, z=z_1+t$,于是有 $x_1=x-t, y_1=y-t, z_1=z-t$,代入准线方程得

$$\begin{cases}(x-t)^2+(y-t)^2+(z-t)^2=1,\\ x+y+z-3t=0,\end{cases}$$

消去 t 得

$$x^2+y^2+z^2-xy-yz-zx-\frac{3}{2}=0,$$

此即为所求柱面方程.

解法二　根据所求柱面的母线总是与球面相切的几何事实,直接求柱面方程. 设 $P(x,y,z)$是所求曲面上任意点,过 P 的母线方程可表示为 $X=x+t, Y=y+t, Z=z+t$,代入球面方程得

$$3t^2+2(x+y+z)t+(x^2+y^2+z^2-1)=0.$$

因为母线与球面相切的充要条件是上式关于 t 有重根,于是

$$[2(x+y+z)]^2-12(x^2+y^2+z^2-1)=0,$$

即

$$x^2+y^2+z^2-xy-yz-zx-\frac{3}{2}=0.$$

8. 先求圆柱面的轴的方程. 已知圆柱面母线方向$\boldsymbol{v}=(1,1,1)$，直线 $x=y=z$ 位于圆柱面上，所以过$(0,0,0)$，垂直于$\boldsymbol{v}=(1,1,1)$的平面 $x+y+z=0$ 是垂直于母线的平面，它与已知三直线的交点为$(0,0,0)$，$(-1,0,1)$，$(\frac{1}{3},-\frac{5}{3},\frac{4}{3})$. 容易看到圆柱面的轴是到这三点等距离的点的轨迹，即轴上的点(x,y,z)满足

$$\begin{cases}x^2+y^2+z^2=(x+1)^2+y^2+(z-1)^2,\\ x^2+y^2+z^2=(x-\frac{1}{3})^2+(y+\frac{5}{3})^2+(z-\frac{4}{3})^2,\end{cases}$$

即

$$\begin{cases}x-z+1=0,\\ x-5y+4z-7=0.\end{cases}$$

将轴的方程改为标准方程

$$\frac{x+1}{1}=\frac{y+\frac{8}{5}}{1}=\frac{z}{1}.$$

记 $P_0(-1,-\frac{8}{5},0)$. 圆柱面的半径即为两平行直线 $x=y=z$ 和$\frac{x+1}{1}=\frac{y+\frac{8}{5}}{1}=\frac{z}{1}$之间的距离. 对圆柱面上任意一点 $P(x,y,z)$，有$\frac{|\boldsymbol{v}\times\overrightarrow{P_0P}|}{|\boldsymbol{v}|}=\frac{|\boldsymbol{v}\times\overrightarrow{P_0O}|}{|\boldsymbol{v}|}$，于是有$(y-z+\frac{8}{5})^2+(z-x-1)^2+(x-y-\frac{3}{5})^2=\frac{98}{25}$，即

$$5x^2+5y^2+5z^2-5xy-5yz-5zx+2x+11y-13z=0.$$

9. 要求圆锥面的方程首先求出圆锥面的顶点，轴的方程及半顶角.

由已知条件，所求圆锥面以 $O(0,0,0)$为顶点且其轴应与三个坐标轴成等角，记轴的方向余弦为$(\cos\alpha,\cos\beta,\cos\gamma)$，则有$|\cos\alpha|=|\cos\beta|=|\cos\gamma|$，而 $\cos^2\alpha+\cos^2\beta+\cos^2\gamma=1$，故圆锥面的轴有四种可能的情形：

$$x=y=z,x=-y=x,x=y=-z,-x=y=z,$$

所以可求出四个满足要求的圆锥面. 下面求以 $x=y=z$ 为轴的圆锥面，记半顶角为 α，则 $\cos\alpha=\frac{1}{\sqrt{3}}$，从而锥面方程为$(x+y+z)^2=x^2+y^2+z^2$ 即 $xy+yz+zx=0$.

同理可求出另外三个满足条件的圆锥面方程为

$$xy+yz-zx=0,-xy+yz+zx=0\text{ 及 }xy-yz+zx=0.$$

10. 曲面 $xy+yz+zx=0$ 是以原点为顶点的锥面，而平面 $ax+by+cz=0$ 也过原点，从而原点是平面与锥面的交点之一. 而过原点的直线方程可设为

$$x=lt,\quad y=mt,\quad z=nt,$$

其中 l,m,n 不同时为零. 若直线是已知平面与锥面的交线，则直线在平面上，故

$$al+bm+cn=0. \qquad ①$$

又直线也在锥面上，因而有

$$lm + mn + nl = 0. \qquad ②$$

因 l,m,n 不同时为零，不妨设 $n\neq 0$. 由①式，②式得

$$\begin{cases} \dfrac{l}{n} = -\dfrac{b}{a}\cdot\dfrac{m}{n} - \dfrac{c}{a}, \\ \dfrac{m}{n} = \dfrac{-(b+c-a)\pm\sqrt{\Delta}}{2b}, \end{cases}$$

其中 $\Delta = a^2+b^2+c^2-2ab-2ac-2bc$. 因此平面与锥面的两交线的方向数分别为

$$l_1 : m_1 : n_1 = \frac{b-c-a+\sqrt{\Delta}}{2a} : \frac{a-b-c+\sqrt{\Delta}}{2b} : 1$$

和

$$l_2 : m_2 : n_2 = \frac{b-c-a-\sqrt{\Delta}}{2a} : \frac{a-b-c-\sqrt{\Delta}}{2b} : 1.$$

因为假设两条交线是正交直线，所以

$$\frac{(b-c-a)^2-\Delta}{4a^2} + \frac{(a-b-c)^2-\Delta}{4b^2} + 1 = 0,$$

即

$$\frac{1}{a}+\frac{1}{b}+\frac{1}{c}=0.$$

习　题　3.3

1. (1) $2x^2+2y^2-5z^2-58z-169=0$;

(2) 绕 x 轴: $y^2+z^2=x^4+8x^2+16$, 绕 y 轴: $y=x^2+z^2+4$;

(3) 绕 x 轴: $x^2(y^2+z^2)=a^4$, 绕 y 轴: $(x^2+z^2)y^2=a^4$;

(4) $x^2+y^2=1, 0\leqslant z\leqslant 1$;

(5) $x^2+y^2+z^2-1=\dfrac{5}{9}(x+y+z-1)^2$;

(6) $x^2+y^2+(z-1)^2=\dfrac{2}{3}(x-y+2z-2)^2$.

2. (1) 旋转曲面，轴为 z 轴，母线 $\begin{cases} z=\dfrac{1}{x^2}, \\ y=0; \end{cases}$

(2) 一对相交于 z 轴的平面；

(3) 长形旋转椭球面，轴为 y 轴，母线 $\begin{cases} 4x^2+3y^2=2, \\ z=0; \end{cases}$

(4) 旋转双叶双曲面，轴为 y 轴，母线 $\begin{cases} x^2-y^2=-3, \\ z=0; \end{cases}$

(5) 旋转单叶双曲面，轴为 z 轴，母线 $\begin{cases} x^2-3z^2+2z-1=0, \\ y=0. \end{cases}$

3. $x^2+y^2-\alpha^2z^2=\beta^2$. 当 $\alpha=0,\beta\neq0$ 时，曲面为圆柱面；当 $\alpha\neq0,\beta=0$ 时，曲面为圆锥面；当 $\alpha\neq0,\beta\neq0$ 时，曲面为旋转单叶双曲面.

4. $a^2(x^2+y^2)+(b^2-a^2)m^2z^2-a^2b^2=0$.

习 题 3.4

2. $\dfrac{x^2}{9}+\dfrac{y^2}{16}+\dfrac{z^2}{4}=1$.

3. $\dfrac{x^2}{9}+\dfrac{y^2}{4}=z$.

4. $-36x^2+9y^2=5z$.

5. 过 z 轴的平面方程可设为 $y=ax$ 或 $x=0$，而平面 $x=0$ 与已知椭球面的交线显然不是圆. 又平面 $y=ax$ 与已知椭球面的交线方程为

$$\begin{cases}(1+6a^2)x^2+2z^2=8,\\ y=ax.\end{cases}$$

显然该交线关于原点对称，且经过已知椭球面的两个顶点$(0,0,\pm2)$，因此所求圆的方程也可以表示为

$$\begin{cases}x^2+y^2+z^2=4,\\ y=ax.\end{cases}$$

由 $1+6a^2=2(1+a^2)$ 解得 $a=\pm\dfrac{1}{2}$，故所求平面方程为 $y=\pm\dfrac{1}{2}x$.

6. 提示：由椭圆柱面的几何形状知，只有过 x 轴或过 y 轴的平面去截曲面才有可能得到圆，然后按第 5 题中的方法可求得平面方程为 $bz=\pm\sqrt{a^2-b^2}\,y$.

7. xOz 平面与已知椭球面的交线不可能是圆，所以可设所求平面方程为 $z=kx$. 该平面与已知椭球面的交线为

$$\begin{cases}\left(\dfrac{1}{a^2}+\dfrac{k^2}{c^2}\right)x^2+\dfrac{y^2}{b^2}=1,\\ z=kx.\end{cases}$$

从方程可以看出交线关于原点对称且过点$(0,\pm b,0)$，所以交线必在以原点为球心，以 b 为半径的球面上，故交线方程也可表示为

$$\begin{cases}x^2+y^2+z^2=b^2,\\ z=kx\end{cases}$$

或

$$\begin{cases}(1+k^2)x^2+y^2=b^2,\\ z=kx.\end{cases}$$

因此

$$\frac{1}{a^2}+\frac{k^2}{c^2}=\frac{1}{b^2}(1+k^2).$$

经计算得

$$\frac{\sqrt{b^2-c^2}}{c}k=\pm\frac{\sqrt{a^2-b^2}}{a},$$

故所求平面方程为

$$\frac{\sqrt{a^2-b^2}}{a}x\pm\frac{\sqrt{b^2-c^2}}{c}z=0.$$

8. 提示:将过中心且以 λ,μ,ν 为方向余弦的直线方程写成参数形式,并注意此时参数 $|t|$ 的几何意义即可证得.

9. 设长短轴之比为常数 $\frac{1}{\lambda}$,$0<\lambda<1$,则轨迹方程为

$$\frac{x^2}{a^2}+\frac{y^2}{(\lambda a)^2}-\frac{z^2}{c^2}=1.$$

10. 当 $\lambda<C$ 时,椭球面;当 $C<\lambda<B$ 时,单叶双曲面;当 $B<\lambda<A$ 时,双叶双曲面;当 $\lambda>A$ 时,虚椭球面.

11. 当 $|m|>1$ 时,交线为椭圆;当 $|m|<1$ 时,交线为双曲线;当 $|m|=1$ 时,交线为两条直线.

12. $\frac{x^2}{4}-\frac{y^2}{12}-\frac{z^2}{12}=1$,旋转双叶双曲面.

13. 将交线方程写为

$$\begin{cases}\left(\frac{x}{3}-z\right)\left(\frac{x}{3}+z\right)-\left(1-\frac{y}{2}\right)\left(1+\frac{y}{2}\right)=0,\\ \frac{x}{3}-z=\frac{1}{2}\left(1+\frac{y}{2}\right),\end{cases}$$

即

$$\begin{cases}\left(1+\frac{y}{2}\right)\left(\frac{x}{3}+z-2+y\right)=0,\\ \frac{x}{3}-z=\frac{1}{2}\left(1+\frac{y}{2}\right),\end{cases}$$

故交线为两相交直线

$$\begin{cases}1+\frac{y}{2}=0,\\ \frac{x}{3}-z=0\end{cases}\quad 和\quad\begin{cases}\frac{x}{3}+y+z-2=0,\\ \frac{x}{3}-z=\frac{1}{2}\left(1+\frac{y}{2}\right),\end{cases}$$

即

$$\begin{cases}y=-2,\\ x-3z=0\end{cases}\quad 和\quad\begin{cases}x+3y+3z-6=0,\\ x-2y-5z=0.\end{cases}$$

14. 单叶双曲面的参数方程为 $x=a\sec\theta\cos\varphi$, $y=b\sec\theta\sin\varphi$, $z=c\tan\theta$, θ,φ 为参数且 $-\frac{\pi}{2}<\theta<\frac{\pi}{2}$, $0\leqslant\varphi<2\pi$. 双叶双曲面的参数方程为 $x=a\tan\theta\cos\varphi$, $y=b\tan\theta\sin\varphi$, $z=c\sec\theta$, θ,φ 为参数, $-\frac{\pi}{2}<\theta<\frac{\pi}{2}$, $0\leqslant\varphi<2\pi$.

15. $\frac{x^2}{p}\pm\frac{y^2}{q}=\pm 2z$. 取正号时，轨迹为椭圆抛物面；取负号时，轨迹为双曲抛物面.

16. 将直线方程分别化为标准式

$$\frac{x}{1}=\frac{y}{0}=\frac{z-1}{0},\qquad \frac{x}{0}=\frac{y}{1}=\frac{z+1}{0}.$$

设球心坐标为 $C(x,y,z)$，则由点到直线的距离公式得 $|(x,y,z-1)\times(1,0,0)|=|(x,y,z+1)\times(0,1,0)|$，即 $x^2-y^2=-4z$，此为双曲抛物面.

17. 取两异面直线的公垂线为 z 轴，公垂线段的中点为坐标原点，过中点作公垂线的垂直平面为 xOy 平面. 记两异面直线 l,m 在 xOy 平面上的射影分别为 l',m'，l' 与 m' 的两个互补夹角的角平分线分别为 x 轴，y 轴，则直线 l 和 m 的方程可以设为

$$l:\frac{x}{\cos\alpha}=\frac{y}{\sin\alpha}=\frac{z-a}{0},\quad m:\frac{x}{\cos\alpha}=\frac{y}{-\sin\alpha}=\frac{z+a}{0}.$$

动点 $P(x,y,z)$ 满足

$$|(x,y,z-a)\times(\cos\alpha,\sin\alpha,0)|=|(x,y,z+a)\times(\cos\alpha,-\sin\alpha,0)|,$$

即 $2az=-\sin 2\alpha\cdot xy$，双曲抛物面.

18.
$$\begin{cases} a\neq 0\begin{cases} ac-b^2=0,\text{二次锥面,顶点为}\left(0,0,-\dfrac{b}{a}\right), \\ ac-b^2\neq 0\begin{cases} a>0\begin{cases} ac-b^2>0, & \text{单叶双曲面,} \\ ac-b^2<0, & \text{双叶双曲面,}\end{cases} \\ a<0\begin{cases} ac-b^2>0, & \text{虚椭球面,} \\ ac-b^2<0, & \text{椭球面,}\end{cases}\end{cases}\end{cases} \\ a=0\begin{cases} b\neq 0,\text{椭圆抛物面.} \\ b=0\begin{cases} c>0, & \text{椭圆柱面,} \\ c<0, & \text{虚椭圆柱面.}\end{cases}\end{cases}\end{cases}$$

19. 设直线 AB 的方程为

$$\begin{cases} x=a, \\ z=0,\end{cases}$$

则 C 点的坐标为 $(a,\lambda,0)$. 在 COz 平面内，以 O 为圆心，以 OC 为半径的圆的方程为

$$\begin{cases} y=\dfrac{\lambda}{a}x, \\ x^2+y^2+z^2=a^2+\lambda^2.\end{cases}$$

消去参数 λ 得动圆所产生的曲面方程为

$$x^2(x^2+y^2+z^2)=a^2(x^2+y^2).$$

20. **解法一** 设直线 $l:x=x'+Xt,y=y'+Yt,z=z'+Zt$ 与题中三条直线共面. l 与 l_1 共面的充要条件是

$$\begin{vmatrix} x'-1 & y' & z' \\ 0 & 1 & 1 \\ X & Y & Z\end{vmatrix}=0,\text{即}(y'-z')X-(x'-1)Y+(x'-1)Z=0.$$

同理可得另外二式，于是有方程组

$$\begin{cases}(y'-z')X-(x'-1)Y+(x'-1)Z=0,\\-(y'+z')X+(x'+1)Y+(x'+1)Z=0,\\(5y'-4z'-3)X-(5x'+3z'-4)Y+(4x'+3y'-5)Z=0.\end{cases}$$

因此过点 $P(x',y',z')$ 的直线 l 与已知三直线同时共面的充要条件是上述关于 X,Y,Z 的方程组有非零解，从而该方程组的系数行列式等于零.

改记 (x',y',z') 为 (x,y,z)，则点 (x,y,z) 在曲面上的充要条件是

$$\begin{vmatrix}y-z & -x+1 & x-1\\-y-z & x+1 & x+1\\5y-4z-3 & -5x-3z+4 & 4x+3y-5\end{vmatrix}=0.$$

经计算得曲面方程为 $x^2+y^2-z^2=1$，它表示旋转单叶双曲面.

解法二　以 l_1 为轴的平面束方程为 $(x-1)+\lambda(y-z)=0$，以 l_2 为轴的平面束方程为 $x+1+\mu(y+z)=0$. 交线族为

$$l:\begin{cases}x-1+\lambda(y-z)=0,\\x+1+\mu(y+z)=0.\end{cases}$$

将 l_3 化为一般方程得

$$\begin{cases}4x+3y-5=0,\\5x+3z-4=0.\end{cases}$$

l 与 l_3 共面，则

$$\begin{vmatrix}4 & 3 & 0 & -5\\5 & 0 & 3 & -4\\1 & \lambda & -\lambda & -1\\1 & \mu & \mu & 1\end{vmatrix}=0.$$

经计算得 $\lambda\mu=-1$. 从 l 的方程中消去 λ,μ 得所求曲面方程为 $x^2+y^2-z^2=1$，旋转单叶双曲面.

解法三　记 l_1 上的动点 $P(1,\lambda,\lambda)$，过 P 和 l_2 作平面 $\pi_1:\lambda(x+1)-(y+z)=0$，过 P 和 l_3 作平面 $\pi_2:\lambda[(x+1)-3(y-z)]-[3(x-1)+(y+z)]=0$. 所求曲面由 π_1 与 π_2 的交线族

$$\begin{cases}\lambda(x+1)=y+z,\\\lambda[(x+1)-3(y-z)]=3(x-1)+(y+z)\end{cases}$$

构成，消去参数 λ 即得所求曲面方程.

习　题　3.5

1. (1) $\begin{cases}x+z=\lambda y,\\\lambda(z-x)=y;\end{cases}$ (2) $\begin{cases}z=a\lambda x,\\y=\lambda\end{cases}$ 和 $\begin{cases}z=a\mu y,\\x=\mu;\end{cases}$

(3) $\begin{cases}x=\lambda,\\\lambda(y+z)=-(x+y+1)\end{cases}$ 和 $\begin{cases}y+z=\mu,\\\mu x=-(x+y+1);\end{cases}$

(4) $\begin{cases}y-2x=\lambda,\\\lambda(y+2z+2)=1.\end{cases}$

2. $\begin{cases}x-2z=0,\\y+3=0\end{cases}$ 和 $\begin{cases}x=2,\\y+3z=0.\end{cases}$

3. $\begin{cases}3x+2y-6z=0,\\3x-2y-12=0\end{cases}$ 和 $\begin{cases}3x+2y-12=0,\\3x-2y-6z=0.\end{cases}$

4. $\dfrac{x-2}{2}=\dfrac{y-1}{-1}=\dfrac{z}{1}$，$\dfrac{x-4}{2}=\dfrac{y+2}{1}=\dfrac{z}{2}$.

5. $\begin{cases}u(x-y-z)=2v(-y+z+2),\\v(x-y-z)=u(y-z+2).\end{cases}$

7. 设过点 $A(-1,0,3)$ 的任意直线方程为 $x=-1+\lambda t, y=\mu t, z=3+\nu t$，直线与已知二次曲面的交点对应的参数 t 满足方程 $(\mu\nu+2\lambda\nu+3\lambda\mu)t^2+(6\lambda-2\nu)t=0$. 又直线是曲面的直母线，则 $\mu\nu+2\lambda\nu+3\lambda\mu=0$ 且 $6\lambda-2\nu=0$，解得 $\lambda:\mu:\nu=1:(-1):3$ 与 $0:1:0$，因此所求直母线方程为 $\dfrac{x+1}{1}=\dfrac{y}{-1}=\dfrac{z-3}{3}$ 与 $\dfrac{x+1}{0}=\dfrac{y}{1}=\dfrac{z-3}{0}$.

8. $\dfrac{y^2}{4}-\dfrac{x^2}{9}=2z$，双曲抛物面.

9. 提示：(2)与(3)利用例 2.3.3.

(4) λ 族直母线在 xOy 平面和 yOz 平面上的射影直线分别是

$$\begin{cases}\dfrac{2x}{a}=\left(\dfrac{\lambda_2}{\lambda_1}+\dfrac{\lambda_1}{\lambda_2}\right)+\dfrac{y}{b}\left(\dfrac{\lambda_2}{\lambda_1}-\dfrac{\lambda_1}{\lambda_2}\right)\\ z=0\end{cases}$$

和

$$\begin{cases}\dfrac{2z}{c}=\left(\dfrac{\lambda_2}{\lambda_1}-\dfrac{\lambda_1}{\lambda_2}\right)+\dfrac{y}{b}\left(\dfrac{\lambda_2}{\lambda_1}+\dfrac{\lambda_1}{\lambda_2}\right)\\ x=0.\end{cases}$$

μ 族直母线在 xOy 平面和 yOz 平面上的射影直线分别是

$$\begin{cases}\dfrac{2x}{a}=\left(\dfrac{\mu_2}{\mu_1}+\dfrac{\mu_1}{\mu_2}\right)+\dfrac{y}{b}\left(\dfrac{\mu_2}{\mu_1}-\dfrac{\mu_1}{\mu_2}\right),\\ z=0\end{cases}$$

和

$$\begin{cases}\dfrac{2z}{c}=\left(-\dfrac{\mu_2}{\mu_1}+\dfrac{\mu_1}{\mu_2}\right)+\dfrac{y}{b}\left(-\dfrac{\mu_2}{\mu_1}-\dfrac{\mu_1}{\mu_2}\right),\\ x=0.\end{cases}$$

如果两族直母线中有某条重合，则必有

$$\begin{cases}\dfrac{\lambda_2}{\lambda_1}+\dfrac{\lambda_1}{\lambda_2}=\dfrac{\mu_2}{\mu_1}+\dfrac{\mu_1}{\mu_2}, & ①\\[2ex] \dfrac{\lambda_2}{\lambda_1}-\dfrac{\lambda_1}{\lambda_2}=\dfrac{\mu_2}{\mu_1}-\dfrac{\mu_1}{\mu_2}, & ②\\[2ex] \dfrac{\lambda_2}{\lambda_1}-\dfrac{\lambda_1}{\lambda_2}=-\dfrac{\mu_2}{\mu_1}+\dfrac{\mu_1}{\mu_2}, & ③\\[2ex] \dfrac{\lambda_2}{\lambda_1}+\dfrac{\lambda_1}{\lambda_2}=-\dfrac{\mu_2}{\mu_1}-\dfrac{\mu_1}{\mu_2}. & ④\end{cases}$$

①+④得$\frac{\lambda_2}{\lambda_1}+\frac{\lambda_1}{\lambda_2}=0$,②+③得$\frac{\lambda_2}{\lambda_1}-\frac{\lambda_1}{\lambda_2}=0$,则$\frac{\lambda_2}{\lambda_1}=\frac{\lambda_1}{\lambda_2}=0$,不可能.

10. 提示:与上题类似.

11. 提示:用平行平面族截曲面,证明截线族是平行直线族.

(1) 用平行平面族 $x+y=k$(常数$\neq 0$)截曲面得交线族方程为

$$\begin{cases} x+y=k, \\ y-z=\dfrac{a^2}{k}. \end{cases}$$

容易验证这是一族平行于固定方向$(-1,1,1)$的直线,从而曲面由一族平行直线构成,故曲面是柱面.

(2) 方法同(1).

12. $\frac{x^2}{36}-\frac{y^2}{16}=z$,双曲抛物面.

13. 以λ族直母线为例.任何一条λ族直母线均可表示为

$$\begin{cases} \dfrac{x}{a}+\dfrac{z}{c}=\lambda\left(1+\dfrac{y}{b}\right), \\ \lambda\left(\dfrac{x}{a}-\dfrac{z}{c}\right)=1-\dfrac{y}{b}, \end{cases} \quad \lambda\neq 0$$

或

$$\begin{cases} 1+\dfrac{y}{b}=0, \\ \dfrac{x}{a}-\dfrac{z}{c}=0 \end{cases}$$

或

$$\begin{cases} \dfrac{x}{a}+\dfrac{z}{c}=0, \\ 1-\dfrac{y}{b}=0. \end{cases}$$

它们在xOy平面上的射影分别为

$$\begin{cases} \dfrac{2x}{a}=\lambda+\dfrac{1}{\lambda}+\dfrac{y}{b}\left(\lambda-\dfrac{1}{\lambda}\right), \\ z=0 \end{cases}$$

或

$$\begin{cases} 1+\dfrac{y}{b}=0, \\ z=0 \end{cases}$$

或

$$\begin{cases} 1-\dfrac{y}{b}=0, \\ z=0. \end{cases}$$

腰椭圆方程为$\begin{cases}\dfrac{x^2}{a^2}+\dfrac{y^2}{b^2}=1,\\ z=0.\end{cases}$容易验证后面两条射影直线与腰椭圆相切. 又前面的射影与腰椭圆交点的 y 坐标满足$\left(\dfrac{y}{b}\right)^2\left(\dfrac{1}{4}\left(\lambda-\dfrac{1}{\lambda}\right)^2+1\right)+\dfrac{1}{2}\left(\lambda^2-\dfrac{1}{\lambda^2}\right)\dfrac{y}{b}+\dfrac{1}{4}\left(\lambda+\dfrac{1}{\lambda}\right)^2-1=0$,不难计算其判别式$\Delta=\dfrac{1}{4}\left(\lambda^2-\dfrac{1}{\lambda^2}\right)^2-4\left(\dfrac{1}{4}\left(\lambda-\dfrac{1}{\lambda}\right)^2+1\right)\left(\dfrac{1}{4}\left(\lambda+\dfrac{1}{\lambda}\right)^2-1\right)=0$,故得射影直线与腰椭圆有唯一交点. 因此结论成立.

14. $9x^2-y^2+8z^2=8$,单叶双曲面.

15. λ 族直母线方向向量为$\left(a\left(\lambda-\dfrac{1}{\lambda}\right),2b,c\left(\lambda+\dfrac{1}{\lambda}\right)\right)$,$\mu$ 族直母线的方向向量为$\left(a\left(\mu-\dfrac{1}{\mu}\right),2b,-c\left(\mu+\dfrac{1}{\mu}\right)\right)$,两族直母线互相垂直的充要条件为

$$a^2\left(\lambda-\frac{1}{\lambda}\right)\left(\mu-\frac{1}{\mu}\right)+4b^2-c^2\left(\lambda+\frac{1}{\lambda}\right)\left(\mu+\frac{1}{\mu}\right)=0. \qquad ①$$

又两族直母线的交点坐标为

$$x=\frac{a(\lambda+\mu)}{1+\lambda\mu},y=\frac{b(1-\lambda\mu)}{1+\lambda\mu},z=\frac{c(\lambda-\mu)}{1+\lambda\mu}. \qquad ②$$

从①,②中消去 λ,μ 得

$$x^2+y^2+z^2=a^2+b^2-c^2,$$

故得两族直交母线交点的轨迹方程为

$$\begin{cases}\dfrac{x^2}{a^2}+\dfrac{y^2}{b^2}-\dfrac{z^2}{c^2}=1,\\ x^2+y^2+z^2=a^2+b^2-c^2.\end{cases}$$

16. 提示:与 15 题类似.

17. 单叶双曲面$\dfrac{x^2}{a^2}+\dfrac{y^2}{b^2}-\dfrac{z^2}{c^2}=1$的两族直母线方程为

$$\lambda\text{ 族:}\begin{cases}\lambda_1\left(\dfrac{x}{a}+\dfrac{z}{c}\right)=\lambda_2\left(1+\dfrac{y}{b}\right),\\ \lambda_2\left(\dfrac{x}{a}-\dfrac{z}{c}\right)=\lambda_1\left(1-\dfrac{y}{b}\right),\end{cases}\qquad \mu\text{ 族:}\begin{cases}\mu_1\left(\dfrac{x}{a}+\dfrac{z}{c}\right)=\mu_2\left(1-\dfrac{y}{b}\right),\\ \mu_2\left(\dfrac{x}{a}-\dfrac{z}{c}\right)=\mu_1\left(1+\dfrac{y}{b}\right).\end{cases}$$

过 λ 族中的任意一条直母线的平面方程为

$$\mu_1\left[\lambda_1\left(\frac{x}{a}+\frac{z}{c}\right)-\lambda_2\left(1+\frac{y}{b}\right)\right]+\mu_2\left[\lambda_2\left(\frac{x}{a}-\frac{z}{c}\right)-\lambda_1\left(1-\frac{y}{b}\right)\right]=0,$$

即

$$\lambda_1\left[\mu_1\left(\frac{x}{a}+\frac{z}{c}\right)-\mu_2\left(1-\frac{y}{b}\right)\right]+\lambda_2\left[\mu_2\left(\frac{x}{a}-\frac{z}{c}\right)-\mu_1\left(1+\frac{y}{b}\right)\right]=0.$$

显然它通过 μ 族中的一条直母线. 同理可证通过 μ 族中任一直母线的每一平面必经过属于 λ 族中的一条直母线. 但这个结论对于双曲抛物面不一定成立. 反例:平面$\dfrac{x}{a}+\dfrac{y}{b}=2\lambda$(常数)通过

双曲抛物面$\frac{x^2}{a^2}-\frac{y^2}{b^2}=2z$的$\lambda$族直母线中的直母线

$$\begin{cases}\frac{x}{a}+\frac{y}{b}=2\lambda,\\ \lambda(\frac{x}{a}-\frac{y}{b})=z,\end{cases}$$

但它不通过μ族直母线

$$\begin{cases}\frac{x}{a}-\frac{y}{b}=2\mu,\\ \mu(\frac{x}{a}+\frac{y}{b})=z\end{cases}$$

中的任何直母线，这是因为μ族直母线的方向向量为$\boldsymbol{v}=(a,b,2\mu)$，而平面的法向量为$\boldsymbol{n}=(b,a,0)$，$\boldsymbol{n}\cdot\boldsymbol{v}=2ab\neq0$.

习　题　3.6

1. (1) $\begin{cases}x^2+y^2=4,\\ z=0\end{cases}$ 和 $\begin{cases}y^2+z^2=1,\\ x=0;\end{cases}$

(2) $\begin{cases}x+y=1,\\ z=0\end{cases}$ 和 $\begin{cases}y^2+z^2=1,\\ x=0;\end{cases}$

(3) $\begin{cases}2x^2+3y^2=4,\\ z=0\end{cases}$ 和 $\begin{cases}y^2-2z^2+4=0,\\ x=0.\end{cases}$

2. (1) $\frac{3}{16}(x^2+y^2)\leqslant z\leqslant\sqrt{25-x^2-y^2}$，$x^2+y^2\leqslant16$；

(2) $2(x^2+y^2)\leqslant z\leqslant\sqrt{x^2+y^2}$，$x^2+y^2\leqslant\frac{1}{4}$；

(3) $0\leqslant z\leqslant x+4$，$x^2+y^2\leqslant16$；

(4) $2-x\leqslant z\leqslant4-x^2$，$-1\leqslant x\leqslant2$，$0\leqslant y\leqslant4$；

(5) $0\leqslant z\leqslant6-x-y$，$\frac{6-y}{3}\leqslant x\leqslant\frac{12-2y}{3}$，$0\leqslant y\leqslant6$；

(6) $0\leqslant z\leqslant\sqrt{8-x^2-y^2}$，$x^2+y^2\leqslant4$，$x\geqslant0$，$y\geqslant0$；

(7) $0\leqslant z\leqslant\sqrt{x^2+y^2}$，$x^2+y^2\leqslant4x$；

(8) $0\leqslant z\leqslant xy$，$0\leqslant y\leqslant x$，$0\leqslant x\leqslant1$.

拓展材料 2

1. (1) $\begin{cases}\frac{x^2}{4}+(y-2)^2=1,\\ z=2,\end{cases}$它在平面$z=2$上，以$(0,2,2)$为中心，半轴长分别为2和1的椭圆；

(2) $\begin{cases}2x+y-7=0,\\4x-z-12=0,\end{cases}$直线；

(3) $\begin{cases}4x-3y=0,\\x^2+y^2+z^2=25,\end{cases}$位于平面 $4x-3y=0$ 上的圆，以原点为圆心，以 5 为半径.

2. (1) $x^2+y^2-z^2=0$，以原点为顶点，以 z 轴为轴，半顶角为 $45°$ 的圆锥面；

(2) $x^2+y^2-z^2=1$，旋转单叶双曲面；

(3) $\dfrac{x^2}{a^2}+\dfrac{y^2}{b^2}-\dfrac{z^2}{c^2}=0,|x|\leqslant a,|y|\leqslant b,|z|\leqslant c$，以原点为顶点的二次锥面位于边长为 a,b,c 的长方体内部分.

3. $x^2+y^2+z^2-y=0$.

4. (1) $x=R\cos t,y=R\sin t,z=c,0\leqslant t<2\pi$；

(2) $x=\dfrac{1}{2p}t^2,y=t,z=\dfrac{k}{2p}t^2,-\infty<t<+\infty$；

(3) $x=\sqrt{\cos t},y=\dfrac{1}{\sqrt{\cos t}},z=\tan t$ 或 $x=-\sqrt{\cos t},y=-\dfrac{1}{\sqrt{\cos t}},z=\tan t,-\dfrac{\pi}{2}<t<\dfrac{\pi}{2}$；

(4) $x=a(u+v),y=b(u-v),z=2uv,-\infty<u,v<+\infty$；

(5) $x=av\cos u,y=bv\sin u,z=\dfrac{1}{2}v^2,0\leqslant u<2\pi,-\infty<v<+\infty$.

5. 提示：建立平面直角坐标系，设半径为 a 的圆在 x 轴上滚动，且点 P 的初始位置在原点. 当圆心移至点 C 时，圆与直线的切点记为 A. 令 $\theta=\measuredangle(\overrightarrow{CP},\overrightarrow{CA})$. 算出 $\measuredangle(\boldsymbol{i},\overrightarrow{CP})=-\left(\dfrac{\pi}{2}+\theta\right)$，于是 $\boldsymbol{r}=\overrightarrow{OP}=\overrightarrow{OA}+\overrightarrow{AC}+\overrightarrow{CP}=a(\theta-\sin\theta)\boldsymbol{i}+a(1-\cos\theta)\boldsymbol{j}$，其中 $\theta(-\infty<\theta<+\infty)$ 为参数.

6. 提示：建立平面直角坐标系，取定圆圆心为坐标原点，动圆上的点的初始位置为定圆与 x 轴的正半轴的交点，并取动圆圆心的向径与 x 轴所成的有向角 θ 为参数，则外旋轮线的参数方程是 $x=(a+b)\cos\theta-b\cos\dfrac{a+b}{b}\theta,y=(a+b)\sin\theta-b\sin\dfrac{a+b}{b}\theta,-\infty<\theta<+\infty$.

7. (1) $x=x(t)+ls,y=y(t)+ms,z=z(t)+ns,a\leqslant t\leqslant b,-\infty<s<+\infty$；

(2) $x=a+(x(t)-a)s,y=b+(y(t)-b)s,z=c+(z(t)-c)s,a\leqslant t\leqslant b,-\infty<s<+\infty$.

习　题　4.1

1. 移轴公式 $x=x'+2,y=y'-2,z=z'+3$.

2. (1) 旧坐标原点的新坐标为$(-3,-1,2)$；(2) 点 A 的新坐标为$(1,1,2)$；(3) 点 A 的对称点在旧坐标系中的坐标为$(-4,-2,0)$，在新坐标系中的坐标为$(-7,-3,2)$.

3. 移轴公式为 $x=x'+3,y=y',z=z'+3$.

4. 移轴公式为 $x=x'+1,y=y'+2,z=z'+3$. 在移轴变换下，方程(1)变为 $3x'-5y'+6z'+10=0$；方程(2)变为 $\dfrac{x'}{3}=\dfrac{y'}{4}=\dfrac{z'}{2}$；方程(3)变为 $x'^2+y'^2+z'^2+x'y'+x'z'+y'z'-6=0$.

5. 转轴公式为

$$\begin{cases} x=-\dfrac{1}{3}x'+\dfrac{2}{3}y'+\dfrac{2}{3}z', \\ y=\dfrac{2}{3}x'-\dfrac{1}{3}y'+\dfrac{2}{3}z', \\ z=\dfrac{2}{3}x'+\dfrac{2}{3}y'-\dfrac{1}{3}z', \end{cases}$$

点 M 在新坐标系中的坐标为 $(1,-1,0)$.

6. 提示：$\boldsymbol{v}=\boldsymbol{i}-\boldsymbol{j}+\boldsymbol{k}$，且 $\boldsymbol{i}=\dfrac{1}{2}\boldsymbol{i}'-\dfrac{1}{\sqrt{2}}\boldsymbol{j}'-\dfrac{1}{2}\boldsymbol{k}'$，$\boldsymbol{j}=\dfrac{1}{2}\boldsymbol{i}'+\dfrac{1}{\sqrt{2}}\boldsymbol{j}'-\dfrac{1}{2}\boldsymbol{k}'$，$\boldsymbol{k}=\dfrac{1}{\sqrt{2}}\boldsymbol{i}'+\dfrac{1}{\sqrt{2}}\boldsymbol{k}'$，故 $\boldsymbol{v}$ 在 $\{O;\boldsymbol{i}',\boldsymbol{j}',\boldsymbol{k}'\}$ 中的分量为 $\left(\dfrac{1}{\sqrt{2}},-\dfrac{2}{\sqrt{2}},\dfrac{1}{\sqrt{2}}\right)$.

7. 提示：三直线相交于点 $(0,0,0)$. 取三直线的方向向量，要求构成右手系并将它们单位化，这样便得到新坐标系的三个坐标向量. 坐标变换公式为

$$\begin{cases} x=\dfrac{1}{\sqrt{3}}x'+\dfrac{1}{\sqrt{6}}y'+\dfrac{1}{\sqrt{2}}z', \\ y=\dfrac{1}{\sqrt{3}}x'-\dfrac{2}{\sqrt{6}}y', \\ z=\dfrac{1}{\sqrt{3}}x'+\dfrac{1}{\sqrt{6}}y'-\dfrac{1}{\sqrt{2}}z'. \end{cases}$$

8. $x'^2+y'^2-4z'^2=\dfrac{25}{4}$，它表示旋转单叶双曲面.

9. $z'=\dfrac{3}{2}x'^2+\dfrac{1}{2}y'^2$，它表示椭圆抛物面.

10. 提示：作平移 $x=x''-1,y=y''-1,z=z''-1$，将原方程变为 $2x''+y''+2z''=0$，取它的法向量 $\boldsymbol{n}^\circ=\left(\dfrac{2}{3},\dfrac{1}{3},\dfrac{2}{3}\right)$ 作为 x' 轴的方向，即令 $\boldsymbol{i}'=\boldsymbol{n}^\circ$. 取垂直于 $\boldsymbol{i}'$ 的任意单位向量作为 $\boldsymbol{j}'$，例如 $\boldsymbol{j}'=\left(\dfrac{1}{\sqrt{2}},0,-\dfrac{1}{\sqrt{2}}\right)$，再令 $\boldsymbol{k}'=\boldsymbol{i}'\times\boldsymbol{j}'=\left(-\dfrac{\sqrt{2}}{6},\dfrac{2\sqrt{2}}{3},-\dfrac{\sqrt{2}}{6}\right)$. 经坐标变换

$$\begin{cases} x=\dfrac{2}{3}x'+\dfrac{\sqrt{2}}{2}y'-\dfrac{\sqrt{2}}{6}z'-1, \\ y=\dfrac{1}{3}x'+\dfrac{2\sqrt{2}}{3}z'-1, \\ z=\dfrac{2}{3}x'-\dfrac{\sqrt{2}}{2}y'-\dfrac{\sqrt{2}}{6}z'-1. \end{cases}$$

已知平面方程变为 $x'=0$.

习　题　4.2

2. (1) 特征方程 $-\lambda^3+7\lambda^2-14\lambda+8=0$ 的特征根为 $1,2,4$；

(2) 特征方程 $-\lambda^3+9\lambda^2-18\lambda=0$，特征根为 $6,3,0$；

(3) 特征方程$-\lambda^3+3\lambda^2+9\lambda+5=0$,特征根为 5,-1,-1;

(4) 特征方程$-\lambda^3+6\lambda^2=0$,特征根为 0,0,6.

3. (1) 特征根$\lambda_1=1$对应的主方向为 $1:(-1):0$,特征根$\lambda_2=3$对应的主方向为 $1:1:0$,特征根$\lambda_3=-5$对应的主方向为 $0:0:1$;

(2) 特征根为 6,3,-2,对应的主方向分别为$-1:1:2$,$1:(-1):1$,$1:1:0$;

(3) 特征根为 9,-9,-9.对应于特征根 9 的主方向为 $4:1:(-1)$,对应于二重特征根-9的主方向为平行于平面$4x+y-z=0$的一切方向.

4. (1) 二次曲面的特征根为 1,1,10.与二重特征根 1 对应的主方向平行于平面$x+2y-2z=0$,可选取$l_1:m_1:n_1=2:(-1):0$,$l_2:m_2:n_2=2:4:5$.与特征根 10 对应的主方向$l_3:m_3:n_3=-1:(-2):2$.经旋转变换

$$\begin{pmatrix} x \\ y \\ z \end{pmatrix}=\begin{pmatrix} \frac{2}{\sqrt{5}} & \frac{2}{3\sqrt{5}} & -\frac{1}{3} \\ -\frac{1}{\sqrt{5}} & \frac{4}{3\sqrt{5}} & -\frac{2}{3} \\ 0 & \frac{5}{3\sqrt{5}} & \frac{2}{3} \end{pmatrix}\begin{pmatrix} x' \\ y' \\ z' \end{pmatrix}.$$

原方程化简为$x'^2+y'^2+10z'^2=1$;

(2) 二次曲面的特征根为 1,2,4,对应的主方向分别为 $1:0:0$,$0:1:1$,$0:(-1):1$,经绕x轴的旋转变换

$$\begin{cases} x=x', \\ y=\frac{1}{\sqrt{2}}y'-\frac{1}{\sqrt{2}}z', \\ z=\frac{1}{\sqrt{2}}y'+\frac{1}{\sqrt{2}}z', \end{cases}$$

曲面方程化简为

$$x'^2+2y'^2+4z'^2-2x'-2=0;$$

(3) 曲面的特征根为 9,9,0,简化方程为$9x'^2+9y'^2-27=0$或$x'^2+y'^2=3$,坐标变换公式为

$$\begin{cases} x=\frac{1}{\sqrt{2}}x'+\frac{1}{3\sqrt{2}}y'+\frac{2}{3}z', \\ y=\frac{4}{3\sqrt{2}}y'-\frac{1}{3}z', \\ z=-\frac{1}{\sqrt{2}}x'+\frac{1}{3\sqrt{2}}y'+\frac{2}{3}z'; \end{cases}$$

(4) 曲面的特征根为 0,0,14,简化方程为$14z'^2+4\sqrt{14}z'+4=0$或$(\sqrt{14}z'+2)^2=0$.坐标变换公式是

$$\begin{pmatrix} x \\ y \\ z \end{pmatrix} = \begin{pmatrix} \frac{2}{\sqrt{5}} & -\frac{3}{\sqrt{70}} & \frac{1}{\sqrt{14}} \\ \frac{1}{\sqrt{5}} & \frac{6}{\sqrt{70}} & -\frac{2}{\sqrt{14}} \\ 0 & \frac{5}{\sqrt{70}} & \frac{3}{\sqrt{14}} \end{pmatrix} \begin{pmatrix} x' \\ y' \\ z' \end{pmatrix}.$$

6. 考虑三个平面 $\pi_1: 2x+y+z=0, \pi_2: x-y-z=0, \pi_3: y-z=0$，它们两两垂直且交于点 $(0,0,0)$. 以三平面的法向量作为新坐标系的三个坐标轴的方向向量，得坐标变换为

$$\begin{pmatrix} x \\ y \\ z \end{pmatrix} = \begin{pmatrix} \frac{2}{\sqrt{6}} & \frac{1}{\sqrt{3}} & 0 \\ \frac{1}{\sqrt{6}} & -\frac{1}{\sqrt{3}} & \frac{1}{\sqrt{2}} \\ \frac{1}{\sqrt{6}} & -\frac{1}{\sqrt{3}} & -\frac{1}{\sqrt{2}} \end{pmatrix} \begin{pmatrix} x' \\ y' \\ z' \end{pmatrix}, \quad \begin{pmatrix} x' \\ y' \\ z' \end{pmatrix} = \begin{pmatrix} \frac{2}{\sqrt{6}} & \frac{1}{\sqrt{6}} & \frac{1}{\sqrt{6}} \\ \frac{1}{\sqrt{3}} & -\frac{1}{\sqrt{3}} & -\frac{1}{\sqrt{3}} \\ 0 & \frac{1}{\sqrt{2}} & -\frac{1}{\sqrt{2}} \end{pmatrix} \begin{pmatrix} x \\ y \\ z \end{pmatrix};$$

从而曲面在新坐标系中的方程为

$$(\sqrt{6}x')^2 - (\sqrt{3}y')^2 = \sqrt{2}z',$$

即

$$\frac{x'^2}{1} - \frac{y'^2}{2} = \frac{\sqrt{2}z'}{6},$$

故曲面是双曲抛物面.

习　题　4.3

1. 简化方程 $6x'^2+3y'^2-2z'^2+6=0$，标准方程

$$\frac{x'^2}{1} + \frac{y'^2}{2} - \frac{z'^2}{3} = -1,$$

双叶双曲面.

2. 简化方程 $2x'^2+5y'^2-5\sqrt{2}z'=0$，标准方程

$$\frac{x'^2}{\frac{5\sqrt{2}}{4}} + \frac{y'^2}{\frac{\sqrt{2}}{2}} = 2z',$$

椭圆抛物面.

3. 简化方程 $3x'^2+6y'^2-6=0$，标准方程 $\frac{x'^2}{2}+y'^2=1$，椭圆柱面.

4. 简化方程 $4x'^2-2y'^2=\sqrt{2}z'$，标准方程

$$\frac{x'^2}{\frac{\sqrt{2}}{8}} - \frac{y'^2}{\frac{\sqrt{2}}{4}} = 2z',$$

双曲抛物面.

5. 简化方程 $11x'^2-2\sqrt{11}x'=0$,标准方程 $x''^2=\frac{1}{11}$,其中 $x''=x'-\frac{\sqrt{11}}{11}$,$y''=y'$,$z''=z'$,它表示二平行平面.

6. 标准方程 $3x'^2-y'^2=0$,二相交平面.

习 题 4.4

1. (1) $I_1=18,I_2=99,I_3=2\times9^2,I_4=-4\times9^3$. 特征根为 3,9,6,简化方程 $3x^2+9y^2+6z^2-18=0$(略去撇号,下同),椭球面;

(2) $I_3=5\neq0,I_1=3,I_2=-9<0,I_4=-15<0$. 特征根为 5,−1,−1. 简化方程 $5x^2-y^2-z^2-3=0$,旋转双叶双曲面;

(3) $I_3=54\neq0,I_1=0,I_2=-27<0,I_4=0$. 特征根为 6,−3,−3. 简化方程 $6x^2-3y^2-3z^2=0$,二次锥面;

(4) $I_3=I_4=0,I_2=18>0,I_1=9,K_2=-108$. 特征根为 3,6,0,简化方程 $3x^2+6y^2-6=0$,椭圆柱面;

(5) $I_3=0,I_4=-162,I_2=18,I_1=9$. 特征根为 3,6,0,简化方程 $3x^2+6y^2-6z=0$(或 $3x^2+6y^2+6z=0$),椭圆抛物面;

(6) $I_3=I_4=I_2=0,K_2=-288,I_1=6$,特征根为 6,0,0,简化方程 $6x^2-8\sqrt{3}y=0$(或 $6x^2+8\sqrt{3}y=0$),抛物柱面;

(7) $I_3=I_4=K_2=0,I_1=18,I_2=81$,特征根为 9,9,0,简化方程 $9x^2+9y^2=0$,直线.

2. 由不变量表示二次曲面的简化方程可知,二次曲面是锥面的充要条件是 $I_3\neq0,I_4=0$. 现在 $I_3=-8\neq0,I_4=40-8d$,那么由 $I_4=0$ 可得到 $d=5$.

5. $I_1=a+b+c,I_2=ab+bc+ca-a^2-b^2-c^2=-\frac{1}{2}[(a-b)^2+(b-c)^2+(c-a)^2]\leqslant0,I_3=3abc-a^3-b^3-c^2=I_1\cdot I_2,I_4=-I_3$. 特征方程是 $-\lambda^3+I_1\lambda^2-I_2\lambda+I_3=0$,即 $(\lambda-I_1)\cdot(\lambda^2+I_2)=0$. 特征根为 $\lambda_1=I_1,\lambda_2=\sqrt{-I_2},\lambda_3=-\sqrt{-I_2}$.

由不变量表示二次曲面的简化方程可看出,二次曲面为旋转曲面的条件是特征根有非零重根. 据此,需 $I_2<0$(即 a,b,c 不全相等),且 $\lambda_1=\lambda_2$ 或 $\lambda_1=\lambda_3$. 而

$$\begin{aligned}\lambda_1=\lambda_2\text{或}\lambda_1=\lambda_3&\Leftrightarrow I_1^2=-I_2\\&\Leftrightarrow(a+b+c)^2=a^2+b^2+c^2-ab-bc-ca\\&\Leftrightarrow ab+bc+ca=0,\end{aligned}$$

因此原方程表示旋转曲面的条件是 $ab+bc+ca=0$.

6. 若 $F(x,y,z)=0$ 表圆柱面,则标准方程为

$$\lambda x^2+\lambda y^2+\frac{K_2}{I_2}=0,\lambda\neq0,\lambda\cdot\frac{K_2}{I_2}<0.$$

此时 $I_3=I_4=0,I_1=2\lambda\neq0,I_2=\lambda^2>0$ 且 $I_1^2=4I_2$,并且 $\lambda\cdot\frac{K_2}{I_2}<0$ 可推得 $I_1K_2<0$.

反之,若 $I_3=I_4=0,I_1^2=4I_2,I_1K_2<0$,则特征方程为 $-\lambda^3+I_1\lambda^2-I_2\lambda=0$,即 $\lambda(\lambda^2-I_1\lambda+I_2)=0$,它的一个特征根为 0,又 $\lambda^2-I_1\lambda+I_2=0$ 有重根,因判别式 $I_1^2-4I_2=0$. 记二重特

征根为 λ_1，显然 $\lambda_1=\frac{1}{2}I_1\neq 0$，于是我们有标准方程

$$\lambda_1 x^2+\lambda_1 y^2+\frac{K_2}{I_2}=0.$$

又由 $I_2>0$ 和 $I_1K_2<0$ 知，它表示圆柱面.

7. $I_3=0, I_1=13+k, I_2=13(k-1), I_4=-7^2\times 8^2(k-1)$. 特征方程为 $-\lambda^3+I_1\lambda^2-I_2\lambda=0$，即 $\lambda(\lambda^2-I_1\lambda+I_2)=0$，记特征根为 $\lambda_1,\lambda_2,\lambda_3$，其中 $\lambda_1=0$，λ_2,λ_3 满足方程 $\lambda^2-I_1\lambda+I_2=0$，于是 $\lambda_2+\lambda_3=13+k, \lambda_2\lambda_3=13(k-1)$.

(1) 当 $k>1$ 时，λ_2,λ_3 同号，$I_4<0, I_2>0$，曲面为椭圆抛物面；

(2) 当 $k<1$ 时，λ_2,λ_3 异号，$I_4>0, I_2<0$，曲面为双曲抛物面；

(3) 当 $k=1$ 时，$I_3=I_4=I_2=0, K_2<0, I_1=14$，曲面为抛物柱面.

习　题　4.5

1. (1) $(1,1,-1)$；(2) 中心直线 $\frac{x}{3}=\frac{y}{2}=\frac{z-2}{1}$；(3) 中心平面 $2x-y+3z+2=0$；(4) 无中心.

2. (1) 中心为 $(0,1,-2)$，渐近锥面方程为 $x^2+2y^2+xy-3xz-7x-4y+2=0$；

(2) 中心直线 $\begin{cases} y-3z-7=0, \\ x=0. \end{cases}$ 中心直线上点的坐标为 $(0,3t+7,t)$，因此渐近锥面的方程为 $\Phi(x,y-3t-7,z-t)=0$，即 $x(x+y-3z-7)=0$，它是原二次曲面.

3. 由中心方程组

$$\begin{cases} ax+\dfrac{\lambda}{2}z=0, \\ by+\dfrac{\lambda\mu}{2}z=0, \\ \dfrac{\lambda}{2}x+\dfrac{\lambda\mu}{2}y+cz-\dfrac{\lambda d}{2}=0 \end{cases}$$

消去 λ,μ 得

$$a\left(x-\frac{d}{2}\right)^2+by^2-cz^2=\frac{ad^2}{4}.$$

(1) 当 $a,b,c>0$ 时，中心的轨迹是以 $\left(\frac{d}{2},0,0\right)$ 为中心的单叶双曲面，其虚轴平行于 z 轴；

(2) 当 $a,b>0, c<0$ 时，所求轨迹是以 $\left(\frac{d}{2},0,0\right)$ 为中心的椭球面；

(3) 当 $a>0, b,c<0$ 时，轨迹是以 $\left(\frac{d}{2},0,0\right)$ 为中心的单叶双曲面，其虚轴平行于 y 轴.

习　题　4.6

1. (1) $0:1:1$；(2) 无奇向；(3) 平行于平面 $x+y-2z=0$ 的方向都是奇向.

2. 径面方程为 $2x-3y-2=0$.

3. 径面方程为 $x+3y-z-1=0$,与之共轭的方向是 $2:(-1):5$.

4. (1) 与特征根 6 对应的主方向为 $-1:1:2$,与它共轭的主径面为 $-x+y+2z=0$;与特征根 3 对应的主方向为 $1:(-1):1$,与之共轭的主径面为 $x-y+z-3=0$;与特征根 -2 对应的主方向为 $1:1:0$,与它共轭的主径面为 $x+y=0$. 曲面的简化方程是 $6x'^2+3y'^2-2z'^2+1=0$,双叶双曲面. 使用的直角坐标变换为

$$\begin{cases} x=-\dfrac{1}{\sqrt{6}}x'+\dfrac{1}{\sqrt{3}}y'+\dfrac{1}{\sqrt{2}}z'+1, \\ y=\dfrac{1}{\sqrt{6}}x'-\dfrac{1}{\sqrt{3}}y'+\dfrac{1}{\sqrt{2}}z'-1, \\ z=\dfrac{2}{\sqrt{6}}x'+\dfrac{1}{\sqrt{3}}y'+1; \end{cases}$$

(2) 与特征根 2 对应的主方向为 $1:1:1$,与它共轭的主径面为 $x+y+z=0$;与二重特征根 -1 对应的主方向为平行于平面 $x+y+z=0$ 的一切方向,于是过曲面中心 $(0,0,0)$ 且垂直于 $x+y+z=0$ 的一切平面皆为主径面. 曲面简化方程为 $-x'^2-y'^2+2z'^2+9=0$,旋转单叶双曲面. 使用的直角坐标变换为

$$\begin{pmatrix} x \\ y \\ z \end{pmatrix}=\begin{pmatrix} \dfrac{1}{\sqrt{2}} & \dfrac{1}{\sqrt{6}} & \dfrac{1}{\sqrt{3}} \\ -\dfrac{1}{\sqrt{2}} & \dfrac{1}{\sqrt{6}} & \dfrac{1}{\sqrt{3}} \\ 0 & -\dfrac{2}{\sqrt{6}} & \dfrac{1}{\sqrt{3}} \end{pmatrix}\begin{pmatrix} x' \\ y' \\ z' \end{pmatrix};$$

(3) 与特征根 3 对应的主方向为 $1:(-2):1$,与它共轭的主径面是 $2x-4y+2z-1=0$;与特征根 -1 对应的主方向是 $1:0:(-1)$,与它共轭的主径面为 $2x-2z-5=0$;与特征根 0 对应的主方向是 $1:1:1$. 曲面的简化方程为 $3x'^2-y'^2-2=0$,双曲柱面. 使用的直角坐标变换是

$$\begin{cases} x=\dfrac{1}{\sqrt{6}}x'+\dfrac{1}{\sqrt{2}}y'+\dfrac{1}{\sqrt{3}}z'+\dfrac{4}{3}, \\ y=-\dfrac{2}{\sqrt{6}}x'+\dfrac{1}{\sqrt{3}}z'-\dfrac{1}{6}, \\ z=\dfrac{1}{\sqrt{6}}x'-\dfrac{1}{\sqrt{2}}y'+\dfrac{1}{\sqrt{3}}z'-\dfrac{7}{6}. \end{cases}$$

5. 设中心曲面方程为 $F(x,y,z)=0$,则

$$\begin{cases} F_1(x,y,z)=0, \\ F_2(x,y,z)=0, \\ F_3(x,y,z)=0 \end{cases}$$

有唯一解,即曲面的中心. 方程

$$XF_1(x,y,z)+YF_2(x,y,z)+ZF_3(x,y,z)=0$$

(其中 X,Y,Z 是不全为零的任意实数)表示过中心的任意平面,它恰是共轭于方向 $X:Y:Z$ 的径面方程,所以过中心的任意平面一定是中心曲面的径面.

6. 三个曲面都是中心曲面，因 I_3 都不为零. 它们的中心分别是$(1,-2,0)$，$(3,-2,-4)$，$(-1,0,-2)$. 这三点确定的平面方程为 $2x+3y+z+4=0$ 就是所求的三个已知曲面的公共径面.

7. 二次曲面的三个主径面两两垂直，说明曲面是中心曲面. 将三个主径面作为新坐标系的坐标平面，作坐标变换

$$\begin{cases} x' = \dfrac{1}{\sqrt{3}}(x+y+z), \\ y' = \dfrac{1}{\sqrt{6}}(2x-y-z), \\ z' = \dfrac{1}{\sqrt{2}}(y-z+1), \end{cases} \tag{①}$$

点$(0,0,0)$，$(1,-1,1)$，$(0,0,1)$在新系下的坐标分别为

$$\left(0,0,\frac{1}{\sqrt{2}}\right),\left(\frac{1}{\sqrt{3}},\frac{2}{\sqrt{6}},-\frac{1}{\sqrt{2}}\right),\left(\frac{1}{\sqrt{3}},-\frac{1}{\sqrt{6}},0\right).$$

因为曲面是中心曲面，可假定在新系下的方程为

$$Ax'^2+By'^2+Cz'^2+D=0, \tag{②}$$

将点$\left(0,0,\frac{1}{\sqrt{2}}\right)$，$\left(\frac{1}{\sqrt{3}},\frac{2}{\sqrt{6}},-\frac{1}{\sqrt{2}}\right)$，$\left(\frac{1}{\sqrt{3}},-\frac{1}{\sqrt{6}},0\right)$代入上述方程，得

$$\begin{cases} \dfrac{1}{2}C+D=0, \\ \dfrac{1}{3}A+\dfrac{2}{3}B+\dfrac{1}{2}C+D=0, \\ \dfrac{1}{3}A+\dfrac{1}{6}B+D=0. \end{cases}$$

解得 $A=-4D$，$B=2D$，$C=-2D$，于是②式为

$$-4x'^2+2y'^2-2z'^2+1=0,$$

将①式代入上式，得所求曲面方程为

$$y^2+z^2+2xy+2xz+y-z=0.$$

习　题　4.7

1. 切平面方程为 $x+10y-3z+22=0$，法线方程是$\dfrac{x-1}{1}=\dfrac{y+2}{10}=\dfrac{z-1}{-3}$.

2. 切点$(8,9,5)$.

3. 曲面在点$\left(1,\frac{1}{2},1\right)$的切平面 $2x+2y+z-4=0$，在点$\left(-1,-\frac{1}{2},-1\right)$的切平面 $2x+2y+z+4=0$.

4. 曲面在点$\left(-\frac{2}{3},\frac{1}{3},\frac{5}{6}\right)$和$\left(0,1,\frac{1}{2}\right)$的切平面分别为 $x+2y=0$ 与 $x+2y-2=0$.

5. $x+2y-2=0$，$25x-112y-54z+58=0$.

6. 设所求直线方程为 $x=tX, y=tY, z=tZ$. 因与曲面相切，故

$$3X^2+Y^2+4Z^2-10YZ=0.$$

又与已知直线相交，因而

$$\begin{vmatrix} X & Y & Z \\ 2 & 1 & -1 \\ 1 & 0 & -1 \end{vmatrix}=0, \text{即 } X-Y+Z=0.$$

解得 $X:Y:Z=1:(-1):(-2)$ 和 $5:7:2$，所求直线为

$$\frac{x}{1}=\frac{y}{-1}=\frac{z}{-2}, \quad \frac{x}{5}=\frac{y}{7}=\frac{z}{2}.$$

7. 过曲面 $z=axy$ 上点 (x_0, y_0, z_0) 的切平面方程是

$$a(y_0x+x_0y)=z+z_0, \qquad ①$$

由原点向切面所作垂线的方程为

$$\frac{x}{ay_0}=\frac{y}{ax_0}=\frac{z}{-1}, \qquad ②$$

又

$$z_0=ax_0y_0. \qquad ③$$

由①,②,③消去 x_0, y_0, z_0，得垂足的轨迹方程为

$$az(x^2+y^2+z^2)+xy=0.$$

8. 轨迹方程为 $(x^2+y^2+z^2)^2=a^2x^2+b^2y^2+c^2z^2$，方法与第 7 题相同.

9. $15(x-2)^2-9(y-1)^2-10(z-1)^2-10(x-2)(y-1)=0$.

10. 设中心曲面的方程为 $ax^2+by^2+cz^2=1$，中心为 $(0,0,0)$. 过点 (x_0, y_0, z_0) 的切平面方程为 $ax_0x+by_0y+cz_0z-1=0$，又切点与中心连线的方向为 $x_0:y_0:z_0$，与它共轭的径面方程为 $ax_0x+by_0y+cz_0z=0$，可见该径面与切平面平行.

11. $8x^2+15y^2+11z^2-12xy+4xz-24yz-14=0$.

习　题　4.8

1. (1) 取转角 $\theta=\frac{\pi}{4}$，转轴公式为 $x=\frac{1}{\sqrt{2}}(x'-y'), y=\frac{1}{\sqrt{2}}(x'+y')$. 简化方程为 $2y'^2-2\sqrt{2}y'-3=0$.

(2) 取转角 θ 满足 $\cot 2\theta=\frac{7}{24}$，转轴公式为 $x=\frac{1}{5}(4x'-3y'), y=\frac{1}{5}(3x'+4y')$，简化方程为 $y'^2+x'-2=0$.

5. $x+12y-8=0, 12x-2y-23=0$.

6. $x+3y=0$ 与 $2x+y=0$ 或 $2x-y=0$ 与 $x-3y=0$.

7. (1) 中心为 $(1,1)$，主方向为 $1:(-1), 1:1$. 主直径方程为 $x-y=0, x+y-2=0$;

(2) 无中心. 主方向为 $3:(-4), 4:3$. 主直径方程为 $3x-4y+7=0$;

(3) 中心为 $(-2,1)$，任意方向都是主方向，过中心的任何直线都是主直径.

9. (1) $I_1=8, I_2=-9, I_3=81$，特征根为 $9, -1$，标准方程为 $x'^2-\frac{1}{9}y'^2=1$;

(2) $I_1=2, I_2=0, I_3=-64$，简化方程为 $2y^2\pm2\sqrt{32}x=0$，标准方程为 $y^2=4\sqrt{2}x$ 或 $y^2=-4\sqrt{2}x$；

(3) $I_1=10, I_2=16, I_3=-128$. 特征根 2,8，标准方程为 $\frac{1}{4}x'^2+y'^2=1$；

(4) $I_1=2, I_2=I_3=0, K_1=-8$，简化方程为 $2y'^2-4=0$，标准方程为 $y'=\pm\sqrt{2}$.

10. (1) $9x+10y-28=0$；

(2) **解法一** 令 $f(x,y)=x^2-xy+y^2-1$. 过点 $(0,2)$ 的直线写为 $x=Xt, y=2+Yt$. 利用直线与二次曲线相切条件 $\Delta=[Xf_1(0,2)+Yf_2(0,2)]^2-\varphi(X,Y)f(0,2)=0$ 得 $2X^2+XY-Y^2=0$，将 $X:Y=x:(y-2)$ 代入得 $(2x-y+2)(x+y-2)=0$. 而直线 $2x-y+2=0$ 和 $x+y-2=0$ 的方向分别是 $1:2$ 和 $1:(-1)$，它们都不是曲线的渐近方向，故这两条直线是过点 $(0,2)$ 的切线.

解法二 设过点 $(0,2)$ 的切线与二次曲线相切于点 (x_0,y_0)，切线方程为 $\left(x_0-\frac{1}{2}y_0\right)x-\left(\frac{1}{2}x_0-y_0\right)y-1=0$. 因它过点 $(0,2)$，故 $x_0-2y_0+1=0$，又 $x_0^2-x_0y_0+y_0^2-1=0$. 联立解得切点坐标为 $(-1,0)$ 与 $(1,1)$，切线方程为 $2x-y+2=0$ 和 $x+y-2=0$；

(3) $y+1=0, x+y+3=0$.

11. 提示 利用已知切线与切线方程(4.8.16)相重合的条件. 二次曲线方程为 $6x^2+3xy-y^2+2x-y=0$.

12. (1) 简化方程 $\frac{1}{2}x'^2+\frac{3}{2}y'^2-4=0$，变换公式为 $x=\frac{1}{\sqrt{2}}(x'-y'), y=\frac{1}{\sqrt{2}}(x'+y')+2$；

(2) 简化方程 $x'^2-\sqrt{5}y'=0$，变换公式为 $x=\frac{1}{\sqrt{5}}x'-\frac{2}{\sqrt{5}}y'-\frac{1}{5}, y=\frac{2}{\sqrt{5}}x'+\frac{1}{\sqrt{5}}y'-\frac{2}{5}$.

习 题 5.1

1. $x'\cos\theta+y'\sin\theta-p=0$.

2. $\varphi_1\varphi_2:\begin{cases}x'=3x-4y+8,\\ y'=7x-11y+24;\end{cases}$ $\varphi_2\varphi_1:\begin{cases}x'=-5x+5y-7,\\ y'=4x-3y+4.\end{cases}$

3. 对每一个变换公式，若把原像的坐标写成 (x,y)，像的坐标写成 (x',y')，则

(1) $\begin{cases}x'=5x-3y+8,\\ y'=-3x+2y-3;\end{cases}$ (2) $\begin{cases}x'=\frac{1}{2}x+\frac{\sqrt{3}}{2}y+1+\frac{\sqrt{3}}{2},\\ y'=-\frac{\sqrt{3}}{2}x+\frac{1}{2}y+\frac{1}{2}-\sqrt{3}.\end{cases}$

4. 任取 $s\in S$，$[\varphi(\psi\chi)](s)=\varphi[(\psi\chi)(s)]=\varphi(\psi(\chi(s)))$，$[(\varphi\psi)\chi](s)=(\varphi\psi)(\chi(s))=\varphi(\psi(\chi(s)))$，因此 $[\varphi(\psi\chi)](s)=[(\varphi\psi)\chi](s)$，$\varphi(\psi\chi)=(\varphi\psi)\chi$.

5. 设 $\tau_\theta\varphi_{\boldsymbol{v}}:P(x,y)\xrightarrow{\varphi_{\boldsymbol{v}}}P''(x'',y'')\xrightarrow{\tau_\theta}P'(x',y')$，则 $\tau_\theta\varphi_{\boldsymbol{v}}$ 的公式为

$$\begin{pmatrix}x'\\ y'\end{pmatrix}=\begin{pmatrix}\cos\theta & -\sin\theta\\ \sin\theta & \cos\theta\end{pmatrix}\begin{pmatrix}x''\\ y''\end{pmatrix}=\begin{pmatrix}\cos\theta & -\sin\theta\\ \sin\theta & \cos\theta\end{pmatrix}\begin{pmatrix}x+a\\ y+b\end{pmatrix}$$

$$= \begin{pmatrix} \cos\theta & -\sin\theta \\ \sin\theta & \cos\theta \end{pmatrix}\begin{pmatrix} x \\ y \end{pmatrix} + \begin{pmatrix} a\cos\theta - b\sin\theta \\ a\sin\theta + b\cos\theta \end{pmatrix}$$

设 $\varphi_v\tau_\theta: P(x,y)\xrightarrow{\tau_\theta}P''(x'',y'')\xrightarrow{\varphi_v}P'(x',y')$，则 $\varphi_v\tau_\theta$ 的公式为

$$\begin{pmatrix} x' \\ y' \end{pmatrix} = \begin{pmatrix} 1 & 0 \\ 0 & 1 \end{pmatrix}\begin{pmatrix} x'' \\ y'' \end{pmatrix} + \begin{pmatrix} a \\ b \end{pmatrix} = \begin{pmatrix} 1 & 0 \\ 0 & 1 \end{pmatrix}\begin{pmatrix} \cos\theta & -\sin\theta \\ \sin\theta & \cos\theta \end{pmatrix}\begin{pmatrix} x \\ y \end{pmatrix} + \begin{pmatrix} a \\ b \end{pmatrix}$$

$$= \begin{pmatrix} \cos\theta & -\sin\theta \\ \sin\theta & \cos\theta \end{pmatrix}\begin{pmatrix} x \\ y \end{pmatrix} + \begin{pmatrix} a \\ b \end{pmatrix}.$$

由此可见，$\tau_\theta\varphi_{\boldsymbol{v}} \neq \varphi_{\boldsymbol{v}}\tau_\theta$.

6. 设点 $P(x,y)$ 在 σ_l 下的像为 $P'(x',y')$，则线段 PP' 被反射轴 l 垂直平分，因此

$$\begin{cases} \dfrac{y'-y}{x'-x} = \dfrac{\sin\alpha}{\cos\alpha}, \\ \dfrac{x+x'}{2}\cos\alpha + \dfrac{y+y'}{2}\sin\alpha - p = 0, \end{cases}$$

解之得反射 σ_l 的表达式为

$$\begin{cases} x' = -x\cos 2\alpha - y\sin 2\alpha + 2p\cos\alpha, \\ y' = -x\sin 2\alpha + y\cos 2\alpha + 2p\sin\alpha. \end{cases}$$

7. 用作图法证，设 $\overline{P} = \sigma_{l_1}(P)$，$P' = \sigma_{l_2}(\overline{P})$.

(1) 线段 PP' 垂直于反射轴 l_1, l_2. 在平面上另取一点 Q，$\overline{Q} = \sigma_{l_1}(Q)$，$Q' = \sigma_{l_2}(\overline{Q})$. 可证线段 PQ 与 $P'Q'$ 平行，$\overrightarrow{QQ'} = \overrightarrow{PP'}$. 因此 $\sigma_{l_2}\sigma_{l_1}$ 是一个平移，决定平移的向量 $\boldsymbol{v} = \overrightarrow{PP'}$ 垂直于 l_1, l_2，其长度是 l_1, l_2 之间距离的两倍，方向从 l_1 上的点指向 l_2 上的点.

(2) 设 l_1 与 l_2 相交于点 O，夹角为 θ，则易证 $|\overrightarrow{OP}| = |\overrightarrow{OP'}|$，$\angle POP' = 2\theta$，所以 $\sigma_{l_2}\sigma_{l_1}$ 是绕 O 点转角为 2θ 的旋转.

习 题 5.2

1. 先作平移变换 φ_1，把 A 变到 C，这时 AB 变到等长的线段 CE. 若 $E \neq D$，再绕点 C 作转角为 $\theta = \angle ECD$ 的旋转变换 φ_2，使 CE 重合于 CD. 令 $\varphi = \varphi_2\varphi_1$.

2. 设 A, B 是正交变换 φ 的不动点，l 是连接 A, B 的直线. 取点 $P \in l$，记 $\varphi(P) = P'$. 不妨设 P 在线段 AB 内，由命题 5.2.1(1)知，$P' \in l$，且 P' 也在线段 AB 内. 又因 $|AP'| = |AP|$，故 $P' = P$，P 为 φ 的不动点，由此 l 上的每一点都是 φ 的不动点.

(1) 若点 C 是 φ 的不动点. 且 C 不在 l 上，易见 φ 必为恒等变换.

(2) 若在直线 l 外的点都不是 φ 的不动点，则对于任意 $Q \notin l$，$Q' = \varphi(Q) \neq Q$. 因 $\triangle ABQ$ 与 $\triangle ABQ'$ 全等，所以 Q 与 Q' 关于直线 l 对称，φ 是以 l 为轴的反射.

3. 作适当的坐标系的平移，使得 σ 在新坐标系中的公式为

$$\begin{pmatrix} \tilde{x}' \\ \tilde{y}' \end{pmatrix} = \begin{pmatrix} \cos\theta & -\sin\theta \\ \sin\theta & \cos\theta \end{pmatrix}\begin{pmatrix} \tilde{x} \\ \tilde{y} \end{pmatrix},$$

由此可看出 σ 是绕新原点的旋转.

4. (1) $\begin{cases} x' = y + 2, \\ y' = -x - 1, \end{cases}$ 点(0,1)的像点为(3,−1)；

(2) $\begin{cases}x'=-y,\\ y'=x.\end{cases}$ 曲线 $y^2-x+8y+18=0$ 经旋转的对应曲线为 $x^2-8x-y+18=0$.

5. 设 $O_1(x_1,y_1)$,$O_2(x_2,y_2)$,旋转 τ_1,τ_2 的表达式分别为

$$\tau_1:\begin{pmatrix}x'\\ y'\end{pmatrix}=\begin{pmatrix}\cos\theta_1 & -\sin\theta_1\\ \sin\theta_1 & \cos\theta_1\end{pmatrix}\begin{pmatrix}x-x_1\\ y-y_1\end{pmatrix}+\begin{pmatrix}x_1\\ y_1\end{pmatrix},$$

$$\tau_2:\begin{pmatrix}x'\\ y'\end{pmatrix}=\begin{pmatrix}\cos\theta_2 & -\sin\theta_2\\ \sin\theta_2 & \cos\theta_2\end{pmatrix}\begin{pmatrix}x-x_2\\ y-y_2\end{pmatrix}+\begin{pmatrix}x_2\\ y_2\end{pmatrix},$$

经计算,得

$$\tau_2\tau_1:\begin{pmatrix}x'\\ y'\end{pmatrix}=\begin{pmatrix}\cos(\theta_1+\theta_2) & -\sin(\theta_1+\theta_2)\\ \sin(\theta_1+\theta_2) & \cos(\theta_1+\theta_2)\end{pmatrix}\begin{pmatrix}x-x_1\\ y-y_1\end{pmatrix}+\begin{pmatrix}\cos\theta_2 & -\sin\theta_2\\ \sin\theta_2 & \cos\theta_2\end{pmatrix}\begin{pmatrix}x_1-x_2\\ y_1-y_2\end{pmatrix}+\begin{pmatrix}x_2\\ y_2\end{pmatrix}.$$

由此可见:(1)当 $\theta_1+\theta_2$ 是 360° 的整数倍时,$\tau_2\tau_1$ 是平移;(2)当 $\theta_1+\theta_2$ 不是 360° 的整数倍时,$\tau_2\tau_1$ 是旋转,旋转角为 $\theta_1+\theta_2$.

6. 记 $A=\begin{pmatrix}\frac{\sqrt{2}}{2} & -\frac{\sqrt{2}}{2}\\ \frac{\sqrt{2}}{2} & \frac{\sqrt{2}}{2}\end{pmatrix}$,$B=\begin{pmatrix}\frac{1}{2} & -\frac{\sqrt{3}}{2}\\ \frac{\sqrt{3}}{2} & \frac{1}{2}\end{pmatrix}$.

设点 P 在正交变换 φ 下的像为点 P'. 假设 P,P' 在 Ⅰ 系中的坐标分别为 (x,y),(x',y'),P,P' 在新系中的坐标分别为 $(\tilde{x},\tilde{y})$,$(\tilde{x}',\tilde{y}')$,那么

$$\begin{pmatrix}x'\\ y'\end{pmatrix}=B\begin{pmatrix}\tilde{x}'\\ \tilde{y}'\end{pmatrix}+\begin{pmatrix}-2\\ -1\end{pmatrix},$$

于是

$$\begin{aligned}\begin{pmatrix}\tilde{x}'\\ \tilde{y}'\end{pmatrix}&=B^{\mathrm{T}}\begin{pmatrix}x'\\ y'\end{pmatrix}+B^{\mathrm{T}}\begin{pmatrix}2\\ 1\end{pmatrix}=B^{\mathrm{T}}\left[A\begin{pmatrix}x\\ y\end{pmatrix}+\begin{pmatrix}-3\\ 2\end{pmatrix}\right]+B^{\mathrm{T}}\begin{pmatrix}2\\ 1\end{pmatrix}\\ &=B^{\mathrm{T}}\left[A\left(B\begin{pmatrix}\tilde{x}\\ \tilde{y}\end{pmatrix}+\begin{pmatrix}-2\\ 1\end{pmatrix}\right)+\begin{pmatrix}-3\\ 2\end{pmatrix}\right]+B^{\mathrm{T}}\begin{pmatrix}2\\ 1\end{pmatrix}\\ &=B^{\mathrm{T}}AB\begin{pmatrix}\tilde{x}\\ \tilde{y}\end{pmatrix}+B^{\mathrm{T}}A\begin{pmatrix}-2\\ 1\end{pmatrix}+B^{\mathrm{T}}\left[\begin{pmatrix}-3\\ 2\end{pmatrix}+\begin{pmatrix}2\\ 1\end{pmatrix}\right],\end{aligned}$$

经计算,得 φ 在新坐标系中的公式为

$$\begin{pmatrix}\tilde{x}'\\ \tilde{y}'\end{pmatrix}=\begin{pmatrix}\frac{\sqrt{2}}{2} & -\frac{\sqrt{2}}{2}\\ \frac{\sqrt{2}}{2} & \frac{\sqrt{2}}{2}\end{pmatrix}\begin{pmatrix}\tilde{x}\\ \tilde{y}\end{pmatrix}+\frac{1}{4}\begin{pmatrix}-2-\sqrt{2}+6\sqrt{3}-3\sqrt{6}\\ 6-3\sqrt{2}+2\sqrt{3}+\sqrt{6}\end{pmatrix}.$$

7. 如果点 P_i 在 Ⅰ 系中的坐标 (x_i,y_i) 等于 P_i 在 φ 下的像 P_i' 在 Ⅱ 系中的坐标,$i=1,2$,则在 Ⅰ 系中计算 $|P_1P_2|$,得 $|P_1P_2|=\sqrt{(x_2-x_1)^2+(y_2-y_1)^2}$,而在 Ⅱ 系中计算 $|P_1'P_2'|$,得 $|P_1'P_2'|=\sqrt{(x_2-x_1)^2+(y_2-y_1)^2}$,所以 $|P_1'P_2'|=|P_1P_2|$,φ 为正交变换.

8. 可取两个直角坐标系,使 $\triangle ABC$ 和 $\triangle A'B'C'$ 的对应点在这两个坐标系下的坐标相同. 进而对任意点 P,可选取点 P' 使 P 在 Ⅰ 系中的坐标与点 P' 在 Ⅱ 系中的坐标相同,从而证明存在这样的正交变换. 利用正交变换把共线点变为共线点并保持点的距离可证这样的正交变换也是唯

一的. 设 φ 是由 $A\to A'$, $B\to B'$, $C\to C'$ 决定的正交变换. 那么直线 AB, BC, AC 上的点在 φ 下的像是唯一确定的. 对于不在这三条直线上的点 Q, 设 QA 交 BC 于 R, R 在 φ 下的像是唯一确定的. 由 A, Q, R 三点共线, 点 Q 的像也唯一确定.

9. 由第 8 题知, 每一个正交变换 φ 都由不共线的三点 A, B, C 以及它们的像 $A'=\varphi(A)$, $B'=\varphi(B)$, $C'=\varphi(C)$ 唯一确定. $\triangle ABC$ 与 $\triangle A'B'C'$ 全等. 本题只需证明有不多于三个反射使得 A, B, C 在这些反射下分别变为 A', B', C' 即可. 不妨设这六个点互异. 设 σ_1 是线段 AA' 的中垂线 l_1 为轴的反射, 则 $A'=\sigma_1(A)$. 记 $B_1=\sigma_1(B)$, 若 $B_1\neq B'$, 再作以线段 B_1B' 的中垂线 l_2 为轴的反射 σ_2. 因线段 $A'B_1$ 与 $A'B'$ 等长, $A'=\sigma_2(A')$, $\sigma_2\sigma_1$ 把 A, B 分别变为 A', B'. 记 $C_1=\sigma_2(\sigma_1(C))$. 注意 $\triangle A'B'C'$ 与 $\triangle A'B'C_1$ 全等, 点 C_1 与 C' 或重合或关于直线 $A'B'$ 对称. 这证明了 φ 可表示为不多于三个反射的乘积.

习 题 5.3

1. (1) 过点 A' 作直线 l_1 平行于 $B'C'$, 过点 C' 作直线 l_2 平行于 $A'B'$. l_1 与 l_2 的交点 O' 是正六边形 $ABCDEF$ 的中心 O 所对应的像. 而 D', E', F' 分别是 A', B', C' 关于点 O' 的对称点.

2. (1) $x^2-10x+2y+21=0$; (2) $10x^2+y^2-6xy-2x+2y+1=0$.

3. (1) $\begin{cases}x'=x-2y-1,\\ y'=-x+y;\end{cases}$ (2) $\begin{cases}x'=7x+10y+9,\\ y'=-5x-7y-4.\end{cases}$

4. 设 $AB/\!/CD$, AB 和 CD 在仿射变换下的像为 $A'B'$, $C'D'$. 连接 BD, 过 C 作 CE 平行于 DB 交 AB 于 E, 得平行四边形 $BDCE$, 它在仿射变换下的像是平行四边形 $B'D'C'E'$. 于是有 $\dfrac{AB}{DC}=\dfrac{AB}{BE}=(A,E,B)$, $\dfrac{A'B'}{D'C'}=\dfrac{A'B'}{B'E'}=(A',E',B')$. 而 $(A,E,B)=(A',E',B')$, 所以 $\dfrac{AB}{DC}=\dfrac{A'B'}{D'C'}$.

5. 设仿射变换 $\sigma:\pi\to\pi$ 把圆心在点 O 的圆周 S^1 变为圆心在点 O' 的等半径圆周. 任取 A, $B\in\pi$, 它们在 σ 下的像为 A', B'. 易见在 S^1 上可找到一点 C, 使 $\overrightarrow{AB}/\!/\overrightarrow{OC}$. 设 $\overrightarrow{AB}=t\overrightarrow{OC}$, 并记 $C'=\sigma(C)$. 由命题 5.3.3, $\sigma(\overrightarrow{AB})=\sigma(t\overrightarrow{OC})=t\sigma(\overrightarrow{OC})$, 即 $\overrightarrow{A'B'}=t\overrightarrow{O'C'}$, 于是 $|A'B'|=|t||O'C'|=|t||OC|=|AB|$, σ 是正交变换.

8. (1) $\begin{cases}x'=3x+y-2,\\ y'=-x+3y+1;\end{cases}$ (2) $\begin{cases}x'=-8x-8y+1,\\ y'=6x+8y+1.\end{cases}$

9. 方程组 $\begin{cases}x=2x+2y-1,\\ y=-\dfrac{3}{2}x-2y+\dfrac{3}{2}\end{cases}$ 的解便是仿射变换的不动点, 由此得到直线 $x+2y-1=0$ 上的每一点都是不动点. 该直线是仿射变换的不动直线, 现求另外的不动直线.

设不动直线为 $Ax+By+C=0$, 于是它的像直线仍为 $Ax'+By'+C=0$, 从而

$$A(2x+2y-1)+B\left(-\frac{3}{2}x-2y+\frac{3}{2}\right)+C=0$$

与 $Ax+By+C=0$ 表示同一条直线, 因而

$$\frac{2A-\dfrac{3}{2}B}{A}=\frac{2A-2B}{B}=\frac{-A+\dfrac{3}{2}B+C}{C}.$$

解得 (1) $A=\dfrac{3}{2}B$, B, C 任意, 得不动直线 $\dfrac{3}{2}Bx+By+C=0$ 或写成 $3x+2y+\lambda=0$, λ 为参数.

(2) $A=\frac{1}{2}B, C=-\frac{1}{2}B$,得另一条不动直线 $x+2y-1=0$.

10. 设点 P 在仿射变换 σ 下的像为点 P',点 P,P' 在Ⅰ系中的坐标分别为 $(x,y),(x',y')$,在Ⅰ′系中的坐标分别为 $(\tilde{x},\tilde{y}),(\tilde{x}',\tilde{y}')$. 依题设条件,从Ⅰ系到Ⅰ′系的仿射坐标变换为

$$\begin{pmatrix}x\\y\end{pmatrix}=\begin{pmatrix}2&1\\3&2\end{pmatrix}\begin{pmatrix}\tilde{x}\\\tilde{y}\end{pmatrix}+\begin{pmatrix}4\\5\end{pmatrix},$$

记

$$C=\begin{pmatrix}-2&3\\4&-1\end{pmatrix},\quad D=\begin{pmatrix}2&1\\3&2\end{pmatrix},$$

则

$$\begin{aligned}\begin{pmatrix}\tilde{x}'\\\tilde{y}'\end{pmatrix}&=D^{-1}\begin{pmatrix}x'\\y'\end{pmatrix}+D^{-1}\begin{pmatrix}-4\\-5\end{pmatrix}=\cdots\\&=D^{-1}CD\begin{pmatrix}\tilde{x}\\\tilde{y}\end{pmatrix}+D^{-1}C\begin{pmatrix}4\\5\end{pmatrix}\\&\quad+D^{-1}\left[\begin{pmatrix}-1\\3\end{pmatrix}+\begin{pmatrix}-4\\-5\end{pmatrix}\right],\end{aligned}$$

于是 σ 在Ⅰ′中的变换公式是

$$\begin{pmatrix}\tilde{x}'\\\tilde{y}'\end{pmatrix}=\begin{pmatrix}5&6\\-5&-8\end{pmatrix}\begin{pmatrix}\tilde{x}\\\tilde{y}\end{pmatrix}+\begin{pmatrix}-5\\12\end{pmatrix}.$$

习　题　5.4

2. (1) 取一个平行四边形 $ABCD$. 任取一个平行四边形 $EFGH$. 因为 A,B,D 不共线,E,F,H 也不共线,所以存在唯一的仿射变换 σ 把 A,B,D 分别变为 E,F,H,从而 σ 把仿射坐标系Ⅰ$[A;\overrightarrow{AB},\overrightarrow{AD}]$变为Ⅱ$[E;\overrightarrow{EF},\overrightarrow{EH}]$. 而点 C 在Ⅰ系中的坐标为(1,1),故 $\sigma(C)$ 在Ⅱ系中的坐标为(1,1). 由于点 G 在Ⅱ系中的坐标为(1,1),因此 $\sigma(C)=G$. 于是 σ 把平行四边形 $ABCD$ 变成平行四边形 $EFGH$. 这说明平面上所有平行四边形组成一个仿射类.

(2) 先证:若两个梯形仿射等价,则它们的平行对边的比值相同.

3. 平面上取定一个仿射坐标系,设二次曲线 Γ 的方程为(4.8.2),其二次项部分为

$$\varphi(x,y)=(x\ y)A^*\begin{pmatrix}x\\y\end{pmatrix},\quad A^*=\begin{pmatrix}a_{11}&a_{12}\\a_{12}&a_{22}\end{pmatrix}.\qquad ①$$

设仿射变换 σ 的公式为(5.3.1),即

$$\begin{pmatrix}x'\\y'\end{pmatrix}=C\begin{pmatrix}x\\y\end{pmatrix}+\begin{pmatrix}a\\b\end{pmatrix},\quad C=\begin{pmatrix}c_{11}&c_{12}\\c_{21}&c_{22}\end{pmatrix}.\qquad ②$$

由 σ 所诱导的仿射向量变换公式为(5.3.5),即

$$\begin{pmatrix}X'\\Y'\end{pmatrix}=C\begin{pmatrix}X\\Y\end{pmatrix}.\qquad ③$$

假设 σ 把二次曲线 Γ 变成 Γ',从②解出 (x,y),再代入①可求得 Γ' 的方程的二次项部分

$$\varphi'(x',y')=(x'y')(C^{-1})^{\mathrm{T}}A^*C^{-1}\begin{pmatrix}x'\\y'\end{pmatrix}.$$

对于任一向量 $\boldsymbol{a}(X,Y)$,设 σ 把它变为 $\boldsymbol{a}'(X',Y')$,则有

$$\varphi'(X',Y')=(X'\ Y')(C^{-1})^{\mathrm{T}}A^{*}C^{-1}\begin{pmatrix}X'\\Y'\end{pmatrix}=\left[C^{-1}\begin{pmatrix}X'\\Y'\end{pmatrix}\right]^{\mathrm{T}}A^{*}\begin{pmatrix}X\\Y\end{pmatrix}$$

$$=(X\ Y)A^{*}\begin{pmatrix}X\\Y\end{pmatrix}=\varphi(X,Y).$$

这说明:若 $X:Y$ 是 Γ 的渐近方向(或非渐近方向),则 $X':Y'$ 是 Γ' 的渐近方向(或非渐近方向).

因为在仿射变换 σ 下,二次曲线 Γ 的弦变成 Γ' 的弦,Γ 的平行弦变成 Γ' 的平行弦,Γ 的弦的中点变成 Γ' 的相应弦的中点.因此假若 l 是 Γ 的一条直径,那么 l 在 σ 下的像 l' 必为 Γ' 的直径.

设 l_1,l_2 是中心二次曲线 Γ 的一对共轭直径,l_i 的方向为 $X_i:Y_i$,$i=1,2$,则有

$$a_{11}X_1X_2+a_{12}(X_1Y_2+X_2Y_1)+a_{22}Y_1Y_2=0.$$

设 σ 把 l_i 变成 l_i',把 $X_i:Y_i$ 变为 $X_i':Y_i'$,$i=1,2$.由③式,有

$$0=(X_1,Y_1)\begin{pmatrix}a_{11}&a_{12}\\a_{12}&a_{22}\end{pmatrix}\begin{pmatrix}X_2\\Y_2\end{pmatrix}=(X_1'\ Y_1')(C^{-1})^{\mathrm{T}}A^{*}C^{-1}\begin{pmatrix}X_2'\\Y_2'\end{pmatrix}$$

$$=a_{11}'X_1'X_2'+a_{12}'(X_1'Y_2'+X_2'Y_1')+a_{22}'Y_1'Y_2',\qquad ④$$

其中

$$(C^{-1})^{\mathrm{T}}A^{*}C^{-1}=\begin{pmatrix}a_{11}'&a_{12}'\\a_{12}'&a_{22}'\end{pmatrix}.$$

因为 $(C^{-1})^{\mathrm{T}}A^{*}C^{-1}$ 是二次曲线 Γ' 的方程的二次项部分 $\varphi'(x',y')$ 的矩阵,所以 a_{11}',a_{12}',a_{22}' 是 Γ' 的方程的二次项系数.由④式知,l_1',l_2' 是 Γ' 的一对共轭直径.

因为渐近方向、非渐近方向是仿射概念,又相交是仿射性质,所以二次曲线的切线是仿射概念.

4. 作伸缩变换 $x'=\dfrac{1}{a}x,y'=\dfrac{1}{b}y$ 将椭圆 $\dfrac{x^2}{a^2}+\dfrac{y^2}{b^2}=1$ 变成单位圆 $x'^2+y'^2=1$.在该变换下,椭圆的任意一对共轭直径变成圆的一对共轭直径,而后者互相垂直,它们与圆的四个交点为顶点的四边形恰为正方形,边长是 $\sqrt{2}$,因此面积等于 2.又伸缩变换的变积系数是 $\dfrac{1}{ab}$,因此所求的平行四边形面积等于 $2ab$.

5. 同上题的方法.

6. 三角形的重心是仿射概念,共线三点的简单比是仿射不变量,又平面上的所有三角形组成一个仿射类,因此本题只要对正三角形 ABC 来证明就行了.本题改述为:已知 $AB=BC=CA$,$\dfrac{BL}{LC}=\dfrac{CM}{MA}=\dfrac{AN}{NB}$,则 $\triangle ABC$ 与 $\triangle LMN$ 有相同重心.

由已知条件得 $AN=BL=CM$,$AM=BN=CL$,$\angle A=\angle B=\angle C$,故 $\triangle ANM\cong\triangle BLN\cong\triangle CML$.于是 $MN=NL=LM$,$\triangle LMN$ 为正三角形.设 O 为 $\triangle ABC$ 的重心,故 O 亦为外心,$OA=OB=OC$.又 O 还是内心,故 $\angle NAO=\angle LBO=\angle MCO$,$\triangle ONA\cong\triangle OLB\cong\triangle OMC$,因此 $ON=OL=OM$,即 O 是正三角形 LMN 的外心亦为重心.

7. 利用仿射变换把椭圆变成圆,椭圆外切 $\triangle ABC$ 变成圆外切 $\triangle A'B'C'$,切点分别变为 D',E',F'.AE,CD,BF 相交于一点的充要条件是 $A'E',C'D',B'F'$ 交于一点.对后者使用契维定理(见习题 1.3,第 6 题)来证.

8. 取一个直角坐标系,设双曲线方程为 $\dfrac{x^2}{a^2}-\dfrac{y^2}{b^2}=1$.首先作伸缩变换 σ_1 将它变为 $x^2-y^2=$

1,然后再以原点为中心,作转角为 45°的旋转变换 σ_2 将 $x^2-y^2=1$ 变为 $xy=1$. 余下对双曲线 $xy=1$ 来证明本题.

习 题 5.5

1. 利用已知条件并注意正交矩阵的列的性质可得所求正交变换公式为

$$\begin{pmatrix} x' \\ y' \\ z' \end{pmatrix} = \begin{pmatrix} 0 & 0 & 1 \\ 1 & 0 & 0 \\ 0 & 1 & 0 \end{pmatrix} \begin{pmatrix} x \\ y \\ z \end{pmatrix}.$$

3. 设仿射变换 σ 将点 P 变为点 P', $A_i(i=1,2,3)$是 σ 的不动点,因而 $A_i'=A_i$, $i=1,2,3$. 将点 A_1,A_2,A_3 所确定的平面记为 π, $\{A_1;\overrightarrow{A_1A_2},\overrightarrow{A_1A_3}\}$是该平面上的一个仿射标架. 任取 $M\in\pi$,则存在唯一的实数 λ,μ 使得$\overrightarrow{A_1M}=\lambda\overrightarrow{A_1A_2}+\mu\overrightarrow{A_1A_3}$. 于是$\overrightarrow{A_1'M'}=\lambda\overrightarrow{A_1'A_2'}+\mu\overrightarrow{A_1'A_3'}$,即$\overrightarrow{A_1M'}=\lambda\overrightarrow{A_1A_2}+\mu\overrightarrow{A_1A_3}$,从而 $M'=M$,这说明平面 π 上的每一点都是不动点.

5. 因 A_1,A_2,A_3,A_4 不共面,故 Ⅰ $=\{A_1;\overrightarrow{A_1A_2},\overrightarrow{A_1A_3},\overrightarrow{A_1A_4}\}$是仿射标架. 同理 Ⅱ $=\{B_1;\overrightarrow{B_1B_2},\overrightarrow{B_1B_3},\overrightarrow{B_1B_4}\}$也是仿射标架. 设 Ⅰ 到 Ⅱ 的过渡矩阵是 C, B_1 的 Ⅰ 坐标为(x_0,y_0,z_0).

构作空间点变换 σ,它把任一点 P 对应到点 P',要求 P'的 Ⅱ 坐标等于 P 的 Ⅰ 坐标(x,y,z). 设 P'的 Ⅰ 坐标为(x',y',z'),对 P'用仿射坐标变换公式得

$$\begin{pmatrix} x' \\ y' \\ z' \end{pmatrix} = C\begin{pmatrix} x \\ y \\ z \end{pmatrix} + \begin{pmatrix} x_0 \\ y_0 \\ z_0 \end{pmatrix}.$$

该公式同时说明了 P 的 Ⅰ 坐标与它的像 P'的 Ⅰ 坐标之间的关系,这就是 σ 在 Ⅰ 中的变换公式. 由于 $\det C\neq0$. 所以 σ 是仿射变换,注意:A_i 的 Ⅰ 坐标与 B_i 的 Ⅱ 坐标相同,所以 $\sigma(A_i)=B_i$, $i=1,2,3,4$.

下面证唯一性. 假如还有一个仿射变换 τ 把 A_i 变成 B_i, $i=1,2,3,4$. 那么 τ 把仿射坐标系 Ⅰ 变成仿射坐标系 Ⅱ,从而任意点 P 的 Ⅰ 坐标等于 $\tau(P)$的 Ⅱ 坐标,于是 $\tau(P)=\sigma(P)$, $\tau=\sigma$.

6. (1) 在平面 $x+y+z=0$ 上取三个点:(1,0,0),(0,1,0),(0,0,1),它们是不动点,又点(1,−1,2)变为点(2,1,0),由此可求得仿射变换的公式为

$$\begin{pmatrix} x' \\ y' \\ z' \end{pmatrix} = \begin{pmatrix} 2 & 1 & 1 \\ 2 & 3 & 2 \\ -2 & -2 & -1 \end{pmatrix} \begin{pmatrix} x \\ y \\ z \end{pmatrix} + \begin{pmatrix} -1 \\ -2 \\ 2 \end{pmatrix}.$$

(2) $$\begin{pmatrix} x' \\ y' \\ z' \end{pmatrix} = \begin{pmatrix} -1 & 3 & -1 \\ 0 & 1 & 0 \\ 0 & 0 & 1 \end{pmatrix} \begin{pmatrix} x \\ y \\ z \end{pmatrix} + \begin{pmatrix} 1 \\ 0 \\ 0 \end{pmatrix}.$$

7. 作伸缩变换 $x'=\frac{1}{a}x, y'=\frac{1}{b}y, z'=\frac{1}{c}z$ 将椭球面变成单位球面,此时的变积系数为 $\frac{1}{abc}$. 所求的椭球体的体积为$\frac{4}{3}\pi abc$.

参考文献

[1] 李养成,郭瑞芝.空间解析几何.北京:科学出版社,2004
[2] 丘维声.解析几何.2版.北京:北京大学出版社,1996
[3] 吕林根,许子道.解析几何.3版.北京:高等教育出版社,2001
[4] 廖华奎,王宝富.解析几何教程.北京:科学出版社,2000
[5] 郑崇友,王汇淳,侯忠义,王智秋.几何学引论.上册.北京:高等教育出版社,2000
[6] 王敬庚,傅若男.空间解析几何.北京:北京师范大学出版社,1999
[7] 杨文茂,李全英.空间解析几何(修订版).武昌:武汉大学出版社,2001
[8] A.B.波格列诺夫.解析几何.姚志亭译.北京:人民教育出版社,1982
[9] 吴光磊,田畴.解析几何简明教程.北京:高等教育出版社,2003
[10] 尤承业.解析几何.北京:北京大学出版社,2004
[11] 周建伟.解析几何.北京:高等教育出版社,2005

附　　录

在本附录里，将对本书中所涉及的有关矩阵、行列式及线性方程组的内容作一简单介绍. 关于它们的详细内容与严格论证，读者可以参考高等代数或线性代数教材.

1　行　列　式

1.1　引入

例 1.1　对于二元线性方程组

$$\begin{cases} a_{11}x_1 + a_{12}x_2 = b_1, \\ a_{21}x_1 + a_{22}x_2 = b_2, \end{cases} \tag{1.1}$$

我们用消元法来求解. 从方程组(1.1)消去 x_2，得

$$(a_{11}a_{22} - a_{12}a_{21})x_1 = a_{22}b_1 - a_{12}b_2, \tag{1.2}$$

消去 x_1，得

$$(a_{11}a_{22} - a_{12}a_{21})x_2 = a_{11}b_2 - a_{21}b_1. \tag{1.3}$$

记

$$\begin{vmatrix} a_{11} & a_{12} \\ a_{21} & a_{22} \end{vmatrix} = a_{11}a_{22} - a_{12}a_{21},$$

称它为 $a_{11}, a_{12}, a_{21}, a_{22}$ 四个元素组成的**二阶行列式**. 利用二阶行列式，(1.2)和(1.3)两式可写成

$$\begin{vmatrix} a_{11} & a_{12} \\ a_{21} & a_{22} \end{vmatrix} x_1 = \begin{vmatrix} b_1 & a_{12} \\ b_2 & a_{22} \end{vmatrix}, \qquad \begin{vmatrix} a_{11} & a_{12} \\ a_{21} & a_{22} \end{vmatrix} x_2 = \begin{vmatrix} a_{11} & b_1 \\ a_{21} & b_2 \end{vmatrix}.$$

并且当 $\begin{vmatrix} a_{11} & a_{12} \\ a_{21} & a_{22} \end{vmatrix} \neq 0$ 时，方程组(1.1)有唯一解.

例 1.2　对于三元齐次线性方程组

$$\begin{cases} a_{11}x_1 + a_{12}x_2 + a_{13}x_3 = 0, \\ a_{21}x_1 + a_{22}x_2 + a_{23}x_3 = 0, \\ a_{31}x_1 + a_{32}x_2 + a_{33}x_3 = 0, \end{cases} \tag{1.4}$$

显然该方程组有一组零解 $x_1 = x_2 = x_3 = 0$. 现在讨论它是否存在非零解.

假设

$$D_1 = \begin{vmatrix} a_{12} & a_{13} \\ a_{22} & a_{23} \end{vmatrix}, D_2 = \begin{vmatrix} a_{13} & a_{11} \\ a_{23} & a_{21} \end{vmatrix}, D_3 = \begin{vmatrix} a_{11} & a_{12} \\ a_{21} & a_{22} \end{vmatrix}$$

不全为零，例如 $D_3 \neq 0$. 将方程组(1.4)中的第一、第二个方程改写为

$$\begin{cases} a_{11}x_1 + a_{12}x_2 = -a_{13}x_3, \\ a_{21}x_1 + a_{22}x_2 = -a_{23}x_3. \end{cases}$$

把 x_3 看作一固定数,由例 1.1 知关于 x_1,x_2 的解为

$$x_1=\frac{1}{D_3}\begin{vmatrix}-a_{13}x_3 & a_{12}\\ -a_{23}x_3 & a_{22}\end{vmatrix}=\frac{D_1}{D_3}x_3,\qquad x_2=\frac{1}{D_3}\begin{vmatrix}a_{11} & -a_{13}x_3\\ a_{21} & -a_{23}x_3\end{vmatrix}=\frac{D_2}{D_3}x_3,$$

于是方程组(1.4)中前两个方程有无穷多解,可写成

$$x_1=D_1t,\qquad x_2=D_2t,\qquad x_3=D_3t,\qquad t\text{ 为参数}. \tag{1.5}$$

如果(1.5)式中的 x_1,x_2,x_3 也满足第三个方程 $a_{31}x_1+a_{32}x_2+a_{33}x_3=0$,那么有

$$t(a_{31}D_1+a_{32}D_2+a_{33}D_3)=0.$$

因为 $t\neq 0$,所以

$$a_{31}D_1+a_{32}D_2+a_{33}D_3=0.$$

记

$$\begin{aligned}&\begin{vmatrix}a_{11} & a_{12} & a_{13}\\ a_{21} & a_{22} & a_{23}\\ a_{31} & a_{32} & a_{33}\end{vmatrix}\\ &=a_{31}\begin{vmatrix}a_{12} & a_{13}\\ a_{22} & a_{23}\end{vmatrix}-a_{32}\begin{vmatrix}a_{11} & a_{13}\\ a_{21} & a_{23}\end{vmatrix}+a_{33}\begin{vmatrix}a_{11} & a_{12}\\ a_{21} & a_{22}\end{vmatrix}\\ &=a_{11}a_{22}a_{33}+a_{12}a_{23}a_{31}+a_{13}a_{21}a_{32}-a_{13}a_{22}a_{31}-a_{11}a_{23}a_{32}-a_{12}a_{21}a_{33},\end{aligned} \tag{1.6}$$

称它为**三阶行列式**. 因此当齐次线性方程组(1.4)的系数组成的三阶行列式为零时,它才可能有无穷多组非零解.

上面关于二阶与三阶行列式的展开式,它与我们熟悉的按对角线法则展开是一致的:

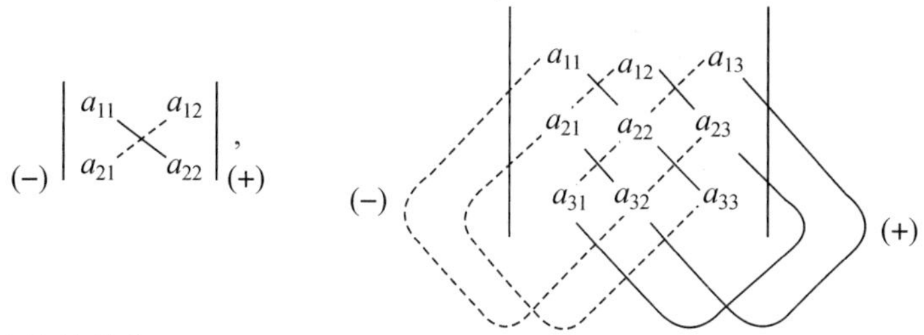

$n(\geqslant 4)$阶行列式

$$\begin{vmatrix}a_{11} & a_{12} & \cdots & a_{1n}\\ a_{21} & a_{22} & \cdots & a_{2n}\\ \vdots & \vdots & & \vdots\\ a_{n1} & a_{n2} & \cdots & a_{nn}\end{vmatrix}$$

可以按行或按列展开来计算它的值. 我们以四阶行列式为例,按它的第一行的展开式计算如下:

$$\begin{aligned}&\begin{vmatrix}a_{11} & a_{12} & a_{13} & a_{14}\\ a_{21} & a_{22} & a_{23} & a_{24}\\ a_{31} & a_{32} & a_{33} & a_{34}\\ a_{41} & a_{42} & a_{43} & a_{44}\end{vmatrix}\\ &=a_{11}\begin{vmatrix}a_{22} & a_{23} & a_{24}\\ a_{32} & a_{33} & a_{34}\\ a_{42} & a_{43} & a_{44}\end{vmatrix}-a_{12}\begin{vmatrix}a_{21} & a_{23} & a_{24}\\ a_{31} & a_{33} & a_{34}\\ a_{41} & a_{43} & a_{44}\end{vmatrix}\end{aligned}$$

$$+a_{13}\begin{vmatrix} a_{21} & a_{22} & a_{24} \\ a_{31} & a_{32} & a_{34} \\ a_{41} & a_{42} & a_{44} \end{vmatrix} - a_{14}\begin{vmatrix} a_{21} & a_{22} & a_{23} \\ a_{31} & a_{32} & a_{33} \\ a_{41} & a_{42} & a_{43} \end{vmatrix} \tag{1.7}$$

在 n 阶行列式中任取一元素 a_{ij}(左下标 i 表示它所在的行数,右下标 j 表示它所在的列数),把这元素所在的第 i 行与第 j 列划掉,剩下来的一个 $n-1$ 阶行列式叫做元素 a_{ij} 的**余子式**,该余子式乘以 $(-1)^{i+j}$ 后所得的式子叫做元素 a_{ij} 的**代数余子式**,用 A_{ij} 表示. 这样(1.7)可改写为

$$\begin{vmatrix} a_{11} & a_{12} & a_{13} & a_{14} \\ a_{21} & a_{22} & a_{23} & a_{24} \\ a_{31} & a_{32} & a_{33} & a_{34} \\ a_{41} & a_{42} & a_{43} & a_{44} \end{vmatrix} = a_{11}A_{11} + a_{12}A_{12} + a_{13}A_{13} + a_{14}A_{14}.$$

1.2　行列式的性质

由三阶行列式的展开式(1.6),不难证明三阶行列式有下列基本性质:

性质 1　把行列式的各行变为相应的列,所得行列式与原行列式相等.

性质 2　把行列式的两行(或两列)对调,则行列式的值改变符号.

由此可知,如果行列式的某两行(或两列)的对应元素相同,那么行列式等于零.

性质 3　把行列式的某一行(或一列)的所有元素同乘以某个数 k,等于用数 k 乘原行列式.

因此,行列式的某一行(或一列)的所有元素有公因子时,可以把公因子提到行列式外面. 特别,如果行列式某一行(或一列)的所有元素都是零,那么行列式等于零.

性质 4　如果行列式某两行(或两列)的对应元素成比例,那么行列式等于零.

性质 5　如果行列式的某一行(或一列)的各元素都可写作两个数之和,则行列式可以写成两个行列式的和,例如:

$$\begin{vmatrix} a_{11} & b_{12}+c_{12} & a_{13} \\ a_{21} & b_{22}+c_{22} & a_{23} \\ a_{31} & b_{32}+c_{32} & a_{33} \end{vmatrix} = \begin{vmatrix} a_{11} & b_{12} & a_{13} \\ a_{21} & b_{22} & a_{23} \\ a_{31} & b_{32} & a_{33} \end{vmatrix} + \begin{vmatrix} a_{11} & c_{12} & a_{13} \\ a_{21} & c_{22} & a_{23} \\ a_{31} & c_{32} & a_{33} \end{vmatrix}.$$

性质 6　把行列式某一行(或一列)的所有元素同乘一个数 k,加到另一行(或另一列)的对应元素上,所得新行列式与原行列式相等.

性质7　行列式等于它的任意一行(或一列)的所有元素与它们各自对应的代数余子式的乘积之和.

性质 8　行列式某一行(或一列)的各元素与另一行(或另一列)对应元素的代数余子式的乘积之和等于零.

以上三阶行列式的性质,对于四阶或四阶以上的行列式也全部成立.

例 1.3　计算四阶行列式

$$\begin{vmatrix} 3 & 9 & 21 & 6 \\ 4 & 12 & 26 & 10 \\ 2 & 9 & 20 & 5 \\ -1 & 2 & -7 & 7 \end{vmatrix}.$$

解

$$\text{原式}=3\begin{vmatrix}1&3&7&2\\4&12&26&10\\2&9&20&5\\-1&2&-7&7\end{vmatrix}=6\begin{vmatrix}1&3&7&2\\2&6&13&5\\2&9&20&5\\-1&2&-7&7\end{vmatrix}=6\begin{vmatrix}1&3&7&2\\0&0&-1&1\\0&3&6&1\\0&5&0&9\end{vmatrix}$$

$$=6\begin{vmatrix}0&-1&1\\3&6&1\\5&0&9\end{vmatrix}=6\begin{vmatrix}0&0&1\\3&7&1\\5&9&9\end{vmatrix}=6\begin{vmatrix}3&7\\5&9\end{vmatrix}=-48.$$

2　矩阵及其运算

2.1　矩阵的概念

对于由两个三元一次方程组成的方程组

$$\begin{cases}a_{11}x_1+a_{12}x_2+a_{13}x_3=b_1,\\a_{21}x_1+a_{22}x_2+a_{23}x_3=b_2,\end{cases}$$

将 x_1, x_2, x_3 的系数按原来顺序排成一张两行、三列的表

$$\begin{pmatrix}a_{11}&a_{12}&a_{13}\\a_{21}&a_{22}&a_{23}\end{pmatrix},$$

称它为一个 2×3 矩阵.再把方程组中的常数项考虑进来,就得到下面的 2×4 矩阵

$$\begin{pmatrix}a_{11}&a_{12}&a_{13}&b_1\\a_{21}&a_{22}&a_{23}&b_2\end{pmatrix}.$$

下节将看到,运用矩阵不仅使线性方程组表达简洁,更是研究线性方程组理论的重要工具.

定义 2.1　由 $m\times n$ 个数 $a_{ij}(i=1,\cdots,m;j=1,\cdots,n)$ 排成的 m 行 n 列的一张表

$$\begin{pmatrix}a_{11}&a_{12}&\cdots&a_{1n}\\a_{21}&a_{22}&\cdots&a_{2n}\\\vdots&\vdots&&\vdots\\a_{m1}&a_{m2}&\cdots&a_{mn}\end{pmatrix}$$

称为一个 $m\times n$ **矩阵**,记为 A 或 $A_{m\times n}$ 或 $(a_{ij})_{m\times n}$. 当 $m=n$ 时,A 称为 n 阶**方阵**.

空间中一个(行)向量 $\boldsymbol{a}=(a_1,a_2,a_3)$ 可看成一个 1×3 矩阵 $A=(a_1,a_2,a_3)$. 一个列向量 $\begin{pmatrix}b_1\\b_2\\b_3\end{pmatrix}$ 可看成一个 3×1 矩阵.

由方阵 A 的元素(位置不变)所构成的行列式记为 $\det A$ 或 $|A|$,称为 A 的**行列式**. 元素全为零的 $m\times n$ 矩阵称为**零矩阵**,记为 $0_{m\times n}$ 或 0.

如果一个 n 阶方阵主对角线上的元素都是 1,其他元素全为 0,称为 n 阶**单位矩阵**,记作 E_n 或 E,即

$$E=\begin{pmatrix}1&0&0&\cdots&0&0\\0&1&0&\cdots&0&0\\\vdots&\vdots&\vdots&&\vdots&\vdots\\0&0&0&\cdots&0&1\end{pmatrix}.$$

主对角线以外的元素全为 0 的 n 阶方阵叫做**对角矩阵**,即

$$A=\begin{pmatrix}a_{11}&0&\cdots&0\\0&a_{22}&\cdots&0\\\vdots&\vdots&\ddots&\vdots\\0&0&\cdots&a_{nn}\end{pmatrix}.$$

定义 2.2 两个 $m\times n$ 矩阵 $A=(a_{ij})$ 和 $B=(b_{ij})$,如果它们的对应元素相等,即 $a_{ij}=b_{ij}$ $(i=1,2,\cdots,m;j=1,2,\cdots,n)$,则称它们是**相等的矩阵**,记作 $A=B$.

定义 2.3 把 $m\times n$ 矩阵 $A=(a_{ij})$的行与列互换得到的 $n\times m$ 矩阵称为 A 的**转置矩阵**,记为 A^{T},即

$$A=\begin{pmatrix}a_{11}&a_{12}&\cdots&a_{1n}\\a_{21}&a_{22}&\cdots&a_{2n}\\\vdots&\vdots&&\vdots\\a_{m1}&a_{m2}&\cdots&a_{mn}\end{pmatrix},\qquad A^{\mathrm{T}}=\begin{pmatrix}a_{11}&a_{21}&\cdots&a_{m1}\\a_{12}&a_{22}&\cdots&a_{m2}\\\vdots&\vdots&&\vdots\\a_{1n}&a_{2n}&\cdots&a_{mn}\end{pmatrix}.$$

显然,$(A^{\mathrm{T}})^{\mathrm{T}}=A$.

定义2.4 如果 n 阶方阵 $A=(a_{ij})$满足

$$a_{ij}=a_{ji},\qquad i,j=1,2,\cdots,n,$$

即 $A^{\mathrm{T}}=A$,则称 A 为**对称矩阵**.

2.2 矩阵的运算

下面介绍矩阵的运算,并不加证明列出其运算规律.为便于初学者理解,不妨对矩阵作如下限制:要求它的行数与列数都不超过 4.希望读者在学习中找一些简单例子验证矩阵运算性质.

定义 2.5 两个 $m\times n$ 矩阵 $A=(a_{ij})$与 $B=(b_{ij})$的和 $A+B$ 定义为

$$A+B=(a_{ij}+b_{ij})_{m\times n}.$$

这种运算称为**矩阵的加法**.

矩阵$(-a_{ij})$称为矩阵 $A=(a_{ij})$的**负矩阵**,记作$-A$.

设 A,B 为 $m\times n$ 矩阵,矩阵 A 与 B 的差 $A-B$ 定义为

$$A-B=A+(-B).$$

这种运算称为**矩阵的减法**,它是加法的逆运算.

矩阵的加法满足下列运算规律:设 A,B,C 都是 $m\times n$ 矩阵,则

(1) $A+B=B+A$;　　(2) $(A+B)+C=A+(B+C)$;

(3) $A+0=A$;　　(4) $A+(-A)=0$;

(5) $(A+B)^{\mathrm{T}}=A^{\mathrm{T}}+B^{\mathrm{T}}$.

定义 2.6 数 λ 与矩阵 $A=(a_{ij})_{m\times n}$的乘积 λA 定义为

$$\lambda A=(\lambda a_{ij})_{m\times n}.$$

这种运算称为**数乘矩阵**,它满足下列规律:设 A,B 为 $m\times n$ 矩阵,λ,μ 为任意数,则

(1) $1\cdot A=A$;　　(2) $\lambda(\mu A)=(\lambda\mu)A$;

(3) $(\lambda+\mu)A=\lambda A+\mu A$;　　(4) $\lambda(A+B)=\lambda A+\lambda B$;

(5) $(\lambda A)^{\mathrm{T}}=\lambda A^{\mathrm{T}}$.

为引进矩阵的乘法运算,我们先看下面的问题.设 x_1,x_2,x_3 和 y_1,y_2,y_3 是两组变量,它们之间有如下的关系:

$$\begin{cases} x_1 = a_{11}y_1 + a_{12}y_2 + a_{13}y_3, \\ x_2 = a_{21}y_1 + a_{22}y_2 + a_{23}y_3, \\ x_3 = a_{31}y_1 + a_{32}y_2 + a_{33}y_3. \end{cases} \tag{2.1}$$

又设 z_1,z_2 是第三组变量,它们与 y_1,y_2,y_3 之间有关系:

$$\begin{cases} y_1 = b_{11}z_1 + b_{12}z_2, \\ y_2 = b_{21}z_1 + b_{22}z_2, \\ y_3 = b_{31}z_1 + b_{32}z_2. \end{cases} \tag{2.2}$$

由(2.1)式,(2.2)式可得出 x_1,x_2,x_3 与 z_1,z_2 有下列关系:

$$\begin{cases} x_1 = (a_{11}b_{11} + a_{12}b_{21} + a_{13}b_{31})z_1 + (a_{11}b_{12} + a_{12}b_{22} + a_{13}b_{32})z_2, \\ x_2 = (a_{21}b_{11} + a_{22}b_{21} + a_{23}b_{31})z_1 + (a_{21}b_{12} + a_{22}b_{22} + a_{23}b_{32})z_2, \\ x_3 = (a_{31}b_{11} + a_{32}b_{21} + a_{33}b_{31})z_1 + (a_{31}b_{12} + a_{32}b_{22} + a_{33}b_{32})z_2. \end{cases} \tag{2.3}$$

我们用

$$\begin{cases} x_1 = c_{11}z_1 + c_{12}z_2, \\ x_2 = c_{21}z_1 + c_{22}z_2, \\ x_3 = c_{31}z_1 + c_{32}z_2 \end{cases} \tag{2.4}$$

来表示 x_1,x_2,x_3 与 z_1,z_2 的关系,比较(2.3)式、(2.4)式,有

$$c_{ij} = \sum_{k=1}^{3} a_{ik}b_{kj}, \quad i = 1,2,3, \quad j = 1,2. \tag{2.5}$$

如果用矩阵

$$A = (a_{ij}) = \begin{pmatrix} a_{11} & a_{12} & a_{13} \\ a_{21} & a_{22} & a_{23} \\ a_{31} & a_{32} & a_{33} \end{pmatrix}, \quad B = (b_{ij}) = \begin{pmatrix} b_{11} & b_{12} \\ b_{21} & b_{22} \\ b_{31} & b_{32} \end{pmatrix}$$

分别表示变量 x_1,x_2,x_3 与 y_1,y_2,y_3 以及 y_1,y_2,y_3 与 z_1,z_2 之间的关系,那么表示 x_1,x_2,x_3 与 z_1,z_2 之间关系的矩阵

$$C = (c_{ij}) = \begin{pmatrix} c_{11} & c_{12} \\ c_{21} & c_{22} \\ c_{31} & c_{32} \end{pmatrix}$$

就由(2.5)式决定.矩阵 C 称为矩阵 A 与 B 的乘积,记为 $C=AB$.

定义 2.7　一个 $m\times n$ 矩阵 $A=(a_{ij})$ 与一个 $n\times p$ 矩阵 $B=(b_{jk})$ 的乘积是一个 $m\times p$ 矩阵 $C=(c_{ik})$,记为 $C=AB$.矩阵 C 的第 i 行第 k 列的元素等于矩阵 A 的第 i 行的 n 个元素与矩阵 B 的第 k 列的对应 n 个元素的乘积之和,即

$$c_{ik} = \sum_{j=1}^{n} a_{ij}b_{jk}, \quad i = 1,2,\cdots,m; \quad k = 1,2,\cdots,p.$$

当两个矩阵相乘时，第一个矩阵的列数必须等于第二个矩阵的行数，例如

$$\begin{pmatrix}1 & 3\\0 & 6\\7 & 0\end{pmatrix}\begin{pmatrix}2 & 4\\0 & 5\end{pmatrix}=\begin{pmatrix}2 & 19\\0 & 30\\14 & 28\end{pmatrix}.$$

矩阵的乘法适合下列的运算规律：对于任意矩阵 A,B,C（要求它们能做下列运算）以及任意数 λ，有

(1) $(AB)C=A(BC)$；

(2) $A(B+C)=AB+AC$，　　$(B+C)A=BA+CA$；

(3) $(\lambda A)B=\lambda(AB)=A(\lambda B)$；

(4) $A_{m\times n}E_n=A_{m\times n}$，　$E_mA_{m\times n}=A_{m\times n}$.

特别，对任意 n 阶方阵 A，有 $EA=AE=A$；

(5) $(AB)^{\mathrm{T}}=B^{\mathrm{T}}A^{\mathrm{T}}$；

(6) 若 A,B 为 n 阶方阵，则

$$\det(AB)=\det A\cdot\det B,$$

但矩阵的乘法不满足交换律.

例如，设

$$A=\begin{pmatrix}1 & 1\\0 & 0\end{pmatrix},B=\begin{pmatrix}1 & 1\\-1 & -1\end{pmatrix},$$

则

$$\begin{pmatrix}1 & 1\\0 & 0\end{pmatrix}\begin{pmatrix}1 & 1\\-1 & -1\end{pmatrix}=\begin{pmatrix}0 & 0\\0 & 0\end{pmatrix},\qquad \begin{pmatrix}1 & 1\\-1 & -1\end{pmatrix}\begin{pmatrix}1 & 1\\0 & 0\end{pmatrix}=\begin{pmatrix}1 & 1\\-1 & -1\end{pmatrix}.$$

这个例子还说明：$A\neq 0,B\neq 0$，但有可能 $AB=0$. 因此，从 $AB=0,A\neq 0$ 不能推出 $B=0$. 进而从 $AB=AC,A\neq 0$ 也不能推出 $B=C$.

定义 2.8　设 $A=(a_{ij})_{m\times n}$. 把每个 a_{ij} 均换成它的共轭复数 $\overline{a}_{ij}$，这样得到的矩阵 $(\overline{a}_{ij})_{m\times n}$ 叫做 A 的**共轭矩阵**，记为 $\overline{A}$.

当 A 的元素都是实数时，A 叫做**实矩阵**，自然有 $\overline{A}=A$.

显然，我们有下列诸等式：

(1) $\overline{\lambda A+\mu B}=\overline{\lambda}\,\overline{A}+\overline{\mu}\,\overline{B}$；

(2) $\overline{AB}=\overline{A}\,\overline{B}$；

(3) $(\overline{A})^{\mathrm{T}}=\overline{(A^{\mathrm{T}})}$；

(4) 若 A 为 n 阶方阵，则 $\det\overline{A}=\overline{\det A}$.

2.3　矩阵的分块

设

$$A=\begin{pmatrix}1 & 0 & -3\\0 & 1 & 2\\0 & 0 & 5\end{pmatrix},$$

并令

$$\alpha = \begin{pmatrix} -3 \\ 2 \end{pmatrix},$$

则可将 A 写成下列形式

$$A = \begin{pmatrix} E_2 & \alpha \\ 0_{1\times 2} & 5E_1 \end{pmatrix}.$$

像这样把一个矩阵看成是由若干个小矩阵组成，称为矩阵的分块. 它使得矩阵的运算可以通过小矩阵来进行，从而简化矩阵的计算和证明. 例如，再设

$$B = \begin{pmatrix} 1 & 0 & 2 \\ 0 & 1 & 3 \end{pmatrix},$$

令

$$\beta = \begin{pmatrix} 2 \\ 3 \end{pmatrix},$$

则

$$B = (E_2 \quad \beta).$$

直接用矩阵乘法定义得

$$BA = \begin{pmatrix} 1 & 0 & 7 \\ 0 & 1 & 17 \end{pmatrix}.$$

如果把小矩阵当作“数”来看待，运用矩阵乘法，得

$$BA = (E_2 \quad \beta)\begin{pmatrix} E_2 & \alpha \\ 0_{1\times 2} & 5E_1 \end{pmatrix} = (E_2 \quad \alpha + 5\beta) = \begin{pmatrix} 1 & 0 & 7 \\ 0 & 1 & 17 \end{pmatrix},$$

这与上述结果一致. 它说明计算 BA，可以先把矩阵 A 与 B 分块，再把小矩阵当作“数”看待采用矩阵乘法法则进行运算，我们称它为矩阵的**分块乘法**，当然，为保证分块乘法能够进行，要求左边的矩阵的列的分法与右边的矩阵的行的分法一致，即：左矩阵的列组数应等于右矩阵的行组数，并且左矩阵的每个列组所含列数应等于右矩阵的相应行组所含行数.

例如，设 A 为 $m\times n$ 矩阵，B 为 $n\times p$ 矩阵，将 A 的 m 行依次记为 $A_1,A_2,\cdots,A_m$，B 的 p 列依次记为 $B_1,B_2,\cdots,B_p$. 利用矩阵的分块乘法，有

$$AB = A\cdot(B_1,B_2,\cdots,B_p) = (AB_1,AB_2,\cdots,AB_p),$$

又有

$$AB = \begin{pmatrix} A_1 \\ A_2 \\ \vdots \\ A_m \end{pmatrix}\cdot B = \begin{pmatrix} A_1B \\ A_2B \\ \vdots \\ A_mB \end{pmatrix}.$$

类似地，可讨论矩阵的分块加法，分块数乘和分块转置.

2.4　矩阵的秩

定义 2.9　在 $m\times n$ 矩阵 A 中任取 k 行和 k 列（$k\leqslant m, k\leqslant n$），位于这些选定的行列交叉处的元素按原来行列的次序组成的 k 阶行列式，称为矩阵 A 的一个 k 阶**子式**.

定义 2.10　如果 $m\times n$ 矩阵 A 中有一个 r 阶子式不为零，而所有的 $r+1$ 阶子式全为零，那

么称 A 的**秩**为 r,记为 $r(A)=r$.

例如,矩阵

$$A=\begin{pmatrix}1&3&4&-2\\2&5&3&8\\3&8&7&6\end{pmatrix}$$

的秩 $r(A)=2$,因 A 的 2 阶子式

$$\begin{vmatrix}1&3\\2&5\end{vmatrix}\neq 0,$$

而 A 的所有 3 阶子式全为 0.

由矩阵的秩的定义知,$r(A)\leqslant\min\{m,n\}$.

2.5　矩阵的逆

定义 2.11　对于 n 阶方阵 A,如果存在 n 阶方阵 B,使得

$$AB=BA=E,$$

则称 A 是**可逆矩阵**,B 是 A 的**逆矩阵**,用 A^{-1} 表示,即 $B=A^{-1}$. 于是

$$AA^{-1}=A^{-1}A=E.$$

由定义易知:

(1) $(A^{-1})^{-1}=A$;　　(2) $(A^{-1})^{\mathrm{T}}=(A^{\mathrm{T}})^{-1}$;

(3) 若 A,B 可逆,则 AB 也可逆,且 $(AB)^{-1}=B^{-1}A^{-1}$.

定理 2.1　设 A 为 n 阶方阵,则 A 可逆当且仅当 $\det A\neq 0$.

2.6　正交矩阵

定义 2.12　若 n 阶实矩阵 $A=(a_{ij})$ 满足

$$AA^{\mathrm{T}}=E$$

或

$$A^{\mathrm{T}}=A^{-1},$$

则称 A 是**正交矩阵**.

例如

$$\begin{pmatrix}\cos\theta&\sin\theta\\-\sin\theta&\cos\theta\end{pmatrix},\qquad\begin{pmatrix}\frac{1}{2}&\frac{\sqrt{3}}{2}&0\\-\frac{\sqrt{3}}{2}&\frac{1}{2}&0\\0&0&1\end{pmatrix}$$

都是正交矩阵.

从正交矩阵的定义容易推出:A 为正交矩阵的必要充分条件是

$$a_{i1}a_{j1}+a_{i2}a_{j2}+\cdots+a_{in}a_{jn}=\begin{cases}1,&i=j,\\0,&i\neq j.\end{cases}$$

换句话说,A 为正交矩阵的充要条件是:A 的每一行各元素的平方和等于 1,每两行对应元素的

乘积之和等于 0；或者等价地，A 的每一列元素的平方和等于 1，每两列对应元素的乘积之和等于 0.

显然，正交矩阵 A 必为可逆矩阵，并且 $|A|=1$ 或 -1.

3　线性方程组

首先考虑求解下面的三元线性方程组

$$\begin{cases} a_{11}x_1+a_{12}x_2+a_{13}x_3=b_1, \\ a_{21}x_1+a_{22}x_2+a_{23}x_3=b_2, \\ a_{31}x_1+a_{32}x_2+a_{33}x_3=b_3, \end{cases} \tag{3.1}$$

然后再推广到一般情形. 令

$$A=\begin{pmatrix} a_{11} & a_{12} & a_{13} \\ a_{21} & a_{22} & a_{23} \\ a_{31} & a_{32} & a_{33} \end{pmatrix}, \quad B=\begin{pmatrix} a_{11} & a_{12} & a_{13} & b_1 \\ a_{21} & a_{22} & a_{23} & b_2 \\ a_{31} & a_{32} & a_{33} & b_3 \end{pmatrix},$$

A 与 B 分别叫做方程组(3.1)的**系数矩阵**与**增广矩阵**. 易见 $1\leqslant r(A)\leqslant r(B)\leqslant 3$. 下面讨论方程组(3.1)的解.

将方程组(3.1)的系数行列式$|A|$的第 1 列元素相应的代数余子式 A_{11}，A_{21}，A_{31} 分别乘方程组(3.1)的三个方程，然后相加，得

$(a_{11}A_{11}+a_{21}A_{21}+a_{31}A_{31})x_1+(a_{12}A_{11}+a_{22}A_{21}+a_{32}A_{31})x_2+(a_{13}A_{11}$
$+a_{23}A_{21}+a_{33}A_{31})x_3=b_1A_{11}+b_2A_{21}+b_3A_{31}$，由 1.2 节中行列式性质 7 和 8 得

$$\begin{vmatrix} a_{11} & a_{12} & a_{13} \\ a_{21} & a_{22} & a_{23} \\ a_{31} & a_{32} & a_{33} \end{vmatrix} x_1=\begin{vmatrix} b_1 & a_{12} & a_{13} \\ b_2 & a_{22} & a_{23} \\ b_3 & a_{32} & a_{33} \end{vmatrix}.$$

同理，得

$$\begin{vmatrix} a_{11} & a_{12} & a_{13} \\ a_{21} & a_{22} & a_{23} \\ a_{31} & a_{32} & a_{33} \end{vmatrix} x_2=\begin{vmatrix} a_{11} & b_1 & a_{13} \\ a_{21} & b_2 & a_{23} \\ a_{31} & b_3 & a_{33} \end{vmatrix},$$

$$\begin{vmatrix} a_{11} & a_{12} & a_{13} \\ a_{21} & a_{22} & a_{23} \\ a_{31} & a_{32} & a_{33} \end{vmatrix} x_3=\begin{vmatrix} a_{11} & a_{12} & b_1 \\ a_{21} & a_{22} & b_2 \\ a_{31} & a_{32} & b_3 \end{vmatrix}.$$

记 $D=|A|$，

$$D_1=\begin{vmatrix} b_1 & a_{12} & a_{13} \\ b_2 & a_{22} & a_{23} \\ b_3 & a_{32} & a_{33} \end{vmatrix}, \quad D_2=\begin{vmatrix} a_{11} & b_1 & a_{13} \\ a_{21} & b_2 & a_{23} \\ a_{31} & b_3 & a_{33} \end{vmatrix}, \quad D_3=\begin{vmatrix} a_{11} & a_{12} & b_1 \\ a_{21} & a_{22} & b_2 \\ a_{31} & b_{32} & b_3 \end{vmatrix},$$

则有

$$Dx_1=D_1,\quad Dx_2=D_2,\quad Dx_3=D_3.$$

下面就 $r(A)$ 与 $r(B)$ 的各种情况讨论如下.

(1) $r(A)=r(B)$. 下分三种情形：

① $r(A)=r(B)=3$，这时 $D\neq 0$，方程组(3.1)有唯一解

$$x_1=\frac{D_1}{D},\quad x_2=\frac{D_2}{D},\quad x_3=\frac{D_3}{D}. \tag{3.2}$$

② $r(A)=r(B)=2$，这时矩阵 A 和 B 的任何 3 阶子式都为 0，特别 $D=0$. 因为 $r(A)=2$，不失一般性，设

$$A_{33}=\begin{vmatrix} a_{11} & a_{12} \\ a_{21} & a_{22} \end{vmatrix}\neq 0.$$

类似于例 1.2 那样，将方程组(3.1)中的前两个方程改写为

$$\begin{cases} a_{11}x_1+a_{12}x_2=b_1-a_{13}x_3, \\ a_{21}x_1+a_{22}x_2=b_2-a_{23}x_3. \end{cases}$$

解得

$$x_1=\frac{\begin{vmatrix} b_1-a_{13}t & a_{12} \\ b_2-a_{23}t & a_{22} \end{vmatrix}}{\begin{vmatrix} a_{11} & a_{12} \\ a_{21} & a_{22} \end{vmatrix}},\qquad x_2=\frac{\begin{vmatrix} a_{11} & b_1-a_{13}t \\ a_{21} & b_2-a_{23}t \end{vmatrix}}{\begin{vmatrix} a_{11} & a_{12} \\ a_{21} & a_{22} \end{vmatrix}},\quad x_3=t, \tag{3.3}$$

其中 t 为参数. 下面验证上述解也满足第三个方程 $a_{31}x_1+a_{32}x_2+a_{33}x_3=b_3$.

用 A_{13}，A_{23}，A_{33} 分别乘方程组(3.1)中的三个多项式，然后相加得

$$\begin{aligned} &A_{13}(a_{11}x_1+a_{12}x_2+a_{13}x_3-b_1)+A_{23}(a_{21}x_1+a_{22}x_2+a_{23}x_3-b_2) \\ &\quad +A_{33}(a_{31}x_1+a_{32}x_2+a_{33}x_3-b_3) \\ &\equiv(a_{11}A_{13}+a_{21}A_{23}+a_{31}A_{33})x_1+(a_{12}A_{13}+a_{22}A_{23}+a_{32}A_{33})x_2+ \\ &\quad (a_{13}A_{13}+a_{23}A_{23}+a_{33}A_{33})x_3-(b_1A_{13}+b_2A_{23}+b_3A_{33}). \end{aligned}$$

再一次利用 1.2 中性质 7 和 8 以及 $r(A)=r(B)=2$，得

$$a_{11}A_{13}+a_{21}A_{23}+a_{31}A_{33}=0,\quad a_{12}A_{13}+a_{22}A_{23}+a_{32}A_{33}=0,$$
$$a_{13}A_{13}+a_{23}A_{23}+a_{33}A_{33}=D=0,\quad b_1A_{13}+b_2A_{23}+b_3A_{33}=D_3=0.$$

所以

$$\begin{aligned} &A_{13}(a_{11}x_1+a_{12}x_2+a_{13}x_3-b_1)+A_{23}(a_{21}x_1+a_{22}x_2+a_{23}x_3-b_2)+ \\ &\quad A_{33}(a_{31}x_1+a_{32}x_2+a_{33}x_3-b_3)\equiv 0. \end{aligned}$$

而 $A_{33}\neq 0$，因此当 x_1，x_2，x_3 满足方程组(3.1)中第一与第二个方程时，必满足第三个方程.

于是，当 $r(A)=r(B)=2$，方程组(3.1)有无穷多组解，解的表达形式如(3.3)式所示.

③ $r(A)=r(B)=1$，这时矩阵 A 和 B 的所有 2 阶子式都为 0，方程组(3.1)的三个方程的系数两两成比例，因此三个方程实质上是一个方程. 因为 $r(A)=1$，A 的元素不全为零，不妨设 $a_{11}\neq 0$，我们解得

$$x_1=\frac{1}{a_{11}}(b_1-a_{12}x_2-a_{13}x_3),$$

或写为

$$x_1=\frac{1}{a_{11}}(b_1-a_{12}u-a_{13}v),\quad x_2=u,\quad x_3=v,$$

其中 u，v 为参数，它是方程组(3.1)的解集. 由于 u，v 可取任意实数，因此方程组(3.1)有无穷多组解.

(2) $r(A)<r(B)$，下分两种情形：

① $r(A)=2, r(B)=3$. 这时 $D=0$，而 D_1, D_2, D_3 中至少有一个不为零，所以方程组(3.1)无解.

② $r(A)=1, r(B)=2$. 这时矩阵 A 的所有 2 阶子式都为零，因此方程组(3.1)中的三个方程的一次项系数两两成比例. 但是 $r(B)=2$，所以在矩阵 B 中，至少有一个 2 阶子式不为零，不妨设

$$\begin{vmatrix} a_{11} & b_1 \\ a_{21} & b_2 \end{vmatrix} \neq 0,$$

从而有

$$\frac{a_{11}}{a_{21}}=\frac{a_{12}}{a_{22}}=\frac{a_{13}}{a_{23}}\neq\frac{b_1}{b_2}.$$

这说明方程组(3.1)的第一与第二两个方程为矛盾方程，因此方程组(3.1)无解.

综合以上讨论，得到

定理 3.1　(1) 线性方程组(3.1)有解的充要条件是它的系数矩阵和增广矩阵的秩相等，即 $r(A)=r(B)$；(2) 当 $r(A)=r(B)=3$ 时，方程组(3.1)有唯一解；(3) 当 $r(A)=r(B)<3$ 时，线性方程组(3.1)有无穷多个解.

现在考虑一般情形. 设线性方程组为

$$\begin{cases} a_{11}x_1+a_{12}x_2+\cdots+a_{1n}x_n=b_1, \\ a_{21}x_1+a_{22}x_2+\cdots+a_{2n}x_n=b_2, \\ \cdots\cdots \\ a_{m1}x_1+a_{m2}x_2+\cdots+a_{mn}x_n=b_m. \end{cases} \tag{3.4}$$

令

$$A=\begin{pmatrix} a_{11} & a_{12} & \cdots & a_{1n} \\ a_{21} & a_{22} & \cdots & a_{2n} \\ \vdots & \vdots & & \vdots \\ a_{m1} & a_{m2} & \cdots & a_{mn} \end{pmatrix}, \quad B=\begin{pmatrix} a_{11} & a_{12} & \cdots & a_{1n} & b_1 \\ a_{21} & a_{22} & \cdots & a_{2n} & b_2 \\ \vdots & \vdots & & \vdots & \vdots \\ a_{m1} & a_{m2} & \cdots & a_{mn} & b_m \end{pmatrix}$$

A, B 分别称为方程组(3.4)的**系数矩阵**与**增广矩阵**. 如果常数项 $b_i=0, i=1,2,\cdots,m$，则方程组称为**齐次线性方程组**. 齐次线性方程组有零解 $x_1=x_2=\cdots=x_n=0$. 不全为零的解称为**非零解**.

定理 3.2　(1) 线性方程组(3.4)有解的充要条件是 $r(A)=r(B)$；(2) 当 $r(A)=r(B)=n$ 时，方程组(3.4)有唯一解；(3) 当 $r(A)=r(B)<n$ 时，方程组(3.4)的解有无穷多个.

特别，当 $m=n$ 时，有下列定理.

定理 3.3　(1) 若 $r(A)=n$(即 $\det A\neq 0$)，则线性方程组(3.4)有唯一解；

(2) 齐次线性方程组有非零解的充要条件是 $\det A=0$.

索　　引

A

鞍点　3.4

B

半不变量　4.4,4.8
半轴　3.4
保距变换　5.2
变换　5.1
变换群　5.1
变积系数　5.3,5.5
标架　1.2
不变量　4.4,4.8,5.4
不动点　5.1
不动直线　5.3

C

参数方程　2.1
叉积　1.4
错切变换　5.3

D

单叶双曲面　3.4
点变换　5.1
点积　1.3
顶点　3.2,3.4
定比分点　1.1
度量等价　5.4
度量等价类　5.4
度量几何学　5.4
度量性质　5.4
对称平面　3.4
对称中心　3.4
对称轴　3.4

E

二重外积　1.4
二次曲面　4.1
二次曲线　4.8
二次柱面　3.2

F

法线　4.7
法式化因子　2.1
法向量　2.1
反射　5.1,5.2,5.5
方程　3.1
方位向量　2.1
方向角　1.3,2.1,4.1
方向数　1.3,2.1
方向向量　2.1
方向余弦　1.3,2.1
仿射变换　5.3,5.5
仿射变换群　5.3,5.5
仿射标架　1.2
仿射等价　5.4
仿射等价类　5.4
仿射几何学　5.4
仿射性质　5.4
仿射坐标　1.2
仿射坐标系　1.2
非渐近方向　4.5,4.8
非奇主方向　4.6
非中心二次曲面　4.5
非中心二次曲线　4.8

G

刚体运动　5.2,5.5
公垂线　2.4
共轭直径　4.8
共面向量　1.1
共线向量　1.1

共轴平面束 2.3
过渡矩阵 4.1

H

混合积 1.5

J

基 1.2
夹角 1.3,2.4
简单比 5.2
渐近方向 4.5,4.8
渐近方向锥面 4.5
渐近锥面 3.4,4.5
截口 3.4
径面 4.6
距离 1.3,2.4

K

可逆变换 5.1

L

拉格朗日恒等式 1.5
离差 2.4

M

马鞍面 3.4
面心二次曲面 4.5
母线 3.1,3.2

N

内积 1.3

P

抛物型曲线 4.8
抛物柱面 3.2
平面方程 2.1
平行平面束 2.3
平面束 2.3
平行四边形法则 1.1
平移变换 4.1,5.2,5.5
平移公式 5.1

Q

齐次方程 3.2
齐次函数 3.2
奇(异)点 4.7
奇(异方)向 4.6
切点 4.7,4.8
切(平)面 4.7
切线 4.7,4.8
切锥面 4.7
球面 3.1
球心 3.1

R

绕轴旋转 4.1

S

三角形法则 1.1
射影 1.3
射影曲线 3.6
射影向量 1.3
射影柱面 3.6
伸缩变换 3.4,5.1,5.3,5.5
数量积 1.3
双曲面 3.4
双曲抛物面 3.4
双曲型曲线 4.8
双曲柱面 3.2
双叶双曲面 3.4

T

特征方程 4.2,4.8
特征根 4.2,4.8
梯度向量 4.2
图形 3.1
椭球面 3.4
椭圆抛物面 3.4
椭圆型曲线 4.8
椭圆柱面 3.2

W

外积 1.4
维维安尼曲线 3.1,3.6
位似变换 5.3
位置向量 1.2
无心二次曲面 4.5
无心二次曲线 4.8

X

弦　4.6,4.8
线心二次曲面　4.5
线心二次曲线　4.8
线性表示　1.1
线性图形　2.2
线性无关　1.1
线性相关　1.1
线性运算　1.1
线性组合　1.1
相反向量　1.1
向径　1.2
向量　1.1
向量变换　5.2,5.3,5.5
向量积　1.4
旋转变换　3.4,4.1,5.2
旋转单叶双曲面　3.3
旋转公式　5.1
旋转抛物面　3.3
旋转曲面　3.3
旋转双叶双曲面　3.3
旋转椭球面　3.3

Y

腰椭圆　3.4
一一变换　5.1
移轴　4.1
右手坐标系　1.2
圆柱面　3.1
圆锥面　3.1

Z

正交变换　5.2,5.5
正交变换群　5.2,5.5
正交等价　5.4
正交不变量　4.4,5.4
直角标架　1.2
直角坐标　1.2
直角坐标变换公式　4.1
直径　4.8
直母线　3.2
直纹(曲)面　3.5
直线方程　2.1
中心　4.5,4.8
中心方程组　4.5,4.8
中心二次曲面　3.4,4.5
中心二次曲线　4.8
主方向　4.2,4.8
主截线　3.4
主径面　4.6
主直径　4.8
主轴　3.4
柱面　3.2
转轴　4.1
锥面　3.2
准线　3.2
自由向量　1.1
左手坐标系　1.2
坐标　1.2
坐标变换　4.1
坐标(平)面　1.2
坐标向量　1.2
坐标轴　1.2